国家出版基金项目
NATIONAL PUBLICATION FOUNDATION

"十三五"国家重点出版物出版规划项目·重大出版工程

高超声速出版工程

高超声速乘波设计理论

柳 军 丁 峰 刘 珍 陈韶华 著

科学出版社

北 京

内 容 简 介

本书面向高超声速飞行器乘波设计,主要介绍一种适用于高超声速飞行的乘波气动外形设计方法。全书共 7 章,其中第 1~5 章介绍纯外流流动的乘波设计理论及应用,主要包括绪论(乘波相关概念及定义)、乘波设计基础、一般乘波设计、吻切类乘波设计,以及乘波设计应用举例。第 6、7 章主要介绍包含内流流动的机体/推进一体化乘波设计方法及其应用,这也是当前乘波设计理论最有活力和具有相当挑战的发展方向。

本书适合用作高等院校高年级本科生及研究生教材,也可供高超声速飞行器相关设计人员参考。

图书在版编目(CIP)数据

高超声速乘波设计理论 / 柳军等著. —北京:
科学出版社,2020.12
高超声速出版工程 "十三五"国家重点出版物出版
规划项目·重大出版工程 国家出版基金项目
ISBN 978-7-03-066110-4

Ⅰ. ①高… Ⅱ. ①柳… Ⅲ. ①高超音速飞行器—设计
—研究 Ⅳ. ①V423

中国版本图书馆 CIP 数据核字(2020)第 175293 号

责任编辑:徐杨峰 / 责任校对:谭宏宇
责任印制:黄晓鸣 / 封面设计:殷 靓

科 学 出 版 社 出版
北京东黄城根北街 16 号
邮政编码:100717
http://www.sciencep.com

南京展望文化发展有限公司排版
苏州市越洋印刷有限公司印刷
科学出版社发行 各地新华书店经销

*

2020 年 12 月第 一 版 开本:B5(720×1000)
2020 年 12 月第一次印刷 印张:28
字数:487 000
定价:200.00 元
(如有印装质量问题,我社负责调换)

高超声速出版工程·高超声速空气动力学系列

编写委员会

主 编

沈 清

副主编

艾邦成 陈伟芳 闵昌万

编 委

（按姓名汉语拼音排序）

艾邦成 曹 伟 陈坚强 陈伟芳 方 明

符 松 柳 军 罗金玲 罗振兵 闵昌万

沈 清 杨基明 叶友达 余永亮 周 禹

丛书序

飞得更快一直是人类飞行发展的主旋律。

1903 年 12 月 17 日,莱特兄弟发明的飞机腾空而起,虽然飞得摇摇晃晃,犹如蹒跚学步的婴儿,但拉开了人类翱翔天空的华丽大幕;1949 年 2 月 24 日,Bumper-WAC 从美国新墨西哥州白沙发射场发射升空,上面级飞行马赫数超过5,实现人类历史上第一次高超声速飞行。从学会飞行,到跨入高超声速,人类用了不到五十年,蹒跚学步的婴儿似乎长成了大人,但实际上,迄今人类还没有实现真正意义的商业高超声速飞行,我们还不得不忍受洲际旅行需要十个多小时甚至更长飞行时间的煎熬。试想一下,如果我们将来可以在两小时内抵达全球任意城市,这个世界将会变成什么样? 这并不是遥不可及的梦!

今天,人类进入高超声速领域已经快 70 年了,无数科研人员为之奋斗了终生。从空气动力学、控制、材料、防隔热到动力、测控、系统集成等,在众多与高超声速飞行相关的学术和工程领域内,一代又一代科研和工程技术人员传承创新,为人类的进步努力奋斗,共同致力于达成人类飞得更快这一目标。量变导致质变,仿佛是天亮前的那一瞬,又好像是蝶即将破茧而出,几代人的奋斗把高超声速推到了嬗变前的临界点上,相信高超声速飞行的商业应用已为期不远!

高超声速飞行的应用和普及必将颠覆人类现在的生活方式,极大地拓展人类文明,并有力地促进人类社会、经济、科技和文化的发展。这一伟大的事业,需要更多的同行者和参与者!

书是人类进步的阶梯。

实现可靠的长时间高超声速飞行堪称人类在求知探索的路上最为艰苦卓绝的一次前行,将披荆斩棘走过的路夯实、巩固成阶梯,以便于后来者跟进、攀登,意义深远。

以一套丛书,将高超声速基础研究和工程技术方面取得的阶段性成果和宝贵经验固化下来,建立基础研究与高超声速技术应用之间的桥梁,为广大研究人员和工程技术人员提供一套科学、系统、全面的高超声速技术参考书,可以起到为人类文明探索、前进构建阶梯的作用。

2016 年,科学出版社就精心策划并着手启动了"高超声速出版工程"这一非常符合时宜的事业。我们围绕"高超声速"这一主题,邀请国内优势高校和主要科研院所,组织国内各领域知名专家,结合基础研究的学术成果和工程研究实践,系统梳理和总结,共同编写了"高超声速出版工程"丛书,丛书突出高超声速特色,体现学科交叉融合,确保丛书具有系统性、前瞻性、原创性、专业性、学术性、实用性和创新性。

这套丛书记载和传承了我国半个多世纪尤其是近十几年高超声速技术发展的科技成果,凝结了航天航空领域众多专家学者的智慧,既可供相关专业人员学习和参考,又可作为案头工具书。期望本套丛书能够为高超声速领域的人才培养、工程研制和基础研究提供有益的指导和帮助,更期望本套丛书能够吸引更多的新生力量关注高超声速技术的发展,并投身于这一领域,为我国高超声速事业的蓬勃发展做出力所能及的贡献。

是为序!

2017 年 10 月

前　言

在天空中自由翱翔,和在地面、海洋上任意驰骋一样,都是人类的梦想。为了实现自由飞行这个目标,不同时代的先驱者们前仆后继,甚至英勇献身。终于,1903 年 12 月 17 日,来自美国俄亥俄州代顿小镇的莱特兄弟,在北卡罗来纳州基蒂霍克附近的斩魔山上成功地实现了有人驾驶飞行器的第一次有动力起飞和有控飞行。自此以后,人们逐渐掌握了飞行的奥秘,创造了一个又一个飞行速度、高度和航程的世界纪录。如今,人类的自由早已超越了大自然的造化,人造飞行器的速度已经快得需要用马赫数(Mach number)来衡量了,但我们仍高举着奥林匹克的旗帜,追求着更快、更高、更强的目标!

在高超声速(hypersonic)技术领域,1959 年 Nonweiler 教授提出了乘波体(waverider)的概念。凭借着高超声速条件下优秀的气动特性,60 多年来,乘波体一直得到气动设计师和研究者的广泛关注,乘波设计方法的研究和进展从未停止。最近 20 年来,随着乘波设计理论的不断发展和逐渐完善,乘波体构型逐渐开始应用于高超声速飞行器的工程研制,并成功完成了一系列验证飞行试验,展示出了广阔的发展前景。

近年来虽然国内外在高超声速乘波飞行器研制、试验方面取得了巨大成功,乘波设计技术已在航空航天领域进入了工程实用阶段,但迄今,国内外还没有一本关于高超声速乘波设计理论方面的专著出版。广大高超声速飞行器气动设计师和研究人员、学者,只能在浩如烟海的文献资料中收集、整理相关文献,进行乘波设计理论学习和研究,严重阻碍了高超声速乘波设计技术的推广应用和发展。

为此,作者以多年以来的教学实践为基础,通过总结当前国内外高超声速乘波设计理论的最新研究成果,以及作者团队在乘波设计方面的一些研究实践,撰写了本书。全书由柳军统稿审定。其中,第 1 章由柳军撰写,第 2 章、第 3 章、第 6 章、第 7 章由丁峰撰写,第 4 章、第 5 章由刘珍撰写,大部分示意图由陈韶华负责绘制。书中还收录了作者学生符翔、王晓燕、王庆文等硕士学位论文的部分内容。

通过阅读和学习本书,读者可以比较全面、深入地掌握高超声速乘波设计的基本概念、原理、方法和步骤;不同设计输入条件下的乘波设计实例学习,以及多种乘波设计拓展应用方法的讨论,有助于读者建立乘波设计的体系概念,理解乘波设计方法的灵活多样性。书中还汇总综述了乘波设计技术不同方向的最新发展动态,为读者进一步深入学习和研究提供了文献索引。

本书旨在向读者详细地介绍高超声速乘波设计理论和相关研究成果。书中一些专题涉及的气体动力学、高超声速空气动力学和计算流体力学等内容,读者若要深入研究则可参考其他教材。

虽然作者在撰写本书时力求概念清晰准确,逻辑严谨合理,向读者展示高超声速乘波设计理论引人入胜的一面,但限于学识,书中难免有疏漏之处,欢迎读者不吝赐教,共同推动高超声速乘波设计理论的发展,作者将不胜感激。

希望本书能在高超声速乘波设计技术的推广应用方面贡献微薄之力。

柳 军

2020 年 2 月 20 日

高超声速出版工程

目 录

第3章 一般乘波设计

第4章　吻切类乘波设计

第6章　乘波体与进气道的一体化设计

第7章　内外流一体化全乘波设计

参 考 文 献

第 1 章

绪　　论

1.1　乘波体的概念

作为航空航天领域的前沿课题,飞行速度大于马赫数 5 的高超声速飞行是当今世界大国关注和研究的热点。得益于其拥有的极高飞行速度,高超声速飞行器在军事上成为改变未来战争形态的新一代战略威慑武器;而在民用领域,其跨大气层及在大气层内高超声速飞行的能力,使得人类对外层空间进行大规模开发、加速全球一体化进程的愿景不再遥远。

高超声速下飞行时激波(shock wave)强度和飞行器的波阻极大,造成常规外形飞行器的升阻比性能显著下降,相比超声速和亚声速飞行状态,出现了难以跨越的高超声速“Küchemann 升阻比屏障”问题[1]。为突破升阻比屏障,研究者尝试过各种高超声速气动构型,旋成体、升力体、翼身融合体和乘波体等气动构型先后应用于高超声速飞行探索。

其中,1959 年由 Nonweiler 教授发明的乘波体构型,是“所有前缘具有贴体激波”的一种气动构型。而且其下表面(乘波面)是“受限制的压缩区域”,是在一个绕假想物体(基准体)的高超声速流场(基准流场,其中的激波称为基准激波)中,由乘波体前缘出发的流面构成的。这个关于乘波体构型的标准定义是当前学术界的基本共识。

按照这个概念,乘波体飞行时其所有前缘都与激波波面相贴合,在流动图像中就像飞行器骑乘在激波的波面上。而且基于前缘贴体激波的压缩原理,乘波体下表面具有较高的表面压力,即乘波可以带来较高的升力,更有利于实现飞行器构型在高超声速飞行条件下高升阻比的气动设计要求。

乘波设计是指设计骑乘在激波上的飞行器构型。此处的激波是气体介质中压力、密度和温度发生突跃变化的波阵面,是一种强压缩波,又称冲击波。物体在气体中运动产生的微弱扰动会在气体介质中以当地声速向周围传播,因此,当飞行器以亚声速飞行时,扰动压缩波传播速度高于飞行速度,扰动压缩波不会聚集,这时整个流场中的流动参数(包括速度、压力、密度、温度等)分布是连续的;而当飞行器以超声速飞行时,扰动压缩波来不及传到飞行器前方,导致飞行器前方弱压缩波聚集,形成集中的强压缩波,即激波。激波是一个强间断面,具有很强的非线性效应。根据激波面与激波前气流速度方向的夹角大小,可以把激波分为正激波、斜激波等;根据激波与飞行器前缘是否接触,可以将激波分为贴体激波、脱体激波等。气体流经激波后,其压力、密度、温度等流动参数都会突然升高,流速则突然下降。

激波需要在气体介质中产生,因此乘波飞行适用的空间区域主要是在地球大气层内,一般认为大气层边缘距地面高度约 100 km。其中,离地面 0~20 km 的高度区域内空气密度较大,若进行高超声速飞行则阻力和热防护压力极大,一般不进行长时间高超声速飞行。因此,高超声速乘波飞行的空间范围在距地面 20~100 km 的区域,是目前称为临近空间(near space)的部分。临近空间介于航空空间和航天空间之间,包括大部分平流层、全部中间层和部分电离层。临近空间是 21 世纪以来国际前沿科技与军事竞争的主战场,具有重要的科技与军事战略价值。

"高超声速"一词由著名空气动力学家钱学森先生首次提出,是相对于低速、亚声速、超声速的一种飞行速度衡量概念。目前普遍认可的界定范围是飞行马赫数大于 5 时可称为高超声速,其中飞行马赫数是飞行速度与当地声速的比值。这种依赖于马赫数数值的高超声速界定不是绝对的,应该以流动是否具有高超声速流动特征为标准。随着马赫数的增加,地球大气层内的高超声速流动出现了薄激波层、强黏性效应、高熵层、高温效应、低密度效应等典型特征。对于钝体,马赫数大于 3 可能就开始出现高超声速流动特征;而对于细长体,马赫数可能要高达 10 才开始出现高超声速流动特征。

当飞行器以一定攻角飞行时,乘波体构型与非乘波体构型的区别如图 1.1 和图 1.2 所示[2,3]。乘波体的绕流激波是贴附在构型前缘的贴体激波,它使得乘波体构型的下表面流场区域封闭为一个高压区。而非乘波体的绕流激波是脱体激波,激波与飞行器前缘之间存在一个非常薄的高压气体层,称之为激波层。非乘波体下表面也会形成高压区,但它的边缘没有与激波接触,高压气流很容易经过飞行器边缘向上表面流动,形成高压溢流。而高压溢流降低了下表面的压力,因此非乘波体升力可能相对乘波体要低,升阻比也可能要低一些。

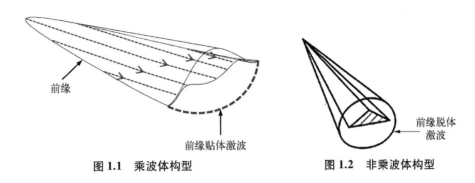

图 1.1 乘波体构型   图 1.2 非乘波体构型

根据空气动力学知识,只有尖锐前缘才能产生贴体激波,而实际中高超声速飞行器由于热防护的需求,其前缘都是钝化的,具有一定尺度的钝化半径,因此实际中高超声速飞行器只能产生脱体激波,即使是乘波体构型也不能幸免。但是,这些钝化半径(毫米至厘米量级)相比飞行器尺度(1 米至 10 米量级)而言,是一个非常小的量。因此从飞行器整体角度来看,由钝化半径造成的脱体激波距离的影响是可以忽略的。因此,本书绝大部分章节都不考虑乘波体前缘钝化半径问题,只在第 5 章中介绍前缘钝化设计方面的工作进展和设计实例。

1.2 乘波设计优点

乘波体是目前公认的一种较好的高超声速气动构型,与其他高超声速气动构型相比,乘波体具有以下优点。

(1) 利于实现高升阻比设计。

一般气动外形在高超声速条件下大都产生脱体激波,激波强度较高而波阻大。更重要的是其上、下表面激波层联通,下表面高压气流向上表面流动形成的溢流现象导致升力损失,因此很难获得高升阻比性能,会出现升阻比屏障问题。而在忽略防热设计前缘半径影响的情况下乘波体前缘可以形成贴体斜激波,一方面降低了激波强度和整体构型的波阻,另一方面隔绝了上、下表面激波层之间的高压气流,消除了溢流现象而减小了升力损失。因此,乘波体构型利于实现高升阻比性能设计。

（2）利于实现机体/推进一体化设计。

由于乘波体前缘和激波的封闭作用，乘波体下表面几乎不产生向上表面的溢流，其主导流动就是过激波的强压缩流动，横向流动较弱；而且由于乘波体下表面壁面就是可设计的无黏流面，可以实现下表面激波层内几乎没有横向流动的设计。因此，乘波体下表面激波层流动可以设计为具有较好均匀性的压缩气流流动，为冲压发动机提供经过压缩的均匀气流，便于开展吸气式高超声速飞行器机体/推进一体化设计。

（3）利于实现性能主导的外形设计。

乘波设计是乘波体前缘和乘波体迎风表面的设计。其中，乘波体前缘设计需要已知基准激波，迎风表面设计需要在基准激波后的基准流场中进行流线追踪来实现。它们都需要先进行基准流场设计和求解，然后才能获得其几何外形数据。这与常规气动设计先构造外形、而后求解流场和气动特性的步骤相比，是一种先流场、后外形的反设计方法。且乘波体流场就是基准流场的一部分，其局部气流压缩性能和整体气动特性都与基准流场特性相关联。也就是说，基准流场的设计就已经在很大程度上决定了乘波体的主要气动特性。因此，乘波设计这种先流场（性能）后外形的反设计思维，是一种性能主导的气动外形设计方法。

1.3   乘波飞行器的工程应用前景

乘波体在添加必要的空气动力控制面后，就成为乘波构形飞行器，或称为乘波飞行器。借用乘波体作为进气道压缩面的吸气式高超声速飞行器也属于乘波飞行器范畴，细分时可以称之为吸气式乘波飞行器。

乘波飞行器以乘波体为其气动构型的主体，拥有与乘波体构型类似的优良气动特性。高超声速乘波飞行器利用其高升阻比和极高飞行速度的优势，应用前景非常广阔：既可用作可重复使用飞机在大气层中高超声速巡航或滑翔飞行，实现快速全球到达，又可作为重复使用的单级入轨飞行器或者两级入轨飞行器的上面级，实现低成本跨大气层的地球轨道往返运输和在轨飞行；而在军事应用方面，采用乘波体构型的高超声速滑翔/巡航导弹和高超声速飞机，以高升阻比带来的远航程和在临近空间中的极高飞行速度，不仅可实现全球快速打击，而且具备突破现有防空反导系统的巨大优势。

正是由于乘波体和乘波飞行器具有以上独特的优越性和广阔的应用前景,自 20 世纪 50 年代乘波体概念提出以来,一直吸引着众多科学家和工程师,矢志不渝地进行着乘波设计理论研究和乘波飞行器的工程应用实践研究。

当前,乘波设计理论方面有了长足的进步和发展,国内外研究者相继提出并实现了锥导乘波设计、吻切类乘波设计及考虑黏性的乘波设计、多目标/多学科乘波优化设计等众多创新设计方法,取得了大量研究成果。

在乘波飞行器的工程应用实践研究方面,新世纪以来,各航空航天大国给予了高度的重视,投入了相当多的经费,陆续开展了多项地面试验和飞行试验研究。国际上,美国已完成的 X-43A、X-51A 项目中,都将乘波体作为吸气式高超声速飞行器的前体或进气道压缩面,完成了飞行试验验证;美澳合作开展的高超声速国际飞行研究试验(hypersonic international flight research experimentation, HIFiRE)[4]项目中,HIFiRE-4 和 HIFiRE-6 都是乘波飞行器,且在 2017 年完成了 HIFiRE-4 飞行器的验证飞行试验;此外,也有一些项目[5,6]对乘波体展开了实际应用研究,而在战术助推滑翔(tactical boost glide, TBG)等远期项目中也可窥见乘波体构型的身影。国内方面,2018 年 8 月 3 日由中国航天空气动力技术研究院研制的星空-2 火箭成功发射,其搭载了我国首款乘波体气动布局的高超声速飞行器,这次飞行试验获得了圆满成功!这是国际上继 2017 年美澳合作的 HIFiRE-4 飞行试验之后的第二次高超声速乘波飞行器飞行试验,是我国乘波体气动布局工程应用的里程碑事件,标志着我国在乘波体设计和高超声速乘波飞行器研制技术方面进入了世界前列。

总而言之,近 20 年来高超声速飞行研究热潮在全世界范围内的兴起,极大地促进了乘波设计理论的发展,加快了乘波飞行器的工程应用步伐,乘波体已经从实验室飞向了天空,乘波设计研究取得了令人瞩目的巨大成功。我们有理由相信,高超声速乘波飞行器必将在未来的天空中占有一席之地。

1.4 本书章节介绍

本书内容共 7 章,主要分为两大部分:第一部分是第 1~5 章,主要介绍纯外流流动的高超声速乘波设计理论,分别是绪论、乘波设计基础、一般乘波设计、吻切类乘波设计和乘波设计应用举例;第二部分是第 6 章和第 7 章,主要介绍内外流一体化的乘波设计理论,分别是乘波体与进气道的一体化设计和内外流一体化全乘波设计。

第1章绪论,主要介绍乘波体基本概念、相关背景知识和乘波设计发展概况,并对乘波设计优点进行分析总结,对乘波飞行器的工程应用前景进行展望,最后对本书主要章节内容进行说明。

第2章乘波设计基础,首先介绍乘波设计基本步骤和乘波设计要素;其次根据乘波体几何特征型线、激波和流线这3个要素,详细介绍基准流场设计方法、激波型线和乘波体几何特征型线设计方法、流线追踪设计方法,包括基准流场的不同分类方法、设计思路及设计步骤、具体计算公式等;最后简单介绍乘波体的气动特性评估方法及案例。这些内容是后续乘波设计方法介绍中需要用到的基本设计工具。

第3章一般乘波设计,主要根据基准流场的分类,分别介绍基于不同类型基准流场的乘波体设计方法。主要包括基于平面基准流场、外压缩轴对称和内收缩轴对称基准流场的乘波体设计方法及其设计实例,以及基于近似三维流场和精确三维流场的乘波设计方法、设计实例。这一章内容是学习下一章吻切类乘波设计方法的基础。

第4章吻切类乘波设计,主要介绍拓展乘波设计应用空间的吻切乘波设计原理,以及吻切锥乘波(osculating cone waverider)、吻切轴对称乘波和吻切流场(osculating flow field)乘波设计实例。第4章与第3章的区别主要在于:第3章介绍的是一类基于不同基准流场的乘波设计方法,它们的设计输入参数主要影响乘波体构型的流向方向;而第4章是一类在横向方向上进行近似处理的乘波设计方法,它们的设计输入参数主要影响乘波体的横向方向构型。可想而知,这两类设计方法的排列组合将会产生一系列新型乘波设计方法及多样复杂的乘波构型。

第5章乘波设计应用举例,主要介绍第3章、第4章两种乘波设计方法的不同组合设计实例。针对不同设计目的和总体设计要求,我们可以实现非常丰富的组合乘波设计,如乘波体叠加的宽速域高超声速乘波飞行器、两级乘波飞行器、多级变形乘波飞行器、脊形乘波飞行器,以及具有飞机特征的高超声速乘波构型等。

第6章乘波体与进气道的一体化设计,主要介绍将乘波体作为机体或进气道压缩面,进行高超声速机体/推进一体化设计的方法和研究进展。虽然前5章都是基于纯外流流动的乘波设计知识介绍,但它们完全可以与进气道设计方法进行排列组合,构造出更为复杂多变的乘波体/进气道一体化气动外形,从而在设计理论上极大地推动高超声速机体/推进一体化设计方法的进步。本章从两个方面进行介绍：一个是乘波前体/进气道一体化设计，另一个是乘波机体/进气道一体化设计。二者的区别在于，前者的乘波体只作为飞行器前体和进气道压缩面，而后者的乘波体则可以承担更多的飞行器部件功能，如乘波机翼和乘波机体腹部(简称机腹)等。

第 7 章内外流一体化全乘波设计，主要介绍乘波机体/进气道一体化设计中的一种创新设计思路：全乘波设计方法和设计实例。采用这种方法，我们可以得到前体、机腹及机翼均具有乘波特性，而且具有流线追踪进气道的一种全新吸气式高超声速乘波飞行器构型。同样，这种方法还可以与第 3 章、第 4 章介绍过的多种乘波设计方法进行排列组合，从而发展出更为绚丽多彩的内外流一体化乘波设计方法。

第 2 章

乘波设计基础

本章主要介绍乘波设计所需要的基础知识,包括乘波设计基本步骤、设计要素及基础性知识,如基准流场及其设计(求解)方法、激波型线及其设计、乘波体几何特征型线及其设计,以及流线追踪方法等。此外,还介绍乘波体常用的性能分析工具及性能评估方法。

2.1 乘波设计基本步骤

乘波体设计通常包括如下 4 个步骤:

(1)确定总体设计参数,求解基准流场或确定其类型,作为乘波体流线追踪设计基础;

(2)设计基本型线,包括激波型线和乘波体几何特征型线,作为主要的设计输入条件;

(3)根据基准流场、激波型线和几何特征型线,求解乘波体前缘线;

(4)由乘波体前缘线出发,分别在自由流场、基准流场中进行流线追踪,生成乘波体上、下表面,封闭底面,完成乘波体设计。

在上述步骤中,总体设计参数主要是马赫数,以及根据基准流场类型选择的其他重要物理量,主要用于求解基准流场或者确定基准流场的求解。例如,进行锥导乘波体(cone-derived waverider)设计时,基准流场是高超声速锥形流场,则除了马赫数之外,可以取激波角作为总体设计参数,在补充激波型线信息后,根据高超声速空气动力学知识,就可以设计或者完整求解锥形流基准流场。

此处的基准流场是乘波设计中的一个重要概念,它是所有乘波体及乘波设计的基础。基准流场是指以设计马赫数飞行的基准体所形成的高超声速流场，它包含了基准体前方的自由流场、基准激波和波后流场等部分，而乘波体高超声速飞行形成的迎风面流场是这个基准流场的一部分。由乘波体的定义可知，乘波体迎风面激波是贴体激波，它起始于乘波体前缘。因此，乘波体前缘是基准激波面上的一条曲线，由其出发的乘波体迎风面激波就是基准激波的一部分，而乘波体迎风壁面就是基准流场中由乘波体前缘线出发的一个流面。本书中求解基准流场就是确定基准流场类型，并获取基准流场中所有空间点的流动物理量信息，如激波位置、角度，以及波前/波后压力、温度、密度、速度等物理量值。基准流场求解包括基准激波及基准激波后的流场求解，本节后续内容将详细介绍基准流场和基准激波的求解方法。

基本型线中的激波型线是指基准流场中在基准激波面上的某个特殊型线，由激波型线及基准流场类型等输入条件，就可以唯一确定并求解出完整的基准激波和基准流场。比较简单而且常用的激波型线是基准激波与乘波体底部截面的交线，称之为激波底部型线。该线配合乘波体底部截面上的其他型线，如乘波体上表面底部型线（与激波底部型线含义近似，为乘波体上表面与乘波体底部截面的交线，也可称为上表面后缘型线），或者乘波体下表面底部型线（乘波体下表面与乘波体底部截面的交线，也可称为下表面后缘型线），就可以完成基准流场求解。

基本型线中的几何特征型线可以是乘波体前缘线、乘波体上表面底部型线、乘波体下表面底部型线，以及乘波体前缘线的水平投影型线等。由于乘波体前缘是贴在基准激波面上的，乘波体前缘线也是一条激波型线，可以称之为"乘波体前缘激波型线"。但在一般乘波设计中，通常不特别指出时，我们默认它是乘波体前缘线，而不作为激波型线使用。

以图 2.1 中一般轴对称基准流场的乘波体设计为例，具体说明乘波体设计的主要步骤。

（1）根据总体设计参数求解基准流场。

如图 2.1 所示，基准流场已经选定为轴对称流场，它是尖头回转体以高超声速零度攻角飞行时产生的，由轴对称激波面及激波面后流场构成。该轴对称流场可简化为纵向对称面内的二维流动，更一般的乘波体设计所涉及的基准流场当然不局限于轴对称流场，也可以是其他二维流场或者三维流场。该轴对称基准流场可以由来流马赫数和尖头回转体几何参数进行求解得到。这时，来流马赫数和尖头回转体几何参数就是总体设计参数。

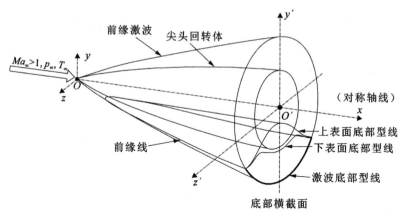

图 2.1 乘波体与基准流场相互关系示意图

（2）激波底部型线和乘波体几何特征型线设计。

所谓激波底部型线设计，实际上就是在已知基准流场和基准激波，或者是在已知构造基准流场的所有规则和输入参数的条件下，给出具体的某个相关激波型线方程和所有参数。这个激波型线的作用是配合乘波体几何特征型线及参数，以及基准流场或者构造基准流场的规则，依照乘波设计方法和步骤，完成乘波体的具体位置和几何外形求解。如图 2.1 所示，此时的激波底部型线即底部横截面上的粗实线。

乘波体设计时，一般情况下主要的设计输入几何特征型线包括 4 种：前缘线、前缘线水平投影型线、上表面底部型线及下表面底部型线，具体的几何特征型线设计见 2.5 节。图 2.1 中作为设计输入的几何特征型线为上表面底部型线。

（3）求解乘波体前缘线。

以图 2.1 为例，当设计输入的几何特征型线为上表面底部型线时，在已知基准流场的情况下，采用自由流面法（见 2.6.5 节）可以非常方便地获取乘波体前缘线（及乘波体上表面）。

（4）流线追踪获取乘波体下表面。

流线追踪方法在求解流线时有正向与反向的区别。从前缘线出发，向底部截面流线追踪为正向（与流动方向相同）；从上/下表面底部型线向前进行流线追踪为反向（与流动方向相反）。以图 2.1 为例可见，上一步骤就是采用的反向流线追踪方法。即第（3）、（4）步骤中，根据所给出的几何特征型线，需要选择合适的流线追踪方法。

该步骤在基准流场中从乘波体前缘线出发,采用正向流线追踪方法,生成乘波体下表面。对于零攻角尖头回转体绕流场,每条流线均在各自所在子午面的基准流场内求解,具体方法可参考 2.6 节中流线追踪方法相关内容。

实际设计过程中,无论乘波体上表面还是下表面,我们先得到的都是流线,需要在合适的三维建模软件中将所有流线组合放样生成曲面,即得到乘波体上、下表面。

至此,将乘波体上表面、下表面和底面封闭,就得到完整的乘波体构型。需要注意的是,在具体的乘波体应用设计中,还需要考虑乘波体的钝化[7]、黏性修正优化[8]等问题,这些内容将在第 5 章和第 7 章中进行简单介绍。

2.2　乘波设计要素

乘波设计过程中,最主要的步骤是乘波面的设计。乘波面,即乘波体迎风壁面,在常规设计过程中通常是指乘波体的下表面。乘波面是从乘波体前缘线出发的、在高超声速激波流场中的一系列流线所组成的一个三维空间曲面。

由上述乘波面定义可知,乘波设计过程涉及的是如下三个要素。

一是乘波体前缘线。乘波体前缘线是紧贴激波阵面的,不能随意设计,它的获取需要根据设计理论,由设计输入的一些几何特征型线,在符合流场约束条件的情况下来获得。根据设计方法的不同,这些输入型线包括乘波体前缘线在水平截面上的投影型线,或者乘波体上表面底部型线,或者是乘波体下表面底部型线,又或者是直接给出的三维形式的乘波体前缘线等。当采用自由流面法(见 2.6.5 节)设计乘波体上表面时,乘波体上表面底部型线就是乘波体前缘线的底部投影型线。而乘波体下表面底部型线,则是通过基准流场中的流线(流面)与乘波体前缘线联系起来的。以上 4 种给出乘波体不同几何特征型线的方法,以及其间的不同组合方法,基本上已经覆盖了目前发展的所有乘波设计方法。因此,乘波设计的这个要素实际上是代表了乘波体的几何外形特征。

二是基准激波。它存在的意义是对乘波体前缘线提出了一些符合流动基本原理的设计约束。具备这样一个激波阵面的流场才能成为基准流场。而基准流场及基准激波的产生,来源于一个假想的飞行物体,可以称之为基准体,有的文献中也称之为导波体。基准体的高超声速飞行,形成了基准激波和基准流场,这是我们开展乘波设计的一个假想的基础流场。乘波设计过程中,能导出基准激波的特征型线也是不可或缺的输入条件之一,比如乘波体激波底部型线。因此,乘波激波型线这个要素实际上代表了实际流场的物理约束条件,后面也可用常用的设计输入激波型线指代此要素。

三是流线。在基准流场中,可以通过流线获得流场中每一个点的物理量信息。同时,在高超声速无黏流场中,流线也可以是代表壁面的几何特征型线,乘波面就是使用一系列的流线来构建和描述(其空间和几何特征)的。

有研究者在文章中指出,乘波面的设计包含两大要素:带激波的基准流场、构成乘波面的流线[9]。本书补充了乘波体的几何特征,即乘波体前缘线作为第三个要素。综上所述,乘波设计三个主要要素可以总结为乘波体前缘线、激波型线和流线,其中乘波体前缘线可以等价为自由流面法中的上表面底部型线,以及下表面底部型线,或者前缘线水平投影型线等,后面则用"乘波体几何特征型线"来代表此要素。

根据上述分析,本章乘波设计基本方法介绍围绕这三个要素展开。由于乘波体几何特征型线和激波型线实际上均受基准流场和基准激波的约束,2.3节先介绍基准流场的设计方法。2.4 节介绍乘波设计所需的第二个重要输入条件——基准激波或者激波底部型线的设计方法。随后的 2.5 节介绍乘波设计中的另外一个重要输入条件,即乘波体几何特征型线的设计方法。乘波体几何特征型线包括了上表面底部型线、前缘线水平投影型线、下表面底部型线及三维前缘线等多种类型,还可以是这些型线的各种组合形式。鉴于基准流场和乘波体壁面都可以用流线来描述,乘波设计的核心是围绕流线的设计与求解展开的。在 2.6 节,介绍了获取流场中流线的设计方法,即流线追踪方法。流线追踪方法是用于求解流线的基本工具,本章中将对流线追踪方法的物理模型进行详细介绍,并给出其在二维/轴对称流场中的公式推导过程,以及三维形式的流线追踪方程。2.7 节还简单介绍一些常用的气动特性评估工具,包括工程估算方法及数值计算方法等,并给出具有风洞试验数据的标模设计实例。

在本章讨论相关设计方法时引入了一些重要的概念,如基准流场、几何特征型线、激波型线等。在深入研究乘波体各种设计方法和应用之前,需要理解和掌握这些基本概念和基本设计思路,它们是所有乘波体设计方法的基础。

需要指出的是,当前乘波设计基本都是通过计算机编程实现的,因此所有乘波设计方法实际上是指这三个要素的设计方法及其实现程序,以及乘波体三维几何模型的建模实现工具等。一些简单乘波体的乘波面可以根据理论推导获得解析解,采用数学公式来描述这样一个空间曲面,并且能够很方便地使用三维几何建模软件生成它的三维几何数字模型。而目前绝大部分乘波体设计采用了计算机编程的方法,乘波面是由数值计算获得的一个三维空间点的集合(点云)来描述的。采用三维几何建模软件,根据这样一个点云集合,生成乘波面的三维几何数字模型是需要一些技巧的。通常是获取组成乘波面的一系列三维流线,利用三维几何建模软件,将这些三维流线进行组合放样,最终获得乘波面的三维几何模型。由于三维几何建模软件使用方法的介绍较多,本书不对该部分内容进行介绍。

2.3　基准流场设计

乘波体构型通常是在定常无黏超声速流场中通过流线追踪等方法构建得到的[2],该无黏流场称为基准流场。乘波设计中,基准流场类型决定了该激波流场中流线的主要形态特征。由乘波体前缘出发的流线构成了乘波面,其分布规律决定了乘波面的区域特征。乘波面的区域特征,也就是面特征,又是决定乘波体高超声速气动特性的主要因素。因此,基准流场是决定乘波体高超声速气动特性的一个重要方面。而构成乘波面的这些流线是由乘波体外轮廓型线进行约束的,尤其是乘波体的前缘线。作为输入条件或者是设计要素之一的乘波体几何轮廓型线,决定了乘波体(或者说乘波面)外轮廓的主要特性,包括其展向、纵向和高度方向的轮廓变化规律,但其不一定对乘波体的气动特性产生重大影响。

由于基准流场决定了乘波体构型的基本气动特性,它是乘波设计的技术基础。因此,在 1959 年至今的 60 多年里,众多研究者不断地尝试使用各种基准流场进行乘波设计,以获得高性能的乘波体构型。在这些流场中,使用维度进行分类,主要包括两类,即二维/轴对称流场和三维流场。

基准流场设计方法是指获得基准流场的方法,也就是求解基准流场的方法。所谓求解基准流场,就是采用一些方法和手段,获得一个特定空间中,与具体空间位置相关联的高超声速流场的流动物理信息,即流场参数。

基准流场求解方法与基准流场类型相关,不同的基准流场类型,其求解方法不同。

目前的基准流场设计方法主要包括斜激波关系式方法[10]、高超声速小扰动方法(摄动理论)[2,3]、锥形流理论方法[11]、特征线方法(method of characteristics,MOC)[2,3,12,13]、空间推进方法[14]、计算流体动力学(computational fluid dynamics,CFD)方法等。

其中,斜激波关系式方法主要用于求解二维楔形流场;锥形流理论方法用于求解无旋圆锥绕流(轴对称)流场;而特征线方法面向的是一般超声速流场,包括直激波/弯曲激波的无旋/有旋流场等;CFD方法则可以拓展到更为一般的三维流场的求解。特别地,当基准流场中存在亚声速流动时,只能通过CFD方法进行求解。

斜激波关系式方法、锥形流理论方法和特征线方法因为其求解流场的高精度和高效率,以及非常方便的参数化拓展,成为应用最为广泛的三种基准流场求解方法。本章着重介绍这三种方法,对其他基准流场求解方法只做简单介绍,指出其主要应用范围。

2.3.1 斜激波关系式基准流场设计方法

楔导乘波体(wedge-derived waverider)的基准流场是二维尖楔绕流场,该流场可以通过斜激波关系式快速精确求解。斜激波关系式是由斜激波波前(1区)参数求解波后(2区)参数的关系式,包括密度、静压、静温、速度、马赫数,以及激波角β与气流偏转角δ等,斜激波前后马赫数与速度关系参见图2.2,具体物理量计算表达式见式(2.1)。

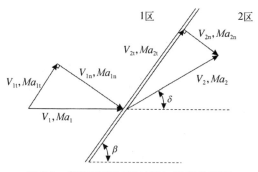

图 2.2 斜激波前后马赫数与速度关系图

$$
\left\{
\begin{aligned}
&\frac{\rho_2}{\rho_1} = \frac{\dfrac{\gamma+1}{2}Ma_1^2\sin^2\beta}{1+\dfrac{\gamma-1}{2}Ma_1^2\sin^2\beta} = \frac{Ma_1^2\sin^2\beta}{1+\dfrac{\gamma-1}{\gamma+1}(Ma_1^2\sin^2\beta-1)} \\[2mm]
&\frac{p_2}{p_1} = 1+\frac{2\gamma}{\gamma+1}(Ma_1^2\sin^2\beta-1) \\[2mm]
&\frac{T_2}{T_1} = \frac{\left[2\gamma Ma_1^2\sin^2\beta-(\gamma-1)\right]\left[(\gamma-1)Ma_1^2\sin^2\beta+2\right]}{(\gamma+1)^2 Ma_1^2\sin^2\beta} \\[2mm]
&\frac{V_2}{V_1} = \frac{\sin\beta}{\sin(\beta-\delta)}\left[\frac{2}{(\gamma+1)Ma_1^2\sin^2\beta}+\frac{\gamma-1}{\gamma+1}\right] \\[2mm]
&Ma_2^2 = \frac{Ma_1^2+\dfrac{2}{\gamma-1}}{\dfrac{2\gamma}{\gamma-1}Ma_1^2\sin^2\beta-1}+\frac{2Ma_1^2\cos^2\beta}{(\gamma-1)Ma_1^2\sin^2\beta+2} \\[2mm]
&\tan\delta = 2\cot\beta\,\frac{Ma_1^2\sin^2\beta-1}{Ma_1^2(\gamma+\cos2\beta)+2}
\end{aligned}
\right.
\tag{2.1}
$$

其中, Ma 为马赫数; ρ 为密度; β 为激波角; γ 为气体比热比; p 为静压; T 为静温; δ 为波后气流相对自由流的流动偏转角,对于无黏楔形流场,波后气流平行于楔面,即半楔角(假设尖楔上下对称,图2.1仅显示上半部分流场);下标1,2分别表示波前与波后。

根据无黏流动特征,假设已知波前马赫数、激波角(或者半楔角),以及其他流场物理量,包括压力、密度、温度等,则波后流场所有物理量(压力、密度、温度、速度或马赫数等)可以根据式(2.1)求解得到,也就设计得到了该二维尖楔绕流基准流场。

斜激波关系式是利用正激波关系式,将正激波波后参数计算式中的波前马赫数 Ma_{1n} 换为斜激波的波前法向马赫数 $Ma_1\sin\beta$ 得到的。鉴于斜激波关系式在一般乘波体基准流场设计中的重要性及它有利于提高学习者对于乘波体激波附体特性的认识,下面给出详细推导过程。

斜激波模型如图2.2所示,取斜激波沿法线方向的包含正激波的控制体模型如图2.3所示,该控制体的质量、动量和能量守恒方程如式(2.2)~式(2.4)所示。

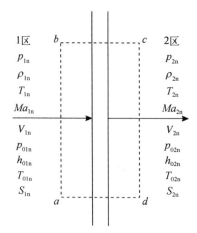

图 2.3   包含正激波的控制体模型

质量守恒方程：

$$\rho_1 V_{1n} = \rho_2 V_{2n} = \dot{m}_s \qquad (2.2)$$

动量守恒方程：

$$\rho_2 V_{2n}^2 - \rho_1 V_{1n}^2 = p_1 - p_2 \qquad (2.3)$$

能量守恒方程：

$$h_1 + \frac{V_{1n}^2}{2} = h_2 + \frac{V_{2n}^2}{2} \qquad (2.4)$$

热完全气体状态方程：

$$p = \rho R T \qquad (2.5)$$

对于量热完全气体：

$$h = c_p T = \frac{\gamma}{\gamma - 1} \frac{p}{\rho} \qquad (2.6)$$

1. 正激波前后压力比的计算

改写动量守恒方程(2.3)，并应用质量守恒方程(2.2)，得

$$p_1 - p_2 = \dot{m}_s (V_{2n} - V_{1n}) = \dot{m}_s^2 \left(\frac{1}{\rho_2} - \frac{1}{\rho_1} \right) \qquad (2.7)$$

将能量守恒方程(2.4)改写为

$$h_1 + \frac{1}{2} \frac{\dot{m}_s^2}{\rho_1^2} = h_2 + \frac{1}{2} \frac{\dot{m}_s^2}{\rho_2^2} \qquad (2.8)$$

将式(2.7)和式(2.8)合并，得

$$h_1 - h_2 + \frac{1}{2} \left(\frac{1}{\rho_1} + \frac{1}{\rho_2} \right) (p_1 - p_2) = 0 \qquad (2.9)$$

对于量热完全气体，将 h 的表达式(2.6)代入式(2.9)，可得

$$\frac{p_2}{p_1} = \frac{\dfrac{\gamma + 1}{\gamma - 1} \dfrac{\rho_2}{\rho_1} - 1}{\dfrac{\gamma + 1}{\gamma - 1} - \dfrac{\rho_2}{\rho_1}} \qquad (2.10)$$

2. 正激波前后速度比的计算

对于量热完全气体,动量守恒方程式(2.3)可改写为

$$V_{2n} - V_{1n} = \frac{p_1}{\dot{m}_s} - \frac{p_2}{\dot{m}_s} = \frac{p_1}{\rho_1 V_{1n}} - \frac{p_2}{\rho_2 V_{2n}} = \frac{a_1^2}{\gamma V_{1n}} - \frac{a_2^2}{\gamma V_{2n}} \tag{2.11}$$

再利用由临界声速表达的能量方程

$$\frac{a^2}{\gamma - 1} + \frac{V^2}{2} = \frac{a^{*2}}{\gamma - 1} + \frac{a^{*2}}{2} = \frac{\gamma + 1}{\gamma - 1} \frac{a^{*2}}{2} \tag{2.12}$$

得

$$\frac{a_1^2}{\gamma - 1} = \frac{\gamma + 1}{\gamma - 1} \frac{a^{*2}}{2} - \frac{V_1^2}{2} \tag{2.13}$$

$$\frac{a_2^2}{\gamma - 1} = \frac{\gamma + 1}{\gamma - 1} \frac{a^{*2}}{2} - \frac{V_2^2}{2} \tag{2.14}$$

其中,a 为当地声速;a^* 为临界声速。

将式(2.13)和式(2.14)代入式(2.11),得

$$V_{2n} - V_{1n} = \frac{\gamma - 1}{2\gamma}(V_{2n} - V_{1n}) + \frac{\gamma + 1}{2\gamma} a^{*2} \left(\frac{1}{V_{1n}} - \frac{1}{V_{2n}} \right) \tag{2.15}$$

或

$$(V_{2n} - V_{1n}) \left(1 - \frac{\gamma - 1}{2\gamma} \right) = \frac{\gamma + 1}{2\gamma} \frac{a^{*2}}{V_{1n} V_{2n}} (V_{2n} - V_{1n}) \tag{2.16}$$

由于激波前后 $V_1 \neq V_2$,得

$$V_{2n} V_{1n} = a_n^{*2} \tag{2.17}$$

或

$$Ma_{1n}^* Ma_{2n}^* = 1 \tag{2.18}$$

3. 正激波前后其他参数比的计算

下面进一步导出激波前后气流参数比与波前马赫数的关系。由质量守恒方程(2.2)得

$$\frac{\rho_2}{\rho_1} = \frac{V_{1n}}{V_{2n}} = \frac{V_{1n}^2}{V_{1n} V_{2n}} = \frac{V_{1n}^2}{a^{*2}} = Ma_{1n}^{*2} \tag{2.19}$$

页眉

再根据特征马赫数与马赫数的关系：

$$Ma_{1n}^{*2} = \frac{\dfrac{\gamma+1}{2}Ma_{1n}^2}{1+\dfrac{\gamma-1}{2}Ma_{1n}^2} \tag{2.20}$$

得

$$\frac{\rho_2}{\rho_1} = \frac{\dfrac{\gamma+1}{2}Ma_{1n}^2}{1+\dfrac{\gamma-1}{2}Ma_{1n}^2} = \frac{Ma_{1n}^2}{1+\dfrac{\gamma-1}{\gamma+1}(Ma_{1n}^2-1)} \tag{2.21}$$

根据动量守恒方程(2.3)，并利用声速公式和式(2.19)得

$$\frac{p_2-p_1}{p_1} = \frac{\rho_1 V_{1n}}{p_1}(V_{1n}-V_{2n}) = \frac{\rho_1 V_{1n}^2}{p_1}\left(1-\frac{V_{2n}}{V_{1n}}\right) = \gamma Ma_{1n}^2\left(1-\frac{1}{Ma_{1n}^{*2}}\right) \tag{2.22}$$

再代入特征马赫数与马赫数的关系式(2.20)后整理得

$$\frac{p_2}{p_1} = 1 + \frac{2\gamma}{\gamma+1}(Ma_{1n}^2-1) = \frac{2\gamma}{\gamma+1}Ma_{1n}^2 - \frac{\gamma-1}{\gamma+1} \tag{2.23}$$

计算得到激波前后密度比和压力比后，根据热完全气体的状态方程就可以进一步得到激波前后的温度比，为

$$\frac{T_2}{T_1} = \frac{p_2/p_1}{\rho_2/\rho_1} = \frac{[2\gamma Ma_{1n}^2-(\gamma-1)][(\gamma-1)Ma_{1n}^2+2]}{(\gamma+1)^2 Ma_{1n}^2} \tag{2.24}$$

激波前后的马赫数关系为

$$\left(\frac{Ma_{2n}}{Ma_{1n}}\right)^2 = \left(\frac{V_{2n}}{V_{1n}}\right)^2\left(\frac{a_2}{a_1}\right)^2 = \left(\frac{V_{2n}}{V_{1n}}\right)^2\frac{T_2}{T_1} = \frac{1}{Ma_{1n}^{*2}}\frac{T_2}{T_1} \tag{2.25}$$

将式(2.20)和式(2.24)代入后整理得

$$Ma_{2n}^2 = \frac{1+\dfrac{\gamma-1}{2}Ma_{1n}^2}{\gamma Ma_{1n}^2 - \dfrac{\gamma-1}{2}} \tag{2.26}$$

4. 激波角 β 与波后气流偏转角 δ 的关系

由图 2.2 可知激波角 β 与波后气流偏转角 δ 的关系,由图 2.4 所示的斜激波前后法向、切向速度可知波后气流与激波夹角即激波角 β 与波后气流偏转角 δ 的差。

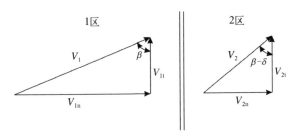

图 2.4　斜激波前后切向、法向速度示意图

根据三角关系,可知:

$$\tan\beta = \frac{V_{1n}}{V_{1t}} \tag{2.27}$$

$$\tan(\beta - \delta) = \frac{V_{2n}}{V_{2t}} \tag{2.28}$$

而斜激波前后切向速度不变,因此有 $V_{1t} = V_{2t}$,再利用质量守恒方程:

$$\rho_1 V_{1n} = \rho_2 V_{2n} \tag{2.29}$$

以及斜激波前后密度比关系式(2.1),得

$$\frac{\tan(\beta - \delta)}{\tan\beta} = \frac{V_{2n}}{V_{1n}} = \frac{\rho_1}{\rho_2} = \frac{2 + (\gamma - 1)Ma_1^2\sin^2\beta}{(\gamma + 1)Ma_1^2\sin^2\beta} \tag{2.30}$$

应用三角函数关系式,式(2.30)可继续整理为

$$\tan\delta = 2\cot\beta \frac{Ma_1^2\sin^2\beta - 1}{Ma_1^2(\gamma + \cos 2\beta) + 2} \tag{2.31}$$

5. 斜激波前后参数比的计算

如前所述,根据正激波前后参数比公式,将其中的波前马赫数 Ma_{1n} 换为斜激波的波前法向马赫数 $Ma_1\sin\beta$,即可得到斜激波前后参数比的关系式(2.1)。

由此,我们即可以根据已知条件的波前流场马赫数、激波角 β(或者半楔角 δ)及其他波前流场物理量,计算获得该尖楔流场所有波后的流场信息,也就是根据斜激波关系式,进行二维尖楔无黏基准流场的设计。

2.3.2　锥形流理论基准流场设计方法

锥形流场是无限长圆锥以零攻角、超声速或者高超声速飞行时产生的无黏轴对称流场,如图 2.5 所示[15],图中 δ 为基本圆锥的半锥角;β 为圆锥激波的半锥角,

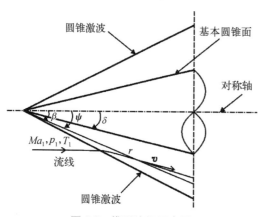

也是纵向对称截面上的激波角;ψ 为一条由顶点出发的射线的半锥角。描述这个锥形流场的控制方程通常称为 Taylor-Maccoll[12,13] 流动控制方程。按照锥形流理论,对于无限长圆锥,当圆锥锥角和自由流马赫数在一定的范围内时,激波附着在圆锥的顶点,形成圆锥激波。由于无黏圆锥流场的相似性,流场中的物理量参数在同一条从圆锥顶点发出的射线上是不变的,

图 2.5　锥形流场示意图

通常称产生该圆锥激波的圆锥为基本圆锥。类似地,在乘波设计中,我们把产生基准流场和基准激波的飞行器称为基准体。

1. 流动模型

附体的圆锥激波,其锥面与自由流的夹角是处处相同的,即激波强度在圆锥激波面上是处处相同的;而紧靠激波后面的流动参数是均匀的,所以圆锥激波后的流动是无旋的。此时,Taylor-Maccoll 流动控制方程组由气体动力学方程和无旋条件组成,即由式(2.32)和式(2.33)组成。

$$(\boldsymbol{V} \cdot \nabla)\left(\frac{V^2}{2}\right) - a^2 \, \nabla \cdot \boldsymbol{V} = 0 \tag{2.32}$$

$$\nabla \times \boldsymbol{V} = 0 \tag{2.33}$$

其中,$\boldsymbol{V}$ 为流场中的速度向量;a 为当地声速。

锥形流场的求解,也就是上述 Taylor-Maccoll 流动控制方程组的求解,一般可以采用如下步骤:轴对称简化、公式变换和数值积分求解。

2. 轴对称简化

轴对称简化指将三维控制方程组在一定条件下简化为轴对称控制方程组,则三维流动问题可以按照轴对称流动问题进行求解,减少了相关计算分析工作量并降低了难度。

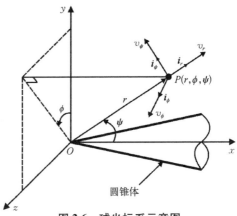

图 2.6 球坐标系示意图

在球坐标系下研究锥形流问题是非常合适的。在如图 2.6 所示的球坐标系下,锥形流场中任意一点 P 的坐标为 (r, ϕ, ψ),且该点的速度可以用 (v_r, v_ϕ, v_ψ) 三个分速度表示[15]。由于零攻角锥形流场的轴对称特性,点 P 的速度 V 与相位角 ϕ 无关,可得式 (2.34)。将其代入三维 Taylor-Maccoll 流动控制方程组,则可得到轴对称形式的 Taylor-Maccoll 流动控制方程组,此时锥形流动的三维问题即可以在球坐标系下简化为某一相位角平面内的轴对称流动问题进行求解。

$$v_\phi = 0 \tag{2.34}$$

3. 公式变换

公式变换过程是在球坐标系内,将 Taylor-Maccoll 流动控制方程组采用无量纲形式进行化简,将偏微分方程转换为常微分方程。

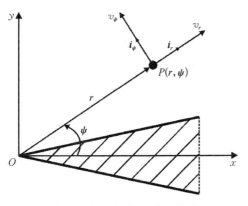

图 2.7 相位角为 ϕ_0 的二维球
坐标系示意图[15]

建立通过基准圆锥轴向(x 轴)且相位角为 ϕ_0 的二维球坐标系(图 2.7),在该平面内任意一点 P 的相位角均为 ϕ_0,分速度 v_ϕ 均为零。故在该二维坐标系下,P 点的坐标可以用 (r, ψ) 表示,该点的速度可以用 (v_r, v_ψ) 两个分速度表示。

在如上所述的二维球坐标系下,速度向量 V 和其梯度 ∇V、散度 $\nabla \cdot V$、旋度算子 $\nabla \times V$ 可以取以下的形式。

$$V = v_r \boldsymbol{i}_r + v_\psi \boldsymbol{i}_\psi \tag{2.35}$$

$$\nabla \, V = \frac{1}{r^2} \frac{\partial}{\partial r}(r^2 v_r) + \frac{1}{r\sin\psi} \frac{\partial}{\partial \psi}(\sin\psi \, v_\psi) \tag{2.36}$$

$$\nabla \cdot V = v_r \frac{\partial}{\partial r} + \frac{v_\psi}{r} \frac{\partial}{\partial \psi} \tag{2.37}$$

$$\nabla \times V = \frac{1}{r^2 \sin\psi} \begin{vmatrix} \boldsymbol{i}_r & r\boldsymbol{i}_\psi & r\sin\psi \, \boldsymbol{i}_\phi \\ \dfrac{\partial}{\partial r} & \dfrac{\partial}{\partial \psi} & 0 \\ v_r & rv_\psi & 0 \end{vmatrix} \tag{2.38}$$

将式(2.38)展开,得到

$$\nabla \times V = \frac{1}{r} \left[\frac{\partial}{\partial r}(rv_\psi) - \frac{\partial v_r}{\partial \psi} \right] \boldsymbol{i}_\phi \tag{2.39}$$

将式(2.36)、式(2.37)以及式(2.39)代入式(2.32)和式(2.33),略去对 r 和 ϕ 的各阶导数项,就得到

$$v_\psi \left(v_r \frac{\partial v_r}{\partial \psi} + v_\psi \frac{\partial v_\psi}{\partial \psi} \right) - a^2 \left(\frac{\partial v_\psi}{\partial \psi} + 2v_r + v_\psi \cot\psi \right) = 0 \tag{2.40}$$

$$v_\psi - \frac{\partial v_r}{\partial \psi} = 0 \tag{2.41}$$

由于流动参数仅取决于球面角 ψ,那么关于 ψ 的偏导数就可以用导数表示,即

$$\frac{\partial}{\partial \psi} = \frac{\mathrm{d}}{\mathrm{d}\psi} \tag{2.42}$$

于是式(2.41)就变为

$$v_\psi - \frac{\mathrm{d}v_r}{\mathrm{d}\psi} = 0 \tag{2.43}$$

引入自由流的临界声速 a^* 对 v_r、v_ψ 进行无量纲化,于是有

$$v_r^* = \frac{v_r}{a^*} \tag{2.44}$$

$$v_\psi^* = \frac{v_\psi}{a^*} \tag{2.45}$$

将式(2.44)和式(2.45)代入式(2.40)和式(2.43)并简化,得到 Taylor-Maccoll 流动模型的控制方程为

$$\frac{\mathrm{d}v_r^*}{\mathrm{d}\psi} = v_\psi^* \tag{2.46}$$

$$\frac{\mathrm{d}v_\psi^*}{\mathrm{d}\psi} = -v_r^* + \frac{\left(\dfrac{a}{a^*}\right)^2 (v_r^* + v_\psi^* \cot\psi)}{v_\psi^{*2} - \left(\dfrac{a}{a^*}\right)^2} = f(\psi, v_r^*, v_\psi^*) \tag{2.47}$$

对于理想气体, a 与 a^* 之间的状态方程为

$$\left(\frac{a}{a^*}\right)^2 = \frac{\gamma+1}{2} - \frac{\gamma-1}{2}M^{*2} \tag{2.48}$$

其中,

$$M^{*2} = \left(\frac{V}{a^*}\right)^2 = v_r^{*2} + v_\psi^{*2} \tag{2.49}$$

4. 数值积分求解

式(2.46)和式(2.47)构成一组耦合的常微分方程组,通常采用数值积分方法进行求解。如图 2.8 所示,在相位角为 ϕ_0 的锥形流场中,可以先给定自由流马

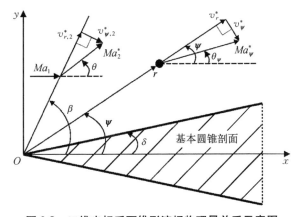

图 2.8　二维坐标系下锥形流场物理量关系示意图

赫数 Ma_1 和基本圆锥半锥角 δ,通过数值积分方法解出激波角 β 和激波后的流动参数,包括无量纲速度分量 v_r^* 和 v_ψ^*。

在乘波设计过程中,也可以先给定自由流马赫数和激波角。在轴对称流场中,可以采用数值积分的方法对二者进行等价求解。

本书给出求解该常微分方程组的范例:在给定自由流马赫数 Ma_1 和激波角 β 的条件下,通过数值积分计算得到基本圆锥半锥角 δ,然后计算获得任意球面角 ψ_e($\delta \leqslant \psi_e \leqslant \beta$) 处的速度分布 $v_r^*(\psi_e)$ 和 $v_\psi^*(\psi_e)$。根据上述步骤,首先求解基本圆锥半锥角 δ 的具体步骤如下。

(1)给定自由流马赫数 Ma_1 和激波角 β。

(2)确定数值积分的角度步长,即

$$\Delta\psi = -\frac{\beta}{N} \tag{2.50}$$

其中,N 表示在激波与锥面之间所设定的积分计算步数。

(3)计算数值积分初始条件。

如图 2.8 所示,根据自由流马赫数 Ma_1 和激波角 β 计算激波后的速度 $v_{r,2}^*$ 和 $v_{\psi,2}^*$,该参数作为数值积分的初始条件。对于理想气体,激波前后各种参数比可由斜激波关系式得到,计算 $v_{r,2}^*$ 和 $v_{\psi,2}^*$ 所需要的公式如下所示。

$$Ma_1^* = \left[\frac{(\gamma + 1)Ma_1^2}{2 + (\gamma - 1)Ma_1^2}\right]^{\frac{1}{2}} \tag{2.51}$$

$$\frac{\tan(\beta - \theta)}{\tan\beta} = \frac{\rho_1}{\rho_2} = \frac{2}{\gamma + 1}\left(\frac{1}{Ma_1^2\sin^2\beta} + \frac{\gamma - 1}{2}\right) \tag{2.52}$$

$$\frac{Ma_2^*}{Ma_1^*} = \frac{\dfrac{V_2}{a^*}}{\dfrac{V_1}{a^*}} = \frac{V_2}{V_1} = \frac{\cos\beta}{\cos(\beta - \theta)} \tag{2.53}$$

$$v_{r,2}^* = Ma_2^*\cos(\beta - \theta) \tag{2.54}$$

$$v_{\psi,2}^* = -Ma_2^*\sin\beta \tag{2.55}$$

其中,下标 1 表示自由流参数;下标 2 表示激波后参数。

首先由式(2.51)求解 Ma_1^*,其次由式(2.52)求解角度 $\beta - \theta$,再次由式(2.53)求解波后马赫数 Ma_2^*,最后由式(2.54)和式(2.55)分别求解激波后速度 $v_{r,2}^*$ 和 $v_{\psi,2}^*$。

(4)数值积分求解基本圆锥半锥角。

由第(3)步确定的初始条件开始,从激波角 β 出发,采用四阶 Runge-Kutta 法对式(2.46)和式(2.47)构成的常微分方程组进行数值积分,直到 v_ψ^* 等于零时,停止计算。因为如图 2.8 所示的坐标系中,激波后速度 v_ψ^* 小于零,在锥面处 $v_{\psi,n}^*$ 等于零,所以 $v_{\psi,n}^*$ 等于零时的位置即基本圆锥的锥面,此处的 ψ 就等于基本圆锥半锥角 δ。

式(2.46)和式(2.47)构成的常微分方程组采用四阶 Runge-Kutta 法的递推计算公式如下:

$$
\begin{cases}
v_{r,n+1}^* = v_{r,n}^* + \dfrac{1}{6}(k_1 + 2k_2 + 2k_3 + k_4) \\[2mm]
v_{\psi,n+1}^* = v_{\psi,n}^* + \dfrac{1}{6}(l_1 + 2l_2 + 2l_3 + l_4) \\[2mm]
k_1 = v_{\psi,n}^* \Delta\psi \\[2mm]
l_1 = f(\psi_n, v_{r,n}^*, v_{\psi,n}^*) \Delta\psi \\[2mm]
k_2 = (v_{\psi,n}^* + 0.5l_1) \Delta\psi \\[2mm]
l_2 = f(\psi_n + 0.5\Delta\psi, v_{r,n}^* + 0.5k_1, v_{\psi,n}^* + 0.5l_1) \Delta\psi \\[2mm]
k_3 = (v_{\psi,n}^* + 0.5l_2) \Delta\psi \\[2mm]
l_3 = f(\psi_n + 0.5\Delta\psi, v_{r,n}^* + 0.5k_2, v_{\psi,n}^* + 0.5l_2) \Delta\psi \\[2mm]
k_4 = (v_{\psi,n}^* + l_3) \Delta\psi \\[2mm]
l_4 = f(\psi_n + \Delta\psi, v_{r,n}^* + k_3, v_{\psi,n}^* + l_3) \Delta\psi
\end{cases}
\tag{2.56}
$$

其中,函数 $f(\psi_n, v_{r,n}^*, v_{\psi,n}^*)$ 是由式(2.47)定义的。

通过上面的步骤,就计算得到了自由流马赫数 Ma_1 和激波角 β 对应的基本圆锥半锥角 δ。此后,求解球面角 ψ_e 处的速度 $v_r^*(\psi_e)$ 和 $v_\psi^*(\psi_e)$ 的步骤与求解基本圆锥半锥角 δ 的过程类似,具体如下。

(1)给定激波角 β,球面角 $\psi_e(\delta \leqslant \psi_e \leqslant \beta)$,自由流马赫数 Ma_1。

(2)确定数值积分的角度步长,即

$$\Delta\psi = -\frac{\beta - \psi_e}{N} \tag{2.57}$$

其中，N 表示在激波与球面角为 ψ_e 的锥面之间所设定的积分计算步数。

（3）计算数值积分初始条件。

初值条件与求解基本圆锥半锥角 δ 时的初值条件相同，均为紧靠激波下游处的速度 $v_{r,2}^*$ 和 $v_{\psi,2}^*$。

（4）数值积分求解流场参数。

由第（3）步确定的初始条件开始，从激波角 β 出发，采用四阶 Runge-Kutta 法对式（2.46）和式（2.47）构成的常微分方程组进行数值积分，直到球面角 ψ 等于 ψ_e，此时的 v_r^* 和 v_ψ^* 即 $v_r^*(\psi_e)$ 和 $v_\psi^*(\psi_e)$。四阶 Runge-Kutta 法的递推公式与求解基本圆锥半锥角时的递推公式（2.56）类似。

通过上面的步骤，就得到了圆锥流场中任意球面角 $\psi_e(\delta \leqslant \psi_e \leqslant \beta)$ 处的速度分布 $v_r^*(\psi_e)$ 和 $v_\psi^*(\psi_e)$；当然，如果需要，还可以得到压强、温度等流动参数。

2.3.3　特征线理论基准流场设计方法

当产生基准流场的基准体不再是简单的尖楔或者圆锥，而是更为一般的基准体时，如曲面楔或曲面锥，此时的基准流场通常已经不再是无旋超声速流动，而是更为一般的有旋超声速流动。这些流动虽然依然是二维/轴对称流场，但很少存在解析方程式，只能通过数值计算方法进行求解。

在求解二维/轴对称超声速流场的数值计算方法中，特征线方法[16,17]因其精确和高效的特点，被广泛应用于各种超声速流场的设计和求解过程中。例如，Goonko 等[18]利用特征线方法求解内锥流场并作为内锥乘波体设计的基准流场；贺旭照等[19,20]在设计曲面锥乘波体构型时，利用 Taylor-Maccoll 流动控制方程求解尖锥绕流的数值解，并作为初值线，应用特征线方法求解了绕零攻角曲面锥的超声速基准流场；德国航空太空中心（Deutsches Zentrum für Luft-und Raumfahrt e.V., DLR）的 Sobieczky 等[21]应用吻切轴对称理论来设计乘波体构型时，也是利用特征线方法求解吻切平面内的轴对称基准流场；尤延铖等[22,23]、Yu 等[24]、Huang 等[25]在设计内乘波时均是利用特征线方法快速求解基准流场；李永洲等[26]在进行前后缘型线同时可控的乘波体设计时，利用特征线方法求解马赫数可控的外锥形基准流场。

本节详细介绍特征线方法的基本理论，应用特征线方法求解外压缩轴对称流场所用到的典型单元过程的数值算法,以及应用特征线理论设计并求解外压缩轴对称流场的具体设计方法。

1. 特征线理论及控制方程

特征线是物理扰动的传播轨迹,它也是信息在超声速流场中传播的载体,在定常二维超声速无旋流场中,特征线就是流动的马赫线;而在有旋流场中,特征线包括马赫线和流线。特征线方法是一种基于特征线概念的步进型数值方法,它是求解双曲型偏微分方程最精确和高效的数值方法[16,17]。

1) 流场控制方程组

对于一个等熵无黏流动来说,声速方程可以用来代替能量方程。因此,有下列控制方程组。

(1) 连续方程:

$$\nabla \cdot (\rho V) = 0 \tag{2.58}$$

(2) 动量方程:

$$\rho \frac{DV}{Dt} + \nabla p = 0 \tag{2.59}$$

(3) 声速方程:

$$\frac{Dp}{Dt} - a^2 \frac{D\rho}{Dt} = 0 \tag{2.60}$$

对于一个二维/轴对称流动,方程用笛卡儿坐标系来表示时,可以变换成下列方程:

$$\rho u_x + \rho v_y + u\rho_x + v\rho_y + \delta \rho v / y = 0 \tag{2.61}$$

$$\rho u u_x + \rho v u_y + p_x = 0 \tag{2.62}$$

$$\rho u v_x + \rho v v_y + p_y = 0 \tag{2.63}$$

$$u p_x + v p_y - a^2 u \rho_x - a^2 v \rho_y = 0 \tag{2.64}$$

其中,对于平面流动,$\delta = 0$;对于轴对称流动,$\delta = 1$。

2) 特征线方程

式(2.61)~式(2.64)中包含流场未知物理量 p、ρ、u、v,是对自变量的一阶偏微分方程组。在定常二维超声速情况下,其求解可以使用特征线法。将式式(2.61)~式(2.64)分别乘以未知数 $\sigma_1 \sim \sigma_4$(是方程自变量和因变量的函数),并相加进行特征线和相容性方程的推导。相加方程如下:

$$
\begin{aligned}
&\sigma_1(\rho u_x + \rho v_y + u\rho_x + v\rho_y + \delta\rho v/y) \\
&+ \sigma_2(\rho u u_x + \rho v u_y + p_x) + \sigma_3(\rho u v_x + \rho v v_y + p_y) \\
&+ \sigma_4(u p_x + v p_y - a^2 u \rho_x - a^2 v \rho_y) = 0
\end{aligned}
\tag{2.65}
$$

根据式(2.65),把 u、v、p 和 ρ 对 x、y 的一阶导数项的系数分别提出,得

$$
\begin{aligned}
&(\rho\sigma_1 + \rho u\sigma_2)\left(u_x + \frac{\rho v\sigma_2}{\rho\sigma_1 + \rho u\sigma_2}u_y\right) + \rho u\sigma_3\left(v_x + \frac{\rho\sigma_1 + \rho v\sigma_3}{\rho u\sigma_3}v_y\right) \\
&+ (\sigma_2 + u\sigma_4)\left(p_x + \frac{\sigma_3 + v\sigma_4}{\sigma_2 + u\sigma_4}p_y\right) + (u\sigma_1 - a^2 u\sigma_4)\left(p_x + \frac{v\sigma_1 - a^2 v\sigma_4}{u\sigma_1 - a^2 u\sigma_4}p_y\right) \\
&+ \sigma_1\delta\rho v/y = 0
\end{aligned}
\tag{2.66}
$$

式(2.66)中,考虑特征线的斜率 $\dfrac{\mathrm{d}y}{\mathrm{d}x} = \lambda$,即特征值 λ 是 u、v、p 和 ρ 对 y 的导数项的系数,即

$$
\lambda = \frac{v\sigma_2}{\sigma_1 + u\sigma_2}, \qquad \lambda = \frac{\sigma_1 + v\sigma_3}{u\sigma_3}, \qquad \lambda = \frac{\sigma_3 + v\sigma_4}{\sigma_2 + u\sigma_4}, \qquad \lambda = \frac{v\sigma_1 - a^2 v\sigma_4}{u\sigma_1 - a^2 u\sigma_4}
\tag{2.67}
$$

考虑 u、v、p 和 ρ 是连续的情况(不包含激波),将如下因变量全微分方程:

$$
\frac{\mathrm{d}u}{\mathrm{d}x} = u_x + \lambda u_y, \qquad \frac{\mathrm{d}v}{\mathrm{d}x} = v_x + \lambda v_y, \qquad \frac{\mathrm{d}p}{\mathrm{d}x} = p_x + \lambda p_y, \qquad \frac{\mathrm{d}\rho u}{\mathrm{d}x} = \rho_x + \lambda\rho_y
$$

代入式(2.66),于是式(2.66)变成:

$$
\rho(\sigma_1 + u\sigma_2)\mathrm{d}u + \rho u\sigma_3\mathrm{d}v + (\sigma_2 + u\sigma_4)\mathrm{d}p + u(\sigma_1 - a^2\sigma_4)\mathrm{d}\rho + \sigma_1\delta\rho v/y\,\mathrm{d}x = 0
\tag{2.68}
$$

式(2.68)就是相容性方程,它沿着由式(2.67)所确定的特征线成立。

　　求解式(2.67)和式(2.68)联立的方程组,即相当于求解流场控制方程组式(2.61)~式(2.64)。求解步骤是首先求解特征值 λ,并从式(2.68)中消去未知系数 $\sigma_1 \sim \sigma_4$,即可得到各物理量 u、v、p 和 ρ 的值。

根据特征线方程求解特征值 λ，把式(2.67)写为 $\sigma_1 \sim \sigma_4$ 的代数方程组，得

$$\sigma_1 \cdot \lambda + \sigma_2 \cdot (u\lambda - v) + \sigma_3 \cdot 0 + \sigma_4 \cdot 0 = 0 \qquad (2.69)$$

$$\sigma_1 \cdot (-1) + \sigma_2 \cdot 0 + \sigma_3 \cdot (u\lambda - v) + \sigma_4 \cdot 0 = 0 \qquad (2.70)$$

$$\sigma_1 \cdot 0 + \sigma_2 \cdot \lambda + \sigma_3 \cdot (-1) + \sigma_4 \cdot (u\lambda - v) = 0 \qquad (2.71)$$

$$\sigma_1 \cdot (u\lambda - v) + \sigma_2 \cdot 0 + \sigma_3 \cdot 0 + \sigma_4 \cdot [-a^2(u\lambda - v)] = 0 \qquad (2.72)$$

因为式(2.69)~式(2.72)中各 σ 存在不等于零的解，所以这四个方程系数矩阵的行列式必须等于零。根据定义，令 $S = (u\lambda - v)$，则系数矩阵行列式为

$$\begin{vmatrix} \lambda & S & 0 & 0 \\ -1 & 0 & S & 0 \\ 0 & \lambda & -1 & S \\ S & 0 & 0 & -a^2 S \end{vmatrix} = 0 \qquad (2.73)$$

展开行列式，得

$$S^2[S^2 - a^2(1 + \lambda^2)] = 0 \qquad (2.74)$$

式(2.74)是 λ 的四阶代数方程式，因此，应该得到四个根(对应四条特征线)，这个四阶方程可表达为两个二次因子项的乘积。令这两个因子中的一个等于零，就能得到四个根中的两个；再令另一个因子等于零，就得到另外两个根。

先取式(2.74)中的第一个二次因子项 S^2 等于零，得

$$\left(\frac{\mathrm{d}y}{\mathrm{d}x}\right)_0 = \lambda_0 = \frac{v}{u} \qquad (2.75)$$

式(2.75)显示特征值 λ 是重根，表示该特征线是流线，用下标 0 表示该流线。由此可知，在有旋流动中，流线是一条重特征线。

取式(2.74)中的第二个二次因子项等于零，可以得到其余两个根，即把 $S = (u\lambda - v)$ 代入 $[S^2 - a^2(1 + \lambda^2)]$，得

$$(u^2 - a^2)\lambda^2 - 2uv\lambda + (v^2 - a^2) = 0 \qquad (2.76)$$

$$\lambda_\pm = \frac{uv \pm a^2\sqrt{M^2 - 1}}{u^2 - a^2} \qquad (2.77)$$

由特征值的解可知，有旋流动中其余两条特征线就是马赫线，即如式(2.78)

所示:

$$\left(\frac{dy}{dx}\right)_{\pm} = \lambda_{\pm} = \tan(\theta \pm \alpha) \qquad (2.78)$$

因此,在有旋流动中,通过流场中的每一点有三条互不相同的特征线: 流线和两条马赫线。

3) 相容性方程

为了从相容性方程式(2.68)中求解物理量,沿着流线有式(2.75),式(2.69)~式(2.72)可简化为

$$\begin{cases} \sigma_1 \lambda = 0 \\ \sigma_1 = 0 \\ \sigma_2 \lambda - \sigma_3 = 0 \\ 0 = 0 \end{cases} \qquad (2.79)$$

根据式(2.79),知 $\sigma_1 = 0$, $\sigma_3 = \sigma_2 \lambda$, σ_2 和 σ_4 是任意的。把 σ 的这些值代入式(2.68),得

$$\sigma_2(\rho u du + \rho v dv + dp) + \sigma_4(u dp - a^2 u d p) = 0 \qquad (2.80)$$

因为 σ_2 和 σ_4 是任意的,所以它们的系数必须同样是零,即,沿流线有

$$\rho u du + p v dv + dp = 0 \qquad (2.81)$$

$$dp - a^2 d\rho = 0 \qquad (2.82)$$

在马赫线上,式(2.74)中的第二个二次因子项是零,即

$$S^2 - a^2(1 + \lambda^2) = 0 \qquad (2.83)$$

因此沿着马赫线,式(2.69)~式(2.72)变成:

$$\sigma_1 \lambda = -\sigma_2 S \qquad (2.84)$$

$$\sigma_1 = S \sigma_3 \qquad (2.85)$$

$$\sigma_4 = \sigma_3(1 + \lambda^2)/S \qquad (2.86)$$

$$\sigma_4 = \sigma_3 S/a^2 \qquad (2.87)$$

式(2.86)与式(2.87)等价,可以由式(2.83)代入得到。把式(2.84)~式(2.86)均化作 σ_3 形式,代入式(2.68),消去 σ_3,就得到沿马赫线成立的相容性方程,即

$$- \rho v \mathrm{d}u - \rho u \mathrm{d}v + [\lambda_\pm - u(u\lambda_\pm - v)/a^2]\mathrm{d}p - \delta\rho v(u\lambda_\pm - v)/y\mathrm{d}x = 0 \tag{2.88}$$

其中,下标+、-分别表示 C_+ 和 C_-(或左行和右行)马赫线。

根据图 2.9 可知:

$$u = V\cos\theta, \qquad v = V\sin\theta, \qquad \theta = \arctan\frac{v}{u} \tag{2.89}$$

$$\alpha = \sin^{-1}\left(\frac{1}{Ma}\right), \qquad Ma = \csc\alpha, \qquad \sqrt{Ma^2 - 1} = \frac{1}{\tan\alpha} \tag{2.90}$$

其中,u 和 v 表示速度 V 的分量;α 表示马赫角;Ma 表示马赫数。

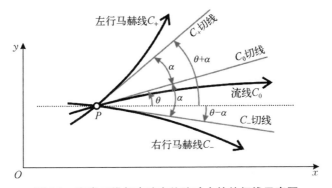

图 2.9　定常二维超声速有旋流动中的特征线示意图

把式(2.89)和式(2.90)代入式(2.88),就可以得到以 V、θ 和 Ma 表示的相容性方程式(2.88)的另一种形式,即

$$\frac{\sqrt{Ma^2 - 1}}{\rho V^2}\mathrm{d}p_\pm \pm \mathrm{d}\theta_\pm + \delta\left[\frac{\sin\theta \mathrm{d}x_\pm}{yMa\cos(\theta \pm \alpha)}\right] = 0 \tag{2.91}$$

如图 2.9 所示,在二维有旋流动中,通过流场的任意一点 P 有三条特征线,即一条流线 C_0、一条左行马赫线 C_+ 和一条右行马赫线 C_-。沿流线有一个特征线方程并存在两个相容性方程,沿两条马赫线各有一个特征线方程并各有一个相容性方程。综上给出定常二维等熵超声速有旋流动的特征线和相容性方程。

沿流线的特征线方程为

$$\left(\frac{\mathrm{d}y}{\mathrm{d}x}\right)_0 = \lambda_0 = \frac{v}{u} \qquad (2.92)$$

其中,下标 0 表示沿流线的参数。

沿左行、右行马赫线的特征线方程为

$$\left(\frac{\mathrm{d}y}{\mathrm{d}x}\right)_{\pm} = \lambda_{\pm} = \tan(\theta \pm \alpha) \qquad (2.93)$$

沿流线的相容性方程为

$$\rho V \mathrm{d}V + \mathrm{d}p = 0 \qquad (2.94)$$

$$\mathrm{d}p - a^2 \mathrm{d}\rho = 0 \qquad (2.95)$$

沿左行、右行马赫线的相容性方程为

$$\frac{\sqrt{Ma^2 - 1}}{\rho V^2}\mathrm{d}p_{\pm} \pm \mathrm{d}\theta_{\pm} + \delta\left[\frac{\sin\theta \mathrm{d}x_{\pm}}{yMa\cos(\theta \pm \alpha)}\right] = 0 \qquad (2.96)$$

其中,下标±表示沿左行或右行马赫线的参数;x 表示轴向坐标;y 表示纵向坐标;p 表示静压;ρ 表示密度;V 表示速度;θ 表示流动方向角;Ma 表示马赫数;α 表示马赫角;对于平面流动,$\delta = 0$,对于轴对称流动,$\delta = 1$。

上述特征线方程和相容性方程均是常微分方程,它们联立的方程组可以等价替换定常二维等熵超声速流动的偏微分控制方程组(由连续性方程、欧拉动量方程和能量方程组成)[12,13]。这种将初始的偏微分方程转变为常微分方程的等价替换极大地方便了方程求解,因为它的求解不需要进行时间迭代,所以具有很高的效率,这种等价替换是特征线方法的理论基础。对式(2.92)~式(2.96)构成的方程组进行差分变换,并联立相关的边界条件,即可构造出求解流场各单元过程的有限差分数值算法。

2. 典型单元过程的计算方法

应用特征线方法数值求解超声速流场的核心是组合运用多种单元过程。单元过程是指应用特征线方法的有限差分数值算法,求解具体某种类型的流场空间点的物理参数的过程。以求解绕尖头回转体超声速轴对称基准流场为例,主要涉及以下四种单元过程:

(1)求解左、右行马赫线交点的内点单元过程;

（2）求解左行马赫线和壁面交点的直接壁面点单元过程；

（3）求解预置壁面点流动参数的逆置壁面点单元过程；

（4）求解左行马赫线和激波交点的激波点单元过程。

下面导出在定常二维等熵超声速有旋流动中的上述四种单元过程。

1）内点单元过程

如图 2.10 所示，内点单元过程是指给定点 1 和点 2 的位置坐标和流动参数，求解内点 4 的位置坐标和流动参数，其中位置坐标包括轴向坐标 x 和纵向坐标 y，流动参数包括静压 p、密度 ρ、速度 V、流动方向角 θ。点 4 是经过点 1 的右行马赫线 C_- 和经过点 2 的左行马赫线 C_+ 的交点，点 3 为经过点 4 的流线 C_0 与点 1 和点 2 连线的交点，实线代表特征线，虚线代表计算实际使用的有限差分网格线。

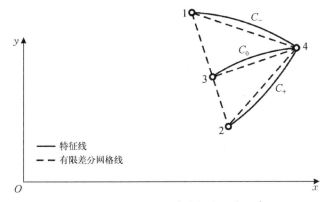

图 2.10　内点单元过程的特征线网格示意图

沿左行马赫线 C_+ 的特征线方程和相容性方程的有限差分方程为

$$\frac{y_4 - y_2}{x_4 - x_2} = \lambda_+ = \tan(\theta + \alpha) \tag{2.97}$$

$$\frac{\sqrt{Ma^2 - 1}}{\rho V^2}(p_4 - p_2) + \theta_4 - \theta_2 + \delta\left[\frac{\sin\theta(x_4 - x_2)}{yMa\cos(\theta + \alpha)}\right] = 0 \tag{2.98}$$

沿右行马赫线 C_- 的特征线方程和相容性方程的有限差分方程为

$$\frac{y_4 - y_1}{x_4 - x_1} = \lambda_- = \tan(\theta - \alpha) \tag{2.99}$$

$$\frac{\sqrt{Ma^2 - 1}}{\rho V^2}(p_4 - p_1) - (\theta_4 - \theta_1) + \delta\left[\frac{\sin\theta(x_4 - x_1)}{yMa\cos(\theta - \alpha)}\right] = 0 \tag{2.100}$$

沿流线 C_0 的特征线方程为

$$\frac{y_4 - y_3}{x_4 - x_3} = \lambda_0 = \tan\theta \tag{2.101}$$

相容性方程为

$$\rho V(V_4 - V_3) + p_4 - p_3 = 0 \tag{2.102}$$

$$p_4 - p_3 - a^2(\rho_4 - \rho_3) = 0 \tag{2.103}$$

为了简化式(2.98)和式(2.100)的书写形式,令

$$Q_\pm = \frac{\sqrt{Ma^2 - 1}}{\rho V^2} \tag{2.104}$$

$$S_\pm = \frac{\delta\sin\theta}{yMa\cos(\theta \pm \alpha)} \tag{2.105}$$

$$T_+ = -S_+(x_4 - x_2) + Q_+ p_2 + \theta_2 \tag{2.106}$$

$$T_- = -S_-(x_4 - x_1) + Q_- p_1 - \theta_1 \tag{2.107}$$

则式(2.98)和式(2.100)简化为

$$Q_+ p_4 + \theta_4 = T_+ \tag{2.108}$$

$$Q_- p_4 - \theta_4 = T_- \tag{2.109}$$

令

$$R_0 = \rho V \tag{2.110}$$

$$A_0 = a^3 \tag{2.111}$$

定义 $R_0 V_3 + p_3 = T_{01}$, $p_3 - A_0\rho_3 = T_{02}$,则式(2.102)和式(2.103)简化为

$$R_0 V_4 + p_4 = R_0 V_3 + p_3 = T_{01} \tag{2.112}$$

$$p_4 - A_0\rho_4 = p_3 - A_0\rho_3 = T_{02} \tag{2.113}$$

除上述特征线方程和相容性方程外,点 3 的位置坐标还满足以下直线方程:

$$\frac{y_3 - y_2}{x_3 - x_2} = \lambda_{1-2} \tag{2.114}$$

上述 8 个方程,即式(2.97)、式(2.99)、式(2.101)、式(2.108)、式(2.109)、式(2.112)、式(2.113)和式(2.114)构成了内点单元过程的有限差分方程组,方程中共有 8 个未知参数,即 x_4、y_4、p_4、ρ_4、V_4、θ_4 及 x_3、y_3,如果方程解存在,那么 8 个方程可以唯一确定这 8 个未知参数。

但是由于上述有限差分方程组中的系数 ($\sqrt{Ma^2-1}/(\rho V^2)$、$\delta \sin\theta/[yMa\cos(\theta \pm \alpha)]$、$\lambda_{\pm}$、$\lambda_0$、$\rho V$ 和 a^2) 均与待求内点 4 的位置相关,因此无法直接求解该方程组。本书采用具有二阶精度的改进型欧拉预估-校正迭代算法[16,17]进行求解,具体步骤如下所述。

(1) 预估各方程系数和点 4 的位置坐标。

分别用点 2 和点 1 的参数作为沿左行马赫线 C_+ 和右行马赫线 C_- 的方程系数中相应参数的预估值。具体地,将点 2 的参数(y_2、p_2、ρ_2、V_2 和 θ_2)作为式(2.97)和式(2.108)中相应参数的预估值,点 1 的参数(y_1、p_1、ρ_1、V_1 和 θ_1)作为式(2.99)和式(2.109)中相应参数的预估值,代入式(2.115)~式(2.120)中得到方程系数 $\lambda_{\pm}$、$Q_{\pm}$ 和 $S_{\pm}$ 的预估值;其次求解式(2.97)和式(2.99)即可得到点 4 位置坐标 x_4 和 y_4 的预估值;最后代入式(2.106)和式(2.107)得到方程系数 $T_{\pm}$ 的预估值。

$$\lambda_+ = \tan(\theta_2 + \alpha_2) \tag{2.115}$$

$$\lambda_- = \tan(\theta_1 - \alpha_1) \tag{2.116}$$

$$Q_+ = \frac{\sqrt{Ma_2^2 - 1}}{\rho_2 V_2^2} \tag{2.117}$$

$$S_+ = \frac{\delta \sin\theta_2}{y_2 Ma_2 \cos(\theta_2 + \alpha_2)} \tag{2.118}$$

$$Q_- = \frac{\sqrt{Ma_1^2 - 1}}{\rho_1 V_1^2} \tag{2.119}$$

$$S_- = \frac{\delta \sin\theta_1}{y_1 Ma_1 \cos(\theta_1 - \alpha_1)} \tag{2.120}$$

其中,$\alpha_2 = \arcsin(1/Ma_2)$;$\alpha_1 = \arcsin(1/Ma_1)$。

(2) 预估点 3 的位置坐标和流动参数。

点 3 位置坐标和流动参数的预估值是用迭代方法确定的,首先用点 1 和点 2

流动方向角的平均值作为点 3 流动方向角的初始值,即 $\theta_3 = (\theta_1 + \theta_2)/2$,其次用点 3 流动方向角的初始值作为流线 C_0 流动方向角的初始值,即 $\lambda_0 = \tan \theta_3 = \tan[(\theta_1 + \theta_2)/2]$,最后联立求解式(2.101)和式(2.114)得到点 3 的位置坐标 x_3 和 y_3,相应的 θ_3 再用点 1 和点 2 的线性内插得到。使用新的 x_3、y_3 和 θ_3 值再重复进行这个迭代过程,直至前后两次迭代 x_3、y_3 和 θ_3 的差值小于允许的误差,得到改进的 x_3、y_3 和 θ_3 的预估值。其他流动参数(p_3、ρ_3 和 V_3)的预估值采用点 1 和点 2 的线性内插得到。

(3) 预估点 4 的流动参数,包括 p_4、θ_4、V_4 和 ρ_4。

联立求解式(2.108)和式(2.109)即可得到 p_4 和 θ_4 的预估值;用点 3 的流动参数(p_3、ρ_3 和 V_3)作为沿流线 C_0 的有限差分方程系数中相应参数的预估值,代入式(2.121)~式(2.123)中得到方程系数 R_0、A_0 的预估值;然后联立求解式(2.112)和式(2.113)即可得到 V_4 和 ρ_4 的预估值。

$$R_0 = \rho_3 V_3 \tag{2.121}$$

$$A_0 = a_3^2 \tag{2.122}$$

$$a_3 = \sqrt{\frac{\gamma p_3}{\rho_3}} \tag{2.123}$$

(4) 校正各方程系数和点 4 的位置坐标。

在校正步骤中,计算方程系数通常有两种数值算法,即平均参数法和平均系数法[12,13]。平均参数法是基于离散点流动参数的平均值,而平均系数法是基于离散点方程系数的平均值。文献[12]和[13]已经论证,在大多数情况下,平均参数法比平均系数法更加准确,因此本书选用平均参数法进行校正计算。

用点 2 和点 4 参数(p、ρ、V、θ 和 y)的平均值作为沿左行马赫线 C_+ 的有限差分方程系数中相应参数的校正值,如式(2.124)~式(2.128)所示,然后将这些校正后的参数代入式(2.129)~式(2.134)中得到方程系数 λ_+、Q_+、S_+ 的校正值,以及流动参数 a_+、Ma_+、α_+ 的校正值。

$$p_+ = \frac{p_2 + p_4}{2} \tag{2.124}$$

$$\theta_+ = \frac{\theta_2 + \theta_4}{2} \tag{2.125}$$

$$V_+ = \frac{V_2 + V_4}{2} \tag{2.126}$$

$$\rho_+ = \frac{\rho_2 + \rho_4}{2} \tag{2.127}$$

$$y_+ = \frac{y_2 + y_4}{2} \tag{2.128}$$

$$a_+ = \sqrt{\frac{\gamma p_+}{\rho_+}} \tag{2.129}$$

$$Ma_+ = \frac{V_+}{a_+} \tag{2.130}$$

$$\alpha_+ = \arcsin \frac{1}{Ma_+} \tag{2.131}$$

$$\lambda_+ = \tan(\theta_+ + \alpha_+) \tag{2.132}$$

$$Q_+ = \frac{\sqrt{Ma_+^2 - 1}}{\rho_+ V_+^2} \tag{2.133}$$

$$S_+ = \frac{\delta \sin\theta_+}{y_+ Ma_+ \cos(\theta_+ + \alpha_+)} \tag{2.134}$$

用点 1 和点 4 参数(p、ρ、V、θ 和 y)的平均值作为沿右行马赫线 C_- 的有限差分方程系数中相应参数的校正值,如式(2.135)~式(2.139)所示,然后将这些校正后的参数代入式(2.140)~式(2.145)中得到方程系数 λ_-、Q_-、S_- 的校正值,以及流动参数 a_-、Ma_-、α_- 的校正值。

$$p_- = \frac{p_1 + p_4}{2} \tag{2.135}$$

$$\theta_- = \frac{\theta_1 + \theta_4}{2} \tag{2.136}$$

$$V_- = \frac{V_1 + V_4}{2} \tag{2.137}$$

$$\rho_- = \frac{\rho_1 + \rho_4}{2} \tag{2.138}$$

$$y_- = \frac{y_1 + y_4}{2} \tag{2.139}$$

$$a_- = \sqrt{\frac{\gamma p_-}{\rho_-}} \tag{2.140}$$

$$Ma_- = \frac{V_-}{a_-} \tag{2.141}$$

$$\alpha_- = \arcsin \frac{1}{Ma_-} \tag{2.142}$$

$$\lambda_- = \tan(\theta_- - \alpha_-) \tag{2.143}$$

$$Q_- = \frac{\sqrt{Ma_-^2 - 1}}{\rho_- V_-^2} \tag{2.144}$$

$$S_- = \frac{\delta \sin \theta_-}{y_- Ma_- \cos(\theta_- - \alpha_-)} \tag{2.145}$$

联立求解式(2.97)和式(2.99)即可得到点 4 位置坐标 x_4 和 y_4 的校正值。最后代入式(2.106)和式(2.107)得到方程系数 $T_\pm$ 的校正值。

(5) 校正点 3 的位置坐标和流动参数。

类似于步骤(2),点 3 位置坐标和流动参数的校正值也是用迭代方法确定的,首先用步骤(2)求解得到的点 3 流动方向角的预估值作为本步骤中点 3 流动方向角的初始值,其次取点 3 流动方向角初始值和点 4 流动方向角预估值的平均值,作为流线 C_0 流动方向角的初始值,即 $\lambda_0 = \tan \dfrac{\theta_3 + \theta_4}{2}$,最后联立求解式(2.101)和式(2.114)得到点 3 的位置坐标 x_3 和 y_3,相应的 θ_3 再用点 1 和点 2 的线性内插得到。使用新的 x_3、y_3 和 θ_3 值,再重复进行这个迭代过程,直至前后两次迭代 x_3、y_3 和 θ_3 的差值小于允许的误差,得到改进的 x_3、y_3 和 θ_3,对其他流动参数(p_3、ρ_3 和 V_3)采用点 1 和点 2 的线性内插得到。

(6) 校正点 4 的流动参数,包括 p_4、θ_4、V_4 和 ρ_4。

联立求解式(2.108)和式(2.109)即可得到 p_4 和 θ_4 的校正值;用点 3 和点 4

流动参数的平均值作为沿流线 C_0 的有限差分方程系数中相应参数的校正值,如式(2.146)~式(2.151)所示,代入式(2.121)~式(2.123)中得到方程系数 R_0、A_0 的校正值,然后联立求解式(2.112)和式(2.113)即可得到 V_4 和 ρ_4 的校正值。

$$p_0 = \frac{p_3 + p_4}{2} \qquad (2.146)$$

$$\rho_0 = \frac{\rho_3 + \rho_4}{2} \qquad (2.147)$$

$$V_0 = \frac{V_3 + V_4}{2} \qquad (2.148)$$

$$a_0 = \sqrt{\frac{\gamma p_0}{\rho_0}} \qquad (2.149)$$

$$R_0 = \rho_0 V_0 \qquad (2.150)$$

$$A_0 = a_0^2 \qquad (2.151)$$

(7)校正法的迭代。

为了进一步提高计算精度,还需要对上述校正步骤(4)~(6)进行多次迭代计算,直至达到预定的收敛范围。

2)直接壁面点单元过程

如图 2.11 所示,直接壁面点单元过程是指给定右行马赫线 C_- 上内点 2 和壁面点 3 的位置坐标和流动参数,并给定壁面型线 3—4,求解由内点 2 发出的左行马赫线 C_+ 与壁面的交点 4 的位置坐标和流动参数。图 2.11 中实线代表特征线,

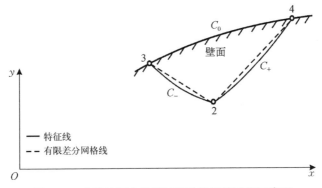

图 2.11　直接壁面点单元过程的特征线网格示意图

虚线代表有限差分网格线。壁面型线如式（2.152）所示，由于壁面是流线，壁面倾斜角等于壁面流动方向角，如式（2.153）所示。式（2.152）和式（2.153）可以用来代替一个特征线方程和一个相容性方程，联立这两个方程及内点单元过程的方程式（2.99）、式（2.109）、式（2.112）和式（2.113），即可构成求解直接壁面点单元过程的方程组。

$$y = y(x) \tag{2.152}$$

$$\frac{\mathrm{d}y}{\mathrm{d}x} = \tan\theta = \frac{v}{u} \tag{2.153}$$

求解直接壁面点单元过程方程组的思路类似于求解内点单元过程，本书依然采用具有二阶精度的改进型欧拉预估-校正迭代算法进行求解，具体步骤如下。

（1）预估沿左行马赫线 C_+(2—4)的方程系数。

用点 2 的位置坐标和流动参数作为沿左行马赫线 C_+(2—4)的方程系数中相应参数的预估值，分别代入式（2.115）、式（2.117）和式（2.118）得到 λ_+、Q_+ 和 S_+ 的预估值。

（2）预估点 4 的位置坐标 x_4、y_4 和流动方向角 θ_4 及方程系数 T_+。

联立求解式（2.97）、式（2.152）和式（2.153）得到 x_4、y_4 和 θ_4 的预估值，代入式（2.106）得到 T_+ 的预估值。

（3）预估沿流线 C_0(3—4)的方程系数。

用点 3 的流动参数(p_3、ρ_3 和 V_3)作为沿流线 C_0(3—4)的方程系数中相应参数的预估值，代入式（2.110）和式（2.111）[或式（2.121）和式（2.122）]中得到方程系数 R_0、A_0 的预估值。

（4）预估点 4 的流动参数 p_4、V_4 和 ρ_4。

求解式（2.108）得到 p_4 的预估值，然后联立求解式（2.112）和式（2.113）即可得到 V_4 和 ρ_4 的预估值。

（5）校正迭代法的应用。

类似于前面所述的内点单元过程，校正迭代法是应用流动参数的平均值来重复步骤（1）~（4）。为了进一步提高计算精度，还需要对校正过程进行多次迭代计算，直至达到预定的收敛范围。

3）逆置壁面点单元过程

前面所述的直接壁面点单元过程是一种特征线正向推进的求解方法，图

2.11 中内点 2 可以视为由壁面点 4 向后引出的左行马赫线与壁面点 3 的右行马赫线的交点,其位置和流动参数已知,而壁面点 4 的位置坐标和流动参数均是待求参数。该方法的优势是针对任意内点 2,应用该方法均能在壁面上求解出一个解点与之对应。但在流场中流动参数变化剧烈(即流动参数梯度大)的区域,此正向求解方法可能会导致沿壁面各解点的间隔太大或者太小。

在这种情况下,可以应用一种预先设置壁面点的方法来解决。该方法是沿壁面预先确定待求壁面点的位置坐标,再确定这些预置壁面点上的流动参数,称为逆置壁面点单元过程。该逆置方法相较于正向求解方法,因预先设置了各壁面点间距,能够有效控制采用特征线方法进行流场计算的网格的疏密程度,从而更加适用于流动参数变化较剧烈的流场。

如图 2.12 所示,逆置壁面点单元过程是指给定右行马赫线 C_- 上内点 1 和壁面点 3 的位置坐标和流动参数,并给定待求壁面点 4 的位置坐标和壁面流动方向角(倾斜角),求解壁面点 4 的其他流动参数。其中,内点 2 是由待求壁面点 4 发出的左行马赫线 C_+ 与由壁面点 3 发出的右行马赫线 C_- 的交点,图 2.12 中实线代表特征线,虚线代表有限差分网格线。该单元过程相较于直接壁面点单元过程,只需要求解三个未知参数,即 p_4、ρ_4 和 V_4。

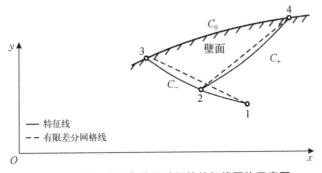

图 2.12　逆置壁面点单元过程的特征线网格示意图

类似于求解直接壁面点单元过程,本书依然采用具有二阶精度的改进型欧拉预估-校正迭代算法进行求解,具体步骤如(1)~(6)所述。

(1)计算沿右行马赫线 C_-(1—3)的直线方程。

点 2 的位置坐标满足以下直线方程:

$$\lambda_- = \frac{y_3 - y_1}{x_3 - x_1} = \frac{y_2 - y_1}{x_2 - x_1} \tag{2.154}$$

（2）预估内点 2 的位置坐标。

采用平均参数法迭代计算内点 2 位置坐标的预估值。首先用点 1 和点 3 流动方向角的平均值作为点 2 流动方向角的初始值，即 $\theta_2 = (\theta_1 + \theta_3)/2$，其次取点 2 流动方向角初始值和点 4 流动方向角的平均值作为左行马赫线 $C_+(2-4)$ 流动方向角的初始值，即 $\lambda_+ = \tan[(\theta_2 + \theta_4)/2]$，最后联立求解式（2.154）和式（2.155）得到点 2 的位置坐标 x_2 和 y_2，相应的 p_2、ρ_2、V_2 和 θ_2 再用点 1 和点 3 的线性内插得到。重复进行整个迭代过程，直至前后两次迭代差值小于允许的误差。

$$\lambda_+ = \frac{y_2 - y_4}{x_2 - x_4} \tag{2.155}$$

（3）预估沿左行马赫线 $C_+(2-4)$ 的各方程系数。

因为在点 4 的参数中仅有 θ 和 y 是已知的，p 和 ρ 是未知的，所以预估沿左行马赫线 $C_+(2-4)$ 的方程系数中相应参数的方法是不同的，即用平均参数法预估 θ 和 y，而用点 2 的参数预估 p 和 ρ。具体地，用点 2 和点 4 参数（θ 和 y）的平均值作为方程中 θ 和 y 的预估值，而用点 2 的参数（p 和 ρ）作为方程中 p 和 ρ 的预估值，如式（2.156）~式（2.160）所示，然后代入式（2.161）~式（2.164）中得到相应方程系数 λ_+、Q_+、S_+ 和 T_+ 的预估值。

$$\theta_+ = \frac{\theta_2 + \theta_4}{2} \tag{2.156}$$

$$y_+ = \frac{y_2 + y_4}{2} \tag{2.157}$$

$$a_2 = \sqrt{\frac{\gamma p_2}{\rho_2}} \tag{2.158}$$

$$Ma_2 = \frac{V_2}{a_2} \tag{2.159}$$

$$\alpha_2 = \arcsin\left(\frac{1}{Ma_2}\right) \tag{2.160}$$

$$\lambda_+ = \tan(\theta_+ + \alpha_2) \tag{2.161}$$

$$Q_+ = \frac{\sqrt{Ma_2^2 - 1}}{\rho_2 V_2^2} \tag{2.162}$$

$$S_+ = \frac{\delta \sin \theta_+}{y_- \, Ma_2 \cos(\theta_+ + \alpha_2)} \tag{2.163}$$

$$T_+ = -S_+ (x_4 - x_2) + Q_+ p_2 - \theta_2 \tag{2.164}$$

（4）预估沿流线 C_0(3—4)的各方程系数，得到系数 R_0、A_0 的预估值。用点 3 的流动参数（p_3、ρ_3 和 V_3）作为沿流线 C_0(3—4)的有限差分方程系数中相应参数的预估值，代入式(2.110)和式(2.111)或式(2.121)和式(2.122)中得到方程系数 R_0、A_0 的预估值。

（5）预估点 4 的流动参数 p_4、ρ_4 和 V_4。联立求解式(2.108)、式(2.112)和式(2.113)，得到 p_4、ρ_4 和 V_4 的预估值。

（6）校正迭代法的应用。类似于前面所述的内点单元过程，校正迭代法是应用流动参数的平均值来重复步骤(1)~(5)。为了进一步提高计算精度，还需要对校正过程进行多次迭代计算，直至达到预定的收敛范围。

另外，值得说明的是，该逆置壁面点单元过程也有一定的局限性。例如，参考图 2.12，在给定的内点 1 和预置的壁面点 4 条件下，应用该单元过程，待求的预置壁面点 4 的流动参数可能无解。在这种情况下，通常可以利用左行马赫线 C_+ 上的下一个内点来替代点 1，并重新应用该单元过程以解决；如果替代几次均无法解决，可以考虑应用前面所述的直接壁面点单元过程。

4）激波点单元过程

如图 2.13 所示，激波点单元过程是指给定激波上游点 1 和右行马赫线 C_- 上点 2 的位置坐标和波后流动参数，求解激波下游点 4 的位置坐标和波后流动参数。该激波下游点 4 也位于由点 2 发出的左行马赫线上。图中粗实线代表激波微元，细实线代表马赫线，虚线代表有限差分网格线。

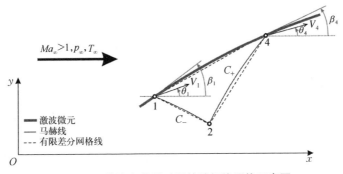

图 2.13　激波点单元过程的特征线网格示意图

需要用迭代方法来确定激波下游点 4 的位置坐标和流动参数。如图 2.13 所示,点 1 处的激波角为 β_1,假定点 4 处的激波角为 β_4,则激波微元 1—4 的倾斜角可以近似为激波角 β_1 和 β_4 的平均值,即 $\lambda_{1-4} = \tan[(\beta_1 + \beta_4)/2]$。则激波微元 1—4 满足如下直线方程:

$$y_4 - y_1 = \lambda_{1-4}(x_4 - x_1) \tag{2.165}$$

左行马赫线 C_+(2—4)的特征线方程为

$$y_4 - y_2 = \lambda_+ (x_4 - x_2) \tag{2.166}$$

联立求解式(2.165)和式(2.166)得到点 4 的位置坐标。根据给定的自由流条件(Ma_∞、p_∞ 和 T_∞)和点 4 处假定的激波角 β_4,利用斜激波关系式即可得到点 4 波后流动参数 p_4、ρ_4、V_4 和 θ_4 的预估值。这些预估值是与假定的激波角 β_4 所对应的,如果这些预估值能够满足沿左行马赫线 C_+(2—4)的相容性方程式(2.108),那么假定的激波角 β_4 就是真值,否则该值不是真值。因此可以用相容性方程式(2.108)来检验所假定的 β_4 接近真值的程度。

利用相容性方程式(2.108)检验 β_4 正确程度的方法有多种,文献[12]、[13]和[27]均有介绍,本书参考文献[12]和[13]的方法。首先假定一个 β_4 值,利用斜激波关系式求解它所对应的 θ_4 和 p_4,将该 p_4 值记为 $p_{4,S}$(下标 S 表示是由斜激波关系式得到的),将该 θ_4 值代入相容性方程式(2.108),其次求解这个方程得到相应的 p_4,记为 $p_{4,LRC}$(下标 LRC 表示该值是沿左行马赫线 C_+ 确定的)。通过 $p_{4,LRC}$ 和 $p_{4,S}$ 的对比来检验所假定的 β_4 接近真值的程度。如果 $p_{4,LRC}$ 与 $p_{4,S}$ 的差值小于预定的允许误差,那么这个假设的 β_4 值就满足收敛条件。否则,要选一个新的 β_4 值再重复进行整个过程直至 p_4 的两个值收敛。

3. 外压缩轴对称基准流场模型及设计方法

在 2.3.1 节和 2.3.2 节中已经讨论了二维楔形和轴对称锥形基准流场的设计,其中基准激波母线均为直线。本节采用特征线方法,讨论更一般的非直线母线基准激波流场,也就是二维/轴对称弯曲激波基准流场的设计。特征线理论只能用于求解激波波后完全是超声速的流动,因此本节将尖头回转体作为产生基准流场的基准体。因其在零攻角高超声速飞行时产生附体斜激波,波后流场全部为超声速流场,且为外压缩流场,所以是一种更为普遍的轴对称无黏基准流场模型。本节内容不考虑黏性,而内压缩激波流场将在后面的进气道一体化设计部分进行介绍。

如图 2.14 所示,以曲线 OE 作为母线的尖头回转体在超声速零攻角自由流作用下,产生附体激波 OS,尖头回转体母线 OE 和附体激波 OS 构成了绕尖头回转体超声速轴对称流动模型,尖头回转体壁面与激波之间的超声速流场即基准流场。

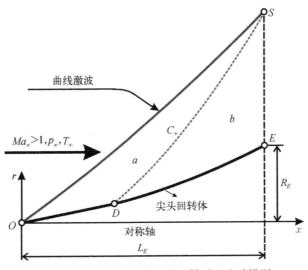

图 2.14 绕尖头回转体超声速轴对称流动模型

该基准流场由两部分组成,即 a 区和 b 区,两个区域的分界线为由 D 点发出的左行马赫线 DS。其中 a 区由壁面 OD 或者激波 OS 唯一确定;左行马赫线 DS 与壁面 DE 之间为 b 区,它对激波 OS 无影响。下面具体介绍 a 区和 b 区的设计过程。

1)a 区的设计

图 2.14 中的 a 区可以由给定的壁面型线 OD 或者激波型线 OS 完全确定,本节中以壁面型线 OD 作为输入条件进行设计,属于正问题求解(已知飞行器求解流场)。用于求解 a 区(ODS 区)的特征线网格如图 2.15 所示,图 2.15 中 a 区内黑色细实线代表左行马赫线,蓝色虚线代表右行马赫线,x 为轴向坐标,r 为径向坐标。

求解该类问题,需要给定一个合适的初值点或初值线来启动计算过程。如图 2.15 所示,在靠近尖头回转体顶点(O 点)的位置取初值壁面点 I,点 I 与点 O 沿 x 轴方向距离是 0.01 倍回转体长度,即 $x_I = 0.01L_E$,并给定 OI 是直线段。此时,由 I 点发出的左行马赫线与激波交于点 J,可知激波段 OJ 是直激波;OIJ 区属于锥形流动,左行马赫线 IJ 上的流动参数可以根据锥形流场理论精确求解,即求解 Taylor-Maccoll 流动控制方程[2,11,13]。因此左行马赫线 IJ 可以作为求解 $IDSJ$ 区的初值线。

如图 2.15 所示,在初值线 IJ 上均匀布置 N_I 个点(示例中 N_I 取为 5),作为

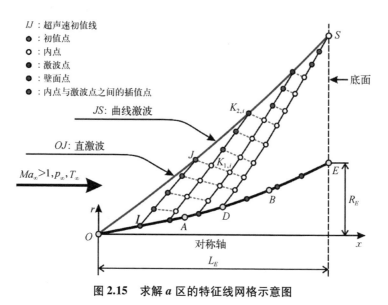

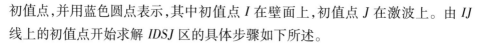

图 2.15　求解 a 区的特征线网格示意图

初值点,并用蓝色圆点表示,其中初值点 I 在壁面上,初值点 J 在激波上。由 IJ 线上的初值点开始求解 $IDSJ$ 区的具体步骤如下所述。

（1）由初值线 IJ 上的初值点开始,应用前面所述的逆置壁面点单元过程,并多次应用前面所述的内点单元过程,直至该条左行马赫线上的最后一个内点 $K_{1,i}$（其中下标 i 表示左行马赫线编号）。

（2）由内点 $K_{1,i}$ 和上游激波点 J 的位置坐标和流动参数,应用前面所述的激波点单元过程,求解得到激波点 $K_{2,i}$。

（3）由于左行马赫线沿流向逐渐增长,为了控制网格间距和保证特征线网格密度,须使左行马赫线上离散点的数目沿流向逐渐增多,从而提高计算精度。设计过程中,在每次进行激波点单元过程之后,均通过线性内插的方式在内点 $K_{1,i}$ 和激波点 $K_{2,i}$ 之间增加 N_S 个内点（示例中 N_S 取为 2）,并均匀布置在两者之间,增加的内点用紫色圆点表示。

（4）类似地,步进计算第 $i+1$ 条左行马赫线上的离散点,直至激波点单元过程到达或越过尖头回转体底部横截面,即计算完毕左行马赫线 DS,此时 $IDSJ$ 区计算完毕。

另外,为了避免流动参数梯度变化导致特征线网格分布不均匀,可以将壁面点沿 x 轴方向均匀布置,该类型壁面点即前面所述的预置壁面点,用如图 2.15 中的绿色圆点表示。

2）b 区的设计

与 a 区求解策略相同，b 区求解同样给定壁面型线 DE 作为设计输入。如图 2.16 所示，求解过程由左行马赫线 DS 开始，应用逆置壁面点单元过程，并多次应用内点单元过程，直至内点单元过程到达或越过底部横截面，该内点记为 $K_{3,i}$。类似地，继续求解下一条左行马赫线上的离散点，直至求解出经过点 E 的左行马赫线，此时 b 区计算完毕。

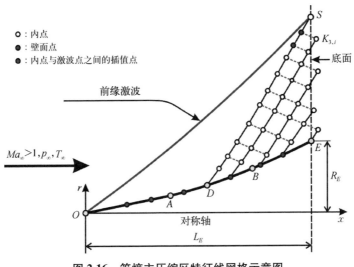

图 2.16　等熵主压缩区特征线网格示意图

3）基准流场设计举例

下面用一个具体的例子来介绍应用特征线理论设计一般轴对称超声速基准流场的过程，并进行流场特性分析。

首先设计尖头回转体母线。如图 2.17 所示，型线 $OABE$ 作为尖头回转体的母线，该型线由三段组合而成，即 OA、AB 和 BE，其中 OA 段和 BE 段是直线，AB 段是二次曲线，曲线方程如式（2.167）～式（2.169）所示。给定尖头回转体长度 L_E，以及点 A 和点 B 在 x 方向的坐标值 x_A 和 x_B、倾斜角 δ_A 和 δ_B，即可以唯一确定尖头回转体的壁面形状参数。然后应用前面所述的 a 区和 b 区的设计方法，求解绕尖头回转体的超声速轴对称无黏流场。

$$r = \tan\delta_A x, \quad x \in [0, x_A] \tag{2.167}$$

$$r = a_{AB}x^2 + b_{AB}x + c_{AB}, \quad x \in [x_A, x_B] \tag{2.168}$$

$$r = r_B + (x - x_B)\tan\delta_B, \quad x \in [x_B, x_E] \tag{2.169}$$

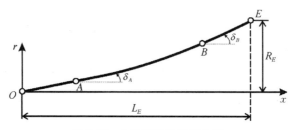

图 2.17 尖头回转体母线参数

通过改变 δ_B 的数值,形成不同设计参数的 5 个设计实例,以分析不同设计参数下的基准流场特性,表 2.1 给出了 5 个基准流场设计实例的尖头回转体参数。设计参数仅改变了 δ_B,该参数由 18° 逐渐减小到 -4.5°,尖头回转体 AB 段曲线由凹形逐渐变为凸形。5 个设计实例的自由流条件均取为 $Ma_\infty = 6.0$, $p_\infty = 2\,511.18\,\text{Pa}$, $T_\infty = 221.649\,\text{K}$,对应 25 km 的飞行条件。图 2.18~图 2.22 给出了各基准流场的特征线理论结果,可见,随着 δ_B 的变化,b 区由对气流减速增压逐渐过渡为增速减压。由于流动特征的改变,这些基准流场的设计应用范围也发生变化,由应用于乘波前体预压缩气流的设计,逐渐过渡为应用于乘波飞行器减阻的设计。

表 2.1 五个基准流场设计实例的尖头回转体参数

设计实例	x_A/m	x_B/m	x_E/m	$\delta_A/(°)$	$\delta_B/(°)$
1	2.0	8.0	10.0	9.0	18.0
2	2.0	8.0	10.0	9.0	9.0
3	2.0	8.0	10.0	9.0	4.5
4	2.0	8.0	10.0	9.0	0.0
5	2.0	8.0	10.0	9.0	-4.5

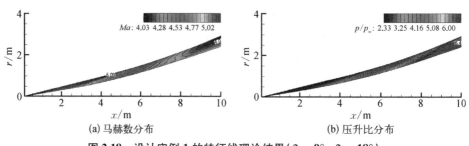

(a) 马赫数分布   (b) 压升比分布

图 2.18 设计实例 1 的特征线理论结果($\delta_A = 9°$, $\delta_B = 18°$)

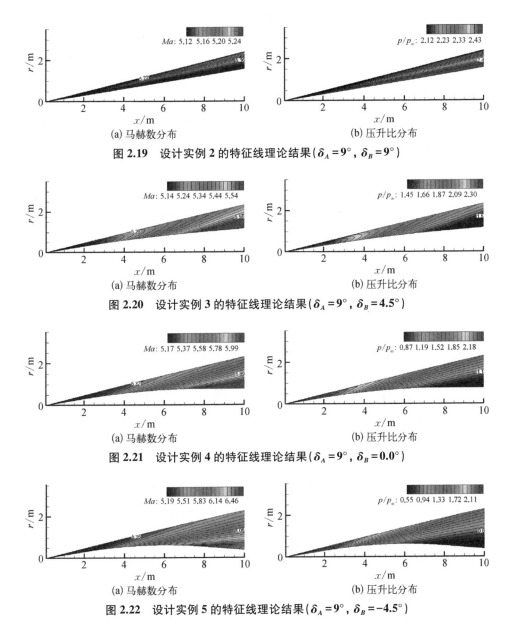

图 2.19　设计实例 **2** 的特征线理论结果($\delta_A = 9°$, $\delta_B = 9°$)
　(a) 马赫数分布　(b) 压升比分布

图 2.20　设计实例 **3** 的特征线理论结果($\delta_A = 9°$, $\delta_B = 4.5°$)
　(a) 马赫数分布　(b) 压升比分布

图 2.21　设计实例 **4** 的特征线理论结果($\delta_A = 9°$, $\delta_B = 0.0°$)
　(a) 马赫数分布　(b) 压升比分布

图 2.22　设计实例 **5** 的特征线理论结果($\delta_A = 9°$, $\delta_B = -4.5°$)
　(a) 马赫数分布　(b) 压升比分布

如图 2.18 所示,在设计实例 1 中,激波是凹形激波,b 区将气流减速增压。该基准流场可适用于设计乘波前体,以满足前体预压缩气流的要求。

如图 2.19 所示,在设计实例 2 中,激波是直激波,且沿着从顶点发出的任意一条射线,流动参数是不变的。该基准流场是锥形流场,它适用于设计超声速扩压器中心锥等构型。应用四阶 Runge-Kutta 法求解 Taylor-Maccoll 流动控制方程

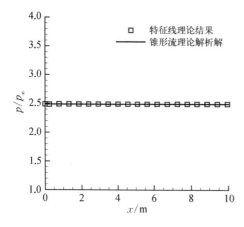

图 2.23   设计实例 2 壁面沿程
压力分布结果对比

得到的锥形流理论解具有四阶精度,相较于具有二阶精度的特征线理论结果,该锥形流理论解可以看作解析解。将该设计实例的壁面沿程压力分布的特征线理论结果与锥形流理论解析解进行对比,如图 2.23 所示。可见,特征线理论结果与锥形流理论解析解基本相同,验证了本节应用特征线理论设计轴对称基准流场的正确性和有效性。

如图 2.20 和图 2.21 所示,在设计实例 3 和设计实例 4 中,b 区是将气流增速减压。该基准流场类似于最小阻力回转体产生的流场,它适用于乘波飞行器减阻设计。如图 2.22 所示,设计实例 5 的 b 区也是将气流增速减压。设计实例 5 相较于设计实例 3 和设计实例 4,其 b 区将气流加速到了自由流马赫数,且产生了更大范围的低压区。

通过对设计实例 1~设计实例 5 的对比分析表明,可以对基准流场 b 区进行优化设计,以满足乘波飞行器不同设计需求:将 b 区设计成对气流减速增压,基准流场可以应用于前体预压缩气流设计;而将 b 区设计成对气流增速减压,基准流场可能更适用于乘波飞行器减阻和提高升阻比的设计要求。

2.3.4   高超声速小扰动理论基准流场设计方法简介

高超声速小扰动理论,也简称为摄动理论或小扰动理论。利用这个理论进行的乘波基准流场设计方法即高超声速小扰动理论基准流场设计方法,下面统称为小扰动方法。

小扰动方法是一种通过简化流动控制方程,近似、快速求解流场的方法,求解过程中引入了一些合理假设。常用的乘波设计方法中的基准流场是可压缩绝热无黏流,它的控制方程是一个非线性偏微分方程组,只有少数非常简单的流动类型具有封闭形式解,一般采用数值方法求解方程。对于静止气体中的小扰动,以及对于速度稍偏离平行均匀流的那些流动,可以采用高超声速小扰动理论将控制方程线性化,简化求解方程的数学过程。小扰动方法在简化流场控制方程时,主要包含以下步骤:① 量级估计;② 参数无量纲化;③ 方程简化[28]。小扰动理论在亚声速、超声速甚至高超声速中得到了较多应用,但在具体问题中采用了不同的近似方法[16]。在高超声速领域,小扰动方法适用于尖头细长体的绕流场求解。

　　锥导乘波体的基准流场是零攻角圆锥绕流,该流场可以通过求解 Taylor-Maccoll 流动控制方程进行快速精确求解[29],也可以应用高超声速小扰动理论近似求解。Mangin 等[30]在研究锥导乘波体的设计方法时,对比分析了基于高超声速小扰动理论近似解生成的乘波体构型和基于 Taylor-Maccoll 流动控制方程精确解生成的乘波体构型。研究表明,当自由流马赫数为 5 及圆锥半顶角为 5°时,这两种构型的下表面没有明显差异;而对于相同自由流马赫数条件及圆锥半顶角为 12.9°时,这两种构型的下表面也很接近。本书未对小扰动方法进行详细介绍,如需进一步了解和学习,读者可参阅上述文献。

2.3.5　空间推进基准流场设计方法简介

　　空间推进基准流场设计方法是一种类似于特征线方法的超声速流场数值计算方法,是一种流向推进方法。它既具有与特征线方法相似的高计算精度和高效率等优势,同样也带有特征线方法只能用于超声速流场的局限性。部分研究者,如 Corda[14],应用空间推进有限差分法求解绕幂次回转体超声速流场。Corda 将幂次回转体的钝头近似为尖头锥,利用 Taylor-Maccoll 流动控制方程求解尖头锥绕流场,以此作为空间推进的初值线,通过抛物化控制方程组,空间推进求解基准流场。

　　虽然空间推进方法与特征线方法都是流向推进方法,但其初始化和具体推进过程均具有明显差别。图 2.24 给出了两种方法的有限差分计算网格对比,其中图 2.24(a)中的实线表示流向网格和法向网格;图 2.24(b)中的实线表示左行特征线,虚线表示右行特征线。由图 2.24 可知,空间推进方法属于结构化网格,

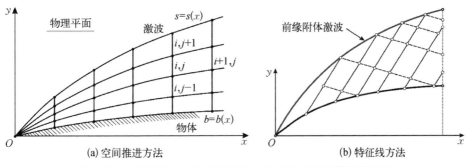

图 2.24　空间推进方法与特征线方法的有限差分计算网格对比

网格布置没有明确的物理含义,只具备空间位置划分意义。而特征线方法的网格是根据扰动传播的轨迹步进求解出来的,网格布置具有明确的物理含义:网格的走向即扰动传播的轨迹,这一特性决定了特征线方法更有利于根据基准流场的性能需求进行特征线走向的设计。因此,特征线方法相较于空间推进方法,更方便进行基于性能需求的基准流场设计,尤其是那些首先设计激波,然后反推激波波后流场的情况。

2.3.6　时间推进基准流场设计方法简介

特征线方法只能求解双曲型偏微分方程,该方法只能用于全超声速流场的设计或者求解。当基准流场中同时存在超声速和亚声速流动时(如钝头体基准流场),只能采用 CFD 时间推进方法进行基准流场设计。由于乘波设计的基准流场通常是无黏流场,时间推进求解欧拉控制方程方法(无黏 CFD 时间推进方法)首先应用到了钝头体基准流场的设计中。进一步,为了考虑黏性作用下激波的偏移,时间推进求解三维 N-S 控制方程方法(有黏 CFD 时间推进方法)也被应用于求解绕钝头体基准流场。无黏/有黏 CFD 时间推进方法针对激波的数值处理方式通常是激波捕捉法,但因为该方法存在激波振荡、激波分辨率依赖于网格及计算格式等局限性,激波装配法也应用到了绕三维钝头体基准流场的求解中。

CFD 时间推进方法的最大优势是可以求解任意基准体产生的基准流场,这极大地拓展了乘波设计基准流场的范围。但受限于计算技术本身和计算机硬件水平,相较于特征线方法等空间推进基准流场设计方法,目前 CFD 时间推进方法的计算效率还是偏低,这限制了该方法在乘波体优化设计中的应用。效率问题是 CFD 时间推进方法用于乘波体基准流场求解的一大劣势。同时,由于 CFD 时间推进方法中主要采用激波捕捉法,受限于计算格式及网格精度,激波的分辨率不高,这是 CFD 时间推进方法应用于乘波体基准流场求解的第二大劣势。

1. 无黏 CFD 时间推进方法

无黏 CFD 时间推进方法即时间推进求解欧拉控制方程方法。由于没有考虑黏性作用,它的求解效率相对有黏 CFD 时间推进方法稍高。该方法已广泛应用于求解绕钝头体基准流场。Mangin 等[31]开展了绕钝头幂次回转体流场作为乘波体基准流场的研究,他们利用时间推进求解二维轴对称欧拉控制方程组的方法,数值求解了超声速自由流条件下零攻角幂次回转体绕流(当幂次小于 1 时为钝头),并应用该流场生成了一系列乘波体构型,然后与锥导乘波体进行了对比研究。研究表明,基于幂次回转体绕流场生成的乘波体构型相较于锥导乘波体构型,其升阻比性能略微升高,但容积增加 20% 左右。

日本东京大学的 Lobbia 和 Suzuki[32] 同样采用时间推进方法求解二维轴对称欧拉控制方程获得基准流场,设计生成乘波体,并与根据 Taylor-Maccoll 流动控制方程精确解基准流场中设计获得的乘波体进行了对比分析。结果表明,应用这两种方法生成的乘波体外形基本相同。另外,无黏 CFD 时间推进方法的激波分辨率低于精确解且数值耗散,所以在 CFD 计算的流场中构造前缘线的精度会低于精确方法。随后,他们应用试验手段验证了该设计方法[33]。

Takashima 和 Lewis[34,35] 应用时间推进求解三维欧拉控制方程的方法,数值求解了超声速自由流条件下的零攻角楔-锥体(wedge-cone body)绕流场,并将这种三维非轴对称流场作为基准流场,发展出楔锥乘波体构型。

崔凯等[36-38]同样应用时间推进求解三维欧拉控制方程的方法,分别数值求解了圆锥、椭圆锥、十字锥、方锥及方-圆锥等 23 种不同锥体超声速绕流场,并分别应用这些流场生成了 23 种乘波体构型,最后对比研究了不同锥体流场对乘波体构型的几何参数及气动特性的影响。

2. 有黏 CFD 时间推进方法

有黏 CFD 时间推进方法即时间推进求解三维 N-S 控制方程方法,该方法考虑了流体的黏性作用,适用于所有流动的求解,计算得到的基准流场是最接近真实条件下的绕流场。但因为该方法相较于无黏 CFD 时间推进方法计算效率偏低,如果将它应用于乘波体基准流场参数化设计,时间成本较高,所以仅有部分研究者开展了该方法应用于乘波体基准流场设计的研究。

李名扬和周华[39]在锥导乘波体设计中,为了在基准流场的计算中考虑黏性作用,应用有黏 CFD 时间推进方法,数值求解了零攻角圆锥绕流,并将该黏性圆锥绕流作为乘波体设计的基准流场,从而实现了在基准流场的设计中考虑黏性作用的效果。

3. 激波装配法

精确计算激波形状、位置和强度是基准流场求解中最重要的任务,激波求解的精度决定了相邻流线起始点的光顺程度,相应地,也决定了乘波面的构造精度。

当用时间推进数值模拟方法求解基准流场时,激波的数值处理方法分为捕捉和装配两种。其中激波捕捉法不需要对激波做任何特殊处理,而是在计算公式中直接或间接地引入黏性效应项,因此激波的形状、位置和强度是在计算过程中自动得到的。由于激波捕捉法的算法简单,易于在计算机上实现,该方法成为了现代 CFD 求解激波的主流方法,前面所述的无黏/有黏 CFD 时间推进方法通常采用的也是激波捕捉法。

虽然激波捕捉法在过去 20 多年得到了广泛研究和迅速发展,但它仍存在很多问题,尤其是激波位置的求解精度和稳定性等方面。而激波数值处理的激波装配法,则是把激波当作未知的运动边界,按照激波间断条件——R-H 激波关系式将激波分离出来,准确计算激波位置,在光滑区用近似方法求解微分方程,而在间断处用 R-H 激波关系式求解。激波装配法具有精度高、激波位置精确、物理图像清晰等优点,但计算十分繁复,因此过去一段时间它只适用于那些激波运动情况较简单、流场结构清楚的流动,而随着非结构变形网格和动网格技术的发展,激波装配法的适用范围可以拓展到更一般的超声速流场,为将来采用更加复杂基准流场的乘波体设计方法提供了思路。受篇幅所限,本书没有给出激波装配法的具体实现方法,具体可参考刘君等[40]的研究成果,应用激波装配法求解基准流场并应用于乘波体设计的具体方法可参考陈冰雁等[9]的研究成果。

2.4　激波型线设计

在 2.3 节中,介绍了多种基准流场的设计方法,并给出了主要的三种基准流场的设计公式及设计步骤。本节介绍乘波体设计中重要的一环:激波型线的设计。

根据乘波体的定义,在飞行中,乘波体前缘是紧贴激波阵面的。而在基准流场设计完成后,可以在基准流场中确切地知道激波面的位置和形状,具备了设计乘波体的流场基础。现在的问题是:设计的乘波体应该位于基准流场的什么位置?它是什么样子的?在本章 2.2 节中,已经得知乘波设计三大要素分别是激波型线、乘波体几何特征型线及基准流场中的流线。其中,乘波体几何特征型线可以用来大致确定乘波体的主要轮廓范围和外形特征,也就是可以知道乘波体大致尺寸,基本轮廓是什么样,这一部分将在本章后几节进行介绍。而乘波体具体位于基准流场中的什么位置,则主要靠乘波设计输入之一的激波型线来确定。

一般来说,所设计的乘波体总是有一定长度的,其底部所在的截面是一个很好的给定激波型线的地方。通常采用的乘波设计基准流场类型主要为楔形流场、锥形流场和一般轴对称流场,其中基准体和基准激波在底部截面上形成交线,即其底部型线。根据底部截面位置,以及其上的激波型线和这些基准流场特征,可以非常方便地确定乘波体在基准流场中的位置和主要轮廓尺寸。

激波底部型线位于底部截面上,其线型在 y 轴、z 轴这两个法向和横向坐标尺度上变化,是乘波体骑乘的激波面在底部截面上沿展向、法向变化规律的体现。由于激波底部型线本身属于基准流场中激波面的一部分,乘波体激波底部型线必须根据基准流场确定,不同的基准流场类型具有不同的激波底部型线。换言之,在完成激波底部型线设计后,可以选择的基准流场类型是有限的。

另外,乘波特性又决定了在底部截面上,激波型线两端与乘波体轮廓线是相连的,激波型线边界受乘波体轮廓线约束,是与乘波体横向、法向尺寸范围相关的重要设计参数,激波底部型线与乘波体几何特征型线共同决定了乘波体的外形轮廓和尺寸范围。

本节归纳总结了几种最常用的激波底部型线,并结合其适用的基准流场类型,给出了描述它们的公式和基本设计方法。

2.4.1　楔形基准流场激波底部型线

楔形基准流场中激波面与底部截面的交线(激波底部型线)是直线,如图 2.25 所示。图 2.25 中还给出了楔导乘波体的激波底部型线(上表面后缘线和下表面后缘线),也称为上表面底部型线和下表面底部型线,可见激波底部型线两端与楔导乘波体的底部轮廓线相连接。由于楔形基准流场中激波形态简单,可以进行多种组合设计。比较有特色的组合设计是星形乘波体,它是由多个楔导乘波体组合设计得到的,因此它的激波底部型线是由多段直线组合设计得到的,如图 2.26 所示。这个星形乘波体的激波底部型线由四段直线组成,每段直线都代表一个楔形基准流场中的激波底部型线。

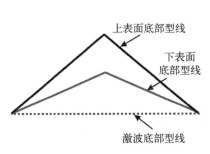

图 2.25　楔导乘波体激波底部型线示意图(后视图)

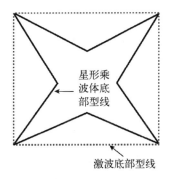

图 2.26　星形乘波体激波底部型线示意图(后视图)

2.4.2 锥形基准流场激波底部型线

如图 2.27 所示,锥形基准流场也可称为圆锥基准流场中圆锥激波与每个横截面上的交线均为圆形。因此,基于锥形基准流场生成乘波体时,底部截面上的激波型线只能是一段圆弧,其激波底部型线设计就是给出这段圆弧的表达式和具体参数。

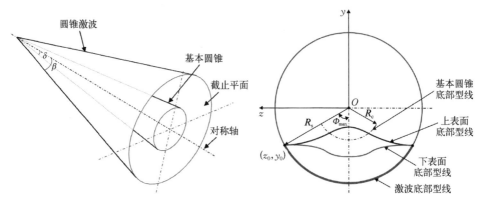

图 2.27　锥形基准流场示意图　　　图 2.28　锥导乘波体激波底部型线
示意图(后视图)

如图 2.28 所示,导乘波体的激波底部型线一般为一段圆弧,其方程如式(2.170)和式(2.171)所示:

$$y = - R_s \times \cos \Phi, \qquad 0 < \Phi < \Phi_{max} \qquad (2.170)$$

$$z = R_s \times \sin \Phi, \qquad 0 < \Phi < \Phi_{max} \qquad (2.171)$$

其中,R_s 为底部截面上基准激波圆弧的半径;R_c 为底部截面上基本圆锥(基准体)的半径;Φ_{max} 为最大半展角;Φ 为激波底部型线上任一点的半展角。

2.4.3 吻切设计中的激波底部型线

锥导乘波体激波底部型线只能是圆弧,这就限制了乘波设计时横向外形的变化自由度。而且,为了给高超声速飞行器可能挂载的吸气式发动机的进气道提供优良品质的预压缩气流,也希望将乘波体下表面部分区域设计为较少横向流动的均匀压缩区,一些研究者提出了吻切乘波设计方法,其中重要的一点就是激波底部型线可以是非圆弧曲线的设计。在本书第 1 章已经介绍了吻切乘波设计的基本思路和步骤,本章后续还将详细介绍各种吻切乘波设计方法。此处,我们重点介绍可用于吻切乘波设计的更为一般的激波底部型线的设计。

　　下面以吻切锥乘波体设计方法为例,具体说明非圆弧激波底部型线的设计。

　　图 2.29 给出了底部截面上的非圆弧激波底部型线及吻切锥乘波体上表面底部型线的示意图。其中,W 为乘波体宽度。由图 2.29 可知,这条非圆弧激波底部型线的两端仍然与该乘波体上表面底部型线相连接,保持了前面所介绍的楔形、锥形基准流场中激波底部型线的基本特征。唯一的区别就是该型线不是较为简单的直线或者圆弧,而是一条曲率变化的曲线。基于吻切理论设计乘波体时,激波底部型线可以为任意连续的曲线。

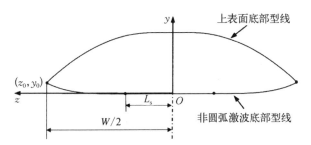

图 2.29　吻切锥乘波体非圆弧激波底部型线示意图(后视图)

　　一般地,为了在进气道入口处(此处假设发动机挂载位置在乘波体纵向对称面处,左右对称)获得均匀流场,激波底部型线中间部分设计为直线,分别在直线两端连接对称曲线段完成激波底部型线设计。在直线段上的吻切面内进行基准流场设计时,由于曲率半径为无穷大,基准流场应为楔形基准流场;而在两侧曲线段的吻切面内进行基准流场设计时,基准流场类型则为轴对称流场。为了提高容积效率,图 2.29 中的激波底部型线的外缘部分设计为指数函数,具体如式(2.172)所示。

$$y = \begin{cases} A \times (z - L_s)^4, & z > L_s \\ 0, & -L_s \leq z \leq L_s \\ A \times (z + L_s)^4, & z < -L_s \end{cases} \quad (2.172)$$

其中,L_s 为激波底部型线上直线段长度的一半,这个尺寸可以根据进气道的尺寸来选择。

　　方程中的系数 A 可以通过如下几何关系求得:

$$A = y_0 / (z_0 - L_s)^4 \quad (2.173)$$

2.4.4 三维基准流场激波底部型线

前面所述的直线激波底部型线(楔形基准流场)、圆弧激波底部型线(锥形基准流场)及非圆弧激波底部型线(吻切基准流场),它们的基准流场均是二维/轴对称流场,或者是吻切面上的二维/轴对称流场。这些激波底部型线是通过直线、圆弧或者圆弧微元构成的,因此它们的激波底部型线均可以用底部截面上的二维解析方程式表示,其参数化的表达公式有利于进行优化设计。

针对三维非轴对称基准流场而言,它主要是通过 CFD 数值计算方法求解得到的,它的激波底部型线难以用解析方程式表示。因此该种激波底部型线的设计思路与前面三种型线不同,它需要先行求解出该三维基准流场,分辨出三维激波面,然后在求解得到的三维激波面上截取、构建激波底部型线。与此同时,该种激波底部型线难以用解析方程式表示,导致该种激波底部型线所对应的乘波体不便于参数化优化设计。

本小节以楔-锥乘波体激波底部型线为例来介绍这种非圆弧激波底部型线。楔-锥乘波体是将绕楔-锥组合体三维非轴对称流场作为基准流场,图 2.30 示出了在楔-锥绕流场中设计激波底部型线的方法。由图 2.30 可见,楔-锥组合体在超声速自由流条件下产生三维非轴对称流场,该基准流场在底部的激波型线没有解析方程式,从而无法预先给定激波底部型线的解析方程式来设计楔-锥乘波体。设计该类乘波体的激波底部型线的基本思路是:首先用时间推进数值计算方法求解出绕楔-锥组合体的三维基准流场;其次分辨出该基准流场在底部的激波型线 A—B—C—D;最后在该激波型线中截取一段 A—D—C 作为设计该种乘波体的激波底部型线。

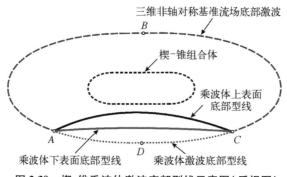

图 2.30 楔-锥乘波体激波底部型线示意图(后视图)

2.5　几何特征型线设计

乘波体几何特征型线是描述乘波体几何外形主要特征的基本输入型线。给定几何特征型线并配合激波型线、基准流场类型,即可以确定组成乘波体表面的流线端点(起始点或末端点)的相对位置、范围和分布规律,进而形成乘波体的几何轮廓形状。乘波体几何特征型线通常包括其前缘线、上表面底部型线、下表面底部型线这 3 种,其中上/下表面底部型线是指乘波体上/下表面与底部截面的交线。当取自由来流方向为设计坐标系的 x 轴方向时,几何特征型线中的上表面底部型线也可以视为乘波体前缘线在底部截面上的投影型线。同样,也可以将乘波体前缘线在水平面上进行投影,得到乘波体前缘线水平投影型线,它也可以视为乘波体几何特征型线的一种。这样我们就得到了 4 种乘波体几何特征型线。

在这 4 种乘波体几何特征型线中,乘波体前缘线是一条三维空间曲线,其余 3 种几何特征型线都是平面(二维)曲线,都需要根据设计步骤,配合激波型线、基准流场完成乘波体设计。给定二维型线作为设计输入的乘波体设计方法简单易行,有利于参数化设计,在乘波体设计工作中应用最为广泛。但所有给定二维型线的乘波体设计中,乘波体前缘都是经过一系列设计计算获得的,设计者并不能直接根据设计目的或者需求来完成前缘的设计。因此,为了直接设计乘波体的前缘形状,也有很多研究者发展了利用三维乘波体前缘线直接设计乘波体的方法。但因其涉及三维曲线及其空间特征几何参数的复杂变换问题,且设计解的唯一性和适用性还需要进一步研究,该方法还处在起步阶段,设计理论尚未成熟,但给定三维乘波体前缘线的设计方法发展前景广阔。

在乘波体设计工作中,主要的输入条件可以分为三类:第一类是飞行状态设计参数,包括马赫数、激波角等;第二类是激波型线,主要是激波底部型线,它主要与基准流场相关联;第三类就是乘波体几何特征型线,可以是前面介绍的 4 种几何特征型线之一,也可以是这 4 种几何特征型线的各种组合。另外,作为设计输入的几何特征型线可以是一段完整曲线,也可以是分段组合曲线,还可以是几段互相关联的曲线组,而这个曲线组是不同类型、不同位置的几何特征型线的组合。

作为设计输入的几何特征型线主要用于在基准流场中构造流面,完成乘波面的设计,继而完成乘波体的几何构型设计。在乘波体几何特征型线设计过程中具体选择哪种类型,主要取决于乘波体设计思路的侧重点。例如,上、下表面底部型线可以表征乘波体展向形状变化趋势,而前缘线水平投影型线可以表征乘波体平面形状变化趋势(沿纵向或者横向方向)。如果是强调展向形状的乘波体设计,则可以选择上表面或者下表面底部型线;如果是侧重水平面投影形状的乘波体设计,则可以优先选择前缘线水平投影型线。需要注意的是,乘波体设计中要保证所给出的这三类输入条件不是超定或者不定的,以保证能得到乘波体设计的唯一解。

几何特征型线设计就是给出型线的具体数学描述公式和参数,无论三维型线还是二维型线都比较简单,本节不做过多介绍。但对于不同的几何特征型线输入,乘波体设计过程略有不同。

下面按照乘波体4种几何特征型线的顺序,对给定几何特征型线的乘波体设计步骤逐一进行介绍。需要强调的是,本节给定几何特征型线的设计步骤都是在给出了设计点流动参数,以及激波底部型线的前提下进行的,也就是可以在此基础上完成基准流场和基准激波的设计,且乘波体的底部截面位置是确定的。

2.5.1　设定上表面底部型线的乘波体设计

以轴导乘波体设计为例,基于上表面底部型线完成轴导乘波体设计的原理如图 2.31 所示,主要包含这样几个步骤:① 给定乘波体上表面底部型线;② 求解乘波体上表面;③ 求解乘波体前缘线;④ 求解乘波体下表面(乘波面);⑤ 求解乘波体下表面底部型线;⑥ 封闭乘波体底面;⑦ 封闭上表面、下表面和底面获得乘波体。

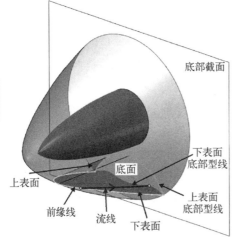

图 2.31　基于上表面底部型线的轴导乘波体设计原理

上述各主要步骤具体操作说明如下。

(1)在基准流场中选定一个横截面作为乘波体底部截面,在其上给定激波底部型线和乘波体上表面底部型线(用数学公式和参数描述)。其中,激波底部型线确定了基准流场和基准激波,而上表面底部型线是一条位于乘波体底部截面的二维型线。

（2）以此上表面底部型线为基线,沿水平方向,即沿来流反方向向前作一个三维空间曲面,即乘波体设计中的上表面。值得提出的是,此处的乘波体上表面并未考虑飞行器容积、结构等设计约束,仅是完成乘波体设计中用到的一个中间过程曲面。本书中绝大部分章节中所说的"乘波体上表面"均是此含义。至于考虑容积、结构等约束条件下的乘波体最终上表面设计,本节不做过多涉及,相关部分会在具体章节中专门指出。

（3）此时,乘波体上表面与基准流场中的基准激波面相交,两者的交线即乘波体前缘线。实际上,此处获得的应该是前缘线上的离散点(采用数值离散方法进行求解)。

（4）由此前缘线上的一系列离散点出发,在基准流场中采用正向流线追踪方法,沿流动方向获得一系列流线,这些流线都结束于底部截面。将这一系列流线进行连续放样,就生成了乘波体下表面,即乘波面。

（5）乘波体下表面在底部截面上的交线即乘波体下表面底部型线。

（6）乘波体上、下表面底部型线在底部截面上形成一个封闭平面,即乘波体底面。

（7）将前述获得的乘波体上、下表面和底面进行封闭,就得到了所设计的乘波体。

图 2.32 给出了锥导乘波体底部截面上的乘波体几何特征型线和基准体、基准激波底部型线示意图,其中各型线相互连接,表明各型线之间存在约束条件,并不是相

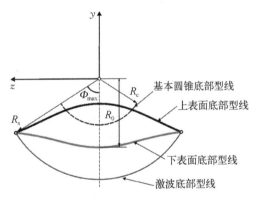

**图 2.32　锥导乘波体设计
底部截面示意图**

互独立的。图 2.32 中 R_c 表示基本圆锥底部型线半径,R_0 表示底部截面上基本圆锥型线圆心到下表面的垂直距离,R_s 表示底部截面上基本圆锥型线圆心到乘波体侧缘的距离,Φ_{max} 是底部截面上以基本圆锥型线圆心为角点的乘波体半展角。

2.5.2　设定下表面底部型线的乘波体设计

将乘波体作为吸气式飞行器前体时,为了匹配进气道入口形状,通常乘波体的下表面需要满足进气道设计要求,即乘波体的下表面底部型线是特定的。此

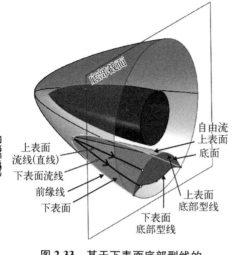

图 2.33   基于下表面底部型线的
轴导乘波体设计原理

时,给定上表面底部型线作为几何特征型线的乘波体设计就无法直接满足这个设计要求,而需要给定下表面底部型线进行乘波体设计。

以轴导乘波体设计为例,当输入条件为下表面底部型线时,如图 2.33 所示,乘波体设计步骤为:① 给定乘波体下表面底部型线;② 求解乘波体下表面流线;③ 求解乘波体前缘线;④ 求解乘波体上表面;⑤ 求解乘波体上表面底部型线;⑥ 封闭乘波体底面;⑦ 封闭上表面、下表面和底面获得乘波体。

上述各主要步骤具体操作说明如下。

(1)在基准流场中选定一个横截面作为乘波体底部截面,在其上给定激波底部型线和乘波体下表面底部型线(用数学公式和参数描述)。同样,激波底部型线确定了基准流场和基准激波,而下表面底部型线同样是一条位于乘波体底部截面的二维型线。

(2)由此下表面底部型线上的一系列离散点出发,在由激波底部型线和其他参数共同确定的基准流场中,逆向使用流线追踪技术,获得一系列由下表面底部型线上离散点出发的流线。由这些流线放样,即可得到乘波体下表面。

(3)这些流线与基准激波面相交,可以计算获得乘波体的一系列前缘点坐标。将这些前缘点进行拟合,即可获得乘波体前缘线的拟合方程表达式。

(4)由乘波体前缘线上的一系列点出发,沿 x 轴方向(自由来流方向或水平面方向)作直线,这些直线都结束于底部截面,二者相交得到一系列离散点,即乘波体上表面底部型线上的离散点。将这一系列离散点和直线进行连续放样,就生成了乘波体上表面底部型线和乘波体上表面。

(5)乘波体上、下表面底部型线在底部截面上形成一个封闭平面,即乘波体底面。

(6)将前述获得的乘波体上、下表面和底面进行封闭,就得到了所设计的乘波体。

可以看到,设定下表面底部型线的乘波体设计主要步骤中,乘波体上、下表面设计顺序正好与设定上表面底部型线的乘波体设计中的主要步骤顺序相反。但除了下表面设计使用了逆向流线追踪方法以外,其他设计方法并没有根本性变化。其实,逆向流线追踪方法也只是求解未知点的顺序由顺流向改为逆流向,使用的公式依然是流线方程。由此可知,给定不同几何特征型线的乘波体设计,主要区别在于乘波体各个面的获取顺序,方法上没有本质区别。

在给定上、下表面底部型线的乘波体设计中,都是已知底部型线,逆流线方向求解乘波体前缘线,从而完成乘波体设计,因此可以将这两种方法归为"逆流向设计方法"。而其他两种给定几何特征型线的乘波体设计方法,已知条件均与乘波体前缘线相关,可以顺流线方向求解底部型线,从而完成乘波体设计,因此可以称为"顺流向设计方法"。下面分别介绍这两种设计方法的具体步骤。

2.5.3　设定前缘线水平投影型线的乘波体设计

乘波体上、下表面底部型线可以部分表征其上、下表面的展向形状特征,但不能表征乘波体前缘及整体形状的水平投影方向特征,尤其是乘波体两侧边缘的后掠角、展向宽度等特征,对乘波体升阻比特性有重大影响。此时,可以采用设定前缘线或者前缘线水平投影型线的乘波体设计步骤,来实现对乘波体两侧边缘的后掠角、展向宽度等特征的设计控制。

本节介绍设定前缘线水平投影型线的乘波体设计步骤。以轴导乘波体设计为例,如图 2.34 所示,乘波体设计步骤为:① 给定前缘线水平投影型线;② 求解乘波体前缘线;③ 分别求解乘波体前缘线出发的上、下表面流线;④ 分别求解乘波体上、下表面;⑤ 分别求解乘波体上、下表面底部型线;⑥ 封闭乘波体底面;⑦ 封闭上表面、下表面和底面获得乘波体。

上述各主要步骤具体操作说明如下。

首先给定前缘线水平投影型线,然后用经过该型线的竖直截面与激波面相交,将两者交线作为前缘线,从前缘线出发,向后正向流线追踪至底部截面生成乘波体下表面。

(1)选定一个水平面,在其上一个限定区域内(确定了乘波体的前后范围)给出一条二维曲线,该曲线应该满足这样的约束:由该曲线出发的垂直曲面(与水平面垂直)与基准激波相交,且仅有一条交线。

(2)根据已知输入条件,求解基准激波和基准流场,并确定基准流场与乘波体前缘线水平投影型线的相对空间位置,求解获得乘波体底部截面。

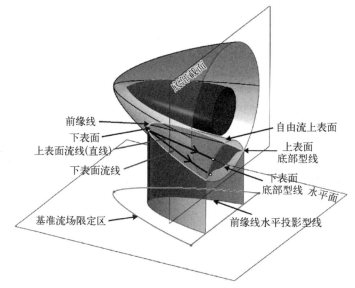

图 2.34   基于前缘线水平投影型线的轴导乘波体设计方法

（3）按照（1）中声明的约束条件，由乘波体前缘线水平投影型线和基准激波求解乘波体前缘线（通常为三维空间曲线）。

（4）由乘波体前缘线出发，在基准流场中进行流线追踪，直至乘波体底部截面（由乘波体前缘线水平投影型线范围确定），获得乘波体下表面流线段，继而连续放样获得乘波体下表面。

（5）由乘波体前缘线出发，在自由来流流场中进行流线追踪（即水平直线延伸），直至乘波体底部截面（由乘波体前缘线水平投影型线范围确定），获得乘波体上表面流线段，继而连续放样获得乘波体上表面。

（6）乘波体上、下表面与乘波体底部截面的交线即乘波体上、下表面底部型线，其在底部截面上形成一个封闭区域，即乘波体底面。

（7）将前述获得的乘波体上、下表面和底面进行封闭，就得到了所设计的乘波体。

图 2.35 给出了采用前缘线水平投影型线进行乘波体设计的原理示意图[41]。其中，在 y-z 平面（平行于水平面）给出了乘波体前缘线水平投影型线，即方程 $z = f(y)$ 所代表的曲线，该曲线引出的垂直曲面与圆锥激波面的交线即前缘线，z_0 是用于确定前缘线水平投影型线与基准流场（基准激波）相对位置的关键参数。

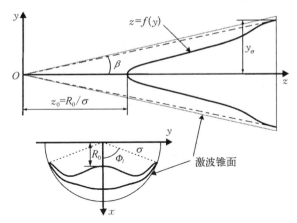

图 2.35　基于前缘线水平投影型线的乘波体设计原理示意图

2.5.4　设定三维前缘线的乘波体设计

上述 3 种设定几何特征型线的乘波体设计步骤显示,二维几何特征型线设计简便易行,利于参数化设计,因此应用最为广泛。但乘波体二维几何特征型线仅能表征乘波体的部分投影特征的形状变化规律,如前缘线的横向投影或水平投影形状变化规律,不能进行乘波体外轮廓形状的直接设计。显然,直接给定乘波体三维前缘线作为几何特征型线,可以最大限度地直接设计乘波体的外形,图 2.36 给出了基于三维前缘线的乘波体设计原理示意。根据乘波设计原理可知,乘波体三维前缘线的约束条件就是该曲线位于基准激波曲面上,因此,其设定并不简单。

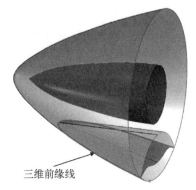

图 2.36　基于三维前缘线的乘波体设计原理示意图

设定二维几何特征型线的乘波体设计方法中,都需要求解乘波体三维前缘线。此时通常根据一些约束条件或者输入条件,可以求解出基准流场、基准激波曲面等信息,因此主要的设计步骤是立体几何问题。而直接给定三维前缘线的设计方法,它的基准流场、基准激波曲面,乃至该曲线在激波曲面上的位置等都是未知的,根据设定曲线约束条件的求解过程较为复杂。其核心关键步骤是由给定的三维前缘线求解出激波底部型线,进而求解出相对应的激波面和基准流场,再利用正向流线追踪法求解基准流场中由前缘线发出的所有流线,组合成为乘波流面。通常该设计步骤涉及吻切理论的应用,因此设定乘波体三维前缘线的设计步骤不在本节详细展开介绍,具体介绍可见本书第 5 章的内容。

2.5.5　设定组合特征型线的乘波体设计

　　前面几节分别介绍了设定 4 种几何特征型线的乘波体设计方法和步骤,可知不同的几何特征型线对乘波体各个部位形状的设计控制程度也不相同。很自然,为了对不同部位同时进行直接设计控制,可以使用设定组合特征型线的乘波体设计方法,即将几何特征型线按需分段设计:在需要控制前缘轮廓形状的位置,给定一段前缘线水平投影型线作为几何特征型线;在需要控制下表面形状的位置,给定一段下表面底部型线作为几何特征型线;各段之间根据几何连接关系设定相容性条件,组合成为一个完整的几何特征型线输入条件。显然,这种设定已知条件的乘波体设计方法,除了需要分段进行设计之外,没有特殊的难点。

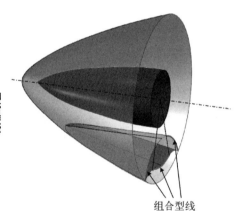

组合型线

图 2.37　轴导乘波体组合特征型线设计原理图

　　图 2.37 展示了一种典型的采用组合特征型线开展轴导乘波体设计的思路,组合特征型线中间区域选用较为平直的乘波体下表面底部型线,从而使得乘波体下表面中间区域便于匹配进气道;而组合特征型线两侧区域选用上表面底部型线,从而使得乘波体两侧可以方便地进行厚度控制。

　　图 2.38 是一种采用水平投影型线+底部投影型线组合的乘波体设计方法示意图[42],图 2.38(a)为水平投影面视图,图 2.38(b)为底面视图,图中 1 表示激波面的投影型线。由水平投影面视图可知,乘波体被 A、B 两点连线划分为两部分,靠近中轴线的乘波体内侧可视为乘波机体,远离中轴线的乘波体外侧可视为乘波机翼。设计中设定的几何特征型线由两段型线组合而成,机体段为乘波体前缘线水平投影型线 2(水平投影面视图中的线段 2),机翼段为乘波体下表面底部型线 7(底面视图中线段 7)。同样,$A1$、$B1$ 两点相位角相同满足组合条件。

　　此时的乘波设计主要步骤如下:

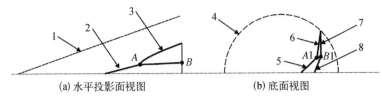

图 2.38　乘波体组合型线水平和底部投影示意图

（1）从机体段前缘线水平投影型线 2 出发求解出机体段乘波体前缘线；

（2）由机体段乘波体前缘线出发求解出机体段下表面及机体段下表面底部型线 8；

（3）由机体段乘波体前缘线出发求解出机体段上表面及机体段上表面底部型线 5；

（4）由机翼段下表面底部型线 7 出发，逆向流线追踪求解机翼段下表面及机翼段前缘线 3；

（5）由机翼段前缘线 3 出发求解出机翼段上表面及机翼段上表面底部型线 6；

（6）封闭所有机体段、机翼段上、下表面和底面，形成乘波体。

图 2.39 展示了另一种组合特征型线锥导乘波体设计方法的实例，该图为底部截面投影示意图[41]。以图 2.39 中左半边为例说明组合特征型线设计方法，图 2.39 中组合特征型线包括机体段下表面底部型线 BD 和机翼段上表面底部型线 CA。

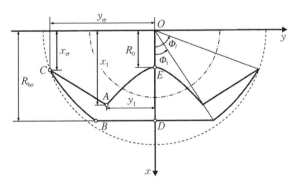

图 2.39　锥导乘波体组合特征型线底部截面投影示意图

（1）从 BD 出发在基准流场中逆向流线追踪可求解得到机体段下表面型面及机体段前缘线；

（2）以 CA 逆着来流方向投影到激波面可求得对应的机翼段前缘线；

（3）从机翼段前缘线出发在基准流场中正向流线追踪可求解得到机翼段的下表面和机翼段下表面底部型线 CB；

（4）从机体段前缘线沿着来流方向拉伸可得机体段上表面，以及机体段上表面底部型线 AE；

（5）封闭上、下表面和底面得到组合特征型线锥导乘波体。

2.6 流线追踪方法

在本章 2.1 节中已经提到，乘波设计的三大要素之一就是流线。而且在本章 2.4 节中，也给出了多种乘波设计步骤，其中多次涉及流线追踪和逆流线追踪等概念，本节具体介绍这个流线追踪方法。

流线是采用欧拉法描述流场的一个概念，是指在 t 时刻流场中的一条假想曲线，该曲线上各点处的切线方向都与该点处的速度矢量 V 方向一致（相重合）[43]。构成乘波面的流线有这样的特征：它们是一簇通过乘波体前缘线（位于基准流场激波面上）的流线，起点在乘波体前缘线上，终点的集合是乘波体下表面底部型线。乘波体前缘线、上/下表面底部型线等可称为乘波体的几何特征型线，它们体现了这一簇流线的起点或者终点在基准流场或相关截面内的分布规律，也就是构成乘波面的流线的分布规律。因此，乘波设计是通过几何特征型线开展的。

由乘波体前缘线出发求解乘波体下表面是使用流线追踪方法进行的。流线追踪是指通过数学方法，计算获取流经流场中某点的流线上的所有物理量信息，并确定该流线上所有点的空间坐标的过程。对于定常流动，流线与迹线重合[10,15]。目前，乘波设计中基准流场一般均为定常流场，所以流线追踪方法得到的流线都是不变的，流线通常可以用经过流线上一系列离散点的样条曲线来描述。当基准流场已知，即可以通过空间点坐标获取该点的所有流场物理量信息时，流线追踪方法本质上就是求解流线上一系列离散点的坐标。

由 2.5 节所述可知，乘波设计中用到的流线追踪有两种，分别为正向流线追踪和逆向流线追踪，前者为顺流线方向，后者为逆流线方向。在如图 2.40 所示的三维流场中[15]，给出了某一时刻通过点 P_0 的流线。由于只考虑定常流动，通过点 P_0 的流线在任何时刻都是相同的。从点 P_0 开始，如果采用正向流线追踪方法,那么可以得到点 P_2 的坐标;如果采用逆向流线追踪方法,那么可以得到点 P_1 的坐标。

在目前常用的锥导、吻切锥等乘波体设计方法中,由于基准流场具有锥形流的特点,可以采用基于锥形流场的二维流线追踪方法计算。而在更为一般的轴导、吻切轴对称、吻切流场等乘波体设计方法中,由于基准

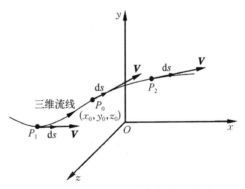

图 2.40 三维流场中流线追踪示意图

流场可以采用特征线方法快速精确求解,在该类基准流场中进行流线追踪是基于一族特征线的二维流线追踪方法。更进一步,在一般的三维基准流场[9]中,则需要采用三维流线追踪方法。下面根据空间维度和基准流场特征,分别介绍其流线追踪方法。

2.6.1 基本控制方程

考虑三维空间形式,定义流线上任意点处的速度为 V,该点处的流线微元为 ds。根据流线的定义,速度 V 与流线微元 ds 是平行的,那么这两个向量的叉乘结果应该为零,即如式(2.174)所示,此公式即流线追踪方法的控制方程。

$$ds \times V = 0 \tag{2.174}$$

2.6.2 锥形流场方法

对于二维/轴对称流场,流线追踪求解过程具有相同的形式,本节以锥导乘波体设计中采用的流线追踪方法为例进行说明。

1. 锥形流线控制方程

如图 2.41 所示,三维的锥形流问题可以转化为一个通过圆锥轴线的轴对称(二维)问题[15],故在锥形流场的三维空间内进行流线追踪可以转化为在轴对称面内进行流线追踪。上述式(2.174)是根据流线定义得到的三维空间中的流线等价条件,根据该方程可以进一步得到流线的微分方程,下面推导轴对称面内流线的微分方程。

如图 2.41 所示,二维流线在经过圆锥轴线(x 轴)且相位角为 ϕ_0 的平面内,该平面可用二维球坐标系定义。其中,点 P_1 和 P_2 分别定义为流线追踪的始末

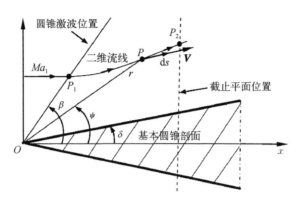

图 2.41 锥形流场中的流线追踪(在相位角为 ϕ_0 的二维球坐标系下)示意图

点,并且点 P_1 在圆锥激波面上,点 P_2 在截止平面(乘波体底部截面)上,点 P 定义为该流线上的介于点 P_1 和 P_2 间的任意点。在图 2.41 坐标系下,分别定义流线微元 ds 和速度 V:

$$\mathrm{d}s = \mathrm{d}r\boldsymbol{i}_r + r\mathrm{d}\psi\boldsymbol{i}_\psi \tag{2.175}$$

$$\boldsymbol{V} = v_r\boldsymbol{i}_r + v_\psi\boldsymbol{i}_\psi \tag{2.176}$$

将式(2.175)和式(2.176)代入式(2.174),得到:

$$\mathrm{d}s \times \boldsymbol{V} = \begin{vmatrix} \boldsymbol{i}_r & \boldsymbol{i}_\psi & \boldsymbol{i}_\phi \\ \mathrm{d}r & r\mathrm{d}\psi & 0 \\ v_r & v_\psi & 0 \end{vmatrix} = (v_\psi \mathrm{d}r - v_r r\mathrm{d}\psi)\boldsymbol{i}_\phi = 0 \tag{2.177}$$

由式(2.177)可得

$$\frac{\mathrm{d}r}{v_r} = \frac{r\mathrm{d}\psi}{v_\psi} \tag{2.178}$$

式(2.178)是二维球坐标系下的流线微分方程的基本形式。如果已知速度分布,就可以通过积分该方程得到流线上点的坐标。

为了对式(2.178)进行积分,引入伪时间步长 dt,并令

$$\frac{\mathrm{d}r}{v_r} = \frac{r\mathrm{d}\psi}{v_\psi} = \mathrm{d}t \tag{2.179}$$

然后将式(2.179)变换为两个方程:

$$\frac{\mathrm{d}r}{\mathrm{d}t} = v_r \tag{2.180}$$

$$\frac{\mathrm{d}\psi}{\mathrm{d}t} = \frac{v_\psi}{r} \tag{2.181}$$

其中，v_r 和 v_ψ 均为关于球面角 ψ 的函数，它们均可通过锥形流理论求解得到。

将锥形流理论中的无量纲速度分布 v_r 和 v_ψ 代入式（2.180）和式（2.181），得到二维球坐标系下的流线常微分方程组：

$$\frac{\mathrm{d}r}{\mathrm{d}t} = v_r^*(\psi) \tag{2.182}$$

$$\frac{\mathrm{d}\psi}{\mathrm{d}t} = \frac{v_\psi^*(\psi)}{r} = f(\psi, r) \tag{2.183}$$

如果由点 P_1 向下游进行正向流线追踪，那么初始条件为

$$t = 0, \qquad r = r_1, \qquad \psi = \psi_1 \tag{2.184}$$

如果由点 P_2 向上游进行逆向流线追踪，那么初始条件为

$$t = 0, \qquad r = r_2, \qquad \psi = \psi_2 \tag{2.185}$$

式（2.182）和式（2.183）组成了流线追踪的控制方程，通过数值计算方法求解该常微分方程组，即可以找出通过流场空间点 P_1 或 P_2 的流线，并确定该流线上点的坐标。

2. 锥形流线追踪的数值计算方法

由点 P_1 向下游正向流线追踪至底部截面的数值计算方法包括以下几个步骤[15]。

（1）确定数值积分的伪时间步长。

本书用"近似流线"的长度来估算伪时间步长。所谓"近似流线"是指假设经过圆锥激波后流线立即与圆锥激波面平行，那么可以根据几何关系得到"近似流线"的长度 l'，用点 P_1 处的速度 V_1 作为流线上点的近似平均速度，即式（2.186）。

$$\Delta t = \frac{l'}{N V_1} \tag{2.186}$$

其中，N 为在流线上所希望的计算步数。

（2）确定初始条件。

点 P_1 的坐标作为初始条件，见式（2.184）。

（3）数值积分。

由第（2）步确定的初始条件开始，从 $t = 0$ 开始，采用四阶 Runge-Kutta 法对式（2.182）和式（2.183）进行数值积分，直至底部截面位置，结束积分。

结合式（2.182）和式（2.183），四阶 Runge-Kutta 法的递推公式如式（2.187）所示：

$$\begin{cases} r_{n+1} = r_n + \dfrac{1}{6}(k_1 + 2k_2 + 2k_3 + k_4) \\ \theta_{n+1} = \theta_n + \dfrac{1}{6}(l_1 + 2l_2 + 2l_3 + l_4) \\ k_1 = v_r^*(\psi_n)\Delta t \\ l_1 = f(\psi_n, r_n)\Delta t \\ k_2 = v_r^*(\psi_n + 0.5l_1)\Delta t \\ l_2 = f(\psi_n + 0.5l_1, r_n + 0.5k_1)\Delta t \\ k_3 = v_r^*(\psi_n + 0.5l_2)\Delta t \\ l_3 = f(\psi_n + 0.5l_2, r_n + 0.5k_2)\Delta t \\ k_4 = v_r^*(\psi_n + l_3)\Delta t \\ l_4 = f(\psi_n + l_3, r_n + k_3)\Delta t \end{cases} \tag{2.187}$$

其中，函数 $f(\psi, r)$ 是由式（2.183）定义的。通过上面的求解，就找出了通过点 P_1 的流线，并确定了该点下游流线上一系列点的坐标。

3. 锥形逆向流线追踪的数值计算方法

在图 2.41 中，由点 P_2 向上游追踪至激波面的数值计算方法与由点 P_1 向下游追踪是类似的，具体步骤如下。

（1）确定数值积分的伪时间步长。

因为是逆着流线的方向向上游追踪，所以伪时间步长是负值，它的绝对值也是用"近似流线"的长度来估算，即

$$\Delta t = -\frac{l'}{NV_1} \tag{2.188}$$

其中，N 为在流线上所希望有的计算步数。

（2）确定初始条件。

点 P_2 的坐标作为初始条件，见式（2.185）。

（3）数值积分。

由第（2）步确定的初始条件开始，从 $t = 0$ 开始，采用四阶 Runge-Kutta 法对式（2.182）和式（2.183）进行数值积分，直至圆锥激波位置，结束积分。此时得到流线上一系列点的坐标。四阶 Runge-Kutta 法的递推公式与向上游进行流线追踪的递推公式相同，具体参见式（2.187）。

通过上面的求解，就找出了通过点 P_2 的流线，并确定了该点上游流线上一系列点的坐标。

2.6.3　超声速轴对称流场方法

在一般超声速轴对称基准流场中进行流线追踪有多种方法，本节介绍的流线追踪方法是基于左行马赫线的预估-校正迭代算法。

图 2.42 为在由特征线理论设计的绕尖头回转体超声速轴对称流场中，基于左行马赫线进行流线追踪的示意图。从前缘激波上的任意前缘点 a 开始，流线追踪至底部横截面的后缘点 b，该流线记为流线 ab。图 2.42 中细实线代表左行马赫线，虚线代表右行马赫线，空心节点代表特征线网格节点，带箭头的粗实线代表流线 ab，流线与左行马赫线的交点简称为流线点，用实心节点表示。

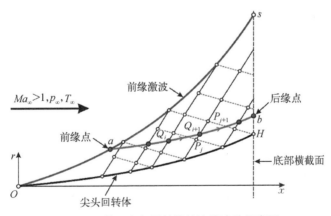

图 2.42　基于左行马赫线的流线追踪示意图

针对流线 ab，由流线 ab 上的任意一个上游流线点 Q_i 的位置坐标和流动参数，应用预估-校正迭代算法，求解下游流线点 Q_{i+1} 的位置坐标和流动参数，主要包括 3 个步骤，如下所述。

（1）预估下游流线点 Q_{i+1} 的位置坐标和流动参数。

直线 Q_iQ_{i+1} 的预估方程如式（2.189）所示。首先，用点 Q_i 的流动方向角作为

直线 Q_iQ_{i+1} 倾斜角的预估值,那么直线斜率如式(2.190)所示。其次,联立直线 Q_iQ_{i+1} 方程式(2.189)与直线 P_jP_{j+1} 方程式(2.191),求解得到流线点 Q_{i+1} 位置坐标的预估值。最后,利用左行马赫数线上点 P_j 和点 P_{j+1} 的流动参数,线性插值得到流线点 Q_{i+1} 流动参数的预估值。

$$r = r_{Q_i} + k_{Q_iQ_{i+1}}(x - x_{Q_i}) \tag{2.189}$$

$$k_{Q_iQ_{i+1}} = \tan\theta_{Q_i} \tag{2.190}$$

$$r = r_{P_j} + k_{P_jP_{j+1}}(x - x_{P_j}) \tag{2.191}$$

$$k_{P_jP_{j+1}} = \frac{r_{P_{j+1}} - r_{P_j}}{x_{P_{j+1}} - x_{P_j}} \tag{2.192}$$

其中,k 为直线斜率;θ 为流动方向角。

(2)校正下游流线点 Q_{i+1} 的位置坐标和流动参数。

首先,用点 Q_i 和 Q_{i+1} 流动方向角的平均值作为直线 Q_iQ_{i+1} 倾斜角的校正值,如式(2.193)所示。其次,联立直线 Q_iQ_{i+1} 方程式(2.189)与直线 P_jP_{j+1} 方程式(2.191),求解得到流线点 Q_{i+1} 位置坐标的校正值。最后,利用左行马赫数线上点 P_j 和点 P_{j+1} 的流动参数,线性插值得到流线点 Q_{i+1} 流动参数的校正值。

$$k_{Q_iQ_{i+1}} = \tan\frac{\theta_{Q_i} + \theta_{Q_{i+1}}}{2} \tag{2.193}$$

(3)校正法的迭代。

为了进一步提高计算精度,还需要对上述校正步骤(2)进行多次迭代计算,直至达到预定的收敛范围。

2.6.4 三维流场方法

在三维非轴对称基准流场中进行流线追踪,需要对基本控制方程式(2.174)的常微分形式进行数值积分,它在 $Oxyz$ 三维直角坐标系下的常微分形式如式(2.194)所示。

$$\frac{\mathrm{d}x}{u} = \frac{\mathrm{d}y}{v} = \frac{\mathrm{d}z}{w} \tag{2.194}$$

其中,u、v、w 为三个方向的速度。

三维流线追踪方法不同于二维方法,复杂多样的空间网格对三维流线追踪方法提出了更高要求,它的核心关键是如何准确获取流线微元前后的流场参数。具体的方法可以参考李海生等[44]的研究成果,他们将 CFD 方法的计算网格剖分为四面体单元并设置相邻四面体之间的拓扑关系,运用基于四面体侧面法矢的"指南针"法进行快速点定位,采用自适应步长的数值积分方法直接在物理空间中进行流线的追踪,避免了物理空间和计算空间之间的转换及由此所带来的误差,提高了流线追踪的精度和效率。

2.6.5　自由流面法

在乘波体设计中,经常会用到自由流面法(也可以称为自由流线法)来生成乘波体的上表面。其实,所谓自由流面法也属于流线追踪方法,只不过此时进行流线追踪的流场就是自由来流场。

在无黏自由流场中,流线都是直线。因此沿出发点(位于乘波体前缘线上),在自由来流场中的流线追踪过程就是沿平行于来流方向的一条直线进行的,流线追踪的结果就是从该出发点开始的一条平行于来流流动方向的直线段,它截止于乘波体的底部截面。利用这些直线段放样构成一个曲面,作为乘波体的上表面,即自由流面法,也可以称之为自由流线法。之所以经常采用自由流面法设计乘波体的上表面,仅仅是因为需要一个简单的上表面来实现乘波体的封闭,而自由流面法恰巧是一个最简单的乘波面生成方法。

理论上,乘波体前缘是尖点,因此在设计状态下,乘波体上、下表面的流场不会发生互相干扰。这时,分别独立设计乘波体的上、下表面是符合超声速流动特征的。因此,我们在后面的章节中还可以看到,利用上下乘波面可以相对独立设计、但组合使用的原理,可以设计出类似星形乘波体这样的复杂外形乘波体,还可以进行飞行器的乘波空气舵设计。

2.7　气动特性评估方法及案例

在乘波体迭代设计过程中,气动特性评估是一个关键步骤。目前气动特性评估方法主要有三种,即工程估算、数值计算和风洞试验[45]。其中,工程估算和数值计算因成本低效率高,在乘波飞行器优化设计过程中应用最为广泛,因此本小节仅介绍了工程估算及数值计算方法,并对数值计算方法中典型高超声速飞行器气动特性评估案例进行详细介绍。

2.7.1　工程估算方法

工程估算作为一种快速、高效、低成本的气动评估手段,已经有了很长的应用历史。段焰辉等[46]指出,在高超声速领域使用快速工程估算方法时,模型表面网格划分的精细程度及计算方法的选取是影响计算精度的关键因素。自 20世纪 50 年代中期以来,针对高超声速飞行器,出现了诸多工程估算方法,包括牛顿法、切楔(锥)法、激波−膨胀波方法等[2]。

国内外学者采用面元法(panel method)及各种工程估算理论(计算方法)开展了众多富有意义的工作,研究对象包括各种外形的高超声速飞行器及各种飞行器部件,对气动力/力矩、气动热,甚至雷达散射面积等参数进行了计算,显示了工程估算方法的强大能力。

郝佳傲等[47]根据有翼再入飞行器的气动布局特点,改进和发展了一套部件划分策略和压强计算选取准则,以航天飞机轨道器和类 X-43 飞行器为研究对象,通过风洞试验和数值模拟,证明了选取准则能提高俯仰力矩的预测精度及有效反映飞行器表面压强分布特征。2006 年,Kinney[48]介绍了一种有约束的高超声速飞行器外形优化软件,用改进牛顿法计算表面压力分布。Zhang 等[49]通过面元法,结合多种工程估算理论对典型高超声速滑翔飞行器进行了气动估算,并将结果与 CFD 结果进行了对比,同时总结了最适用于典型构型的工程估算方法。江治国和车竞[50]基于几何模型分解获取飞行器表面面元,并用工程方法计算了气动力和雷达散射面积等性能指标。Li 等[51]发展了一种可应用于复杂高超声速外形的气动热预测方法,将无黏流理论应用于飞行器的分部件,并通过积分、解耦等手段获取整机受热情况。周张等[52]基于面元法对具有栅格翼的翼身组合体进行了建模,建立了其高超声速计算模型,通过考虑摩阻、底阻等信息提高了计算精度。刘建霞等[53]将面元法应用于乘波体的气动特性计算,粟华等[54]则基于面元法对类 X-33 飞行器进行了气动外形优化。张晓天等[55]利用有限元方法(finite element method, FEM),使用 ANSYS 对 HTV-2 飞行器进行了面元划分,详细分析了面元外法线朝向问题,并将该方法整合到一套集成通用的气动工程预测系统中。通过上述文献可知,气动特性工程估算的工具包括面元法及各种工程估算理论。

本节对工程估算中应用的面元法、各种工程估算理论等进行介绍。

1. 面元法

面元法是将飞行器表面用很多平行四边形或者三角形面元进行替代,通过计算各面元上的受力信息,加和得到飞行器整体受力。在计算中附加估算摩阻、底阻等信息则可进一步提高计算精度。

早在 18 世纪,英国科学家牛顿建立了一套流体动力学理论,指出平板受力正比于倾斜角正弦值的平方,即著名的牛顿正弦平方律[56]。该定律在高超声速领域被证明是有效的,且在高超声速飞行器设计方面扮演了重要角色。为了得到更加精确的结果,后人陆续提出了改进的牛顿定律。原始的牛顿正弦平方律指出,当地压力系数为当地倾角正弦值平方的两倍,见式(2.195):

$$C_p = \frac{p - p_\infty}{\frac{1}{2}\rho_\infty V_\infty^2} = 2\sin^2\delta \qquad (2.195)$$

图 2.43 为牛顿正弦平方律示意图[45],图中 δ 为自由流方向与平板 A 之间的夹角。在高超声速条件下该定律已被证明可以用来估算任意形状物体上的压力系数 C_p[56]。对于三维外形迎风面,可使用正弦平方律的三维形式进行估算,而背风面则认为 $C_p = 0$。

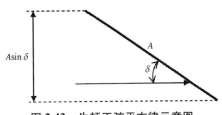

图 2.43　牛顿正弦平方律示意图

Lees[57]考虑了来流马赫数以及比热比的影响[28],对牛顿理论提出了修正,见式(2.196)。

$$C_p = C_{p\max}\sin^2\theta \qquad (2.196)$$

其中,$C_{p\max}$ 为压力系数的最大值。高超声速飞行器大多为钝头体,$C_{p\max}$ 在正激波后驻点处计算,见式(2.197)。

$$C_{p\max} = \frac{p_{0_2} - p_1}{\frac{1}{2}\rho_1 V_1^2} \qquad (2.197)$$

其中,p_{0_2} 为正激波后的总压。

依据完全气体的精确正激波关系式及气体状态方程,将式(2.196)化简为式(2.198)[3,28]。

$$C_{p\max} = \frac{2}{\gamma Ma_1^2}\left\{\left[\frac{(\gamma+1)^2 Ma_1^2}{4\gamma Ma_1^2 - 2(\gamma-1)}\right]^{\frac{\gamma}{\gamma-1}}\frac{1-\gamma+2\gamma Ma_1^2}{\gamma+1} - 1\right\} \qquad (2.198)$$

2. 切楔(锥)法

切楔(锥)法是应用于尖头楔(锥)形物体的一种气动力近似估算方法。在高超声速时,切楔法和切锥法通常能提供合理的结果,它们与牛顿正弦平方律类似,假设物面压力只取决于物面微元表面相对于来流的倾斜角[3]。以切楔法为

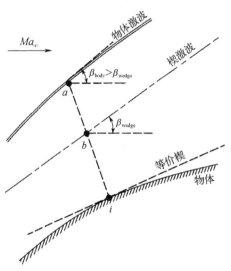

图 2.44   用于切楔法局部验证的一段
高超声速激波层示意图

例,安德森在切楔法这部分内容中通过图 2.44 分析认为,壁面点 i 的压力等于等价楔表面点 i 的压力,而高超声速条件下假想的楔激波后 b 的压力可以合理地近似为等价楔表面点 i 的压力[3]。

如图 2.45 所示,阴影区域为二维物体。假设物体是尖头的,且壁面上所有点的当地表面倾斜角均小于自由流马赫数下的最大偏转角[3]。现在考虑壁面上的点 i,并希望能计算出该点的压力。设点 i 的当地偏转角为 θ_i,过点 i 作壁面的切线,这条切线与自由流的夹角为 θ_i,并可以将其看成一个半顶角为 θ_i 的等价楔面,如图 2.45 中的虚线所

示。这种切楔近似是通过假设点 i 的压力与相应的楔在自由流马赫数 Ma_∞ 下的壁面压力相等得到的。该压力 p_i 直接由当地偏转角 θ_i 和马赫数 Ma_∞ 的精确斜激波关系得到。

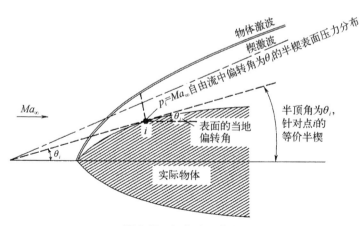

图 2.45   切楔法示意图

切锥法与切楔法具有相似的思路。如图 2.46 所示[3],计算轴对称物体的表面点 i 的表面压力时,过点 i 作一条与壁面相切的线(与轴线共面),该线与自由流的夹角为 θ_i。如图 2.46 中虚线所示,我们将这条切线看作一个等价的半锥角为 θ_i 的锥面,这个切锥近似是通过假设点 i 的压力与相应的圆锥在自由流马赫数 Ma_∞ 下的壁面压力相等得到的,压力值 p_i 可以直接从圆锥表中得到[58]。

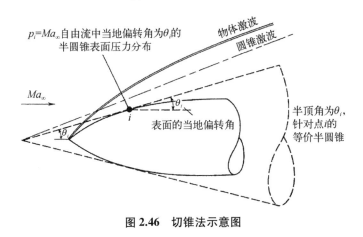

图 2.46　切锥法示意图

3. 激波-膨胀波法

牛顿正弦平方律可以用于钝头体或尖头体,而切楔法和切锥法只能用于具有贴体激波的尖头体。激波-膨胀波法属于后者范畴,同样需要假设一个有贴体激波的尖头体。

当高超声速气流流经某些剖面和物体时,可以利用平面斜激波关系式和普朗特-迈耶膨胀波关系式求出物面的压力分布。这本来是一种精确解法,但求解的条件只能近似满足,所以把它归于工程估算方法之列[28]。

研究二维尖头体且头部具有附体激波的高超声速绕流。如图 2.47 所示,激波-膨胀波法的要点如下。

(1) 假设头部是半劈角为 θ_n 的尖劈,可以采用精确的完全气体平面斜激波关系式计算头部区斜激波后的马赫数 Ma_n 和压力 p_n:

$$Ma_n^2 = \frac{(\gamma+1)^2 Ma_\infty^4 \sin^2\beta - 4(Ma_\infty^4 \sin^2\beta - 1)(\gamma Ma_\infty^2 \sin^2\beta + 1)}{[2\gamma Ma_\infty^2 \sin^2\beta - (\gamma-1)][(\gamma-1)Ma_\infty^2 \sin^2\beta + 2]}$$

$$(2.199)$$

$$\frac{p_n}{p_\infty} = 1 + \frac{2\gamma}{\gamma+1}(Ma_\infty^2 \sin^2\beta - 1)$$

$$(2.200)$$

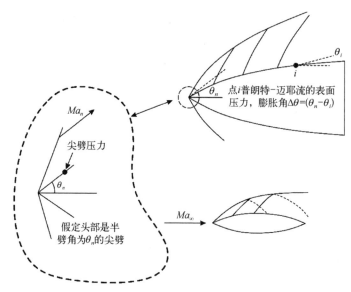

图2.47 激波-膨胀波法要点说明

其中,激波角 β 由 $\theta\text{-}\beta\text{-}Ma$ 的关系式确定,即

$$\tan\theta_n = \frac{2\cot\beta(Ma_\infty^2\sin^2\beta - 1)}{Ma_\infty^2(\gamma + 1 - 2\sin^2\beta) + 2} \tag{2.201}$$

(2) 将物面发出的膨胀波与头部激波相交后的反射略去不计,假定沿头部下游表面的流动是当地的普朗特-迈耶流。利用普朗特-迈耶关系式计算当地物面点 i 处的马赫数 Ma_i,再利用等熵条件确定物面点 i 的压力 p_i,设当地点 i 的物面倾斜角为 θ_i。

则当地马赫数 Ma_i 由式(2.202)确定:

$$\theta_i - \theta_n = \sqrt{\frac{\gamma + 1}{\gamma - 1}}\left[\arctan\sqrt{\frac{\gamma - 1}{\gamma + 1}(Ma_i^2 - 1)} - \arctan\sqrt{\frac{\gamma - 1}{\gamma + 1}(Ma_n^2 - 1)}\right]$$
$$- \left(\arctan\sqrt{Ma_i^2 - 1} - \arctan\sqrt{Ma_n^2 - 1}\right)$$

$$\tag{2.202}$$

由于点 i 和点 n 之间等熵,有

$$\frac{p_i}{p_n} = \left(\frac{1 + \dfrac{\gamma - 1}{2}Ma_n^2}{1 + \dfrac{\gamma - 1}{2}Ma_i^2}\right)^{\frac{\gamma}{\gamma - 1}} \tag{2.203}$$

在高超声速薄体绕流条件下,上述激波-膨胀波关系可简化。在 $Ma_\infty \gg 1$、$\theta \ll 1$ 及 $Ma_\infty \theta = O(1)$（为 1 的量级）的条件下,激波影响区中有

$$\frac{Ma_n^2}{Ma_\infty^2} = \frac{\left[(\gamma + 1)K_\beta\right]^2}{\left[2\gamma K_\beta^2 - (\gamma - 1)\right]\left[(\gamma - 1)K_\beta^2 + 2\right]} \tag{2.204}$$

$$\frac{p_n}{p_\infty} = 1 + \frac{2\gamma}{\gamma + 1}(K_\beta^2 - 1) \tag{2.205}$$

其中, $K_\beta = Ma_\infty \beta$, 它由式(2.206)确定:

$$K_\beta = \frac{\gamma + 1}{4}K + \sqrt{\left(\frac{\gamma + 1}{4}K\right)^2 + 1} \tag{2.206}$$

其中, $K = Ma_\infty \theta_n$, 在普朗特-迈耶膨胀波区有

$$\sqrt{Ma_i^2 - 1} \approx Ma_i, \qquad \sqrt{Ma_n^2 - 1} \approx Ma_n \tag{2.207}$$

当 $x_1 \gg 1$、$x_2 \gg 1$ 时:

$$\arctan x_1 - \arctan x_2 = \arctan\frac{x_1 - x_2}{1 + x_1 x_2} \approx \arctan\left(\frac{1}{x_2} - \frac{1}{x_1}\right) \approx \left(\frac{1}{x_2} - \frac{1}{x_1}\right) \tag{2.208}$$

则普朗特-迈耶关系式简化为

$$\begin{aligned}
\Delta\theta_i &= \sqrt{\frac{\gamma + 1}{\gamma - 1}}\left[\arctan\sqrt{\frac{\gamma - 1}{\gamma + 1}(Ma_i^2 - 1)} - \arctan\sqrt{\frac{\gamma - 1}{\gamma + 1}(Ma_n^2 - 1)}\right] \\
&\quad - \left(\arctan\sqrt{Ma_i^2 - 1} - \arctan\sqrt{Ma_n^2 - 1}\right) \\
&= \sqrt{\frac{\gamma + 1}{\gamma - 1}}\left(\frac{1}{\sqrt{\frac{\gamma - 1}{\gamma + 1}}Ma_n} - \frac{1}{\sqrt{\frac{\gamma - 1}{\gamma + 1}}Ma_i}\right) - \left(\frac{1}{Ma_n} - \frac{1}{Ma_i}\right) \\
&= \frac{2}{\gamma - 1}\left(\frac{1}{Ma_n} - \frac{1}{Ma_i}\right)
\end{aligned} \tag{2.209}$$

对于物面上任意位置,取消下标 i, 则由式(2.209)得

$$\frac{Ma_n}{Ma} = 1 - \frac{\gamma - 1}{2}Ma_n\Delta\theta \tag{2.210}$$

又由式(2.203),有

$$\frac{p}{p_n} = \left(\frac{1 + \dfrac{\gamma - 1}{2}Ma_n^2}{1 + \dfrac{\gamma - 1}{2}Ma^2}\right)^{\frac{\gamma}{\gamma - 1}} \approx \left(\frac{Ma_n}{Ma}\right)^{\frac{2\gamma}{\gamma - 1}} = \left(1 - \frac{\gamma - 1}{2}Ma_n\Delta\theta\right)^{\frac{2\gamma}{\gamma - 1}} \quad (2.211)$$

则

$$C_p = \frac{2}{\gamma Ma_\infty^2}\left(\frac{p}{p_\infty} - 1\right) = \frac{2}{\gamma Ma_\infty^2}\left(\frac{p}{p_n}\frac{p_n}{p_\infty} - 1\right)$$

$$= \frac{2}{\gamma Ma_\infty^2}\left\{\left(1 - \frac{\gamma - 1}{2}Ma_n\Delta\theta\right)^{\frac{2\gamma}{\gamma - 1}}\left[1 + \frac{2\gamma}{\gamma + 1}(Ma_\infty^2\sin^2\beta - 1)\right] - 1\right\}$$

$$(2.212)$$

图 2.48 给出了相对厚度 $\bar{c} = 0.10$ 的双凸翼二维剖面的计算结果。

激波-膨胀波法也适用于旋转体,方法与二维物体基本相同,不同点仅仅是 θ_n 假定为尖锥半顶角,而头部区的 Ma_n 和 p_n 由圆锥的精确解求得。在头部下游局部地应用普朗特-迈耶关系式,也就是将头部下游的流动局部地看成二维的。零迎角的旋成体绕流是近似满足这一条件的,将激波-膨胀波法应用于零迎角尖头旋转体的结果见图 2.49。

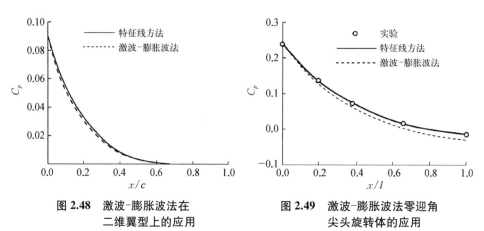

图 2.48　激波-膨胀波法在　　　　图 2.49　激波-膨胀波法零迎角
　　　　二维翼型上的应用　　　　　　　　尖头旋转体的应用

高超声速时使用激波-膨胀波法的效果比中等超声速时好,这是因为中等超声速时,激波角较大,膨胀波与激波相交的角度(入射角)及由激波反射的反射角也都较大。反射波影响物体相当大一部分区域,而激波-膨胀波法略去了这种反射波对物面压力的影响。高超声速时,激波角、入射角和反射角都较小,反射波与物体相交于远下游处(图 2.47),因而高超声速的流动图画更能满足激波-膨胀波理论。

激波-膨胀波法不能应用于钝头体,因为高超声速钝头体会产生激波脱体,头部激波后为亚声速区。另外,当比热比 $\gamma \to 1$ 时,普朗特-迈耶关系式也不再成立。

2.7.2 数值计算方法

工程估算虽然具有计算速度快、方便参数化的优势,但其求解精度和适用范围都受到了一定限制。数值计算可以有效克服工程估算的这些缺陷,而且随着计算机技术和 CFD 的飞速发展,数值计算相较于工程估算效率低的问题也得到有效解决。

数值计算过程包含前处理、求解器及后处理部分。前处理部分包含几何模型建立、网格生成;求解器部分包括边界条件选择、计算物理模型选择及初始化和迭代计算;后处理部分包括计算结果的处理,包括生成一系列流场图、输出气动力计算结果等。

本小节首先概述数值计算的基本流程,其次分别介绍两种采用不同网格技术的数值计算方法。第一种思路是基于笛卡儿网格的气动力快速评估的方法,第二种是采用非结构网格/结构网格(unstructured mesh/structured mesh)的有黏数值计算方法。

1. 基本流程

采用 CFD 软件开展数值计算时的基本流程如下。

1)几何模型建立

几何模型建立是指利用 CAD 软件构建仿真对象的三维模型,目前常用的造型软件包括 SolidWorks 及 CATIA 等。其中,SolidWorks 的强项在于简单直接的操作命令,适合初学者入门学习使用;CATIA 的优势在于复杂曲面造型,非常适合于复杂飞行器气动外形的造型设计。上述两种工具都能够用于几何模型建立工作,按需选择即可。在软件造型时,几何模型的曲面最好是封闭的,这是下一步网格生成过程中的必要条件。

2)网格生成

网格生成技术在数值计算中有着重要地位。首先,网格的质量对数值计算结果有很大影响。例如,几何模型中不规则区域的数值计算质量,以及传热现象的模拟,对网格质量要求较高。其次,现阶段网格生成约占整个项目周期的

80%~90%,网格生成技术显著影响整个项目的进度。

网格分类有多种方法,可以依据单元类型将网格划分为三角形、四边形、四面体、六面体和任意多面体网格,以及包含多种单元形式的混合单元网格;从几何维度来看,网格又可分为平面、曲面和实体等网格;而根据单元形状是否规则,网格还可分为单元边长比(单元的长边和短边边长比)接近于1的各向同性网格,以及为适应曲率特征或物理特征,边长比非常大的狭长或扁平单元的各向异性网格。最为常用的分类方法是根据网格的单元拓扑是否具有某种规律对网格进行分类,分为结构网格和非结构网格。

3) 物理模型选择

在理想气体 CFD 软件中,物理模型通常包含气体模型、湍流模型及壁面材料性能等,可根据研究问题进行相应选择,乘波设计时一般选用理想气体模型,不考虑湍流和壁面材料性能影响。

4) 边界条件选择

边界条件是计算域的边界物理属性。乘波体设计中研究对象所涉及的边界条件通常包括以下 4 种。

壁面边界条件: 包括无滑移的绝热壁或等温壁。

压力远场边界条件: 该边界条件应用于计算域的入口或者远场出口,远场条件与需要模拟的状态一致。

压力出口边界条件: 该边界条件位于进气道或隔离段的出口,在不模拟高反压对进气道或隔离段性能影响的前提下,出口压力选用环境压力,出口压力可根据需要适当调高以模拟反压的作用。

对称边界条件: 包括面对称或轴对称边界条件,对于面对称或轴对称物理模型,如果不考虑侧滑角的影响,可以使用对称边界条件减小计算量。

5) 初始化及计算

初始化是给网格点赋初值,在计算飞行器外流时一般采用自由流条件初始化流场。初始化流场后,需要在软件中设置相应的收敛条件及监控参数。收敛条件是判断计算是否收敛的依据,具体是通过给定相关参数的残差值,对相关参数的残差进行监控,可以通过残差曲线的观察判断计算收敛情况。

6) 后处理

数值计算结果的呈现依赖于后处理,包括数据的提取、整理及展示。数据的提取是基于计算软件完成的,数据的整理及展示可以依靠相应的后处理软件完成。常用的数据处理及制图软件有 Excel、Tecplot,前者强于对于数据的处理和表格制作,后者强于制作流场展示图像。

2. 基于笛卡儿网格的无黏数值计算方法

高超声速飞行器预研阶段需要大量的气动数据作为设计参考,如何快速获取有一定精度的气动数据是一个非常重要的问题。快速的网格生成技术加上快速的求解器使快速气动分析成为可能,基于自适应笛卡儿网格求解可压缩无黏欧拉方程的方法是快速气动分析的选择之一。

自适应笛卡儿网格生成方法即在原始的均匀笛卡儿网格基础上根据模型几何特点不断进行网格细化,得到精度符合要求、分布又是最理想的非均匀笛卡儿网格。相比于结构网格和非结构网格,自适应笛卡儿网格生成方法具有快速、高效、不存在网格拓扑结构划分、网格生成自动化等优点,在提供有效几何模型的基础上,无须人为干预即可生成高质量的计算网格[59]。可压缩无黏欧拉方程虽然没有黏性项,但在黏性不占主导地位的情况下能够较好反映流场特性。同时由于不考虑黏性,求解欧拉方程较求解 N-S 方程速度大大提高。

本小节以航天飞机的流动计算为例,从模型建立、面网格与体网格的生成及流场求解 3 个方面对基于自适应笛卡儿网格求解可压缩无黏欧拉方程的方法的使用流程做详细描述。

1) 几何模型生成

几何模型是气动特性评估的对象,常通过一些造型软件生成要求的外形。空天飞机是一种典型的高超声速飞行器,研究人员针对一种空天飞机基本外形的缩尺模型做了大量气动力/热风洞试验,获取了空天飞机典型气动特性的风洞试验数据[60],李海燕[61]利用该空天飞机模型及风洞试验数据分析了其数值模拟方法的有效性。

如图 2.50(a)所示,该空天飞机兼有 HERMES 和日本 HOPE 航天飞机外形的特点,试验模型由机头、机身与机翼 3 个主要部件组成。机头由钝头圆锥修型得到;机身由半圆柱(上半部)与半方柱(下半部)组成;机翼具有 68° 后掠角,以及双翼尖上反小翼,无立尾。模型全长 290 mm,横向最大尺寸为 184.8 mm,最大高度为 58 mm,模型几何尺寸参见图 2.51。根据如图 2.51 所示的几何尺寸,在三维造型软件中构建出的空天飞机三维模型如图 2.50(b)所示。

风洞试验自由流马赫数 $Ma_\infty = 8.04$,单位雷诺数 $Re_0 = 1.13 \times 10^7/\text{m}$,总压 $p_0 = 7.8$ MPa,总温 $T_0 = 892$ K,攻角变化为 $-5° \sim 30°$。该自由流条件下的空天飞机试验模型测力试验数据参见表 2.2,其中,α 为攻角,C_L 为升力系数,C_D 为阻力系

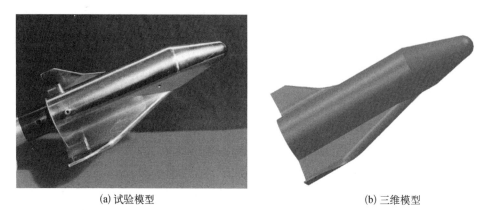

(a) 试验模型　　　　　　　　　　　　　　(b) 三维模型

图 2.50　空天飞机试验模型及三维模型

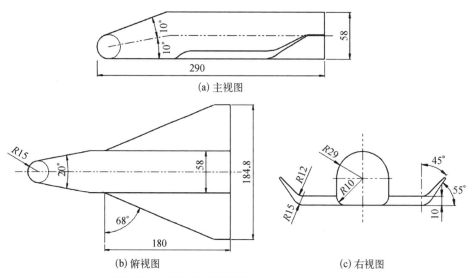

(a) 主视图

(b) 俯视图　　　　　　　　　　　　　(c) 右视图

图 2.51　空天飞机试验模型几何尺寸(单位: mm)

数,C_{MZ}为俯仰力矩系数。表中气动力系数参考面积取为 10 000.0 mm²,参考长度取为 290.0 mm,俯仰力矩参考点取为模型顶点。

表 2.2　空天飞机试验模型测力试验数据[60]

Ma_∞	$\alpha/(°)$	C_L	C_D	C_{MZ}	L/D
8.04	−5	−0.139 6	0.144 7	0.082 0	−0.965
8.04	0	−0.060 7	0.112 0	0.027 0	−0.542

（续表）

Ma_∞	$\alpha/(°)$	C_L	C_D	C_{MZ}	L/D
8.04	5	0.006 7	0.107 0	−0.019 0	0.063
8.04	10	0.151 8	0.129 3	−0.117 0	1.174
8.04	15	0.334 7	0.190 1	−0.260 0	1.761
8.04	20	0.606 0	0.317 4	−0.448 0	1.909
8.04	25	0.876 8	0.504 8	−0.661 0	1.737
8.04	30	1.151 0	0.760 4	−0.886 0	1.514

2）三角形面网格构建

在构建飞行器绕流计算域笛卡儿网格前，首先要构建包覆模型的表面网格。空天飞机三角形面网格如图 2.52 所示，空天飞机的头部及机翼前缘均做了加密处理。

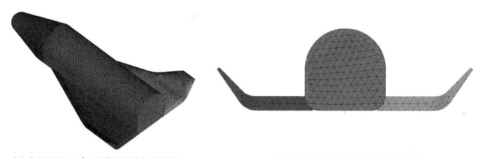

(a) 空天飞机三角形面网格等轴测视图　　　　(b) 空天飞机三角形面网格后视图

图 2.52　空天飞机三角形面网格视图

3）空间笛卡儿网格建立

基于部件表面网格，生成空间笛卡儿网格，并根据加密参数在表面附近自动加密。空天飞机空间笛卡儿网格的切面图如图 2.53 所示。由图 2.53 可知，空间笛卡儿网格在壁面附近自适应加密，较好地给出了空天飞机外形轮廓。

4）流场求解

求解流场，并计算空天飞机气动力系数及俯仰力矩系数，并与风洞试验结果对比，结果如图 2.54 所示。

数值计算中空天飞机机翼翼型前缘为球头，而风洞试验模型机翼翼型前缘为斜劈外形，这可能是无黏流场阻力系数大于风洞试验值的原因之一。尽管如此，在随攻角变化的趋势上，无黏流场解仍然很好地反映了空天飞机外形在高超声速风洞试验中的气动特性。

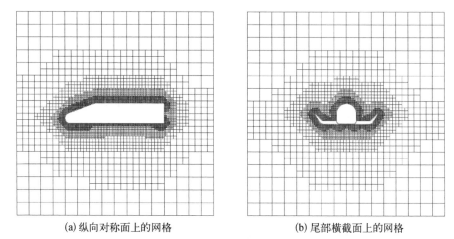

(a) 纵向对称面上的网格   (b) 尾部横截面上的网格

图 2.53　空天飞机空间笛卡儿网格切面图

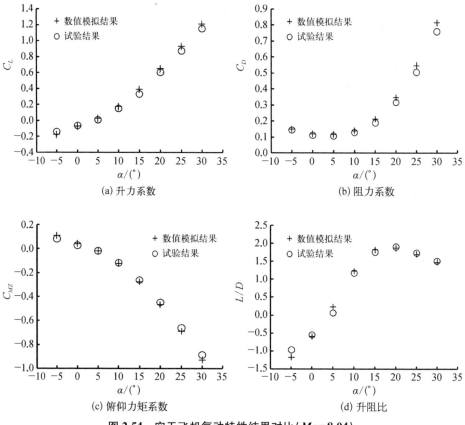

(a) 升力系数   (b) 阻力系数

(c) 俯仰力矩系数   (d) 升阻比

图 2.54　空天飞机气动特性结果对比（$Ma = 8.04$）

3. 基于非结构/结构网格的有黏数值计算方法

笛卡儿网格用于无黏计算时,表现出了快速、方便的优势。不同于基于笛卡儿网格的无黏数值计算方法,采用基于非结构或者结构网格的数值计算方法的控制方程是 N-S 方程。并且,非结构与结构网格相比笛卡儿网格能够得到更高精度结果,对激波形态、复杂流动的模拟更加精细。以航天飞机为例,来比较结构网格与非结构网格计算结果。

文献[62]针对航天飞机外形对比了结构网格与非结构网格对数值计算的影响,结果显示,结构网格和非结构网格均能有效地评估空天飞机的气动特性参数,但结构网格的激波分辨率更高。由图 2.55(a)、图 2.55(c)和图 2.55(d)可

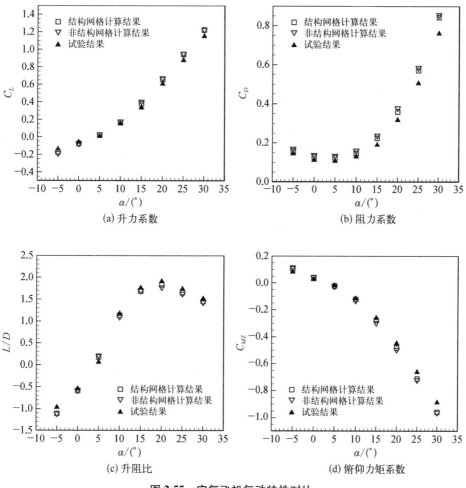

图 2.55　空气飞机气动特性对比

见,应用结构网格和非结构网格计算的升力系数、升阻比和俯仰力矩系数基本相同,且两者与试验数据均吻合较好。由图 2.55(b)可见,当攻角 α 小于 15°时,应用两种网格计算的阻力系数与试验数据均吻合较好,当攻角 α 大于 15°时,数值计算的阻力系数略微大于试验数据;与此同时,在整个攻角范围内,应用结构网格计算的阻力系数相较于非结构网格更接近于试验数据。在 10°攻角状态下,两种网格计算的空天飞机数值纹影图与试验纹影图对比如图 2.56 所示,所述数值纹影图即密度梯度云图。由图 2.56 可见,整体而言,两种网格计算的流场结构与试验纹影图均吻合较好,激波位置基本相同($a_1 \approx a_2 \approx a_3$,$b_1 \approx b_2 \approx b_3$),但结构网格计算的激波分辨率相较于非结构网格更高,尤其是在空天飞机的头部位置,由结构网格计算得到的激波形态更加接近于试验纹影图。上述分析表明,应用结构网格和非结构网格均能有效地评估空天飞机的气动特性参数,但结构网格的激波分辨率更高。

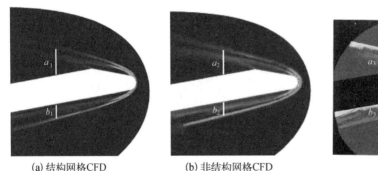

(a) 结构网格CFD   (b) 非结构网格CFD   (c) 试验

图 2.56 空天飞机数值纹影图与试验纹影图对比

2.8 小结

本章介绍了乘波体设计要素及一些通用设计方法,包括基准流场的设计方法、激波型线及乘波体几何特征型线的设定方法,以及非常重要的流线追踪方法,还有气动设计工作中必不可少的性能评估方法等。这些基本设计方法都是乘波设计工作中需要熟练掌握的基础工具,它们是后续章节中更复杂的乘波设计工作中必需的基本技能。

第 3 章

一般乘波设计

基准流场决定了乘波体构型的基本气动特性，是乘波体设计的基础。基准流场根据维度可分为两大类：二维流场和三维流场。其中，二维流场是指流场参数只随两个空间坐标变化的流场，具体又可以分为平面流场和轴对称流场。根据基准流场类型的不同，乘波体可以划分为两大类，即二维基准流场乘波体和三维非轴对称基准流场乘波体。当前主流的乘波体设计基本都是基于二维基准流场开展设计的，特别是轴对称基准流场，再辅助以吻切方法，已经派生出非常多的乘波体设计方法和成果。本章首先介绍以平面流场和轴对称流场为基准流场的乘波体设计方法，吻切乘波设计方法及添加吻切乘波设计方法的乘波体设计方法在本书的第 4 章进行介绍。

所有不能按照平面或轴对称特征进行简化的流动都属于三维流场，其任意空间点上的流动参数都是三个空间坐标和时间的函数。尽管为了便于快速计算，部分流场可近似为二维平面/轴对称流场，但本质上来说，绝大多数的流动都属于三维流场。随着 CFD 和计算机技术的发展，三维基准流场的求解（或者说数值模拟）不再那么复杂，因此逐渐有三维基准流场用于乘波体设计。

这些可真实存在的三维基准流场，可以采用数值模拟方法精确计算或者采用估算方法进行近似计算，包括椭圆锥流场、类锥形流场、楔-锥形流场等。因三维流场乘波设计的研究成果较少，且其步骤与二维流场情况相同，故不做重点介绍，本章仅简单介绍基于近似或者精确三维基准流场的乘波设计研究概况。

需要指出的是，本书介绍乘波设计方法所涉及的基准流场，除非特别声明，都是无黏流场，在后续章节中不再单独进行说明。

3.1　平面流场和轴对称流场

平面流场和轴对称流场都是某些实际三维流场的简化模型。这些可简化的三维流场具有两个特性：一是可以找到某个方向，在这个方向上流动没有变化或者可以忽略；二是在这个方向不同站点的横截面上，流动是相同的。

如果三维流场沿某个直线方向上每一个横截平面上的流场都是相同的，即可将其简化为这些横截面上的平面流场。定常情况下，可以简化为平面流场的横向速度为零的三维流场，其速度场可表示为

$$u = u(x, y), \qquad v = v(x, y), \qquad w = 0 \qquad (3.1)$$

式(3.1)说明，实际上只需要在二维空间 (x, y) 中研究该流动，这大大简化了问题规模，减少了工作量。举例来说，均匀来流垂直于无限长柱体的三维绕流场可以在垂直于柱体中轴线的横截平面上简化为一个平面流场。实际流场中有不少可近似为平面流场，如机翼的绕流流场、风绕过烟囱的流场等。这些流场的特点是：在某一方向上的流动速度比其他两个方向的流动速度小得多，甚至可以忽略。

轴对称流场是指通过一个固定轴线的半平面(称为子午面)上的二维流场，可以由该子午面流场围绕这个固定轴线旋转得到真实的三维流场，且这个三维流场的所有子午面上的流场相同(即沿该固定轴线圆周方向上流动相同或者可以忽略)，因此只需研究一个子午面上的二维流场即可。设轴对称流场的对称轴是 x 轴，则在柱坐标系 (x, r, θ) 中轴对称速度场可表示为

$$V_x = V_x(x, r), \qquad V_r = V_r(x, r), \qquad V_\theta = 0 \qquad (3.2)$$

实际中的轴对称流场并不少见，沿轴向运动的旋转体驱动的流场或均匀来流平行于旋转体轴线的绕流场都属于轴对称流场，如炮弹、火箭在零攻角飞行时的流场等。

对平面流场和轴对称流场这样只有两个空间变量的二维流场，无论是针对流场开展分析还是流场计算都比一般的三维流场简单得多。因此大部分乘波体的设计都选择平面流场或轴对称流场作为基准流场。本章后续各节详细介绍基于平面流和两种轴对称流场的乘波体设计方法，重点是基准流场的选择与设计。其中，基于平面基准流场的乘波体设计以楔形超声速基准流场(楔形流场)和二维弯曲壁面外压缩基准流场(曲楔流场)为例；基于轴对称基准流场的乘波

体设计则以外压缩轴对称基准流场和内收缩(亦可称为内压缩)轴对称基准流
场为例。

3.2 基于平面基准流场的乘波设计

3.2.1 基于楔形流场的乘波设计

直楔流场是指绕尖楔(母线为直线)的超声速流场,也可称为楔形流场,它
是一种典型的二维平面流场。以楔形流场作为基准流场的乘波体概念是
Nonweiler[63] 于 1959 年首次提
出的,该类乘波体通常称为楔导
乘波体,又因其"Λ"形横截面而
得名"Λ"形乘波体,其设计原理
如图 3.1 所示[64]。

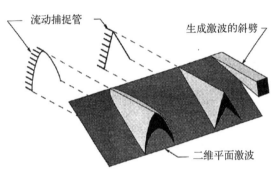

图 3.1 楔形流场及楔导乘波体设计示意图

如图 3.1 所示,自由来流经
过无后掠、无限长尖楔,受到楔
面压缩产生一道平面斜激波,形
成了楔形超声速基准流场。这
个流场可以在尖楔展向截面上简化为二维斜激波流场,并使用第 2 章介绍的斜
激波关系式进行求解(获得流场中空间点对应的流动物理量参数)。

基于楔形超声速基准流场的楔导乘波体设计过程是:首先在斜激波面前方
设计一段开口曲线(即图 3.1 中的流动捕捉管);由这段开口曲线出发沿水平方
向生成流动捕捉面,其与斜激波面的交线就是楔导乘波体的前缘线;从楔导乘波
体前缘线出发,在楔形基准流场中进行流线追踪,可以得到一个流面,即楔导乘
波体下表面;该下表面截止于预设的乘波体底部截面上,二者交线为乘波体下表
面底部型线;同样,从楔导乘波体前缘线出发,使用自由流面法进行流线追踪
(见 2.6 节),即可得到乘波体上表面和上表面底部型线;封闭上/下表面底部型线
形成的乘波体底面、乘波体上/下表面,即可得到图中的两个乘波体构型。上述流
动捕捉管也可以布置在预设的乘波体底面位置后方,然后沿水平方向向前延伸获
得流动捕捉面,同样可以很容易地得到乘波体前缘线,继而完成乘波体设计。

使用不同的流动捕捉管,采用楔导乘波设计方法获得的早期楔导乘波体构
型如图 3.2[64] 所示。可见,楔导乘波体的设计结果也是多种多样的,不同的气动外

形很大程度上取决于初始给定的流动捕捉管形状。此处所谓的流动捕捉管实际上就是第 2 章所定义的乘波体上表面底部型线,而此处的激波型线就是这个流动捕捉管开口两端的连接直线段(斜激波面在乘波体底部截面上的交线为一个直线段)。因此,此处的楔导乘波设计方法属于第 2 章所介绍的给定上表面底部型线设计方法。读者也可以采取其他给定几何特征型线的方法,进行楔导乘波体设计。

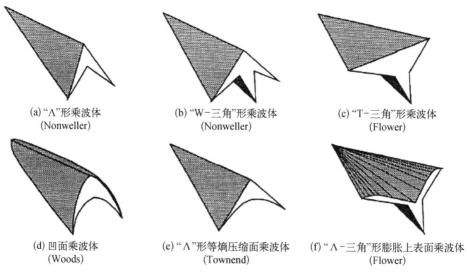

(a) "Λ"形乘波体
(Nonweller)

(b) "W-三角"形乘波体
(Nonweller)

(c) "T-三角"形乘波体
(Flower)

(d) 凹面乘波体
(Woods)

(e) "Λ"形等熵压缩面乘波体
(Townend)

(f) "Λ-三角"形膨胀上表面乘波体
(Flower)

图 3.2   早期楔导乘波体构型

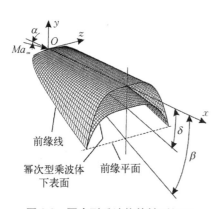

图 3.3   幂次型乘波体等轴测视图

另外,如图 3.3 所示,由俄罗斯科学院 Mazhul 和 Rakhimov[65,66] 设计生成的幂次型乘波体也是应用楔形流场生成的,因为它的下表面底部型线由幂次律函数定义而得名。研究者设计了幂次律函数不同指数的多个幂次型乘波体,通过有限体积法求解了无黏欧拉方程,得到乘波体的流场和气动特性,并对比分析了在非设计点时的不同乘波体的气动特性和流场结构,研究表明幂次数和飞行攻角对该类乘波体特性影响均较大。

楔导乘波体的优势在于其二维基准流场可由斜激波关系式方便快速求解,并具有高升阻比特性。但楔形流场的结构特点也决定了以此为基准流场设计生成的乘波体激波底部型线只能是直线,且乘波体的容积率较低,在一定程度上限制了楔导乘波体的实际应用范围。

3.2.2　基于曲楔流场的乘波设计

不同于绕直楔基准体的楔形流场,曲楔流场是绕无后掠角无限宽尖头弯曲壁面物体(曲楔,母线为曲线)的超声速流场。无限宽弯曲壁面物体在展向方向上的截面形状完全相同,因此沿展向横截面上的流动是相同的,可以在展向截面上简化为二维平面流动。这个二维基准流场的求解方法在第 2 章已经进行了介绍,此处不再赘述。利用曲楔流场作为基准流场,可以进一步拓展基于平面流场的乘波体设计方法。

选取曲楔流场(二维弯曲壁面压缩流场)应用于乘波体设计的原因有两个:第一个是在楔形流场中生成的流线均是直线,该种流线构建出的乘波体外形大都是平直的,不能满足研究者对流线型飞行器外形的设计追求;第二个是当楔导乘波体用作飞行器前体时,由于楔形流场仅依赖一道前缘斜激波压缩气流,压缩效率不一定能满足进气道设计要求。为了满足进气道对前体预压缩气流的压升比要求,如果只能使用楔导乘波设计方法,则必须通过多级楔导乘波体的压缩方式。但使用多道斜激波压缩气流,会带来较大的总压损失。为了解决楔形流场流线仅是直线的局限性,并克服多道斜激波压缩导致气流总压损失较多的问题,后续研究者发展了二维弯曲壁面压缩流场的乘波设计方法。典型曲楔基准流场的波系结构由一道前缘激波与一族等熵压缩波组成,从而可以改善波后流场的总压损失,有利于与进气道进行一体化设计。且曲楔流场中的流线是弯曲型线,有利于进行乘波体的流线型外形设计。

图 3.4 给出了一种曲楔流场乘波体的不同视图,曲楔流场由初始斜激波和等熵压缩波(等熵压缩波是一族马赫波)组成。该种流场的结构取决于来流马赫数 Ma、来流沿基准体轴向的初转角 δ_1 和终转角 δ_2,初始斜激波和所有的等熵压缩波交于长度为 L 处的尾部。根据这一条件,等熵压缩区初始位置的长度 L_1 可由式(3.3)确定:

$$L_1 = \frac{\tan\beta_2 - \tan\beta_1}{\tan\beta_2 - \tan\delta_1}L \tag{3.3}$$

其中,β_1 是由已知的马赫数 Ma 和 δ_1 确定的初始激波角;β_2 是由初始激波后流动参数决定的马赫波转角。

当乘波体的左右前缘线为直线时,这种情况下,基准体的头部至等熵区域的

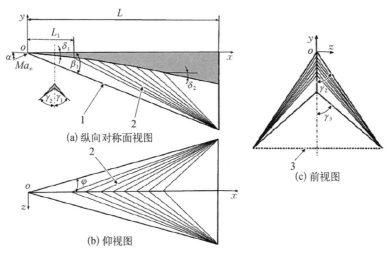

图 3.4   曲楔流场乘波体

起点,是一个简单的 V 形翼。除了 Ma 和 δ_1,其下表面取决于张角 γ_1。 上表面张角 γ_2 和前缘线在水平面与轴线的角度 φ 取决于式(3.4):

$$\tan\gamma_2 = \left(1 - \frac{\tan\delta_1}{\tan\beta_1}\right)\tan\gamma_1, \qquad \tan\varphi = \tan\gamma_1(\tan\beta_1 - \tan\delta_1) \qquad (3.4)$$

前缘线坐标为 $z_0 = x\tan\varphi$,$y_0 = -x\tan\beta_1$。 当上表面与来流一致时,在任意 $x = \text{const}$ 的横截面上的点都有 $y_i = -z_i/\tan\gamma_2$,这里 $0 \leqslant z_i \leqslant z_0$。

等熵流动的初始部分,在 x 为常量的底面坐标由式(3.5)确定:

$$y_i = -\left(x\tan\delta_1 + \frac{z_i}{\tan\gamma_1}\right) \qquad (3.5)$$

下游点的坐标可由等熵压缩关系式计算获得。乘波体设计过程中坐标仅由纵向截面点的限制数量决定。数值计算中,在已知尾部的一阶导数的条件下可由三次 B 样条曲线近似,这使得等熵压缩区域中任意点的坐标可根据积分步长确定。设计过程中,证明了确定底面的张角 γ_3 大于 γ_1。 底部截面上横向云图是直线,从乘波体的实用立场角度来说这是一个优势。

Mazhul[67]通过设计二维弯曲壁面压缩流场得到了如图 3.4 所示的乘波体构型,并利用基于高阶 Runge-Kutta 总变量差分(total variable difference, TVD)格式的欧拉求解器研究了其在非设计马赫数条件下的性能。

利用曲楔流场乘波体作为飞行器前体并与吸气式发动机相连,可以保证乘波前体的高升力特性和高预压缩气流效率。研究表明,该种乘波前体在出口横截面的总压恢复系数比多级楔导乘波前体的明显要高,对提高动力效率有重要意义。

3.3　基于外压缩轴对称流场的乘波设计

轴对称流场具有对称轴,此时流动分量在绕对称轴的周向方向是不变的或者为零。对称轴的存在,导致轴对称压缩流场的流动存在远离或者逼近对称轴两种趋势。将远离对称轴的压缩流动称为外压缩轴对称流场,而将逼近对称轴的压缩流动称为内收缩轴对称流场。在这两种流场中都可以开展乘波体设计,但具体设计约束和设计结果都有所区别。因此本书将二者分为两节进行介绍,本节先介绍基于外压缩轴对称流场的乘波体设计方法。

3.3.1　基于锥形流场的乘波设计

直锥流场,即绕零攻角直圆锥(其母线为直线)的超声速流场,是一种典型的直激波外压缩轴对称流场。该种流场通常也称为锥形流场,流场结构如图 3.5 所示。该流场可通过 Taylor-Maccoll 流动控制方程精确求解或采用高超声速小扰动理论近似求解。

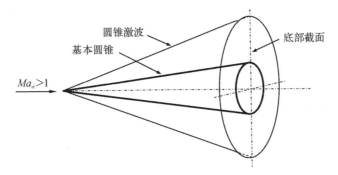

图 3.5　锥形流场结构示意图

基于锥形流场设计乘波体的过程与基于楔形流场类似,其设计原理如图 3.6 所示:在锥形流场的激波锥面上通过流动捕捉管(和流动捕捉面)获得乘波体前缘线,并在锥形流场中利用流线追踪方法得到乘波体下表面,使用自由流面法获得乘波体上表面,继而完成锥形流场乘波体设计。上述流动捕捉管、流动捕捉面概念与楔形流场乘波设计部分相同,实际上就是第 2 章所介绍的乘波体上表面

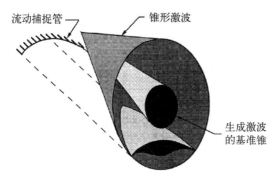

流动捕捉管　锥形激波

生成激波
的基准锥

图 3.6　锥导乘波体设计原理图

底部型线及其自由流面。同样，基于锥形基准流场，还可以通过设定乘波体下表面底部型线、前缘线或其水平投影型线的方式进行乘波体设计。

　　将锥形轴对称流场用于乘波体设计，设计出的乘波体命名为锥导乘波体。锥形流场是迄今为止应用最为广泛的乘波设计基准流场，而锥导乘波体也成为应用最广泛的乘波体构型。

　　1968 年，Jones 等[68]首次将锥形流场应用于乘波体设计，设计的锥导乘波体构型如图 3.7 所示。此后，锥导乘波体引起了众多学者的研究兴趣。Rasmussen 等[69]利用高超声速小扰动理论生成马赫数为 4 的锥导乘波体，如图 3.8 所示，并进行了马赫数为 3～5 的试验研究。试验测量了不同马赫数和攻角状态下乘波体的性能，并用油流法显示了乘波体表面流动情况。试验结果显示，设计得到的乘波体具有较高的升阻比，且在试验范围内流场保持为直锥流动，验证了锥导乘波体设计理论的有效性。

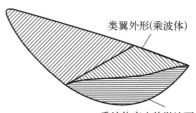

类翼外形(乘波体)

乘波体产生的激波面

图 3.7　Jones 等设计的锥导乘波体
等轴测视图

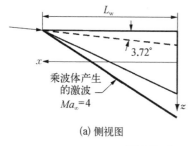

L_w

3.72°

x

乘波体产生
的激波

$Ma_\infty = 4$

z

(a) 侧视图

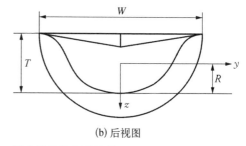

W

T

y

R

z

(b) 后视图

图 3.8　Rasmussen 等设计的锥导乘波体

　　研究表明，乘波体下表面的压力系数变化不大，而下表面升力系数取决于基准锥的设计，这在锥导乘波体的设计方法中是一个有用的起始点。因此 Jones 等根据乘波体构型前缘线是否经过锥形流场对称轴，将锥导乘波体分为两类[68]：一类是前缘线经过锥形流场对称轴，称为理想锥导乘波体(idealized cone-derived waverider)；另一类是常规锥导乘波体(general cone-derived waverider)，它的前缘线通常位于锥形流场对称轴的下方位置，如图 3.6 所示。其中，根据构型上反角的正负，理想锥导乘波体又分为两类，如图 3.9 所示，图 3.9(a)所示构型具有负上反角，图 3.9(b)所示构型具有正上反角。

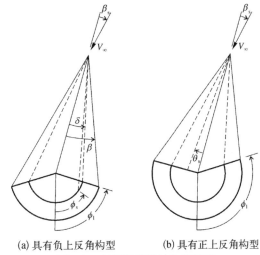

(a) 具有负上反角构型　　　(b) 具有正上反角构型

图 3.9　理想锥导乘波体示意图

　　在类似设计约束下，锥导乘波体的升阻比虽然没有楔导乘波体高，但它的容积率高，工程应用价值较高，并且锥形流场便于快速获得精确解，在锥形流场中进行流线追踪也方便快捷，这使得锥导乘波体成为应用范围最广泛的一种乘波体构型，众多学者对锥导乘波体进行了更深层次的研究。但锥导乘波体流场具有锥形流性质，底部截面处的流场不够均匀，不利于吸气式发动机工作。此外，采用锥形激波进行设计导致锥导乘波体的激波底部型线只能是圆弧，这在一定程度上限制了进气道入口的形状。

　　俄克拉荷马大学的 Kim 等[70]利用高超声速小扰动理论设计锥导乘波体，并在固定升力、容积、底面积等参数的情况下，开展了以最大无黏升阻比为目标的乘波体优化设计，通过高超声速小扰动理论得到乘波体升力、阻力等具体参数表达式，并基于此开展优化设计研究。Bowcutt 等[8]和 Corda[14]则是将黏性引入优化设计过程，基于非线性单纯形法开展了以最大升阻比为目标的锥导乘波体优化设计，解决了乘波体非设计点性能下降的问题。

　　王允良[71]针对锥导乘波体以升阻比最大化为设计目标，将气动布局参数作为设计变量，应用改进的粒子群优化算法求解飞行器气动布局优化模型，优化模型最大升阻比为 6.073 2，气动布局如图 3.10 所示。

　　孟希慧和张庆兵[72]以升阻比为优化目标，利用遗传算法对锥导乘波体进行气动力优化；然后对基于气动力优化得到的乘波体进行迁移钝化研究。结果表明，采用遗传算法对乘波体工程估算的气动力进行优化是可靠的。

　　张甲奇等[73]为了进一步研究锥导乘波体的气动特性和实用性，探索其在飞行器设计中的实用价值，针对影响锥导乘波体气动特性的外形几何参数、非设计

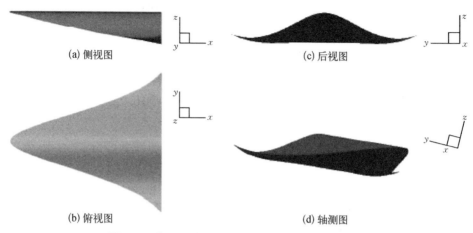

(a) 侧视图　　　　　　　　　　(c) 后视图

(b) 俯视图　　　　　　　　　　(d) 轴测图

图 3.10　锥导乘波体飞行器优化模型气动布局视图

状态、前缘钝化半径等参数进行了数值计算和分析,并对锥导乘波体外形进行了优化改进。研究结果表明:乘波体的前缘线决定了其外形参数和气动特性,而前缘线受自由流面影响;在非设计状态下,乘波体依然具有较理想的升阻比;前缘钝化处理使得乘波体下表面高压气流向上溢流到上表面,降低了乘波体的升阻比;外形优化使乘波体的实用性得到显著提高,并保持较高的升阻比;锥导乘波体构型具有应用于高超声速飞行器前体外形设计的优势和潜力。

3.3.2　基于曲锥流场的乘波设计

曲锥流场,即绕零攻角弯曲母线圆锥的超声速流场,它是一种典型的弯曲激波外压缩轴对称流场。根据基准体的母线形状,曲锥流场可分为凸形曲锥流场和凹形曲锥流场。其中,凸形曲锥流场又可分为绕尖头回转体流场和绕钝头回转体流场,前者的全部区域均是超声速流场;后者的头部区域是亚声速流场,其他部分是超声速流场。

曲锥流场的结构特征取决于曲锥基准体的设计,不同的曲锥基准体可以得到不同的曲锥流场,从而设计出不同的乘波体。类似于锥导乘波体,基于曲锥流场的乘波体可以称之为轴导乘波体,其中轴导一词主要强调这种乘波体设计所使用的基准体是母线为一般曲线的轴对称几何体。

美国马里兰大学 Corda[14] 首次提出将绕零攻角最小阻力回转体超声速流场作为乘波体设计的基准流场。其中,最小阻力回转体的设计以尖头幂次回转体为基础,尖头幂次回转体形状取决于马赫数和底面半径与长度之比,即径长比

r_{base}/L。

尖头幂次回转体母线如图 3.11 所示,绕尖头幂次回转体流场设计乘波体的原理如图 3.12 所示。对于给定的马赫数和基准体形状,尖头幂次回转体流场的设计方法如下:选择合适的基准体径长比,利用空间推进方法计算由该基准体生成的流场(由于空间推进方法只能在全部区域均为超声速的流场中使用,需要将幂次回转体的头部处理为尖头锥,从而确保前缘激波波后均是超声速流场),其中尖头锥流场部分使用 Taylor-Maccoll 流动控制方程求解,并作为基准体流场求解的初始条件。Corda[14] 发展出一系列考虑黏性作用的乘波体优化构型,并与优化后的传统锥导乘波体进行对比分析。研究表明,基于最小阻力回转体超声速流场的乘波体构型具有与传统锥导乘波体相当或更高的升阻比特性。

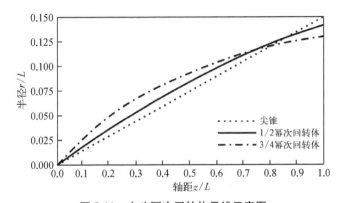

图 3.11　尖头幂次回转体母线示意图

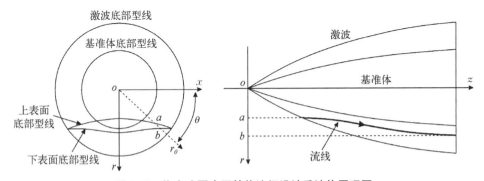

图 3.12　绕尖头幂次回转体流场设计乘波体原理图

法国国家科学研究中心的 Mangin 等[31] 则首次将绕零攻角钝头幂次回转体轴对称流场应用于设计乘波体,并研究了其气动特性,设计原理如图 3.13 所示。

钝头幂次回转体在 x-y 平面上的表达式为：$Y = A \cdot X^n$。其中的系数 A 可由基准体厚度角 δ 求解得到，厚度角 δ 表征基准体底部半径与长度之比，从而得到钝头幂次回转体母线表达式(3.6)，然后利用基于结构化网格的欧拉求解器得到绕零攻角钝头幂次回转体轴对称流场。

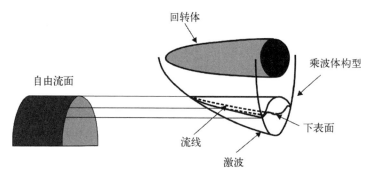

图 3.13　绕零攻角钝头幂次回转体轴对称流场设计乘波体原理图

$$Y = \tan\delta \cdot X^n \tag{3.6}$$

Mangin 等[31]研究了回转体幂次 n 在 0.5～1 变化时的理想乘波体(基准体的下半部分作为乘波体下表面，自由流面作为乘波体上表面)，在没有考虑黏性效应的情况下，发现 n 在接近 0.7 时获得最大升阻比(最大升阻比相较于锥形流场算例增大了 15%)。此外，绕过钝头幂次回转体的一族流线放样可以生成凸形的下表面，凸形的下表面可以增大乘波体容积。研究结果表明，该类乘波体构型相较于传统锥导乘波体，虽然其升阻比性能仅略微升高(7%左右)，但其容积明显增大(20%左右)。

中国空气动力研究与发展中心的贺旭照等[19,20]将绕零攻角凹形曲锥的轴对称流场用于乘波体设计。该种曲锥流场通过特征性方法设计求解得到，流场结构如图 3.14(a)所示，曲面锥划分为 3 段，即直锥压缩段、等熵压缩段和直线过渡段。直锥压缩段产生初始直锥形激波，等熵压缩段继续压缩气流到指定的出口参数，直线过渡段用于稳定等熵压缩后的气流。研究表明，相较于锥形基准流场，凹形曲锥基准流场提高了乘波前体的容积效率和出口的气流压升比，并且乘波体出口具有较高的总压恢复系数和较为均匀的出口参数，该新型基准流场推进了乘波前体应用于机体/进气道的一体化设计。贺旭照等[19,20]还以该种流场为基础，运用吻切理论设计出吻切曲锥流场，如图 3.15 所示，该类吻切方法将在下一章中详细介绍。

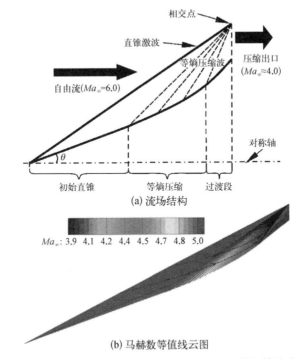

(a) 流场结构

Ma_∞: 3.9　4.1　4.2　4.4　4.5　4.7　4.8　5.0

(b) 马赫数等值线云图

图 3.14　绕零攻角凹形曲锥流场结构示意图和马赫数等值线云图

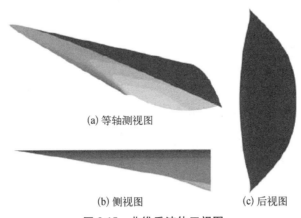

(a) 等轴测视图

(b) 侧视图　　　　　(c) 后视图

图 3.15　曲锥乘波体三视图

　　中国科学院力学研究所的耿永兵等将带尖锥前缘激波的轴对称近似等熵压缩流场作为乘波体设计的基准流场,该基准流场本质上也是一种曲锥流场[74]。在气流不变的条件下,特征线不是直线,使得轴对称等熵流的计算较为复杂,因此耿永兵等选取 Connors 和 Meyer 用特征性设计的轴对称近似等熵压缩面[75]，该种近似等熵压缩面的设计考虑了以下几个方面：① 由头部的尖锥产生一个已知的流场，前缘产生一道一定强度的初始激波，这道激波造成1%的总压损失；② 根据这一流场确定出一条起始特征线，并在特征线交点处假设为二维逆 Prantel-Mayer 流动关系式，根据这两个假设条件，利用轴对称势流特征线法计算这一等熵流场；③ 最后利用连续条件，描绘出气流的流线，最终确定表面的轮廓线。设计马赫数为4的近似等熵压缩面流场压力分布数值模拟结果及设计的乘波体如图 3.16 所示。研究结果表明，基于近似等熵压缩面流场生成的乘波前体在设计条件下具有良好的气流压缩性能，有利于机体/发动机一体化设计。

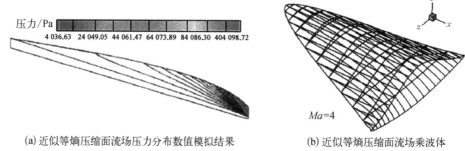

(a) 近似等熵压缩面流场压力分布数值模拟结果　　　　(b) 近似等熵压缩面流场乘波体

图 3.16　近似等熵压缩面流场压力分布数值模拟结果及设计乘波体示意图

国防科技大学的丁峰等[62,76,77]将绕尖头冯·卡门曲线回转体(pointed von Karman ogive)轴对称流场应用于乘波体设计，并命名该类乘波体为冯·卡门乘波体。

3.3.3　曲锥流场乘波设计举例

为了使读者更加清楚地认识曲锥流场乘波体设计方法，本节详述冯·卡门乘波体的设计方法、步骤和结果，并进行气动特性分析，作为曲锥流场乘波体设计的实例。

冯·卡门乘波体是指曲锥基准流场的母线是尖头冯·卡门曲线的乘波体构型。它的设计包括以下步骤：① 将冯·卡门曲线修型为尖头冯·卡门曲线，作为回转体母线，得到尖头冯·卡门曲线回转体；② 应用特征线理论，求解绕尖头冯·卡门曲线回转体的超声速轴对称流场，作为乘波体设计的基准流场，并命名为冯·卡门基准流场；③ 基于冯·卡门基准流场和流线追踪方法，在给定几何特征型线的情况下设计生成乘波体构型。

1. 冯·卡门基准流场设计

1）冯·卡门曲线回转体

冯·卡门曲线回转体（von Karman ogive）[78]是一种在超声速零攻角条件下具有最小压差阻力的回转体外形。如图 3.17 所示，曲线 OH 是冯·卡门曲线回转体的母线，给定冯·卡门曲线回转体的长度 L_H 和底部半径 R_H，利用式（3.7）可以唯一确定冯·卡门曲线回转体母线 OH 上点的半径。

$$r = \frac{R_H}{\sqrt{\pi}} \sqrt{\arccos\left(1 - \frac{2x}{L_H}\right) - \frac{1}{2}\sin\left[2\arccos\left(1 - \frac{2x}{L_H}\right)\right]} \qquad (3.7)$$

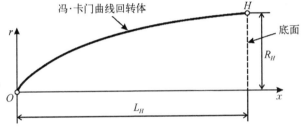

图 3.17　冯·卡门曲线回转体示意图

2）尖头冯·卡门曲线回转体

原始冯·卡门曲线回转体的壁面倾斜角沿 x 轴分布如图 3.18 所示，可见回转体顶点位置（$x = 0$）的倾斜角是 90°。换言之，冯·卡门曲线回转体是一个钝头体，它在超声速来流条件下产生脱体激波，波后为亚声速流动。为了确保激波附体，使整个流场都是超声速的，以便于应用特征线方法快速求解流场，必须对原始冯·卡门曲线回转体进行修型。

图 3.19 给出了冯·卡门曲线回转体修型前后的对比。原始冯·卡门曲线回转体的头部 OA 段是钝头体，修型后冯·卡门曲线回转体的头部 O_1A 是尖锥体。获得尖头冯·卡门曲线回转体的具体步骤是：首先选取尖头回转体

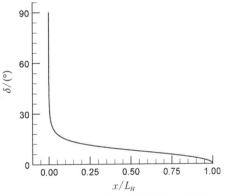

图 3.18　冯·卡门曲线回转体的壁面倾斜角沿 x 轴分布

半顶角，该角度也等于点 A 的倾斜角 δ_A；其次，利用图 3.18 确定 δ_A 所对应的 x 轴坐标值，确定点 A 的位置；再次，沿点 A 的切线方向取延长线，并与 x 轴交于点

O_1,用直线段 O_1A 代替原始的钝头曲线段 OA;最后,将曲线 O_1AH 作为尖头冯·卡门曲线回转体的母线。修型后的冯·卡门曲线回转体长度由 L_H 增长为 $L_{H,1}$。

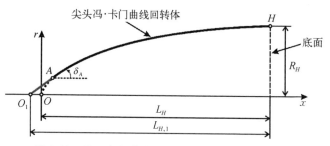

图 3.19　冯·卡门曲线回转体修型前后对比示意图

值得说明的是,为了确保尖头冯·卡门曲线回转体在设计条件下的激波附体,尖头回转体半顶角 δ_A 有一个取值范围,该值必须小于等于圆锥能够产生附体激波的最大圆锥半顶角 δ_m,即 $\delta_A \leqslant \delta_m$。根据如式(3.8)所示的斜激波理论,可以确定来流马赫数 Ma 所对应的最大激波角 β_m;然后将来流马赫数 Ma 和最大激波角 β_m 作为已知条件,通过数值积分 Taylor-Maccoll 方程,可以唯一确定相应的圆锥半顶角,该角度即保证圆锥能够产生附体激波的最大圆锥半顶角 δ_m。

$$\sin^2\beta_m = \frac{1}{\gamma Ma^2}\left\{\frac{\gamma+1}{4}Ma^2 - 1 + \left[(\gamma+1)\left(1+\frac{\gamma-1}{2}Ma^2+\frac{\gamma+1}{16}Ma^4\right)\right]^{\frac{1}{2}}\right\} \tag{3.8}$$

3) 求解冯·卡门基准流场

应用特征线理论,求解超声速尖头冯·卡门曲线回转体轴对称流场,作为乘波体基准流场,并命名为冯·卡门基准流场。本设计实例选用的尖头冯·卡门曲线回转体设计参数及自由来流参数如表3.1所示,其中自由来流对应25 km的大气条件。

表 3.1　尖头冯·卡门曲线回转体设计参数及自由来流参数

Ma_∞	p_∞/Pa	T_∞/K	L_H/m	R_H/m	δ_A/(°)
6.0	2 511.18	221.649	10.0	1.6	19.0

使用特征线方法求解获得了冯·卡门基准流场。为了验证本书特征线理论

及评估该方法的计算效率,使用 CFD 方法计算同一个冯·卡门基准流场,并与特征线方法计算结果进行对比分析。图 3.20 给出了冯·卡门基准流场的特征线网格和 CFD 方法计算的结构网格,两种方法的网格节点数和计算时间参见表 3.2。由表 3.2 可知,在计算求解同一个超声速轴对称流场时,特征线理论的计算效率几乎是 CFD 方法的 15 倍。

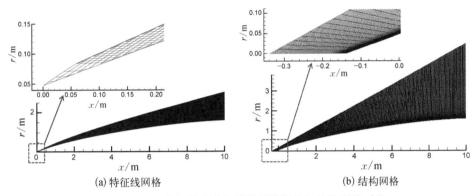

(a) 特征线网格　　　　　　　　(b) 结构网格

图 3.20　冯·卡门基准流场的特征线网格与结构网格对比

表 3.2　特征线理论与常规 CFD 的网格节点数及计算时间对比

计 算 方 法	网格节点数	计算时间/min
特征线方法	86 957	1.5
CFD 方法	50 000	22.3

CFD 方法和特征线方法计算的冯·卡门基准流场对比见图 3.21 和图 3.22,其中图 3.21 给出了流场的马赫数等值线对比云图,图 3.22 给出了沿程壁面无量纲压力分布对比。由图 3.21 可见,除了激波厚度稍有不同,两种方法计算的流场结构几乎没有差异。造成两种方法计算的激波厚度稍有差异的原因是,特征线方法计算的激波厚度接近无限小,显示在流场中是一条曲线;而 CFD 方法计算的激波厚度为网格尺度量级。另外,由图 3.22 可见,两种方法计算的沿程壁面压力分布几乎是相同的。通过算例的计算分析可知,特征线方法在求解超声速轴对称流场时具有很好的精确性和效率,且利于编程开展流场中的流线追踪,因此得到了广泛应用。

2. 流线追踪方法的验证

图 3.23 是在冯·卡门基准流场中的流线追踪示意图。从 $r = 0.5R_s$ 的前缘

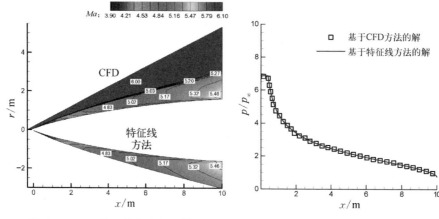

图 3.21 冯·卡门基准流场马赫数
等值线云图对比

图 3.22 冯·卡门基准流场沿程壁面
无量纲压力分布对比

激波点 a 开始(其中 R_s 为回转体底部横截面激波半径)流线追踪至后缘点 b,得到流线 $a—b$,记为流线 B,然后将流线 B 绕 x 轴旋转得到流线体 C。用 CFD 方法计算绕流线体 C 的超声速轴对称流场(简称绕流线体 C 的流场),并与 CFD 方法计算的冯·卡门基准流场进行对比分析,两者的马赫数等值线云图对比如图 3.24 所示。图 3.24 中上半部分区域为 CFD 计算的冯·卡门基准流场,下半部分区域为绕流线体 C 的 CFD 计算流场,带箭头的红色细实线即冯·卡门基准流场中的流线 B。可见,绕流线体 C 的流场结构与冯·卡门基准流场中流线 B 位置以上区域的流场结构吻合较好。表明由流线 B 旋转得到的流线体 C 在设计来流条件下,能够复现原始基准流场中流线 B 位置以上区域的流场。

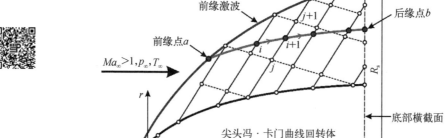

图 3.23 冯·卡门基准流场中的流线追踪方法示意图

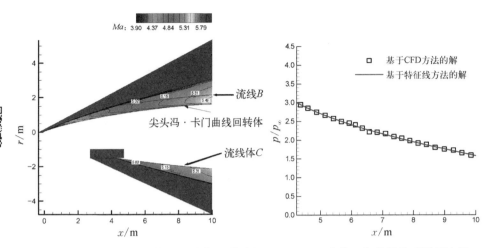

图 3.24 冯·卡门基准流场与绕流线体 C 的流场 马赫数等值线云图对比

图 3.25 流线 B 与流线体 C 壁面上的 无量纲压力分布对比

流线 B 上无量纲压力分布与流线体 C 壁面上的无量纲压力分布对比如图 3.25 所示,可见,二者压力分布吻合,表明流线追踪方法准确地捕获到了流线,且以该流线为壁面的流场是原始基准流场的一部分,乘波体设计原理是正确的。

以上对比分析验证了流线追踪方法的有效性和精确性。且上述结果分析表明,以基准流场中的流线为壁面的乘波体设计是合理的,乘波体流场是基准流场的一部分,乘波体前缘产生的激波是基准激波的一部分,乘波体确实是乘波的。

3. 冯·卡门乘波体设计

1) 设计参数及结果

本设计实例选用的冯·卡门曲线设计参数及自由来流参数如表 3.1 所示。在如图 3.26 所示的坐标系 $o'y'z'$ 中,输入条件之一是乘波体上表面底部型线 2—1—4,其中半模型线 2—1 取为四次多项式曲线,其型线方程见式(3.9)。给定点 2 位置沿 z' 方向的斜率为 0,给定 R_1 和 W_2,可以唯一确定方程系数 a_{2-1}、b_{2-1} 和 c_{2-1},如式(3.10)所示。取 $R_1 = 0.2R_s$,$W_2 = 0.8R_s$,并采用自由流面作为乘波体上

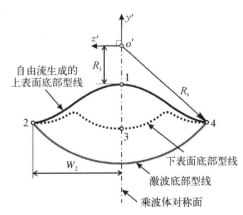

图 3.26 乘波体底部型线参数定义示意图

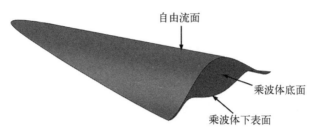

自由流面

乘波体底面

乘波体下表面

图 3.27　冯·卡门乘波体几何模型

表面,生成的冯·卡门乘波体几何模型如图 3.27 所示。

$$\bar{y}' = a_{2-1} + b_{2-1}\,\bar{z}'^2 + c_{2-1}\,\bar{z}'^4 \tag{3.9}$$

$$\begin{cases} a_{2-1} = -R_1/R_s \\[2mm] b_{2-1} = \dfrac{2\left(R_1 - \sqrt{R_s^2 - W_2^2}\right)}{W_2^2} \\[4mm] c_{2-1} = \dfrac{\sqrt{R_s^2 - W_2^2} - R_1}{W_2^4} \end{cases} \tag{3.10}$$

其中,$\bar{y}' = y'/R_s$;$\bar{z}' = z'/R_s$;R_s 为底部截面上的激波半径。

2) 设计方法验证

采用 CFD 方法对如图 3.27 所示的冯·卡门乘波体进行三维无黏和有黏两种数值模拟。针对有黏数值模拟,假设流体为量热完全气体,选用的湍流模型为剪切应力传输(shear stress transfer,SST)$k-\omega$ 模型,近壁处采用增强壁面处理[79],方程的离散均选择二阶迎风格式,通量类型选择 AUSM 格式。分子黏性系数采用 Sutherland 公式计算,壁面为绝热、无滑移的固体边界。

乘波体模型具有对称性,故仅对乘波体半模流场进行数值模拟。结构网格第一层高度取 0.01 mm,保证壁面 y^+ 在 1 以内。y^+ 为第一层网格无量纲高度,其定义见式(3.11)。

$$y^+ = \frac{u_\tau y}{v} \tag{3.11}$$

其中,u_τ 为壁面摩擦速度;y 为第一层网格高度;v 为流体运动学黏性系数[79]。

进行网格无关性分析,划分三套网格,分别为粗网格、中等网格和细网格。计算获得设计状态($H=25$ km,$Ma=6.0$,$\alpha=0°$)下的冯·卡门乘波体有黏数值模拟的网格类型、气动力和力矩系数及网格无关性分析如表 3.3 所示。表 3.3 中粗网格和中等网格的气动力、力矩系数的变化百分比均是相对于细网格计算的。可见,三种网格尺度的气动力和力矩系数差异较小,验证了数值模拟的网格无关性。为了减少计算时间,选用中等密度网格进行后续数值模拟,生成的冯·卡门乘波体中等密度网格如图 3.28 所示。

表 3.3　冯·卡门乘波体有黏数值模拟的网格类型、气动力和力矩系数及网格无关性分析

网格类型	C_L	C_D	C_{MZ}	$\Delta C_L/\%$	$\Delta C_D/\%$	$\Delta C_{MZ}/\%$
粗网格	0.502 959	0.116 346	−0.003 022	0.002	1.75	0.60
中等密度网格	0.502 410	0.116 152	−0.003 069	−0.11	1.58	2.16
细网格	0.502 947	0.114 342	−0.003 004	—	—	—

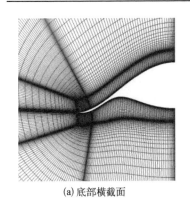 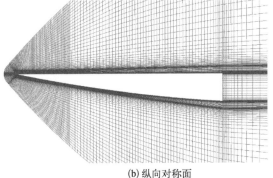

　　　(a) 底部横截面　　　　　　　　　　　　　　(b) 纵向对称面

图 3.28　冯·卡门乘波体中等密度网格

　　图 3.29 给出了冯·卡门乘波体在设计状态下,底部横截面和纵向对称面的无黏和有黏流场压力等值线云图对比,图中白色虚线代表基准激波的形状和位置。可见,在设计状态下,无黏流场底部横截面、纵向对称面上得到的计算激波形状、位置与基准激波相吻合,而且构型侧缘无溢流,验证了本节冯·卡门乘波体设计方法的有效性和正确性。在有黏条件下,虽然底部横截面和纵向对称面上的计算激波与基准激波吻合较好,但是激波位置略微向下偏离,并且构型侧缘存在一定溢流。这是因为黏性导致出现附面层,因此实际计算的激波略微向下偏离了设计位置(基准激波位置)。

　　3) 气动特性分析

　　用数值模拟方法计算冯·卡门乘波体无黏和有黏气动特性,结果如图 3.30 所示。计算状态包括设计点和非设计点,即 $Ma = 4/6/8$, $\alpha = 0°/2°/4°/6°$,飞行高度保持在 25 km。气动力系数的参考长度和参考面积分别为乘波体长度和底

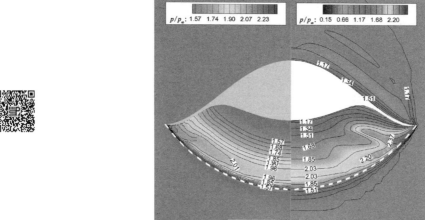

(a) 底部横截面上无黏和有黏流场

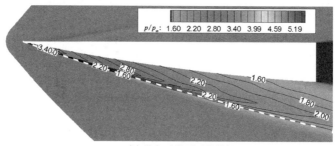

(b) 纵向对称面无黏流场

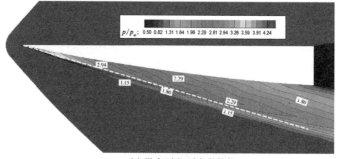

(c) 纵向对称面有黏流场

图 3.29　冯·卡门乘波体无黏和有黏 CFD 流场等值线云图对比

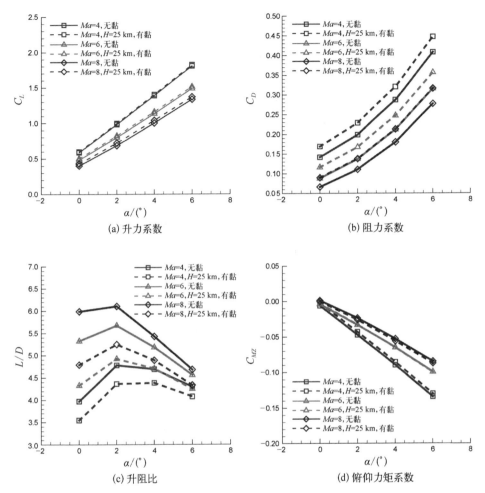

图 3.30　冯·卡门乘波体无黏和有黏气动特性随攻角变化规律

部面积,即8.648 1 m和2.221 7 m²;力矩参考点取为乘波体构型长度和高度的
50%位置。

　　由图3.30(c)可知,冯·卡门乘波体最大升阻比出现在2°攻角附近,且随飞
行马赫数的增大而增加;在设计马赫数6.0状态下的最大有黏升阻比接近5.0,
且黏性作用对阻力和升阻比的影响较大;在设计状态下,有黏升阻比较无黏升阻
比降低了大约18.7%。

　　4. 冯·卡门乘波体与锥导乘波体气动特性对比研究
　　本节选取锥导乘波体作为对照组模型,研究冯·卡门乘波体与锥导乘波体
之间的气动特性差异。冯·卡门乘波体与锥导乘波体设计过程的主要区别在于

基准流场不同,因此选用相同上表面底部型线公式进行乘波体设计,但改变基准流场设计参数,以分析基准流场设计参数对设计结果的影响。基准流场包含基准体和基准激波,因此对照组中锥导乘波体有两种设计方案:方案一中锥形基准体的长度、底部半径与冯·卡门乘波设计中的基准体尺寸相同,称为锥导乘波体构型 1;方案二中锥形流场的激波长度、底部半径与冯·卡门乘波设计中的基准激波尺寸相同,称为锥导乘波体构型 2。由于两种方案使用不同设计参数,所得到的锥导乘波体外形尺寸不一样,两个方案设置主要是为了分析不同设计参数选择对设计结果的影响。

1) 方案一对比分析

两个基准体的尺寸对比如图 3.31 所示。可见,尖头冯·卡门曲线基准体和锥导圆锥基准体具有相同长度 $L_{H,1}$ 和底部半径 R_{H},但两点间壁面型线形状不同。

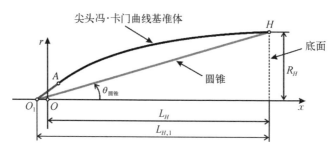

图 3.31　尖头冯·卡门曲线基准体与锥导圆锥基准体尺寸对比(对比方案一)

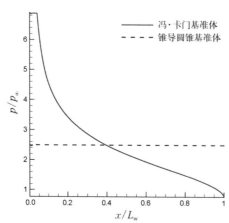

图 3.32　冯·卡门基准体与锥导圆锥基准体壁面压力分布对比(对比方案一)

采用特征线方法计算的两个基准流场壁面压力分布规律如图 3.32 所示。两种基准流场壁面压力分布完全不同:尖头冯·卡门曲线基准体的壁面压力峰值出现在头部位置,且沿轴向逐渐减小;而锥导圆锥基准体的壁面压力沿轴向是恒定不变的。

图 3.33 给出了冯·卡门乘波体与锥导乘波体构型 1 的理论外形对比,图 3.34 给出了两种构型的横截面面积沿轴向的分布对比,

图 3.35 给出了两种构型的纵向对称面几何外形对比,表 3.4 给出了两种构型的几何参数对比。表 3.4 中的几何参数包括长度 L_w、宽度 W、高度 H_w、长宽比 L_w/W、水平投影面积 S_p、底部面积 S_b、浸湿面积 S_{wet}、容积 V 及容积效率 η,其中容积效率定义见式(3.12),表 3.4 中增加百分比是冯·卡门乘波体几何参数相较于锥导乘波体构型 1 的变化率。

$$\eta = \frac{V^{2/3}}{S_{wet}} \tag{3.12}$$

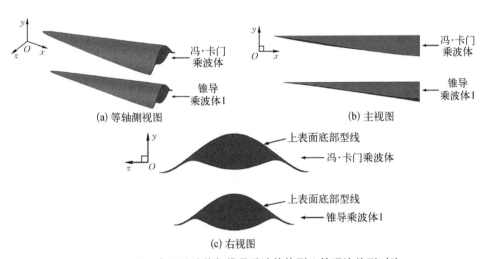

(a) 等轴测视图   (b) 主视图

(c) 右视图

图 3.33 冯·卡门乘波体与锥导乘波体构型 1 的理论外形对比

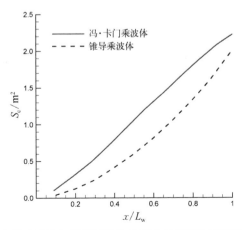

图 3.34 冯·卡门乘波体与锥导乘波体构型 1 的横截面面积沿轴向分布对比

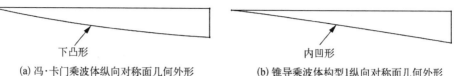

(a) 冯·卡门乘波体纵向对称面几何外形   (b) 锥导乘波体构型1纵向对称面几何外形

图 3.35   冯·卡门乘波体与锥导乘波体构型 1 的纵向对称面几何外形对比

表 3.4   冯·卡门乘波体与锥导乘波体构型 1 的几何参数对比

算　　例	L_w/m	W/m	H_w/m	L_w/W	S_p/m²	S_b/m²	S_{wet}/m²	V/m³	η
锥导乘波构型 1	8.110	3.887	1.154	2.086	17.238	2.004	39.679	5.891	0.082
冯·卡门乘波体	8.648	4.818	1.125	1.795	23.856	2.222	54.260	9.187	0.081
增加百分比/%	6.6	24.0	−2.5	−14.0	38.4	10.9	36.7	56.0	−1.2

由图 3.33 和表 3.4 数据可知,冯·卡门乘波体容积效率虽然比锥导乘波体构型 1 低 1.2%,但容积比后者大 56.0%,显示了优秀的容积特性;同时冯·卡门乘波体长度略微增加,前部容积较大,拥有更好的前体装载特性。由图 3.34 和图 3.35 可知,冯·卡门乘波体的横截面面积较大,但横截面面积沿轴向的增长率(dS_C/dx)是逐渐降低的;冯·卡门乘波体纵向对称面的几何轮廓下凸,而锥导乘波体构型 1 几何轮廓略微内凹。由图 3.33(c)和表 3.4 数据可知,冯·卡门乘波体较宽,虽然底部高度略小,但底部面积大了约 10.9%。

图 3.36 和图 3.37 分别给出了冯·卡门乘波体和锥导乘波体构型 1 的无黏、有黏气动特性对比曲线。气动力系数的参考面积和参考长度均取为冯·卡门乘波体的长度和底部面积,力矩参考点均取为各自长度和高度的 50%位置。由图

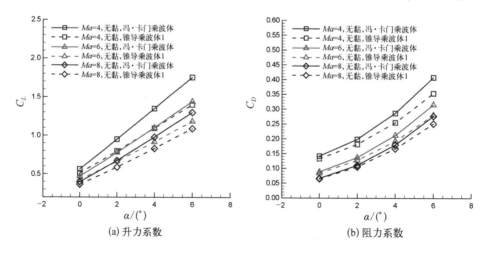

(a) 升力系数   (b) 阻力系数

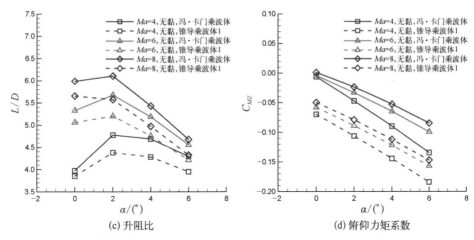

(c) 升阻比

(d) 俯仰力矩系数

图 3.36 冯·卡门乘波体与锥导乘波体构型 1 的无黏气动特性对比

3.36 和图 3.37 可见,冯·卡门乘波体相较于锥导乘波体构型 1,其升力系数和阻力系数较大,这与其水平投影面积和底部投影面积较大有关。同时由图 3.36 (c) 和图 3.37(c) 可以发现,在大部分计算状态点下,冯·卡门乘波体无黏和有黏升阻比均较锥导乘波体构型 1 大,但是有黏升阻比的增加幅度小于无黏升阻比,这是因为其浸湿面积比后者大 36.7%,摩擦阻力增加较多。

由图 3.36(d) 和图 3.37(d) 对比可知,冯·卡门乘波体俯仰力矩绝对值较小,在飞行器配平舵偏和配平阻力方面有优势。

如图 3-38 所示,冯·卡门乘波体与锥导乘波体构型 1 纵向对称面迎风壁面压力分布规律与图 3-32 相似,这表明了基准体气动特性对乘波体设计的影

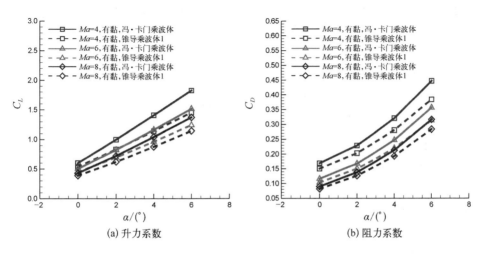

(a) 升力系数

(b) 阻力系数

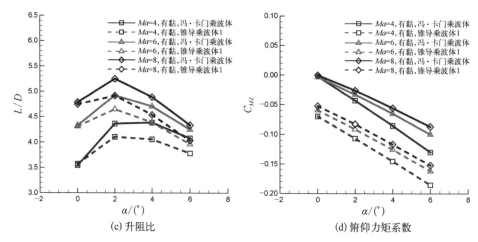

(c) 升阻比   (d) 俯仰力矩系数

图 3.37   冯·卡门乘波体与锥导乘波体构型 1 的有黏气动特性对比

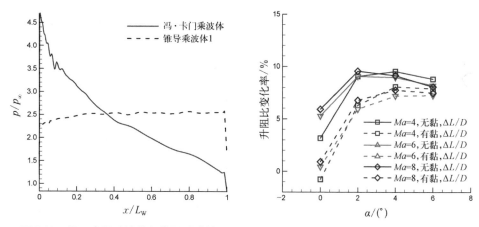

图 3.38   冯·卡门乘波体与锥导乘波体 构型 1 纵向对称面迎风壁面 压力分布对比

图 3.39   冯·卡门乘波体相对锥导乘波 体构型 1 的升阻比变化率

响。图 3.39 给出了冯·卡门乘波体相对锥导乘波体构型 1 的无黏和有黏升阻比变化率,可见,冯·卡门乘波体的无黏和有黏升阻比均较大。

综上所述,冯·卡门乘波体相比锥导乘波体构型 1,拥有更高的升阻比、更小的配平力矩和更大的内部容积,以及更好的前体装载特性。

2)方案二对比分析

两个基准流场的对比如图 3.40 所示,冯·卡门基准流场和锥导圆锥基准流场具有相同的激波长度 $L_{H,1}$ 和底部半径 R_s,锥导圆锥基准流场的基准锥半顶角 $\theta_{圆锥}$ 为 12.43°。

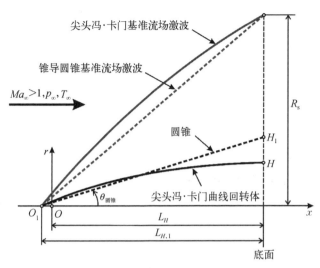

图 3.40　冯·卡门基准流场与锥导圆锥基准流场对比

图 3.41 给出了冯·卡门乘波体与锥导乘波体构型 2 的理论外形对比，表 3.5 给出了两种构型的几何参数对比。如图 3.41 和表 3.5 所示，在改变对齐的设计参数类型后，锥导乘波体构型 2 的宽度接近冯·卡门乘波体，明显大于锥导乘波体构型 1，导致其容积、容积效率相比锥导乘波体构型 1 均有大幅增加，而此时冯·卡门乘波体容积、容积效率都低于锥导乘波体构型 2。另外，冯·卡门乘波体与锥导乘波体构型 2 的上表面底部型线尺寸和形状均相同，这是因为作为设计输入的乘波体上表面底部型线公式和底部激波半径相同。

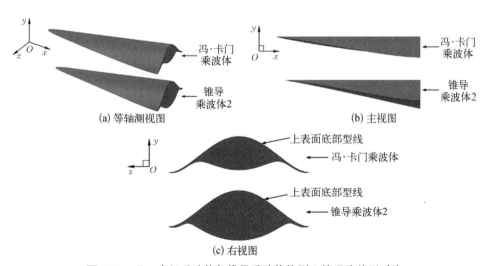

图 3.41　冯·卡门乘波体与锥导乘波体构型 2 的理论外形对比

表 3.5　冯·卡门乘波体与锥导乘波体构型 2 的几何参数对比

算　例	L_w/m	W/m	H_w/m	L_w/W	S_p/m²	S_b/m²	S_{wet}/m²	V/m³	η
锥导乘波体构型 2	8.110	4.818	1.667	1.683	21.396	3.925	54.260	11.551	0.101
冯·卡门乘波体	8.648	4.818	1.125	1.795	23.856	2.222	50.834	9.187	0.081
增加百分比/%	6.6	—	−32.5	6.6	11.5	−43.4	−6.3	−20.5	−19.8

　　利用有黏 CFD 时间推进方法分析锥导乘波体构型 2 的气动特性及流动特性,并与冯·卡门乘波体进行对比分析。图 3.42 分别给出了冯·卡门乘波体和锥导乘波体构型 2 的有黏气动特性对比,其中计算系数的参考量与方案一相同;图 3.43 给出了冯·卡门乘波体相对锥导乘波体构型 2 的升阻比变化率曲线。

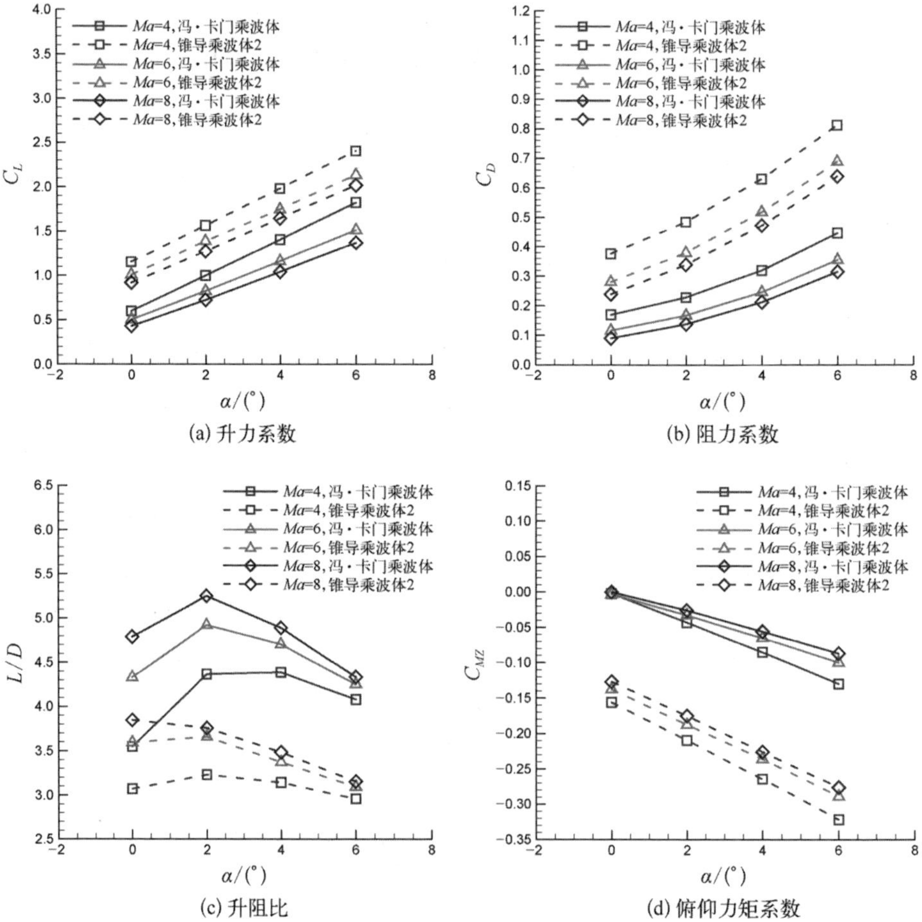

(a) 升力系数　　　　　　　　　　(b) 阻力系数

(c) 升阻比　　　　　　　　　　(d) 俯仰力矩系数

图 3.42　冯·卡门乘波体与锥导乘波体构型 2 的有黏气动特性对比

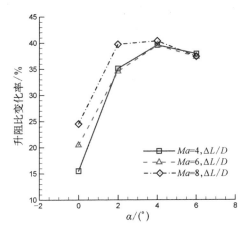

图 3.43　冯·卡门乘波体相对锥导乘波体构型 2 的升阻比变化率曲线

由图 3.42 和表 3.5 数据可知,在设定相同长度和底部激波半径的情况下,冯·卡门乘波体尽管升力系数、阻力系数稍小,但相比锥导乘波体构型 2,它依然具有较大的升阻比和较小的俯仰力矩系数,这与方案一分析结论一致。

综上分析可知,不管使用哪种基准流场设计参数进行对比,冯·卡门乘波体相比锥导乘波体都拥有更高的升阻比特性,其工程应用前景较为广阔。

3.3.4　曲锥基准流场设计参数影响讨论

在 3.3.2 节中,我们提到曲锥基准流场可以分为凸形和凹形,那么基于这两种曲锥基准流场设计出的轴导乘波体,它们的外形和气动特性有什么区别呢? 在二维/轴对称无黏超声速流场中,凸形和凹形壁面分别对应膨胀流动(沿壁面压力降低)和压缩流动(沿壁面压力升高)。因此,为了回答前面的问题,本节从壁面压力分布规律的角度,开展曲锥基准流场设计参数对轴导乘波体外形及性能影响的研究。对应曲锥基准体母线形状,增加中间状态,选取三种具有不同壁面压力分布规律的基准流场开展研究,即壁面压力升高(凹形壁面)、恒定(直线壁面)和降低(凸形壁面)三种基准流场[80]。

1. 三种壁面压力分布的轴对称基准流场

设计具有不同壁面压力分布规律的轴对称基准流场。

由于前缘激波形状(主要是激波角,决定了激波的强度)会影响乘波体构型,为了排除前缘激波这个因素,设定三种基准流场具有相同的前缘激波。

如图 3.44 所示，锥形激波 OS 是由圆锥 OA 在设计来流条件下产生的，给定圆锥 OA 长度 L_A 和半顶角 δ_A 可唯一确定圆锥 OA。AS 代表由点 A 发出的左行马赫线，它与激波的交点为点 S，将经过点 S 的横截面作为回转体的底面。给定参数 Ma_∞、L_A 和 δ_A，可唯一确定基准流场的长度 L_H 和锥形激波底部半径 R_s。曲线 OAH_1、OAH_2 和 OAH_3 分别代表三个回转体母线，它们在 A 点的一阶导数都是连续的。由于三个回转体共有 OA 段，在设计来流条件下可以产生相同的附体锥形激波 OS。曲线 AH_1、AH_2 和 AH_3 均是二次曲线，如果给定曲线末端点的倾斜角 δ_1、δ_2 和 δ_3，那么可以唯一确定曲线方程。当 $\delta_1 > \delta_A$、$\delta_2 = \delta_A$、$\delta_3 < \delta_A$ 时，曲线 AH_1、AH_2 和 AH_3 分别是内凹形、直线形和上凸形。在设计来流条件下，分别以曲线 OAH_1、OAH_2 和 OAH_3 为母线的三个回转体产生三种基准流场，这三种基准流场在点 A 之后的壁面压力沿 x 轴方向分别是升高、恒定和降低的。

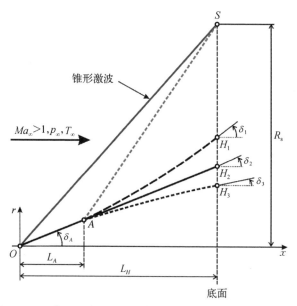

图 3.44　三种不同壁面压力分布规律的轴对称基准流场示意图

三种回转体母线的设计参数和自由来流条件参见表 3.6，其中，L_A 的取值原则是使得 L_H 为 10 m，自由来流对应 25 km 的大气条件。与这些参数相对应的三个回转体母线对比参见图 3.45，三种基准流场的壁面压力分布对比见图 3.46，三种基准流场压力等值线云图见图 3.47~图 3.49，这些结果曲线均由特征线方法求解得到。由图 3.48 可见，壁面压力恒定基准流场即传统锥形流场。这三种基准流场即拥有相同前缘激波且壁面压力分布规律不同的基准流场。

表 3.6   三种回转体母线的设计参数及自由来流条件

Ma_∞	p_∞/Pa	T_∞/K	L_A/m	δ_A/(°)	δ_1/(°)	δ_2/(°)	δ_3/(°)
6	2 511.18	221.649	3.279 792	6.0	10.0	6.0	2.0

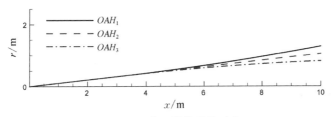

图 3.45   三个回转体母线对比

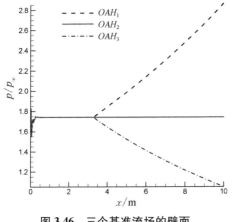

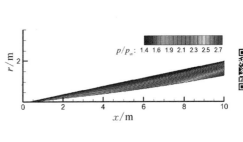

图 3.46   三个基准流场的壁面
压力分布对比

图 3.47   壁面压力升高基准流场的
压力等值线云图

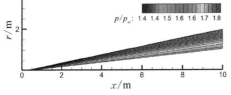

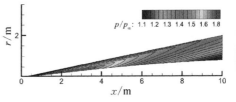

图 3.48   壁面压力恒定基准流场的
压力等值线云图

图 3.49   壁面压力降低基准流场的
压力等值线云图

2. 三种壁面压力分布的乘波体

选用相同的乘波体上表面底部型线,基于三种基准流场进行乘波体设计,得到三种乘波体构型,分别命名为压力升高乘波体、压力恒定乘波体和压力降低乘波体。显然,压力恒定乘波体即普通锥导乘波体(基准圆锥母线为直线)。乘波体设计型线方程见式(3.9)和式(3.10),其中 $R_1 = 0.2R_s$,$W_2 = 0.8R_s$。 生成的三种乘波体几何模型见图3.50。

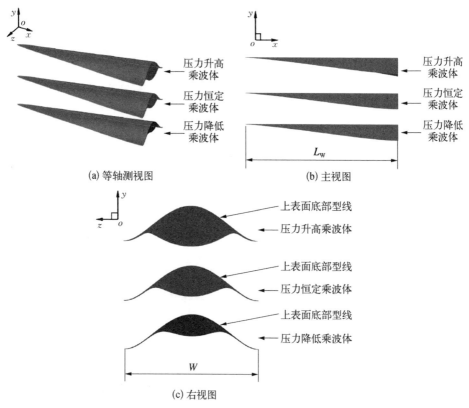

(a) 等轴测视图

(b) 主视图

(c) 右视图

图3.50 压力升高、压力恒定和压力降低乘波体几何模型对比

3. 三种乘波体流场结构

采用 CFD 方法对三种乘波体进行无黏、有黏气动特性计算。对每个乘波体均划分三种疏密程度的网格,即粗网格、中等密度网格和细网格,并用设计状态($H=25$ km, $Ma=6.0$, $\alpha=0°$)的有黏气动力和俯仰力矩系数进行网格无关性验证,有黏数值模拟计算结果如表3.7~表3.9所示。其中,粗网格和中等密度网格气动力、俯仰力矩系数的变化率均是相对于细网格计算的。可见,每个乘波体的三种网格尺度计算的气动力和俯仰力矩系数差异均较小,选用中等密度网格结果进行后续分析。针对压力升高乘波体生成的中等密度网格如图3.51所示。

表 3.7 压力升高乘波体有黏数值模拟计算结果

网格类型	C_L	C_D	C_{MZ}	$\Delta C_L/\%$	$\Delta C_D/\%$	$\Delta C_{MZ}/\%$
粗网格	0.109 328	0.472 324	−0.099 034	−1.66	−0.27	−0.43
中等网格	0.109 218	0.473 951	−0.099 545	−1.76	0.08	0.08
细网格	0.111 172	0.473 580	−0.099 463	—	—	—

表 3.8 压力恒定乘波体有黏数值模拟计算结果

网格类型	C_L	C_D	C_{MZ}	$\Delta C_L/\%$	$\Delta C_D/\%$	$\Delta C_{MZ}/\%$
粗网格	0.065 290	0.301 620	−0.037 327	−2.11	−0.15	−0.37
中等网格	0.065 288	0.301 968	−0.037 402	−2.11	−0.03	−0.17
细网格	0.066 696	0.302 062	−0.037 466	—	—	—

表 3.9 压力降低乘波体有黏数值模拟计算结果

网格类型	C_L	C_D	C_{MZ}	$\Delta C_L/\%$	$\Delta C_D/\%$	$\Delta C_{MZ}/\%$
粗网格	0.042 422	0.188 262	−0.012 609	−3.09	−0.20	−0.39
中等网格	0.042 390	0.188 423	−0.012 627	−3.17	−0.12	−0.25
细网格	0.043 776	0.188 641	−0.012 659	—	—	—

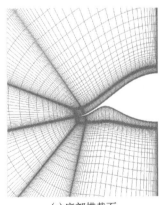

(a) 底部横截面　　　　　　(b) 纵向对称面

图 3.51 压力升高乘波体生成的结构中等密度网格

图 3.52～图 3.54 分别给出了压力升高、压力恒定和压力降低三种乘波体在设计状态下,底部横截面和纵向对称面的无黏和有黏压力等值线云图对比,图中虚线代表激波的设计形状和位置。由图可见,三种乘波体设计状态的无黏流场

中,底部横截面和纵向对称面激波形状、位置的数值模拟结果与设计值吻合,表明乘波体设计正确。在有黏条件下,激波位置略微向下偏离了设计位置,并且构型侧缘存在一定溢流,这是附面层导致的流场结构变化。在纵向对称面位置,三种乘波体沿壁面的压力分布规律与各自基准流场的壁面压力分布规律一致。

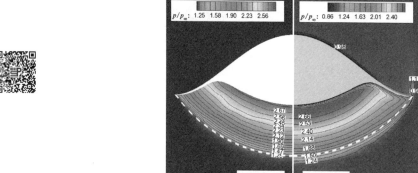

(a) 底部横截面无黏和有黏流场

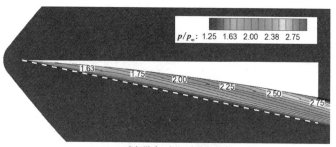

(b) 纵向对称面无黏流场

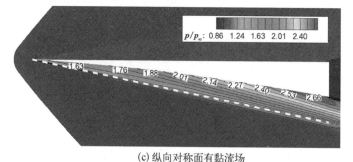

(c) 纵向对称面有黏流场

图 3.52   压力升高乘波体设计点压力等值线云图

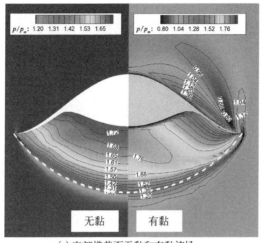

(a) 底部横截面无黏和有黏流场

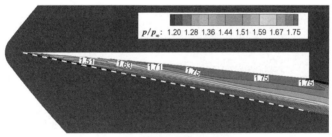

(b) 纵向对称面无黏流场

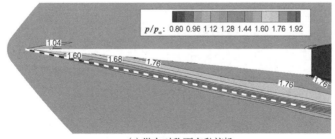

(c) 纵向对称面有黏流场

图 3.53　压力恒定乘波体设计点压力等值线云图

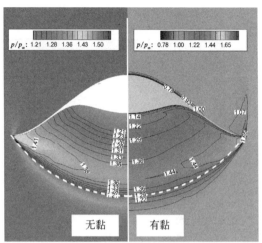

(a) 底部横截面无黏和有黏流场

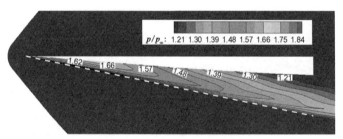

(b) 纵向对称面无黏流场

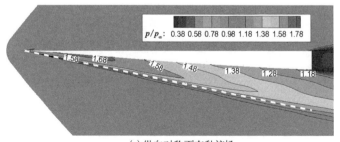

(c) 纵向对称面有黏流场

图 3.54　压力降低乘波体设计点压力等值线云图

4. 三种乘波体外形和几何参数对比

表 3.10 和表 3.11 给出了压力升高、压力恒定和压力降低三种乘波体外形和几何参数对比情况。

表 3.10　压力恒定乘波体与压力升高乘波体的外形和几何参数对比

算　　例	L_w/m	W/m	V/m³	S_{wet}/m²	S_p/m²	S_b/m²	η
压力恒定乘波体	7.999	4.818	0.247	3.132	13.915	0.856	0.126
压力升高乘波体	7.999	4.818	0.316	3.176	13.915	1.281	0.146
增加百分比/%	—	—	28.0	1.4	—	49.7	15.9

表 3.11　压力恒定乘波体与压力降低乘波体的外形和几何参数对比

算　　例	L_w/m	W/m	V/m³	S_{wet}/m²	S_p/m²	S_b/m²	η
压力恒定乘波体	7.999	4.818	0.247	3.132	13.915	0.856	0.126
压力降低乘波体	7.999	4.818	0.195	3.102	13.915	0.550	0.108
增加百分比/%	—	—	−21.1	−1.0	—	−35.7	−14.3

由图 3.50 和表 3.10、表 3.11 可知,压力升高乘波体外形比压力恒定、压力降低两个乘波体都丰满,具有较好的内部装载特性。三种乘波体的长度 L_w、宽度 W 和水平投影面积 S_p 均是相同的,这是因为三种基准流场的前缘激波和上表面底部型线相同。压力升高乘波体相比压力恒定乘波体,其内部容积 V、浸湿面积 S_{wet}、底部面积 S_b 和容积效率 η 均比后者大,其中容积 V 和容积效率 η 分别大 28.0% 和 15.9%;而压力降低乘波体相比压力恒定乘波体,内部容积 V、浸湿面积 S_{wet}、底部面积 S_b 和容积效率 η 均较小,其容积 V 和容积效率 η 分别小 21.1% 和 14.3%。显然,基准激波相同时,基准体壁面曲线形状对乘波体容积影响较大。

5. 三种乘波体气动特性

图 3.55 给出了三种乘波体无黏和有黏气动特性对比,计算状态为 $Ma=6$, $\alpha=0°/2°/4°/6°$,飞行高度为 25 km,气动力系数参考面积、参考长度分别取压力升高乘波体的底部面积和长度,力矩参考点在压力升高乘波体长度和高度的 50% 位置。

由图 3.55 可知,压力升高乘波体的升力系数和阻力系数大于压力恒定乘波体结果,而这显然与基准体壁面压力分布规律相关,也与乘波体迎风面积、底部面积相关。同时,压力升高乘波体的无黏和有黏升阻比均小于压力恒定乘波体

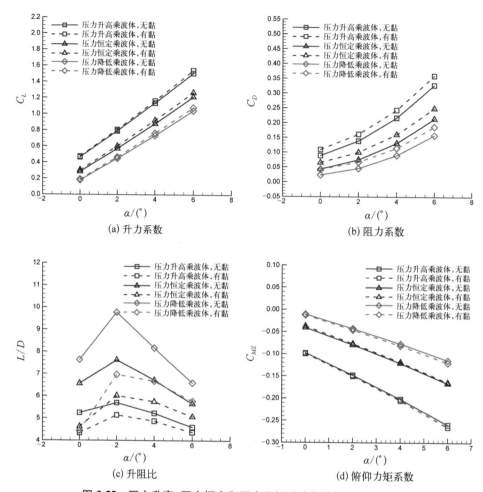

图 3.55　压力升高、压力恒定和压力降低乘波体的气动特性对比

结果,其俯仰力矩绝对值则大于压力恒定乘波体结果,说明其配平气动特性弱于压力恒定乘波体。压力降低乘波体气动特性与压力恒定乘波体气动特性的相互关系与此类似,同样与基准体壁面压力分布规律相关。

综上所述,通过对比研究三种基准流场壁面压力分布规律对轴导乘波体外形和气动特性的影响,得到以下结论: ① 基准流场壁面压力分布对轴导乘波体外形和气动特性有重要影响;② 壁面压力升高的基准流场有利于提高乘波体的内部装载能力和预压缩气流特性,但是会降低升阻比;③ 壁面压力降低的基准流场有利于提高乘波体的升阻比,但是会降低乘波体的内部装载能力。

上述结果提示我们,可以通过改变基准流场壁面压力分布规律以满足乘波

体内部装载能力或者升阻比的不同设计要求,这个思路在后续第 4 章吻切设计
理论中将得到应用。

3.4　基于内收缩轴对称流场的乘波设计

内收缩轴对称流场是气流以零攻角通过尖头中空柱形物体形成的柱形内部
流场,如图 3.56 所示,此时激波面向对称轴汇聚发展,呈收缩状,故称为内收缩
流场。内收缩轴对称超声速流场,如果以基
准体母线形状划分,可以分为直内锥流场和
曲内锥流场;如果以基准激波面的母线形状
划分,则可以分为直激波内锥流场和曲激波
内锥流场。强调一下,此时的直/曲激波内锥
不是指基准体母线形状,而是指基准激波面
的母线形状。在此,我们可以回顾 3.3 节所介
绍的外压缩锥形流场和曲锥流场,它是以基
准体母线形状为标准进行的划分。显然,也
可以用基准激波母线形状来划分外压缩超声
速流场类型,即分为外压缩直激波锥流场和
曲激波锥流场。为了与外压缩轴对称流场乘

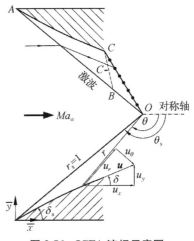

图 3.56　ICFA 流场示意图

波体设计部分相区别,本节按照基准激波母线形状划分方法进行内收缩流场乘
波体设计的介绍。

3.4.1　基于直激波内锥流场的乘波设计

直激波内锥流场是指基准激波面的母线为直线的内收缩轴对称超声速流
场。常用于乘波体设计的直激波内锥流场是 ICFA 流动(internal conical flow
A)[81],该种流动的物理模型和流场结构如图 3.56 所示[27]。该种流场可以使用
Taylor-Maccoll 流动控制方程进行求解,但存在奇异线 OC(解不存在的分界线,
该分界线之后的流场在物理上不存在)。以对称轴与前缘激波 AB 的夹角为
Taylor-Maccoll 流动控制方程的积分起始角,用 θ_s 表示;对称轴与奇异线 OC 的夹
角定义为积分终止角,用 θ_e 表示,该角度由 Taylor-Maccoll 流动控制方程的奇性
决定。流动参数在同一条从点 O 发出的射线上是不变的,即沿 r 方向是不变的,

流动参数仅是角度 θ 的函数。

图 3.57 是来流马赫数 5、积分起始角 140°、积分终止角 135.2°的 ICFA 流场沿流向的壁面压力和马赫数分布,图 3.58 和图 3.59 分别为 ICFA 流场马赫数和

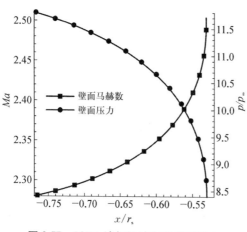

图 3.57 ICFA 流场沿流向的壁面压力和马赫数分布

压力等值线云图[82]。由图 3.58 和图 3.59 可见,ICFA 流场参数仅随积分角 θ 变化,壁面压缩角沿流向是逐渐减小的[82]。由图 3.57 可见,在前缘激波波后,壁面压力沿流向逐渐降低,马赫数沿流向逐渐增加,流动参数的变化梯度沿流向也增加。从气动原理上看,该种内锥流场的参数变化规律对生成的乘波体性能有以下两点影响:① 流动沿壁面流向是膨胀的,初始压缩马赫数较低,压力较高,流动

沿壁面流向具有负的压力梯度,这种规律与外压缩直激波锥流场是不同的;② 基于 ICFA 流场设计的直激波内锥流场乘波体,乘波体下表面压力沿流向是降低的,也与外压缩直激波锥流场乘波体不同;同时,直激波内锥流场乘波体的压心相较于外压缩直激波锥流场乘波体是前移的[82]。

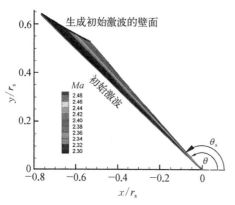

图 3.58 ICFA 流场马赫数等值线云图

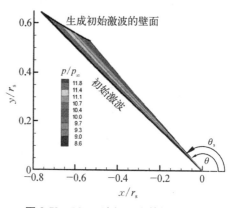

图 3.59 ICFA 流场压力等值线云图

以 ICFA 流场为基准流场设计的乘波体如图 3.60 所示[18],给定直激波内锥流场激波面上的乘波体前缘线,从前缘线出发流线追踪获得乘波体下表面,即可

得到图 3.60 中的直激波内锥流场乘波
体。需要注意的是,直激波内锥流场乘
波体通常位于基准流场对称轴的上方,
而外压缩流场乘波体一般位于基准流
场对称轴下方,这与流场激波面特性
有关。

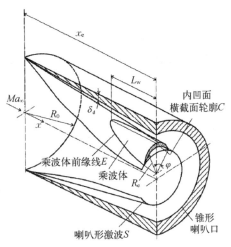

俄罗斯科学院的 Goonko 等[18]首
次提出将直激波内锥流场作为乘波体
设计的基准流场,并将基于直激波内
锥流场的乘波体与基于外锥流场的乘
波体、基于楔形流场的乘波体进行了
对比研究。研究结果表明,基于直激

图 3.60　直激波内锥流场乘波体设计原理

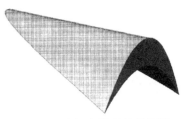

图 3.61　吻切内锥乘波体构型

波内锥流场的乘波体具有更强的气流压缩能
力、更大的升力系数和更小的热流系数,但它
的升阻比降低。贺旭照和倪鸿礼将 ICFA 流
场用作基准流场,发展出一族密切内锥乘波体
构型,也称为吻切内锥乘波体,其构型如
图 3.61 所示[82]。

3.4.2　基于曲激波内锥流场的乘波设计

曲激波内锥流场是指基准激波面母线为曲线的内收缩轴对称超声速流场,
曲激波内锥流场相较直激波内锥流场应用范围更广,其激波母线形状不限制于
直线。曲激波内锥流场可与基于外压缩的曲锥基准流场相对应,通过设计不同
的基准体或者基准激波来获得不同形状的曲激波内锥基准流场,并用于乘波体
设计。与设计外压缩曲锥轴对称基准流场不同的是,曲激波内锥流场的设计约
束更为复杂。

南京航空航天大学的尤延铖等[22,23,83,84]将在内锥流场中生成的乘波体构型
命名为内乘波体构型,并发展了一系列曲激波内锥基准流场,在该类流场中进行
流线追踪,不仅可以生成曲激波内锥乘波体,还能生成与乘波体相匹配的流线追
踪进气道,即直接生成曲激波内锥乘波前体/进气道一体化构型,在尤延铖等的
研究中,将该类构型称为内乘波前体/进气道一体化构型,在进气道唇口之前的
部分即内乘波前体。典型的曲激波内锥基准流场波系结构如图 3.62 所示,图中

R_i 为内锥入口半径, R_e 为出口半径, R_c 为中心体半径。该类流场不像直激波内锥流场, 可以通过 Taylor-Maccoll 流动控制方程快速求解, 其常用的设计求解工具是特征线方法。图 3.63 给出了应用特征线方法求解得到的曲激波内锥基准流场压升比等值线分布, 通过对比图 3.63 和图 3.62 可见, 图 3.63 所示的波系结构与图 3.62 的保持一致。流线追踪生成的内乘波前体/进气道一体化构型如图 3.64 所示, 应用数值模拟方法求解得到的构型各横截面激波形态如图 3.65 所示。由图 3.65 可见, 在进气道唇口之前的各横截面内, 内乘波前体激波形态均

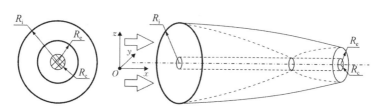

图 3.62   曲激波内锥基准流场波系结构示意图[84]

图 3.63   特征线方法求解得到的曲激波内锥基准流场压升比等值线云图[84]

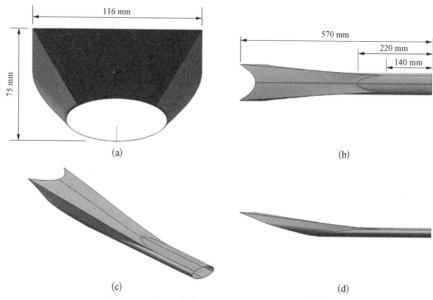

图 3.64   内乘波前体/进气道一体化构型[84]

为内凹的,这一特性与外锥乘波前体激波形态正好相反,它也是内乘波前体预压缩气流效率高于外锥乘波前体的根源。

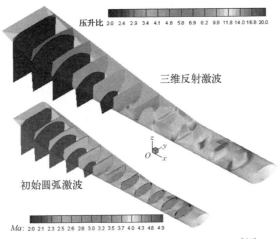

图 3.65　内乘波前体/进气道数值模拟结果[84]

3.5　基于近似三维流场的乘波设计

近似三维流场是指由二维平面流场或轴对称流场衍生出来的三维流场。为了将三维基准流场应用到乘波设计中,同时考虑到当时 CFD 计算能力有限的问题,早期研究者采用估算方法近似计算三维流场,作为乘波体设计的基准流场。典型的近似三维流场为类锥形流场,包括绕小攻角圆锥流场、绕零攻角椭圆锥流场和绕小攻角椭圆锥流场等。将其单独分类是因为相比于一般的三维流场,这种由二维流场衍生出来的三维非轴对称流场具有计算方法简单的优点。但近似三维流场乘波设计时,流场求解采用近似方法,适用范围小,且难以精确地保证乘波性能,是乘波设计理论发展的过程产物。

1979 年,美国俄克拉荷马大学的 Rasmussen[85,86] 应用高超声速小扰动理论计算了绕小攻角圆锥、绕零攻角椭圆锥和绕小攻角椭圆锥三种流场,并首次将这三种非轴对称类锥形流场应用于乘波体设计。值得注意的是,此类乘波体的前缘线经过基准流场对称轴,它们分别继承了倾斜圆锥、椭圆锥和倾斜椭圆锥的外形,因此此类乘波体称为倾斜圆锥乘波体、椭圆锥乘波体和倾斜椭圆锥乘波体,这三种乘波体典型及相应附体激波轮廓如图 3.66~图 3.68 所示。

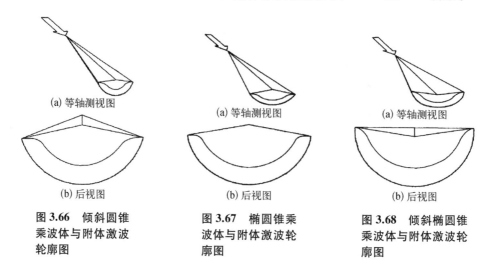

图 3.66　倾斜圆锥乘波体与附体激波轮廓图　　图 3.67　椭圆锥乘波体与附体激波轮廓图　　图 3.68　倾斜椭圆锥乘波体与附体激波轮廓图

1982 年,Rasmussen 等[69]和 Jischke 等[87]继续用试验手段分析了此类乘波体的气动力、气动力矩和表面压力分布特性。图 3.69 示出了在来流马赫数为 4 时,椭圆锥乘波体与锥导乘波体、椭圆锥三种外形的升阻比随攻角变化规律的风洞试验数据对比。由图 3.69 可见,椭圆锥乘波体的最大升阻比相较于锥导乘波体更高,且是它的基准体(椭圆锥)最大升阻比的 2.5 倍。

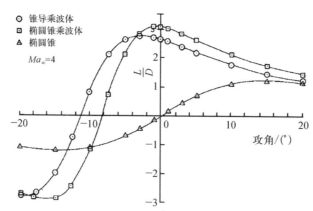

图 3.69　椭圆锥乘波体与锥导乘波体、椭圆锥的升阻比对比($Ma=4$)[69]

1988 年,Lin 和 Rasmussen[88]继续研究了将具有横向和纵向曲率的椭圆锥作为基准流场的生成体,并用于乘波体设计。接着,1995 年,Lin 和 Luo[89]针对此类乘波体进行了优化设计。

随着 CFD 和计算机技术的发展,近似三维流场的乘波体设计研究已经越来越少。

3.6 基于精确三维流场的乘波设计

精确三维流场是指采用数值模拟方法计算得到的三维流场。CFD 方法相比估算方法,其能够求解更加一般的三维绕流场,而且流场计算结果更为准确,流线追踪的精度也会更高,更有利于乘波设计。基于精确三维流场的乘波设计步骤与二维流场乘波设计基本一致,此处不再赘述。

2006 年,中国科学院力学研究所的崔凯等[36-38]研究了椭圆锥截面形状及截面宽高比对乘波体性能的影响,该类乘波体设计原理如图 3.70 所示,测试的四种典型锥体包括圆锥体、方形锥体、十字锥体和花形锥体,分别如图 3.71(a)~(d)所示。研究表明,由绕零攻角椭圆锥超声速流场作为基准流场来生成的乘波体构型,其升阻比相较于锥导乘波体更高,且当椭圆锥的横截面宽高比在 1.5~1.618 时,所获得的乘波体构型具有最大的升阻比;当椭圆锥的横截面宽高比等于 0.666 7 时,所获得的乘波体构型具有最小的阻力。

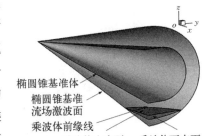

图 3.70 椭圆锥超声速绕流场
乘波体设计原理[38]

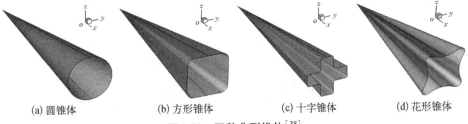

(a) 圆锥体   (b) 方形锥体   (c) 十字锥体   (d) 花形锥体

图 3.71 四种典型锥体[38]

2016 年,中国航天空气动力技术研究院的刘传振等[90,91]将钝头椭圆锥、带攻角的组合尖锥作为基准体,用于生成三维绕流场,基于这两种三维绕流场生成了乘波体构型,分别命名为钝锥乘波体和组合锥乘波体。用于求解钝头椭圆锥和组合尖锥绕流场的网格及壁面压力分布云图如图 3.72 和图 3.73 所示,设计生成的外形如图 3.74 和图 3.75 所示。将钝锥乘波体、组合锥乘波体与锥导乘波体进行对比分析表明,基准流场对乘波体性能有显著影响,而且这种影响是根本性的。为了设计性能优良的三维流场乘波体,需要测试不同的几何外形作为基准

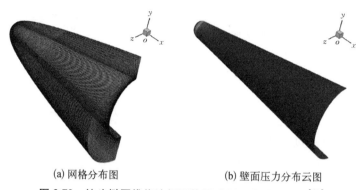

(a) 网格分布图   (b) 壁面压力分布云图

图 3.72   **钝头椭圆锥绕流场网格及壁面压力分布云图**[91]

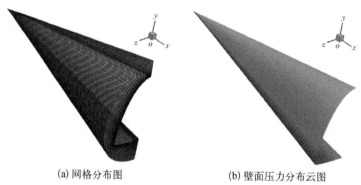

(a) 网格分布图   (b) 壁面压力分布云图

图 3.73   **组合尖锥绕流场网格及壁面压力分布云图**[91]

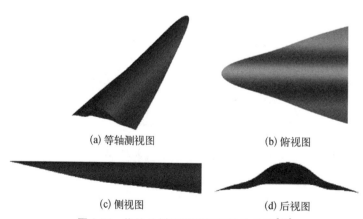

(a) 等轴测视图   (b) 俯视图

(c) 侧视图   (d) 后视图

图 3.74   **绕钝头椭圆锥流场乘波体外形**[91]

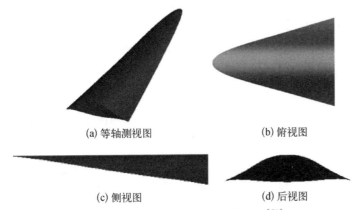

(a) 等轴测视图　　　　　　　(b) 俯视图

(c) 侧视图　　　　　　　(d) 后视图

图 3.75　绕组合尖锥流场乘波体外形[91]

体,寻找适合于乘波体设计的基准流场,建立适用于设计高性能乘波体的基准流场标准。

这种精确三维流场乘波体设计方法具有普适性,极大地拓展了乘波体的设计空间和设计思路。但是流场求解过程相对复杂,数值求解耗费时间和资源较多,与此同时,流线离散点的求解精度尤其是靠近前缘激波的流线离散点求解精度受网格数量和质量影响较大,而流线离散点的求解精度会影响流线的放样精度,进而会影响乘波面的构建精度,因此限制了该方法的使用空间。

3.7　小结

通过本章介绍,我们了解和掌握了基于二维/三维基准流场进行乘波体设计的基本方法和步骤。其中,常用的二维基准流场包括平面流场和轴对称流场两类。而根据基准体或者基准激波面的母线形状,平面基准流场可以细分为楔形流场和曲楔流场,轴对称基准流场可以划分为直锥/曲锥或者直激波锥/曲激波锥流场。特别是对于轴对称流场,根据流动与对称轴的走向关系,又可以将其分为外压缩或者内收缩轴对称流场两类,它们还可以与直锥/曲锥、直激波锥/曲激波锥等分类方法进行组合,从而更精细地定义用于乘波设计的基准流场类型。我们通常可以根据采用的基准流场名称对所设计的乘波体进行分类和命名,这不仅方便了对不同设计方法所获得乘波体的内涵理解,也符合其真实流动特征,本书大量使用了这一乘波体命名规则。

　　本章还重点给出了外压缩曲锥乘波设计实例,并进行了气动特性计算和分析。从分析结果中我们可以了解到,基准体、基准流场和基准激波都对最后设计出来的乘波体外形、性能有重要影响,且各不相同。因此基准流场的设计,或者说其输入条件的设定,是乘波设计中的重要一环,需要予以重视,期待有兴趣的读者在这方面有更多、更好的发现和创新。

　　基于内收缩基准流场设计的乘波体具有较高的预压缩气流捕获效率,更适合于乘波机体/进气道一体化设计和乘波前体/进气道一体化设计;而基于外压缩基准流场设计的乘波体,其优势突出地表现在高升阻比方面。二者各有千秋,研究者可根据实际工程需要,选择合适的基准流场类型开展乘波构型设计。

第4章

吻切类乘波设计

4.1 吻切乘波设计原理

4.1.1 吻切乘波设计思路

由于平面和轴对称基准流场求解方法相对简单,而其计算结果又比较准确,在进行一些合理假设的基础上,可以扩展应用到虚拟三维流场中,形成一类新的乘波设计方法,即吻切类乘波设计方法。该方法最早提出时,吻切面内使用了锥导乘波设计方法,故最早称之为吻切锥乘波设计方法。

吻切锥乘波设计方法[92,93]也称为密切锥乘波设计方法,该设计思想由Sobieczky等[92]于1990年首次提出,并成功应用于乘波体沿展向的设计。

吻切锥乘波设计方法的基本观点是,在不考虑横向流动的前提下,三维超声速流动可以在二阶精度范围内用当地吻切平面内的轴对称流动来逼近[92,94]。该理论使得设定乘波体底部激波型线时不再局限于圆弧(针对锥导乘波体)或直线(针对楔导乘波体)线型,而是可以根据需求进行自由匹配设计。该方法极大地拓展了乘波体的设计空间和应用范围。

一种典型的吻切锥乘波设计原理如图4.1和图4.2所示。根据第2章乘波设计要素、第3章基于轴对称基准流场的乘波设计可知,乘波设计主要是求解基准流场与基准激波,以及由基准激波上的点(乘波体前缘点)出发,在基准流场中进行流线追踪。除基准流场设计输入以外,主要的输入条件就是激波底部型线和乘波体几何特征型线。如图4.1所示,假设已知锥形基准流场、激波底部型线和乘波体上表面底部型线,来讨论激波底部型线不是圆弧时,如何进行乘波体设计。

在图4.2中,激波底部型线不是圆弧,因此其上各点具有当地曲率半径。取

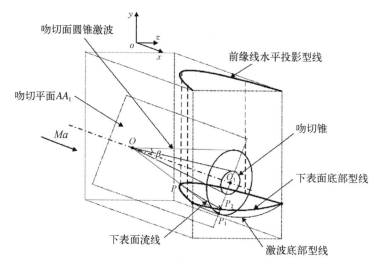

图 4.1　吻切锥乘波设计概念图

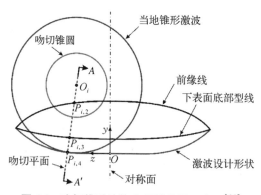

图 4.2　吻切锥乘波体底部横截面示意图[95]

激波底部型线上一点 $P_{i,4}$，O_i 为点 $P_{i,4}$ 的吻切圆（当地切线圆，位于底面上）圆心，该吻切圆半径为当地点 $P_{i,4}$ 的曲率半径，该吻切圆称为当地吻切激波圆。根据吻切乘波设计思想，以圆心 O_i 与点 $P_{i,4}$ 连线为基准，作垂直于底面的平面，即过点 $P_{i,4}$ 的吻切平面。该吻切平面与底面交线即图 4.2 中连线 A—A'，用于代表过当地点 $P_{i,4}$ 的吻切平面。吻切平面 AA' 与乘波体上、下表面底部型线相交，可得与当地激波底部型线上点 $P_{i,4}$ 对应的当地乘波体上表面底部型线点 $P_{i,2}$、当地乘波体下表面底部型线点 $P_{i,3}$。此处所言的当地，是指在过点 $P_{i,4}$ 的吻切平面上，在这个吻切平面中进行锥导乘波设计所涉及的所有参数，都只与点 $P_{i,4}$ 相对应。

　　在吻切平面 AA' 上，按照锥导乘波设计方法进行乘波体设计。此时需要注意，因为只在一个面上进行设计，所以只需要在锥导乘波体纵向对称面上完成设计过程即可。

　　首先基于给定设计条件，如设计马赫数 Ma、激波角 β，以及当地点 $P_{i,4}$ 所代表的激波底部型线（关键参数为当地吻切激波圆半径）等，求解锥形基准流场。

得到的基准锥体称为吻切锥,该吻切锥与乘波体底部平面的交线即图 4.2 中的吻切锥圆。

在吻切平面内,已知基准流场,任意给定一个几何特征型线,即可以完成乘波体设计。以图 4.1 为例,如果给定乘波体上表面底部型线,则在图 4.2 中,由点 $P_{i,4}$ 可以确定点 $P_{i,2}$(吻切平面 AA' 与乘波体上表面底部型线相交得到)。

由点 $P_{i,2}$ 出发,向前使用自由流面法(逆向流线追踪方法),可以解出吻切面内的锥导乘波体上表面流线,以及该流线与吻切激波的交点:乘波体前缘点 $P_{i,1}$(吻切平面内基准激波与过点 $P_{i,2}$ 的自由流线的交点)。

由前缘点 $P_{i,1}$ 出发,在吻切平面内的锥形基准流场中使用流线追踪方法,即可以在吻切平面内获得锥导乘波体的下表面流线,继而获得下表面底部型线上的点 $P_{i,3}$。

此时,我们就得到了吻切平面内的锥导乘波体的所有几何特征点(前缘点、上/下表面底部型线点)和上/下表面、底面曲线。

继而,对所有激波底部型线上的点,遍历上述针对点 $P_{i,4}$ 的吻切平面内锥导乘波设计过程,就可以获得非圆激波型线上所有吻切面内的锥导乘波体几何特征点和线。

最后,将所有结果数据按类组合,形成乘波体前缘线、上/下表面及底面等,就得到了乘波体外形,此乘波体即称为吻切锥乘波体。

分析上述吻切锥乘波设计过程,可以看到,吻切乘波设计中的基准流场与第 3 章和第 4 章中二维、三维乘波设计中的基准流场有所不同。后两者的基准流场都是可以由基准体运动而产生的真实流场,而吻切乘波设计方法中的基准流场只是一个虚拟三维流场,只在其当地点的吻切平面内存在真实的二维轴对称流动,不存在由这些吻切平面流场组成的三维真实流场。但所有吻切平面内设计得到的乘波体可以组合为完整的吻切锥乘波体。鉴于吻切乘波设计方法的特殊性,也为了与存在真实流动的二维、三维基准流场乘波设计方法进行区分,我们把吻切类乘波设计方法单列一章进行介绍。

根据吻切平面内使用的轴对称基准流场类型来划分,吻切类乘波设计方法包括吻切锥乘波设计法[92,93]、吻切轴对称乘波设计法[96] 和吻切流场乘波设计法[97−100]。吻切锥乘波设计法是指吻切平面内的基准流场为锥形流(直锥),且不同吻切平面内的锥形流场均相似。吻切轴对称乘波设计法则是指吻切平面内的基准流场为曲锥流场,同样,不同吻切平面内的曲锥流场也是相似的。吻切流场乘波设计法则在吻切轴对称乘波设计方法的基础上,进一步放开了对吻切平面内轴对称基准流场的约束,不同吻切平面内的曲锥流场可以不相似。

值得注意的是,上述吻切平面内的轴对称基准流场既可以是外压缩超声速流场,也可以是内收缩超声速流场,因此吻切类乘波设计方法所涉及的基准流场种类很多,设计空间巨大。吻切锥乘波设计法、吻切轴对称乘波设计法和吻切流场乘波设计法等共同构成了吻切乘波设计理论(吻切理论),将轴对称无黏基准流场拓展到虚拟三维基准流场,获得了一系列构型更为复杂、具有特定目的的新型乘波体。

本章分别对吻切锥乘波设计法、吻切轴对称乘波设计法和吻切流场乘波设计法乘波设计进行介绍,并给出设计实例和性能分析。

4.1.2　吻切乘波设计基本步骤

根据吻切乘波设计思路的讨论,吻切平面中的乘波设计可以基于多种基准流场进行。不拘泥于基准流场的类型,但以锥形基准流场为例,应用吻切思想设计乘波体的典型步骤[101]如下。

(1) 给定设计参数。

设计参数包括马赫数、设计流场的激波角等,或者马赫数和每一吻切平面的基准锥半锥角等。这是因为在吻切锥乘波设计方法中,来流参数配合激波角或者半锥角可以确定基准锥形状。为了保证设计的乘波体展向流面连续,通常情况下不同吻切平面流场均采用相同的来流参数进行求解。如果采用吻切轴对称或者吻切流场乘波设计方法,则不同吻切平面也可以采用不同的来流参数(设定其变化规律),此时还可能需要提供曲锥母线等额外设计输入参数以确定基准体外形。此步骤主要目的是确定基准流场类型并保证基准流场可解,为在吻切面中的流线追踪提供流场条件。

(2) 给定基本型线。

基本型线包括激波底部型线和乘波体三条几何特征型线(上表面底部型线、下表面底部型线、前缘线水平投影型线)中的任意一条,图 4.3 以给定乘波体上表面底部型线为例。需要注意,此时设定的激波底部型线表示给出了激波底部位置,即乘波体底部平面已经给定。此步骤设定输入参数的目的是在基准流场中的流线追踪方法确定边界条件,为在吻切平面基准流场中的流线追踪提供出发点。

(3) 吻切平面内基准流场的求解。

在乘波体底部平面上,对激波底部型线进行离散获得一系列离散点。由其中任意点可获得过该点的曲率圆和圆心坐标,该曲率圆即在乘波体底部平面上

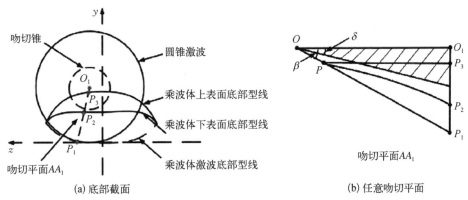

图 4.3　吻切锥乘波体底部横截面激波形状及吻切平面和吻切锥示意图

过该点的锥形基准激波圆,吻切锥和吻切激波的轴线都过该圆心。由给定的激波角和当地吻切激波圆曲率可以计算获得基准体顶点坐标,然后求解 Taylor-Maccoll 流动控制方程,就获得了该吻切平面内的基准锥(关键参数是半锥角)和锥形基准流场。曲锥基准流场的求解与此类似,本书将在后续章节的设计实例中进行介绍。

（4）吻切平面内基准流场中的流线追踪。

激波离散点和曲率圆圆心的连线(代表吻切平面)与给定的乘波体上表面底部型线有交点,在吻切平面内由该交点作平行于基准锥轴线的直线(简化的自由流面逆向流线追踪方法表述)与斜激波有交点,此交点即吻切平面内乘波体的前缘点,该直线段为吻切平面内对应的上表面流线。再由吻切平面内乘波体前缘点出发,在锥形基准流场中进行流线追踪获得吻切平面内的乘波体下表面流线。同样,曲锥基准流场中的流线追踪与此相类似。需要说明的是,随着输入几何特征型线的不同,流线追踪可能是正向,也可能是逆流动方向。但因基准流场都是超声速流场,两个方向流线追踪都是可行的。

（5）吻切平面内乘波设计在激波底部型线上的遍历。

对激波底部型线上的其他离散点重复上述第(4)步,可获得所有吻切平面内的流线和乘波体几何特征点。将上/下表面流线光滑连接即可分别得到乘波体的上/下表面,对乘波体所有表面进行封闭,就完成了吻切类乘波体的设计。

4.1.3　吻切乘波设计约束的讨论

吻切锥乘波设计方法的提出有其前提假设,即忽略了各吻切平面之间的横向流动,以及不同方位角之间的压力梯度。该方法不再像楔导乘波方法和锥导乘波方法那样是基于流场的精确解,因此设计完成的吻切锥乘波体并不可以精确地复现基准流场。但在该假设条件下,每个吻切平面内的流动参数均可以独立计算,所以这种假设极大地简化了设计过程,且在高超声速情况下设计偏差很小。

2004 年,美国马里兰大学的 Chauffour 和 Lewis[102-104] 在考虑横向流动的基础上,修正了吻切锥乘波设计方法,并对比分析了修正前后的差异。研究表明[104],针对设计马赫数大于 4 的吻切锥乘波体,忽略横向流动的假设是合理的;考虑横向流动的吻切锥乘波设计方法虽然提高了预测流线位置的准确度,但略微降低了乘波体构型的整体气动特性。

在吻切锥乘波体的设计中,激波底部型线不再局限于圆弧形状,可以是非圆弧曲线,包括单段曲/直线,或者多段曲/直线段的组合。基于忽略横向流动假设及吻切平面应用的要求,激波底部型线应该是曲率连续的,即至少应该是一阶导数连续的曲线(光滑曲线)。一般的激波底部型线(曲线)可分解为无数段微元,每段微元对应当地(吻切平面内)锥形基准流场中的激波底部型线圆弧,此时仍然可以在吻切平面内进行当地锥导乘波设计。

吻切锥乘波设计中,通过对吻切平面内前缘点(由上、下表面底部型线点之一求解)进行流线追踪得到该吻切平面内的乘波体下表面流线,将所有吻切平面内的下表面流线组合成完整的乘波体下表面流面,即吻切锥乘波体的下表面(乘波面)。相应地,在不对上表面提出特殊要求的情况下,由吻切平面内前缘点出发,通过自由流面法、激波膨胀波法或压缩面法可以设计得到该吻切平面内的乘波体上表面流线,然后组合所有吻切平面内的上表面流线构成整个吻切锥乘波体的上表面[15]。

对比锥导乘波设计和吻切锥乘波设计步骤可知,锥导乘波设计方法是在一个锥形流场中进行的,而吻切锥乘波设计方法是在一系列相邻的吻切平面锥形流场中进行的。对于某一个吻切平面而言,其中的锥形基准流场由原始锥形基准流场缩放得到,缩放比例由激波底部型线在当地点的激波曲率决定。值得注意的是,由于无黏锥形流场壁面压力沿流向相同,相邻吻切平面之间的乘波体下表面壁面压力是相同的,此时忽略横向流动是合理的。

在吻切锥乘波设计方法的基础上,进一步发展吻切乘波设计方法,一种自然的想法是将吻切平面内的锥形基准流场替换成曲锥基准流场,在每一个吻切平面内进行曲锥乘波设计,而后组合所有吻切平面内的设计结果,也可以得到一个吻切乘波体,可以称之为吻切轴对称乘波体,这个方法可以命名为吻切轴对称乘波设计方法。

进一步对吻切锥乘波设计方法和吻切轴对称乘波设计方法进行发展,可以这样考虑,即在吻切锥和吻切轴对称乘波设计方法中,不再根据设计马赫数、激波角等保持统一的原始锥形基准流场或原始曲锥基准流场,而是在每一个吻切平面内,根据设计条件和输入参数,灵活进行基准流场的设计和使用。这种吻切乘波设计方法可以称为吻切流场乘波设计方法,所得乘波体可以称为吻切流场乘波体。当然,在吻切流场乘波设计方法中,每一个吻切平面内所使用的轴对称基准流场都是不相同的,因此相邻壁面压力也将不同,仍然会出现不同程度的横向流动,吻切流场乘波体也将与设计预期存在差距。但基于同样理由,很多研究者依然重视并积极应用、研究这种设计方法。本书也对吻切流场乘波设计方法进行设计实例介绍,希望读者能够通过学习研究,进一步将其改进和发展,促进高超声速乘波设计理论发展。

另外,为了保持展向流面的连续性,在不同吻切平面内,吻切锥乘波体的设计马赫数和激波角是相同的。在每个吻切平面内,圆锥顶点位置由激波角和该段激波圆弧的曲率中心确定,锥形流场可以通过求解 Taylor-Maccoll 流动控制方程得到。需要指出的是,如果采用吻切流场乘波设计方法,意味着每个吻切平面内的基准流场可以不同,这点通过改变来流参数或者几何特征型线都可以实现。因此在后续章节中,我们给出了改变激波角的吻切流场乘波设计实例介绍。

4.2　吻切锥乘波设计实例

4.2.1　设计输入参数

为了获得所需要的吻切锥乘波体,首先需要确定设计输入参数。

一般而言,乘波体的长度、来流条件是飞行器的主要总体设计指标,是主要的设计输入参数。圆锥激波角,即设计激波角,也是主要的乘波设计输入参数。由于激波角决定了激波的强度,进而对乘波体性能产生重大影响,设计激波角的选择对乘波体外形具有重要的决定性意义。另外,提出吻切锥乘波设计是为了将乘波前体与进气道进行一体化设计,因此选择与进气道相关的两条型线方程作为吻切锥乘波体设计的输入参数:激波底部型线(即进气道唇口型线,此处假定唇口型线 x 坐标值相同)及乘波体下表面底部型线(即唇口截面上的进气道上表面型线)。

如图 4.4 所示,为了在进气道入口处获得较均匀流场,激波底部型线中间部分设置为直线。由于直线段曲率半径为无穷大,其上吻切平面内的基准流场对应为楔形流场。为了提高乘波体容积效率,激波底部型线的外缘部分设置为指数函数 ($y = Ax^q$);乘波体下表面底部型线同样选择为指数函数,具体参数见式 (4.1) 和式 (4.2)。

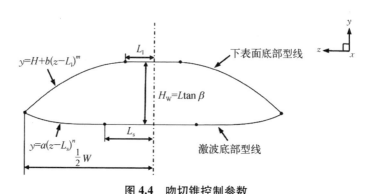

图 4.4 吻切锥控制参数

激波底部型线方程为

$$
y = \begin{cases} 0, & t \in \left[0, L_s\right] \\ a\left(z - L_s\right)^n, & t \in \left(L_s, W\right) \end{cases} \tag{4.1}
$$

乘波体下表面底部型线方程为

$$
y = \begin{cases} H_w = L_w \tan\beta, & t \in \left[0, L_l\right] \\ H_w + b\left(z - L_l\right)^m, & t \in \left(L_l, W\right) \end{cases} \tag{4.2}
$$

式 (4.1) 和式 (4.2) 中,主要控制参数为激波角 β,乘波体长度 L_w,乘波体半宽度 $\frac{1}{2}W$,乘波体下表面底部型线直线段宽度 L_l,激波底部型线直线段半宽度 L_s,指数 m、n 和系数 a、b,这些参数并不都是互相独立的。确定了 β、L_w、W、L_l、L_s、m、n,可以计算出 a、b。在实际设计中,可以根据实际需要来合理选择各个参数,如可以根据进气道的尺寸来选择 L_l、L_s 等。

4.2.2 吻切锥乘波体构型

以 4.2.1 节所述的参数和型线公式作为设计输入,取不同的设计马赫数、激波角组合,生成两个吻切锥乘波体外形。其中,外形 1 设计马赫数为 6,设计激波角为 12°;外形 2 设计马赫数为 6,设计激波角为 18°。

　　具体设计过程中,激波底部型线及乘波体下表面底部型线分别离散为 101 个点;在每点的吻切平面上采用基于圆锥流场的逆向流线追踪方法,得到 101 条流线和 101 个乘波体前缘点;将所有流线进行曲面拟合,得到乘波体下表面;由乘波体前缘点出发,采用自由流线法(基于自由流场的正向流线追踪)得到乘波体上表面流线;将所有上表面流线进行曲面拟合,得到乘波体上表面;最终的吻切锥乘波体外形的几何模型如图 4.5 和图 4.6 所示。由于外形 1 的设计激波角仅为 12°,气流经过激波后流动偏转角较小,所得构型厚度较小,外形 2 的设计激波角大于外形 1 的,所以构型厚度较大。

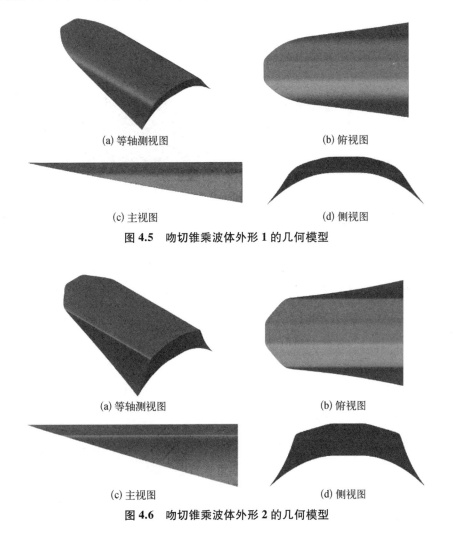

(a) 等轴测视图　　　　　　　　　　　(b) 俯视图

(c) 主视图　　　　　　　　　　　　　(d) 侧视图

图 4.5　吻切锥乘波体外形 1 的几何模型

(a) 等轴测视图　　　　　　　　　　　(b) 俯视图

(c) 主视图　　　　　　　　　　　　　(d) 侧视图

图 4.6　吻切锥乘波体外形 2 的几何模型

4.2.3 吻切锥乘波体性能分析

对图 4.5 和图 4.6 中的两个吻切锥乘波体外形进行无黏数值模拟,通过对比激波底部型线的理论设计输入与数值计算结果,来验证吻切锥乘波体设计的正确性。

1. 吻切锥乘波体外形 1

图 4.7 和图 4.8 为设计状态($Ma=6$,$\alpha=0°$)下吻切锥乘波体外形 1 底部横截面的无黏无因次压强等值线图和等值云图,从图中可以看出,无黏条件设计状态下,在底部横截面上,两侧的乘波体前缘处激波是贴附于机身的,下表面的高压气流没有向上表面溢流,并且计算激波位置和设计输入的激波位置吻合较好,图中出现细微的差异是由于实际数值模拟中激波有一定厚度。

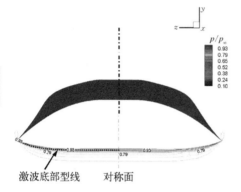

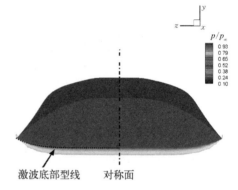

| 图 4.7 | 吻切锥乘波体外形 1 底部横截面 | 图 4.8 | 吻切锥乘波体外形 1 底部横截面 |

图 4.7　吻切锥乘波体外形 1 底部横截面　　　　图 4.8　吻切锥乘波体外形 1 底部横截面
无黏无因次压强等值线图　　　　　　　　　　　无黏无因次压强等值云图

图 4.9 和图 4.10 为设计状态($Ma=6$,$\alpha=0°$)下吻切锥乘波体外形 1 长度位置 48%横截面上的无黏无因次压强等值线图和等值云图,可以看到乘波体前缘仍然有贴附的激波,下表面的高压气流没有向上表面溢流,乘波体激波流场特征

图 4.9　吻切锥乘波体外形 1 横截面无黏无　　　图 4.10　吻切锥乘波体外形 1 横截面无黏无
因次压强等值线图(48%长度位置)　　　　　　　因次压强等值云图(48%长度位置)

与底部横截面图一致。

　　图 4.11 和图 4.12 为设计状态($Ma = 6$，$\alpha = 0°$)下吻切锥乘波体外形 1 的纵向对称面和底部横截面上的无黏无因次压强等值线图和等值云图,可以看到乘波体顶点有贴附的激波,并且激波在两截面相交处吻合较好。

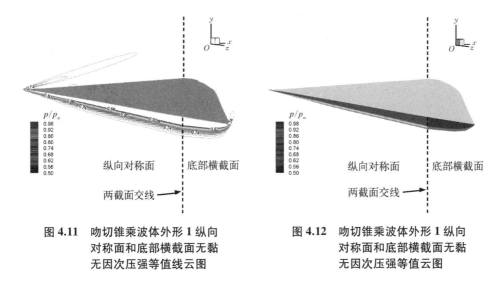

图 4.11　吻切锥乘波体外形 1 纵向对称面和底部横截面无黏无因次压强等值线云图	图 4.12　吻切锥乘波体外形 1 纵向对称面和底部横截面无黏无因次压强等值云图

　　对外形 1 的流场分析表明本节吻切锥乘波体的外形设计是正确和可信的。

　　2. 吻切锥乘波体外形 2

　　图 4.13 和图 4.14 为无黏条件设计状态($Ma = 6$，$\alpha = 0°$)下吻切锥乘波体外形 2 底部横截面的无黏无因次压强等值线图和等值云图;图 4.15 和图 4.16 为无黏条件设计状态($Ma = 6$，$\alpha = 0°$)下吻切锥乘波体外形 240%长度位置横截面的

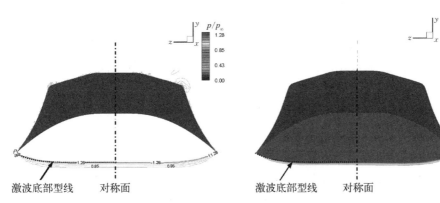

图 4.13　吻切锥乘波体外形 2 底部横截面无黏无因次压强等值线图	图 4.14　吻切锥乘波体外形 2 底部横截面无黏无因次压强等值云图

图 4.15 吻切锥乘波体外形 2 横截面无黏
无因次压强等值线图(40%长度位置)

图 4.16 吻切锥乘波体外形 2 横截面无黏无
因次压强等值云图(40%长度位置)

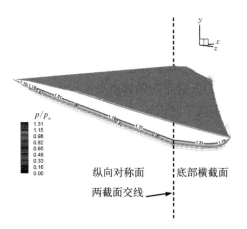

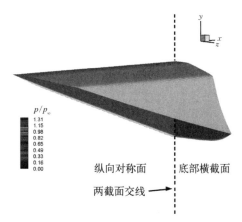

图 4.17 吻切锥乘波体外形 2 纵向横截面
和底部横截面无黏无因次压强等
值线图

图 4.18 吻切锥乘波体外形 2 纵向横截面
和底部横截面无黏无因次压强等
值云图

无黏无因次压强等值线图和等值云图;图 4.17 和图 4.18 为无黏条件设计状态 $(Ma=6, \alpha=0°)$ 下吻切锥乘波体外形 2 的纵向对称面和底部横截面无黏无因次压强等值线图和等值云图。从上述各图中可以看出,吻切锥乘波体外形 2 计算结果与设计输入的吻合程度完全与外形 1 状态相同,在乘波体各横截面上,乘波体两侧前缘处激波贴体,下表面的高压气流没有向上表面溢流,并且激波的数值模拟位置与设计位置吻合较好。

吻切锥乘波体外形 2 设计结果的分析进一步证明了吻切锥乘波设计方法的正确性和普适性。

表 4.1 为吻切锥乘波体外形 1 和外形 2 在设计状态下的气动特性对比,用于分析设计激波角对吻切锥乘波体性能的影响。可见,类似于锥导乘波体性能随设计激波角变化规律,外形 2 较之外形 1,由于设计激波角增大,升力系数、阻力系数及容积效率均增大,升阻比降低。由两个外形的几何参数和气动特性对

比可知,在其他输入条件一致的情况下,激波角的大小直接决定了乘波体的升阻比大小:较小的激波角设计出的乘波体较薄,其升阻比较大。此结论将用于本书后续吻切乘波设计实例中。

表 4.1　吻切锥乘波体外形 1 和外形 2 的设计状态下气动特性对比($Ma=6$, $\alpha=0°$)

项　目	C_L	无黏 C_D	无黏 L/D	η_{sw}
外形 1	0.425 88	0.064 18	6.636	0.051
外形 2	1.124 25	0.247 58	4.541	0.079

4.3　吻切轴对称乘波设计实例

前期的研究表明[80],轴对称流场基准体的流向壁面压力分布规律是影响乘波体外形和性能的重要因素:基准流场的壁面压力升高有利于提高乘波体的内部装载能力和预压缩气流特性,而基准流场的壁面压力降低有利于提高乘波体的升阻比特性并降低阻力。因此,在应用吻切理论设计乘波体时,可以根据对飞行器内部装载能力和升阻比的设计要求,通过在吻切平面内选取壁面压力变化的基准流场(曲锥基准流场),来拓展吻切乘波体的设计和优化空间。与 4.2 节所述吻切锥乘波体不同的是,本节吻切轴对称乘波体设计在吻切面上采用的基准流场不再是锥形流场,而是拓展到了设计更加自由、可以根据性能需求选择的曲锥基准流场。

4.3.1　曲锥基准流场求解

选取普通尖头回转体产生轴对称曲锥基准流场,其流动模型如图 4.19 所示。当给定尖头回转体母线 OAH,该尖头回转体在超声速零攻角来流作用下能够产生附体激波 OS,尖头回转体母线 OAH 和附体激波 OS 构成了绕尖头回转体的超声速轴对称流场,即曲锥基准流场。曲锥基准流场由左行马赫线 AS 分为①区和②区两部分,其中,①区称为激波依赖区,该区域由壁面 OA(或激波 OS)唯一确定;②区为基准流场中受壁面 AH 影响的等熵压缩或膨胀的流动区域。①区和②区的求解详见参考文献[62]中的 3.2 节。

求解曲锥基准流场的第一步是设计曲锥(尖头回转体)母线,不同的母线对应不同的基准流场。对曲锥母线进行参数化定义,如图 4.20 所示。母线 OAH 由 OA 和 AH 两段组合而成,其中 OA 段是直线,AH 段可以是直线,也可以是二次曲

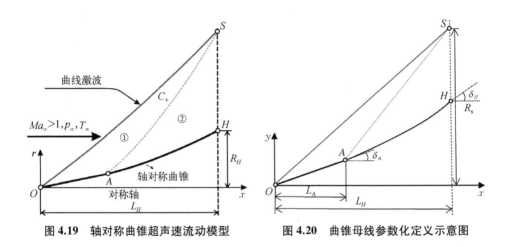

图 4.19　轴对称曲锥超声速流动模型　　　　图 4.20　曲锥母线参数化定义示意图

线等其他光滑曲线。给定曲锥长度 L_H，以及点 A 和点 H 的 x 轴方向的坐标值 x_A 和 x_H、倾斜角 δ_A 和 δ_H，可以唯一确定曲锥外形。确定了曲锥外形后，再求解①区和②区，即得到曲锥基准流场。

在曲锥母线参数中，存在如下关系：

当 $\delta_H > \delta_A$ 时，壁面 AH 是凹形，②区流场气流受压缩减速增压，符合进气道预压缩气流的要求，可用于乘波前体/进气道一体化设计；

当 $\delta_H = \delta_A$ 时，壁面 AH 是直线，整个流场是锥形流场，沿壁面压力不变；

当 $\delta_H < \delta_A$ 时，壁面 AH 是凸形，②区流场气流膨胀增速减压，该流场类似于最小阻力回转体产生的流场，可用于飞行器减阻设计。

4.3.2　吻切轴对称乘波设计步骤

吻切类乘波设计在每个吻切平面内都要进行二维乘波设计，因此 4.3.1 节专门介绍了曲锥基准流场的求解，在后续介绍吻切轴对称乘波设计步骤时，不再包含每个吻切平面内的基准流场求解步骤。

吻切轴对称乘波设计主要包括以下几个步骤。

（1）给定乘波体构型的长度 L_w、宽度 W 及如图 4.21 所示的输入型线。其中，输入型线指乘波体上表面底部型线和激波底部型线。

（2）设计曲锥母线如图 4.20 所示。其中 OA 段为直线段，AH 段为二次曲线段，两段曲线的输入参数包括 OA 段的长度 L_A、A 点的倾斜角 δ_A、H 点的倾斜角 δ_H。

母线 AH 段二次曲线方程如下：

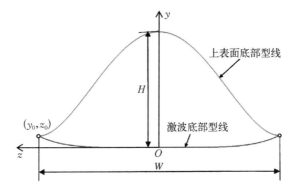

图 4.21　吻切轴对称乘波设计中底部几何特征输入型线示意图

$$F_{wall} = a_{AH}x^2 + b_{AH}x + c_{AH} \tag{4.3}$$

方程中的系数通过几何关系求解得到：

$$a_{AH} = (T_H - T_A) / [2(x_H - x_A)] \tag{4.4}$$

$$b_{AH} = (x_H \times T_A - x_A \times T_H) / (x_H - x_A) \tag{4.5}$$

$$c_{AH} = y_A - ax_A^2 - bx_A \tag{4.6}$$

其中，$T_H = \tan\delta_H$；$T_A = \tan\delta_A$；$y_A = y_0 + T_A \times (x_A - x_0)$，$(x_0, y_0)$ 表示壁面 O 点的坐标值，(x_A, y_A) 表示壁面 A 点的坐标值；x_H 表示壁面 H 点的 x 轴方向坐标值。

求解曲锥基准流场时，给定圆锥 OA 的长度 L_A 和圆锥半顶角 δ_A 即可唯一确定锥形激波 OS。AS 表示由 A 点发出的左行马赫线，该马赫线与激波相交于点 S，经过点 S 的横截面即底面。给定参数 Ma，即可唯一确定基准流场的长度 L_H 和锥形激波底部半径 R_s。

（3）给定激波底部型线，将激波底部型线离散成若干个点，并求解每个离散点对应的吻切平面和基准流场。

如图 4.22 所示，针对任一离散点 P_{4i}，得到过该点的曲率圆和圆心 O_i' 点，该曲率圆的半径为 R_{si}，P_{4i} 点与 O_i' 点的连线与上表面底部型线相交于点 P_{2i}，P_{2i} 点向前水平延伸与基准激波相交于前缘点 P_{1i}。注意：基于吻切轴对称理论求解乘波体构型时，初始构造的基准流场尺寸（图 4.20）与每个吻切平面内求解得到的基准流场的尺寸不同，因此需要对每个吻切平面内的基准流场进行缩放，根据几何关系可知，吻切平面内基准流场的缩放比例为 R_s / R_{si}，其中，R_s 表示原始基准流场的激波底部半径。

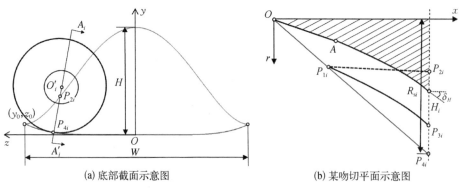

(a) 底部截面示意图　　　　　　　　(b) 某吻切平面示意图

图 4.22　吻切轴对称乘波体底部截面及某吻切平面示意图

（4）在步骤（3）求解得到的吻切平面基准流场中，从前缘点 P_{2i} 向后进行流线追踪得到下表面流线及其与底部截面交点 P_{3i}，进而得到每个吻切平面内的流线。

（5）将每个吻切平面求解得到的乘波体下表面后缘点光滑连接得到下表面底部型线，所有下表面流线放样生成乘波体下表面，上、下表面底部型线封闭得到乘波体底面。至此，上表面、下表面和底面共同组成了吻切轴对称乘波体。

4.3.3　吻切轴对称乘波体构型

本节设计三类激波相同但壁面压力分布规律不同的轴对称基准流场，并基于这三类基准流场生成三种吻切轴对称乘波体。

如图 4.23 所示，给定圆锥 OA 的长度 L_A、圆锥半顶角 δ_A 及来流马赫数 Ma 即可唯一确定锥形激波 OS，还有基准流场的长度 L_H 和锥形激波底部半径 R_s，AS 表示由 A 点发出的左行马赫线。

曲线 OAH_1、OAH_2 和 OAH_3 是三个在 A 点一阶导数连续的光滑曲线，在相同的来流条件下，这三个回转体可以产生相同的附体锥形激波 OS。设计曲

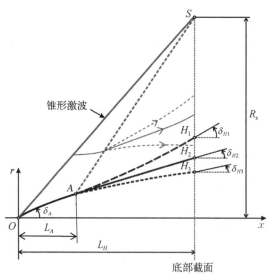

图 4.23　三种不同壁面压力分布规律的轴对称基准流场示意图

线 AH_1、AH_2 和 AH_3 为二次曲线,给定曲线末端点的倾斜角 δ_{H1}、δ_{H2}、δ_{H3},则可以唯一确定各条曲线(母线)的方程[式(4.3)]。基准流场的设计马赫数 $Ma = 6$,飞行高度为 25 km,表 4.2 给出了三条回转体母线设计参数及自由来流条件,求解得到的三条回转体母线如图 4.24 所示。

表 4.2　三种回转体母线设计参数及自由来流条件

项 目	数 值	项 目	数 值
Ma_∞	6	y_0/m	0
p_∞/Pa	2 511.18	$\delta_A/(°)$	10.0
T_∞/K	221.649	$\delta_{H1}/(°)$	14.0
L_A/m	6.431 56	$\delta_{H2}/(°)$	10.0
x_0/m	0	$\delta_{H3}/(°)$	2.0

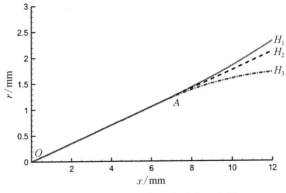

图 4.24　三种回转体母线对比示意图

基于三条回转体母线,使用特征线方法求解出绕回转体 OAH_1、OAH_2 和 OAH_3 的三种超声速轴对称基准流场。

设计相同的乘波体激波底部型线和上表面底部型线。其中,激波底部型线中间段设计为直线,两端设计为四次曲线,如式(4.7)所示,激波底部型线如图 4.25 中虚线所示;上表面底部型线为四次曲线,如式(4.8)所示。

$$y = \begin{cases} A \times (z - L_s)^4, & z > L_s \\ 0, & -L_s \leq z \leq L_s \\ A \times (z + L_s)^4, & z < -L_s \end{cases} \tag{4.7}$$

$$y = a + b \times z^2 + c \times z^4 \tag{4.8}$$

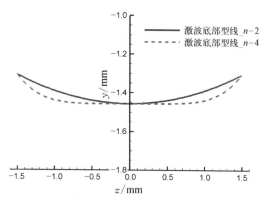

图 4.25　激波底部型线示意图

式(4.8)中的系数可以通过几何关系式求得:

$$a = H_w \tag{4.9}$$

$$c = \left[z_2 \times \tan 0.0 - 2 \times (y_2 - a) \right] / (2 \times z_2^4) \tag{4.10}$$

$$b = (y_2 - a - c \times z_2^4)/z_2^2 \tag{4.11}$$

其中,乘波体高度 $H_w = 1.5$ m; $z_2 = 0.5W$; $y_2 = 0.1H_w$。

　　基于三种壁面压力分布的基准流场,采用吻切轴对称乘波设计方法,得到三种吻切轴对称乘波体构型,分别命名为压力降低吻切轴对称乘波体(waverider5_1)、压力恒定吻切轴对称乘波体(waverider5_2)和压力升高吻切轴对称乘波体(waverider5_3)。其中,由于压力恒定吻切轴对称乘波体的基准流场是锥形流场,因此该构型即常规吻切锥乘波体。生成的三种吻切轴对称乘波体几何构型对比如图 4.26 所示。

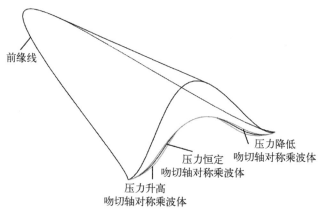

图 4.26　三种吻切轴对称乘波体几何构型对比(激波底部型线为组合曲线)

从图 4.26 中的几何构型对比可以发现,上述三种吻切轴对称乘波体几何构型在外形上差异不大,展向中间段基本上相同,只是两端位置存在一定差别。显然,激波底部型线的中间区域是直线,决定了该区域吻切平面内的基准流场为二维平面流场,此区域三种乘波设计结果相同。

更改激波底部型线为二次曲线,如式(4.12)所示,激波底部型线如图 4.25 中实线所示。

$$y = A \times z^2 \tag{4.12}$$

其中,系数 $A = y_2/z_2^2$,$z_2 = 0.5W(W = 3\ \text{m})$,$y_2 = 0.1H(H = 1.5\ \text{m})$。

此时设计获得三种吻切轴对称乘波体,分别命名为压力降低吻切轴对称乘波体(waverider5_4)、压力恒定吻切轴对称乘波体(waverider5_5)和压力升高吻切轴对称乘波体(waverider5_6)。图 4.27 所示为三种吻切轴对称乘波体外形对比图,表 4.3 为三种吻切轴对称乘波体的几何参数对比。

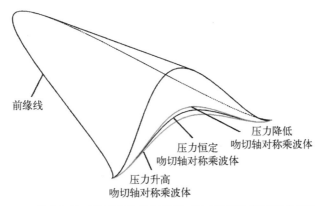

图 4.27　三种吻切轴对称乘波体几何构型对比(激波底部型线为二次曲线)

表 4.3　三种吻切轴对称乘波体的几何参数对比

算 例	L_w/m	W/m	V/m^3	$S_{\text{wet}}/\text{m}^2$	S_p/m^2	S_b/m^2	η
waverider5_4	5.86	3	2.54	24.79	9.59	1.13	0.075 1
waverider5_5	5.86	3	2.62	24.81	9.59	1.20	0.076 6
waverider5_6	5.86	3	2.74	24.85	9.59	1.31	0.078 8

由图 4.27 中的几何构型对比及表 4.3 中的几何参数对比可见,当设计激波底部型线为二次曲线时,三种吻切轴对称乘波体的长度、宽度和水平投影面积均相同。这是因为三种基准流场的激波相同,且三种吻切轴对称乘波体设

计时给定的上表面底部型线也相同。相比于壁面压力恒定和壁面压力降低的两种吻切轴对称乘波体,壁面压力升高的吻切轴对称乘波体具有更大的容积和容积效率。

4.3.4 三种吻切轴对称乘波体性能对比分析

通过 4.3.3 节的分析可知,当激波底部型线设计成中间为直线段、两端为四次曲线时,壁面压力分布规律对吻切轴对称乘波体的外形影响较小。因此,本节针对激波底部型线设计为二次曲线时的三种吻切轴对称乘波体 waverider5_4、waverider5_5 和 waverider5_6,研究壁面压力分布规律对吻切轴对称乘波体气动特性的影响。

1. 无黏结果对比

首先分析无黏条件下的数值模拟结果,计算状态参见表 4.4。

表 4.4　吻切轴对称乘波体气动特性计算状态

Ma_∞	H/km	α/ (°)	T_∞/K	p_∞/Pa
6	25.0	0	221.6	2 549

图 4.28 为压力降低吻切轴对称乘波体 waverider5_4 与压力恒定吻切轴对称乘波体 waverider5_5 在设计状态下底部横截面的压力分布云图对比,图 4.29 为压力升高吻切轴对称乘波体 waverider5_6 与压力恒定吻切轴对称乘波体 waverider5_5 在设计状态下底部横截面的压力分布云图对比。

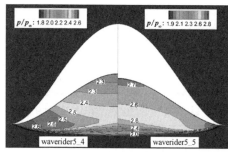

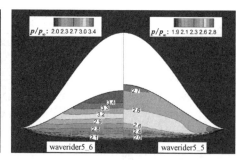

图 4.28　waverider5_4 和 waverider5_5 底部横截面压力分布云图对比（无黏结果）

图 4.29　waverider5_6 和 waverider5_5 底部横截面压力分布云图对比（无黏结果）

从图 4.28 和图 4.29 中的压力分布云图对比可以发现,在无黏条件下,壁面压力恒定的吻切轴对称乘波体底部横截面的压力分布较为均匀,壁面压力降低的吻切轴对称乘波体底部横截面的高压区主要集中在乘波体展向的两侧区域,壁面压力升高的吻切轴对称乘波体底部横截面的高压区主要集中在乘波体展向的中间区域。

图 4.30 ~ 图 4.32 分别为压力降低、压力恒定和压力升高吻切轴对称乘波体在纵向对称面的无黏压力分布云图。

图 4.30　waverider5_4 纵向对称面无黏压力分布云图(激波底部型线为二次曲线)

图 4.31　waverider5_5 纵向对称面无黏压力分布云图(激波底部型线为二次曲线)

图 4.32　waverider5_6 纵向对称面无黏压力分布云图(激波底部型线为二次曲线)

由图 4.30 ~ 图 4.32 可见,在纵向对称面位置,waverider5_4 的壁面压力沿流向是明显降低的, waverider5_6 的壁面压力沿流向是明显升高的。这表明吻切轴对称乘波体沿流向的壁面压力分布规律与各自的基准流场壁面压力分布规律基本是一致的,这是吻切轴对称乘波体设计的一个特征。但从图中发现,waverider5_5 的壁面压力沿流向并非是恒定的,但其基准流场壁面压力是恒定的。这也证明了,吻切轴对称乘波体不能完全复现基准流场的理论分析结论。

表 4.5 给出了三种乘波体构型在设计状态和无黏条件下计算的升力系数、阻力系数、升阻比、俯仰力矩系数及压心相对位置等参数。其中,气动力/俯仰力矩系数的参考长度取为构型的长度 $L_w = 5.86$ m,参考面积取 1 m^2,力矩参考点取为乘波体头部顶点。

表 4.5 三种乘波体构型在设计状态的无黏气动特性参数对比

算 例	C_L	C_D	L/D	C_{MZ}	$X_{cp}/\%$	S_b/m^2	η
waverider5_4	0.576 5	0.113 5	5.08	0.365 7	61.95	1.13	0.075 1
waverider5_5	0.629 1	0.127 2	4.95	0.410 1	63.67	1.20	0.076 6
waverider5_6	0.720 5	0.153 3	4.70	0.488 5	66.22	1.31	0.078 8

通过表 4.5 中的对比发现,相较于 waverider5_5,waverider5_6 的无黏升力系数和阻力系数均较大,这是因为三种构型中,waverider5_6 的底部面积最大,从而导致 waverider5_6 的迎风面积和波阻最大,升阻比最小。而 waverider5_4 的底部面积最小,从而导致 waverider5_4 的迎风面积和波阻最小,升阻比最大。另外,waverider5_4 的俯仰力矩系数绝对值最小,可能拥有较小的配平舵偏角。

2. 有黏结果对比

本小节对上述三种乘波体构型进行有黏数值模拟,主要对比分析设计状态下的流场结构,以及在设计马赫数 $Ma = 6$、攻角 $\alpha = 0°/2°/4°/6°/8°/10°$、飞行高度为 25 km 状态下的气动特性。图 4.33 和图 4.34 分别给出了压力降低、压力升高、压力恒定吻切轴对称乘波体在设计状态下底部横截面的有黏压力云图对比情况。由图可知,考虑黏性时的三种吻切轴对称乘波体底部横截面流场结构与无黏计算结果基本上一致。但相比于无黏结果,三种吻切轴对称乘波体考虑黏性时展向两端的溢流更明显,说明边界层的影响不可忽视。

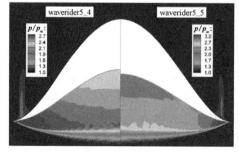

图 4.33 waverider5_4 和 waverider5_5 底部横截面压力云图对比 (有黏结果)

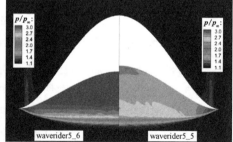

图 4.34 waverider5_6 和 waverider5_5 底部横截面压力云图对比 (有黏结果)

图 4.35 给出了三种不同壁面压力分布规律的吻切轴对称乘波体在设计点马赫数 $(Ma = 6)$ 状态下的气动特性随攻角变化规律的对比曲线。

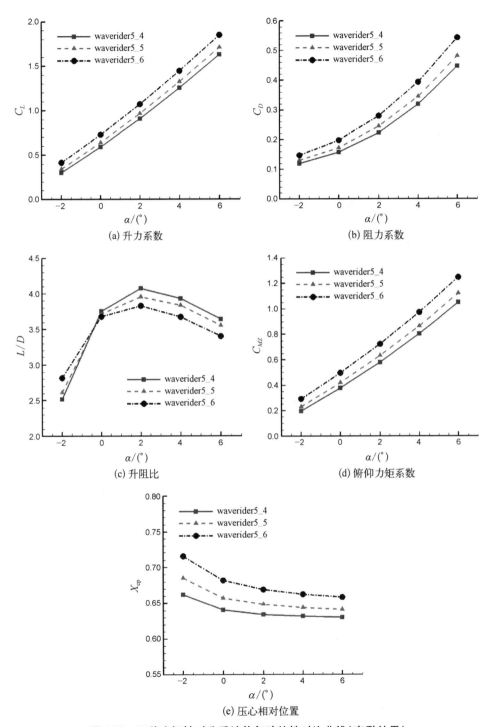

(a) 升力系数

(b) 阻力系数

(c) 升阻比

(d) 俯仰力矩系数

(e) 压心相对位置

图 4.35　三种吻切轴对称乘波体气动特性对比曲线（有黏结果）

由图 4.35 中对比曲线可知,在有黏条件下,压力降低吻切轴对称乘波体的升力和阻力都最小,但升阻比最高;而压力升高吻切轴对称乘波体的升力和阻力都最大,但升阻比最小;三种吻切轴对称乘波体的最大升阻比均出现在攻角 2° 状态,且三种吻切轴对称乘波体在攻角 0° 状态的升阻比差异最小。上述结论与无黏分析结果相同,说明对于升阻比等气动特性,考虑黏性并不改变其固有规律。

4.4 吻切流场乘波设计实例(一)

4.3.3 节中我们介绍了两种壁面压力分布不同的吻切轴对称乘波体设计实例,从其外形和气动特性分析结果看,壁面压力升高乘波体具有较大容积但升阻比较小,壁面压力降低乘波体具有较小容积但升阻比较大。进行高超声速飞行器设计,既要得到高容积性能,也要得到高升阻比性能。此时,吻切流场乘波设计方法提供了一个设计选择:在乘波体展向方向上,需要较大容积的中间部位使用壁面压力升高乘波设计,需要高升阻比的两侧部分使用壁面压力降低乘波设计,也许能实现较大容积且较大升阻比的设计目的。这就要求不同吻切平面使用不同曲锥基准流场开展吻切乘波设计,即吻切流场乘波设计,本节就此思路进行吻切流场乘波体设计实例介绍。

既然是在展向吻切平面内使用不同的壁面压力分布基准流场进行乘波设计,我们将其命名为变壁面压力吻切流场乘波体或者曲锥吻切流场乘波体,而 4.3 节所介绍的吻切轴对称乘波体则可称为曲锥乘波体以示区别。

4.4.1 设计思路和步骤

如图 4.20 所示,由回转体母线设计轴对称基准流场的控制参数主要有壁面 A 点的倾斜角 δ_A 和壁面 H 点的倾斜角 δ_H。当固定壁面 A 点的倾斜角时,改变壁面 H 点的倾斜角即可改变基准流场的壁面压力分布规律,从而得到不同的轴对称基准流场。

变壁面压力吻切流场乘波体设计思路是:在展向各位置对应的吻切平面内,设定基准流场的 δ_A 不变,即保持各吻切平面基准流场激波形状相同;而沿展向改变各吻切平面内的 δ_H,使得各吻切平面内所使用基准流场的壁面压力分布规律是变化的。这就实现了根据乘波体展向不同区域对气动特性的要求,定制不同的乘波体剖面。

变壁面压力吻切流场乘波体设计主要分以下几个步骤。

（1）如图 4.21 所示,给定乘波体构型的长度 L_w、宽度 W 及基本几何特征型线,其中,基本几何特征型线选乘波体上表面底部型线和激波底部型线。

（2）如图 4.36 所示,设定来流马赫数 Ma、回转体母线 OA 段的输入参数,包括 OA 段的长度 L_A 和 A 点的倾斜角 δ_A,可唯一确定锥形激波 OS、基准流场的长度 L_H 和锥形激波底部半径 R_s。

（3）如图 4.22 所示,设定回转体母线 AH 段的曲线方程,并设计给出壁面 H 点的倾斜角 δ_H(沿乘波体展向的)变化曲线。

（4）如图 4.37 所示,给定回转体母线 AH 段的曲线方程,并设计壁面 H 点的倾斜角 δ_H 随乘波体展向的变化规律曲线 $\delta_H(z_i)$。

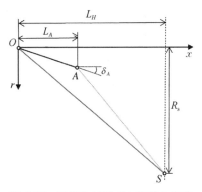

图 4.36　回转体母线 OA 段输入参数

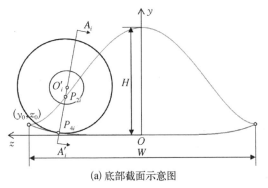

(a) 底部截面示意图　　　　　(b) 某吻切平面示意图

图 4.37　吻切轴对称乘波体底部截面及某吻切平面示意图

（5）将激波底部型线离散,求解每个离散点对应的吻切平面和其上的基准流场。注意:此处的基准流场仍然需要进行缩放,缩放比例的选取方式参见 4.3.2 节中吻切轴对称乘波体设计。

（6）在步骤(5)求解得到的吻切面基准流场内,从乘波体前缘点向后进行流线追踪至后缘点,进而得到每个吻切平面内的下表面流线。

（7）将每个吻切平面上求解得到的后缘点光滑连接得到下表面底部型线,所有下表面流线放样生成乘波体下表面,上表面、下表面和底面即构成变壁面压力吻切流场乘波体。

4.4.2   变壁面压力吻切流场乘波体构型

基于 4.4.1 节所述的设计思路和步骤,生成变壁面压力吻切流场乘波体。其中,设定的回转体母线 AH 段曲线方程如式(4.3)所示;表 4.6 所示为本节基准流场(变壁面压力吻切流场)的乘波体设计参数及自由来流条件;将 H 点倾斜角 δ_H 沿展向变化曲线 $\delta_H(z_i)$ 设计成如图 4.38 所示的二次曲线:在进气道入口位置(乘波体展向中间位置)需要高压升比,因此选取壁面压力升高基准流场($\delta_H > \delta_A$),在乘波体展向两端选取壁面压力降低基准流场($\delta_H < \delta_A$),以获得高升阻比特性,在上述两个位置之间 δ_H 光滑过渡。

表 4.6   变壁面压力吻切流场乘波体设计参数及自由来流条件

项　目	参　数
Ma_∞	6
p_∞/Pa	2 511.18
T_∞/K	221.649
L_A/m	10.059 9
x_0/m	0
y_0/m	0
$\delta_A/(°)$	10.0

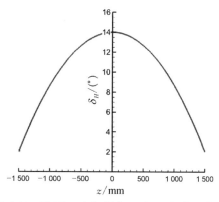

图 4.38   壁面 H 点倾斜角 δ_H 沿展向变化曲线

图 4.39 所示为基于上述参数所生成的变壁面压力吻切流场乘波体(waverider5_7)等轴测视图,图 4.40 所示为该乘波体构型的三视图(单位:mm)。

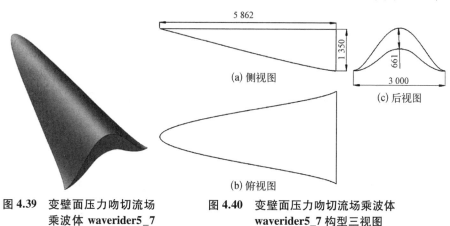

图 4.39   变壁面压力吻切流场乘波体 waverider5_7 等轴测视图

图 4.40   变壁面压力吻切流场乘波体 waverider5_7 构型三视图

4.4.3　变壁面压力吻切流场乘波体性能分析

对变壁面压力吻切流场乘波体 waverider5_7 进行三维无黏和有黏的数值模拟,并进行气动特性分析,计算状态参见表 4.4。

1. 无黏计算结果

图 4.41 所示为 waverider5_7 底部横截面的无黏压力分布云图,图中黑色虚线为激波底部型线的设计形状和位置。从图中结果可知,激波底部型线的计算位置与设计位置大体上吻合较好,但在乘波体展向两端处存在一定的差异。这是不同吻切平面内的压力差导致横向流动引起的。

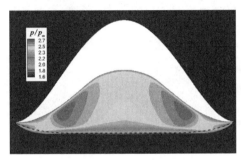

图 4.41　waverider5_7 底部横截面压力
分布云图(无黏结果)

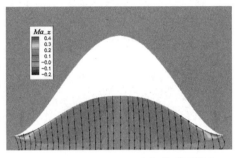

图 4.42　waverider5_7 底部横截面横向
马赫数分布云图(无黏结果)

图 4.42 给出了 waverider5_7 底部横截面的横向马赫数分布云图。从图中结果可知,waverider5_7 的展向两端处横向速度最大,这些位置上的激波底部型线的设计位置与计算位置差异也最大。

沿展向选取如图 4.43 所示的五个吻切平面进行流动图像分析。其中,吻切平面 1 和吻切平面 2 内基准流场的壁面压力降低,吻切平面 3 内基准流场的壁面压力恒定,吻切平面 4 和吻切平面 5 内基准流场的壁面压力升高。各吻切平面内基准流场的壁面点 H 的倾斜角 δ_H 如表 4.7 所示,图 4.44 分别给出五个吻切平面的无黏压力分布云图。观察如图 4.44 所示各吻切平面内的压力分布云图可以发现,吻切平面 1 和吻

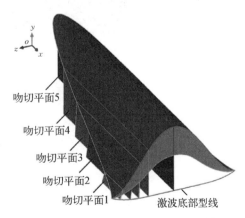

图 4.43　变壁面压力吻切流场乘波体展
向吻切平面位置示意图

切平面 2 内的壁面压力沿流向是降低的,而吻切平面 4 和吻切平面 5 内的壁面压力沿流向是升高的,这与各吻切平面内基准流场特性基本一致。

表 4.7　不同吻切平面内 δ_H 的数值

吻切平面	δ_H /(°)	吻切平面	δ_H /(°)
吻切平面 1	4.0	吻切平面 4	12.0
吻切平面 2	8.0	吻切平面 5	14.0
吻切平面 3	10.0		

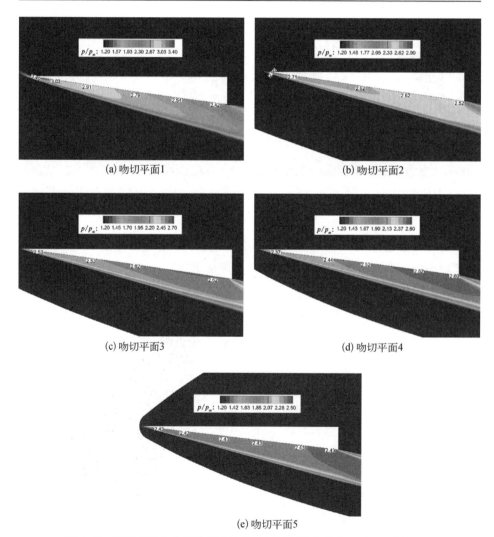

(a) 吻切平面1　　　　　　(b) 吻切平面2

(c) 吻切平面3　　　　　　(d) 吻切平面4

(e) 吻切平面5

图 4.44　变壁面压力吻切流场乘波体吻切平面压力分布云图(无黏结果)

2. 有黏计算结果

图 4.45 给出了设计状态下该乘波体底部横截面无黏和有黏的压力分布云图对比,图中的白色虚线代表激波底部型线的设计形状和位置。从对比结果可知,在有黏条件下,变壁面压力吻切流场乘波体激波底部型线的数值模拟结果相比于设计位置略向下偏移,并且两端存在一定的溢流,这是附面层黏性影响的结果。

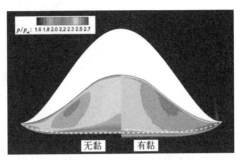

图 4.45　变壁面压力吻切流场乘波体底部横截面压力分布云图对比

图 4.46 给出了在设计状态下该乘波体不同吻切平面内的压力分布云图,其中,吻切平面编号定义如图 4.43 所示。

从图 4.46 中结果可知,有黏条件下变壁面压力吻切流场乘波体在不同吻切平面内的流场结构与无黏计算结果类似,吻切平面 1、2 内的壁面压力沿流向是降低的,吻切平面 3 内壁面压力沿流向几乎恒定,而吻切平面 4、5 内的壁面压力沿流向是升高的。

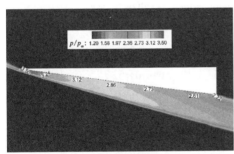

(a) 吻切平面1

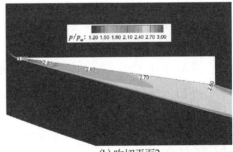

(b) 吻切平面2

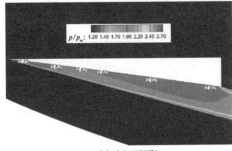

(c) 吻切平面3

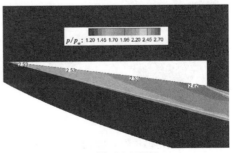

(d) 吻切平面4

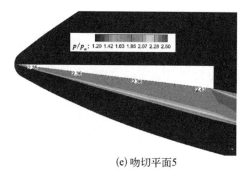

(e) 吻切平面5

图 4.46   变壁面压力吻切流场乘波体不同吻切平面压力分布云图(有黏结果)

4.4.4   吻切轴对称与吻切流场乘波体性能对比分析

针对 4.3 节吻切轴对称乘波体和本节吻切流场乘波体实例,进行气动外形和气动特性对比分析。

1. 气动外形对比

4.3 节用于对比的是压力降低和压力升高吻切轴对称乘波体,两种乘波体作为设计输入的激波底部型线有分段曲线(对应乘波体为 waverider5_1、waverider5_3)和二次曲线(对应乘波体为 waverider5_4、waverider5_6)两种情况。

当输入激波底部型线为分段曲线时,4.4 节用于对比的实例构型是变壁面压力吻切流场乘波体 waverider5_7。

图 4.47 所示为 waverider5_1、waverider5_3 与 waverider5_7 气动外形对比,图 4.48 为三种构型底部型线对比。可见,当激波底部型线为分段曲线时,吻切

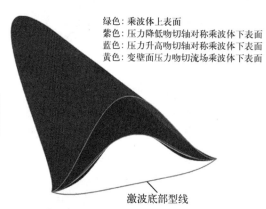

绿色:乘波体上表面
紫色:压力降低吻切轴对称乘波体下表面
蓝色:压力升高吻切轴对称乘波体下表面
黄色:变壁面压力吻切流场乘波体下表面

激波底部型线

图 4.47   吻切轴对称与吻切流场乘波体气动外形对比(分段曲线激波)

轴对称乘波体与吻切流场乘波体的前缘线和下表面底部型线展向中段基本相同,主要的差异存在于下表面底部型线靠近展向的两端部分,这与 4.3 节中不同壁面压力分布规律的吻切轴对称乘波体构型对比情况相似。三种乘波体上表面与前缘线均相同,这与设计参数中基准流场前缘激波和上表面底部型线相同有关。而三种乘波体下表面中部构型基本相

同,是因为激波底部型线为直线时,该位置吻切平面内的基准流场近似为二维平面流场,流线所经过的流场区域已经远离基准体壁面,该流场区域的流动特性主要受激波形状的影响,受壁面影响有限。上述三种乘波体在每个吻切平面内的基准流场只是壁面压力分布规律不同,但激波形状相同,因此,即使每个吻切平面内的基准流场壁面压力分布规律不同,展向中部下表面几何外形的差异也较小。

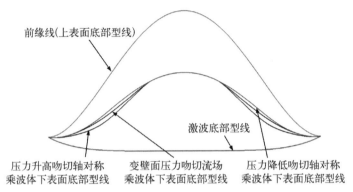

图 4.48　吻切轴对称与吻切流场乘波体底部型线对比(分段曲线激波)

当设计输入的激波底部型线为二次曲线(图 4.25)时,按照前面所述方法和步骤生成变壁面压力吻切流场乘波体,命名为 waverider5_8,用于与吻切轴对称乘波体 waverider5_4 和 waverider5_6 进行对比分析。

表 4.8 给出了吻切轴对称乘波体(waverider5_4、waverider5_6)和吻切流场(waverider5_8)乘波体的几何参数对比,图 4.49 给出了三种构型的气动外形对比,图 4.50 给出了三种构型的底部型线对比。

表 4.8　吻切轴对称与吻切流场乘波体几何参数对比(二次曲线激波底部型线)

算　　例	L_w/m	W/m	V/m^3	S_{wet}/m^2	S_p/m^2	S_b/m^2	η
waverider5_4	5.86	3	2.54	24.79	9.59	1.13	0.075 1
waverider5_6	5.86	3	2.74	24.85	9.59	1.31	0.078 8
waverider5_8	5.86	3	2.69	24.81	9.59	1.26	0.078 0

从图 4.49 和图 4.50 中的构型对比及表 4.8 的几何参数对比可以发现,三个乘波体的长度、宽度和水平投影面积均相同。这依然是因为三种乘波体在每个吻切平面内基准流场的前缘激波相同,且三种乘波体设计时给定的上表面底部型线也相同。

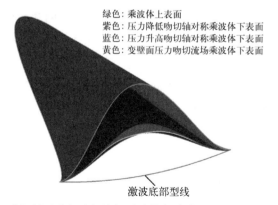

绿色: 乘波体上表面
紫色: 压力降低吻切轴对称乘波体下表面
蓝色: 压力升高吻切轴对称乘波体下表面
黄色: 变壁面压力吻切流场乘波体下表面

激波底部型线

图 4.49　吻切轴对称与吻切流场乘波体气动外形对比 (二次曲线激波)

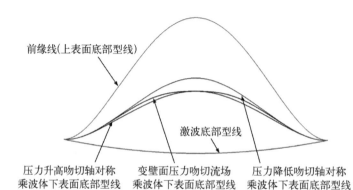

前缘线 (上表面底部型线)

激波底部型线

压力升高吻切轴对称
乘波体下表面底部型线

变壁面压力吻切流场
乘波体下表面底部型线

压力降低吻切轴对称
乘波体下表面底部型线

图 4.50　吻切轴对称与吻切流场乘波体底部型线对比 (二次曲线激波)

但由于激波底部型线在展向中部不再是无限大曲率,三种乘波体的下表面底部型线基本由参数 δ_H 决定。故 waverider5_8 展向中部下表面底部型线与 waverider5_6 相近,而其展向两端下表面底部型线与 waverider5_4 相近。此时 waverider5_8 的容积、浸湿面积、底部面积和容积率均介于 waverider5_4 和 waverider5_6 之间。

2. 气动特性对比

通过上述分析可知,当激波底部型线中间为直线段时,吻切轴对称乘波体与吻切流场乘波体的气动外形差异主要存在于展向两端,区别不大。因此,本节主要对激波底部型线为二次曲线的变壁面压力吻切流场乘波体 waverider5_8 进行气动特性对比分析,对比外形为吻切轴对称乘波体 waverider5_4 和 waverider5_6。

1) 无黏结果对比

表 4.9 给出了无黏状态下吻切轴对称乘波体 waverider5_4 和 waverider5_6

及吻切流场乘波体 waverider5_8 三个构型的升力系数、阻力系数、升阻比、俯仰力矩系数和压心相对位置数据。由表可见,无黏状态下,吻切流场乘波体 waverider5_6 的升力系数、阻力系数、升阻比、俯仰力矩系数和压心相对位置均介于压力降低吻切轴对称乘波体 waverider5_4 和压力升高吻切轴对称乘波体 waverider5_6 之间;升阻比相比于压力降低吻切轴对称乘波体 waverider5_4 减小 5.9%,相比于压力升高吻切轴对称乘波体 waverider5_6 增大 1.7%。此特性与其下表面底部型线的对比规律相同,可见乘波体升阻比性能与其下表面形状密切相关,这也是乘波设计的核心所在。

表 4.9　三种乘波体的气动特性参数对比

算　　例	Ma	$\alpha/(°)$	C_L	C_D	L/D	C_{MZ}	$X_{cp}/\%$
waverider5_4	6	0	0.576 5	0.113 5	5.08	0.365 7	61.95
waverider5_6	6	0	0.720 5	0.153 3	4.70	0.488 5	66.22
waverider5_8	6	0	0.669 9	0.140 0	4.78	0.446 1	66.60

图 4.51 和图 4.52 分别为无黏状态下三个乘波体底部截面压力分布云图的对比,图 4.53 为下表面压力分布云图的对比。可见,waverider5_4 展向中间区域为低压,而两端区域为高压;但是,waverider5_6 和 waverider5_8 是展向中间区域为高压,而两端区域为低压。这是由于 waverider5_6 和 waverider5_8 外形纵向对称面的基准流场是一致的,因此二者底部横截面的压力分布规律性一致,即高压区均集中在展向中间区域。而且由于吻切流场乘波设计方法放大了横向流动可能,waverider5_8 底部截面压力最大值小于 waverider5_6 相应数值。

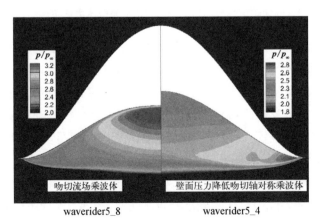

图 4.51　吻切轴对称与吻切流场乘波体底部截面压力分布云图一(无黏)

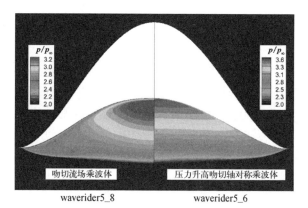

图 4.52 吻切轴对称与吻切流场乘波体底部截面压力分布云图二(无黏)

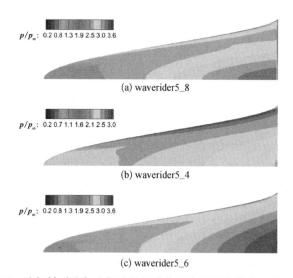

图 4.53 吻切轴对称与吻切流场乘波体下表面压力分布云图(无黏)

如果将乘波体构型应用于吸气式高超声速飞行器前体设计,即进气道放置在中间区域,本节三种乘波体构型优缺点如何呢?如图 4.53 所示,waverider5_4 外形的高压区出现在两侧,尽管该外形由于整体较薄而具有最大升阻比,但中间区域压缩气流能力较差,不利于为进气道提供预压缩气流;waverider5_6 外形的高压区出现在中间位置,但区域占比较大,不利于减阻以提高升阻比;变壁面压力吻切流场乘波体 waverider5_8 的压力分布特点使得其在实际作为前体构型应用中具有以下优势:中间区域压力高,利于为进气道提供预压缩气流,而两侧压力不高表明阻力较小,有利于达到高升阻比性能。可见,根据飞行器具体设计需求,吻切流场乘波设计方法尽管有理论够不严谨的缺点,但却能更有效地满足多目标设计需求,也是一种比较具有优势的设计方法,值得进一步研究和发展。

　　2) 有黏结果对比

　　图 4.54 和图 4.55 分别为有黏状态下三种乘波体底部截面压力分布云图的对比。在有黏条件下,三种乘波体的压力分布规律和无黏条件下的对比情况基本一致,但是,有黏条件下三个乘波体外形展向两端处均出现了溢流现象,这说明边界层对乘波体设计的影响不可忽略。

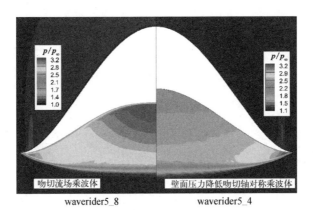

图 4.54　吻切轴对称与吻切流场乘波体底部截面压力分布云图一(有黏)

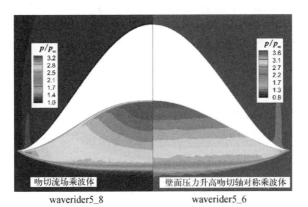

图 4.55　吻切轴对称与吻切流场乘波体底部截面压力分布云图二(有黏)

　　图 4.56 给出了有黏条件下三种乘波体设计状态($Ma=6$)下的气动特性随攻角变化曲线对比。可见,waverider5_8 的升力系数、阻力系数、俯仰力矩系数和压心相对位置均介于 waverider5_4 和 waverider5_6 之间,与无黏情况相同。三个外形的最大升阻比均出现在攻角 2° 状态,且 waverider5_8 的最大升阻比介于 waverider5_4 和 waverider5_6 之间;且在攻角0° 状态,三个外形的升阻比相差不大。

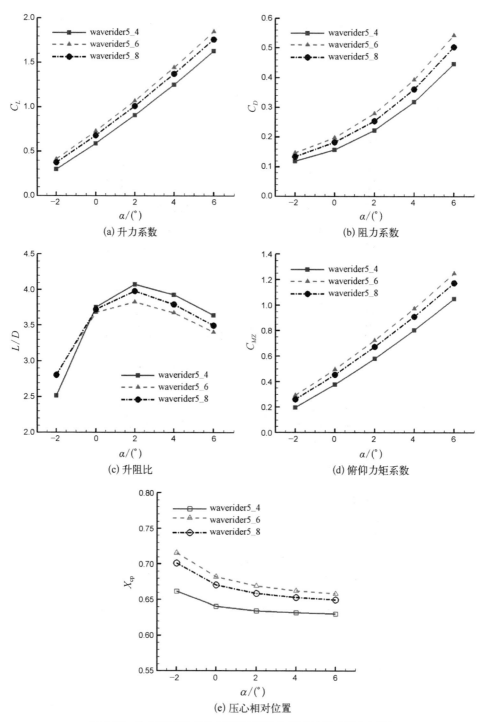

(a) 升力系数

(b) 阻力系数

(c) 升阻比

(d) 俯仰力矩系数

(e) 压心相对位置

图 4.56　吻切轴对称与吻切流场乘波体气动特性曲线(有黏)

4.5　吻切流场乘波设计实例(二)

基准流场的激波角对乘波体构型的外形和性能有较大影响。如果以激波角作为吻切平面内基准流场的变化参数,同样可以发展出沿展向不同吻切平面上激波角不同的吻切流场乘波设计方法,可以将这样的乘波体称为变激波角吻切流场乘波体。它是指在不同的吻切平面内设计激波角不同的基准流场,然后应用吻切乘波设计方法,组合设计生成的乘波体构型。为了简化问题,本节的变激波角吻切流场乘波设计,在每个吻切平面内使用的基准流场取为圆锥流场,不同吻切平面只改变圆锥流场的激波角。因此,其准确的称呼应该是变激波角锥导吻切流场乘波体。

如果采用一般的曲锥基准流场进行变激波角吻切流场乘波设计,则成果可以命名为"变激波角轴导吻切流场乘波体",而且其激波角变化规律还可以在流向进一步进行细化。由此可见,引入吻切流场概念,大大扩展了乘波设计的变量空间,设计时有更多的创新可能性。尽管其设计思想不完全符合流动物理图像,但却是一个可用的、好用的高超声速流线型外形设计工具,只不过需要更细致、更深入的研究来解决当前的设计缺陷。

4.5.1　设计思路和步骤

根据本章 4.2 节中的讨论可知,小的激波角可以用于产生较高升阻比的吻切锥乘波体。显然,与 4.4 节相同,在进行变激波角锥导吻切流场乘波体设计时,可以设想在乘波体的展向方向上,中间部分需要大的容积,所以设定较大激波角;而两侧部分可以利用小激波角设计生成较薄乘波体,用于提供较高的升阻比性能。这样,变激波角锥导吻切流场乘波体既能获得大容积,也能获得高升阻比。下面进行具体的设计实例介绍。

类似于吻切锥乘波体的设计过程,变激波角锥导吻切流场乘波体设计时需要给定乘波体底部横截面的上表面底部型线和激波底部型线;然后,乘波体前缘线可以通过自由流面法得到,而下表面底部型线可以通过流线追踪方法得到。但与吻切锥乘波设计方法不同的是,变激波角锥导吻切流场乘波体生成时,每个吻切平面内对应的基准流场的激波角不同,其具体设计步骤如下。

(1) 给定变激波角锥导吻切流场乘波体的设计参数,确定其基本型线,即乘

波体底部横截面的上表面底部型线和激波底部型线,并将激波底部型线离散成若干点;

（2）根据所设计乘波体的性能要求,设计激波角沿展向的变化规律曲线$\beta(z)$,并求解每个离散点对应的吻切平面和基准流场;

（3）应用自由流面法,求解每个吻切平面对应的乘波体前缘点,由前缘点在基准流场内流线追踪至底部横截面的后缘点,进而得到每个吻切平面内的下表面流线,将每个吻切平面的前缘点连线组成前缘线,将后缘点连线组成下表面底部型线;

（4）各吻切平面内的下表面流线组合放样生成下表面,上表面流线(自由流线)组成上表面,上表面底部型线和下表面底部型线组成底面,上、下表面和底面共同组成变激波角锥导吻切流场乘波体构型。

4.5.2　变激波角锥导吻切流场乘波体构型

图 4.57 所示为变激波角锥导吻切流场乘波体的底部横截面及某一吻切平面示意图。

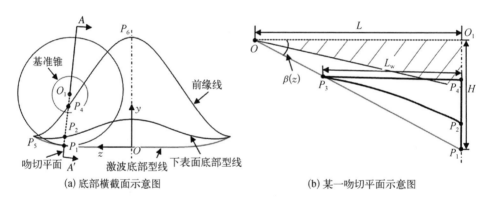

(a) 底部横截面示意图　　　　(b) 某一吻切平面示意图

图 4.57　变激波角锥导吻切流场乘波体底部横截面及吻切平面示意图

其中,激波角沿展向的一般变化曲线如式(4.13)所示:

$$\beta = \beta(z) \tag{4.13}$$

本实例中,具体激波角变化公式为

$$\beta(z) = m \times z^2 + n, \qquad -0.5W \leqslant z \leqslant 0.5W \tag{4.14}$$

其中,W 表示乘波体的宽度。

图 4.58 所示为激波角沿乘波体展向的变化曲线实例。

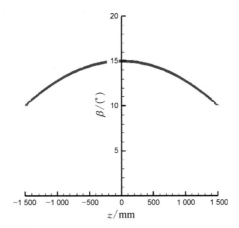

图 **4.58** 吻切流场乘波体设计中的激波角变化曲线

乘波体上表面底部型线则设计为三次样条曲线,如式(4.15)所示;激波底部型线如式(4.16)所示,中间部分设计为直线,使进气道入口流场均匀,其外缘部分设计为指数函数,以提高容积效率。

$$y = a \times z^3 + b \times z^2 + c \times z + d \tag{4.15}$$

$$y = \begin{cases} A \times (z - L_s)^4, & z > L_s \\ 0, & -L_s \leqslant z \leqslant L_s \\ A \times (z + L_s)^4, & z < -L_s \end{cases} \tag{4.16}$$

式(4.15)和式(4.16)中的系数可以根据如下几何关系求得:

$$A = y_5 \times (z_5 - L_s)^4 \tag{4.17}$$

$$a = (y_5 - d - c \times z_5 - b \times z_5^2)/z_5^3 \tag{4.18}$$

$$b = [3 \times (y_5 - d - c \times z_5) - z_5 \times \tan\delta_5 + z_5 \times c]/z_5^2 \tag{4.19}$$

$$c = \tan\delta_6 \tag{4.20}$$

$$d = H = L_w \times \tan\beta_0 \tag{4.21}$$

其中,L_w 表示乘波体的长度;L_s 表示激波底部型线上直线段长度的一半;β_0 表示纵向对称面处对应的吻切平面内基准流场的激波角;(y_5, z_5) 表示点 P_5 的坐标值;δ_5 和 δ_6 分别表示点 5 和点 6 的倾斜角。

表 4.10 中给出了本节变激波角锥导吻切流场乘波体的设计参数,根据这些设计参数可以具体求出上述给定的基本型线并完成设计。

表 4.10　变激波角锥导吻切流场乘波体设计参数

设 计 参 数	数　值	设 计 参 数	数　值
Ma	13	(y_5, z_5)	$(160.8, 1\,500)$
$\beta_0/(°)$	15	(y_6, z_6)	$(1\,608, 0)$
$L_{\mathrm{w}}/\mathrm{mm}$	6 000	δ_5	0
$L_{\mathrm{s}}/\mathrm{mm}$	300	δ_6	0

最后获得的变激波角锥导吻切流场乘波体如图 4.59 所示,图 4.60 给出了变激波角锥导吻切流场乘波体的三视图(单位: mm)。

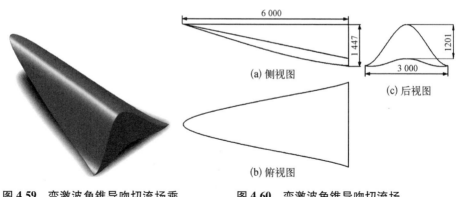

图 4.59　变激波角锥导吻切流场乘波体等轴测视图

图 4.60　变激波角锥导吻切流场乘波体三视图

4.5.3　变激波角锥导吻切流场乘波体性能分析

对变激波角锥导吻切流场乘波体进行三维无黏和有黏的数值模拟,以设计马赫数 13 为基础的计算状态如表 4.11 所示。

表 4.11　变激波角锥导吻切流场乘波体计算状态

Ma_∞	H/km	$\alpha/(°)$	T_∞/K	p_∞/Pa
13	33.0	0	230.973	767.3

　　由于吻切流场乘波体在每个
吻切平面内的基准流场不同,具体
体现为激波角不同,如图 4.61 所
示,沿乘波体展向选取了四个吻切
平面,其中吻切平面 4 即乘波体纵
向对称面。

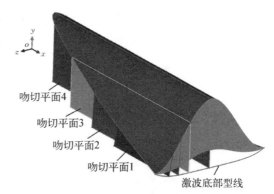

图 4.61　变激波角锥导吻切流场乘波体
展向吻切平面示意图

　　图 4.62~图 4.65 分别给出了
吻切平面 1~吻切平面 4 的压力分
布云图,图中白色虚线为每个吻切
平面内的激波纵向设计型线(基
准流场纵向对称面上的激波型线)。本节中变激波角锥导吻切流场乘波体设计
基于锥形基准流场,即每个吻切平面内的基准流场为锥形流场,故设计的激波均
为直激波。然而,因为不同的吻切平面内设计激波角不同,所以设计的激波型线
也不同。从图 4.62~图 4.65 中可以看出,四个吻切平面内的激波计算位置与设
计位置均吻合较好。

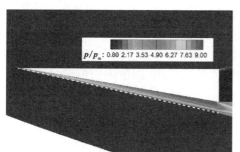

图 4.62　吻切平面 1 压力分布云图(无黏)

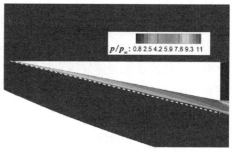

图 4.63　吻切平面 2 压力分布云图(无黏)

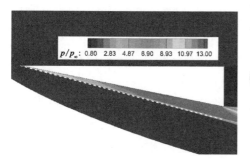

图 4.64　吻切平面 3 压力分布云图(无黏)

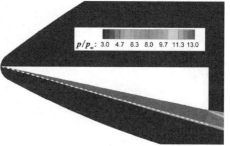

图 4.65　吻切平面 4 压力分布云图(无黏)

图 4.66 中将变激波角锥导吻切流场乘波体下表面的压力分布云图与四个吻切平面内的压力等值线图叠加起来,可以更为直观地对比吻切流场乘波体不同吻切平面内的激波型线,图 4.66~图 4.69 均为无黏结果。其中,每个吻切平面内的黑色虚线为激波的设计型线。

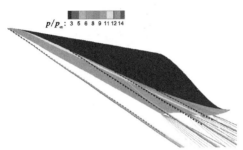

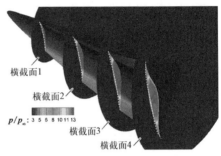

图 4.66　变激波角锥导吻切流场乘波体下表面压力分布云图与吻切平面压力等值线图

图 4.67　变激波角锥导吻切流场乘波体横截面压力分布云图

为了分析变激波角锥导吻切流场乘波体不同横截面的流动情况,沿 x 轴方向取四个横截面,如图 4.67 所示,四个横截面的位置依次为: $x/L = 0.25$(横截面 1)、$x/L = 0.5$(横截面 2)、$x/L = 0.75$(横截面 3)、$x/L = 1.0$(横截面 4)。其中,L 为吻切流场乘波体的长度,横截面 4 为乘波体的底部截面。图 4.67 给出了变激波角锥导吻切流场乘波体的四个横截面的压力分布云图,图中的白色虚线为每个横截面的激波设计型线。

图 4.67 表明,变激波角锥导吻切流场乘波体构型在设计马赫数状态下具有以下流场特性:下表面高压区主要集中在展向的中间区域,展向两侧为低压区,且两侧均没有明显的溢流现象;各横截面内激波的设计位置与计算位置大体上吻合较好。

图 4.68 给出了变激波角锥导吻切流场乘波体底部横截面的压力分布云图,图中红色虚线为激波底部型线的设计位置。

从图 4.68 中的结果可以看出,在乘波体底部横截面上,高压区主要集中在乘波体展向的中间位置,且压升比较高,而越往两端压力越低。根据

图 4.68　变激波角吻切流场乘波体底部横截面压力分布云图

这样的压力分布规律,可以考虑将进气道置于该乘波体中间位置,实现较好的乘波机体/进气道一体化设计。另外,激波底部型线的计算位置与设计位置在展向的中间段吻合较好,只在展向两端存在一定的差异。上述分析表明,该乘波前体的预压缩气流特性和激波封口特性均较好,从而保证了前体/进气道构型高捕获气流特性与高升阻比特性的统一。

乘波体展向两侧激波位置的数值模拟结果与设计值存在差异,其可能原因是每个吻切平面内激波角不同,因此激波强度不同,在展向方向上壁面存在压力差,产生了横向流动。图 4.69 是变激波角锥导吻切流场乘波体底部横截面的横向马赫数分布云图和流线图,其中横向马赫数 Ma_z 定义为横向速度分量 V_z 与来流声速 a 的比值,即 $Ma\_z = V_z/a$。

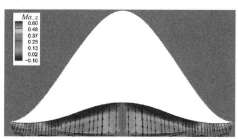

图 4.69　变激波角锥导吻切流场乘波体底部横截面横向马赫数分布云图和流线图

从图 4.69 的横向马赫数分布云图可以看出,在来流马赫数为 13 的条件下,横向马赫数最大值为 0.6,横向速度最大的区域主要集中在变激波角锥导吻切流场乘波体展向两端区域。

尽管本节设计变激波角锥导吻切流场乘波体的基准流场为无黏流场,但实际飞行时还是需要考虑黏性的影响。图 4.70 给出了变激波角锥导吻切流场乘波体在设计状态下,不同横截面的无黏和有黏压力分布云图对比。图 4.70 中,白色虚线代表各横截面上激波型线的设计形状和位置。可见,有黏和无黏条件下,吻切流场乘波体侧缘没有明显的溢流产生,说明其在有黏和无黏条件下都具有良好的乘波特性;有黏条件下,边界层的作用使得各横截面处的激波位置较

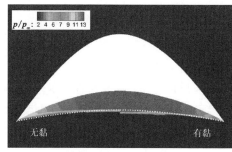

(a) 横截面1(x/L=0.25)

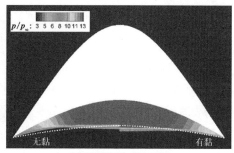

(b) 横截面2(x/L=0.5)

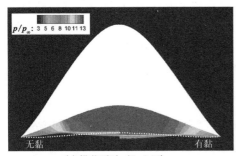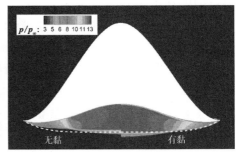

(c) 横截面3(x/L=0.75)　　　　　　　　(d) 横截面4(x/L=1.0)

图 4.70　变激波角锥导吻切流场乘波体无黏和有黏压力分布云图对比

无黏条件均略微向下偏离。

4.6　小结

　　本章介绍了一种在乘波设计中得到了广泛应用,而且设计效果非常令人满意的乘波拓展设计方法——吻切类乘波设计方法。其核心思想就是将三维流动用二维/轴对称流动来近似,在展向分布的吻切平面(展向近似单元面)上进行二维/轴对称乘波设计,然后将所有展向吻切平面上的二维/轴对称设计结果进行合并,以得到三维形式的设计构型。

　　在对吻切乘波设计原理进行了综合性介绍后,我们分别给出了吻切锥、吻切轴对称、吻切流场等几种典型的吻切类乘波设计实例,并进行了方法验证和性能分析。对这些设计实例进行学习和掌握,可以让读者对吻切类乘波设计方法的优、缺点有直观的认识,也能获得吻切类乘波体气动特性规律的直观理解,有利于读者对该方法的掌握和将来的应用。

　　这样一种拓展方法,尽管初始提出时(吻切锥乘波设计方法)依据了比较严格的理论假设,且主要目的是提供均匀压缩气流,但由于其思路的优势,为了满足实际工程需求,实际上研究者放宽了这种方法的应用范围。通过几十年的工作,研究者不仅发展出了许多优秀的吻切类乘波设计方法,如吻切轴对称和吻切流场乘波设计方法,获得了很多气动特性优秀的乘波体构型;同时也在研究中提出了很多吻切类乘波设计需要解决的问题,如设计输入参数类型的选择与吻切乘波设计方法的匹配,以及如何解决吻切轴对称和吻切流场乘波设计方法的横向流动干扰等。

　　吻切类乘波设计方法具有广阔的设计空间和应用空间,还需要不断地研究和推进,希望本书能够激起读者在这方面的兴趣,进一步推动吻切类乘波设计方法的发展。

第 5 章

乘波设计应用举例

本书前面章节已经将乘波设计的基本方法和步骤,二维、三维乘波设计实例,以及吻切乘波设计思想及其实例进行了详细介绍,掌握了这些知识,就已经可以根据实际问题需求,自由地进行乘波体设计了。

本章进一步汇集国内外乘波设计研究者公开发表的一些典型高超声速乘波设计实例,以及作者研究团队的部分研究进展,意图向读者展示乘波设计的广阔应用天地,同时提供一些启迪和参考,方便读者在乘波设计领域的深入学习和研究。

本章介绍的主要乘波设计应用实例包括一些组合乘波体、两级/多级乘波体、脊形乘波体,以及基于前缘线水平投影型线的吻切锥乘波体等。

5.1 组合乘波设计掠影

5.1.1 星形乘波体

美国田纳西大学宇航学院的 Corda[105] 将四个楔导乘波体("Λ"形乘波体)沿周向组合起来,设计出一种有别于其他任意一种乘波外形的星形乘波体构型,如图 5.1 所示。他还指出沿周向分布的四个楔导乘波体的设计马赫数可以是一个、两个或三个等,分别对应轴对称构型、面对称构型或非对称构型等。Rodi[106] 进一步研究了应用非对称星形乘波体产生俯仰、偏航和滚转力矩方面的应用,其星形吻切流场乘波体构型如图 5.2 所示。

显然,星形乘波体设计的关键是将乘波体及其乘波面,也就是乘波流场部分,以前缘线和自由流面为界隔离开来,单独完成乘波面设计。然后根据组合需求,在原本应该为乘波体上表面的地方,采用其他乘波体(乘波面)进行装配组合,组合的对接界面就是这些待组合乘波体的前缘线和自由流面。这些星形乘波体的设计状态是基本的零攻角状态,此时乘波体前缘都会产生附体激波,不同乘波部件流场被这些附体激波隔离开,相互之间不会产生干扰,因此都符合乘波设计原理。

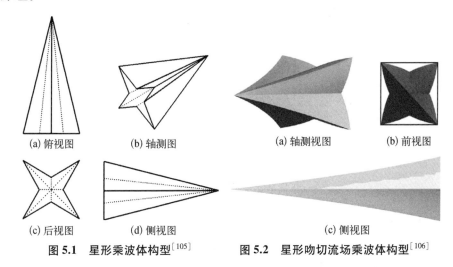

| (a) 俯视图 | (b) 轴测图 | (a) 轴测视图 | (b) 前视图 |

| (c) 后视图 | (d) 侧视图 | (c) 侧视图 |

图 5.1　星形乘波体构型[105]　　　　**图 5.2　星形吻切流场乘波体构型**[106]

　　根据星形乘波体设计思路,研究者进行推广和发展,提出了诸如乘波尾翼、乘波垂尾等设计概念(图 5.3 和图 5.4)[86],而且还可以与锥导、吻切锥、椭圆锥乘波设计方法等相结合,进一步丰富了乘波设计理论。

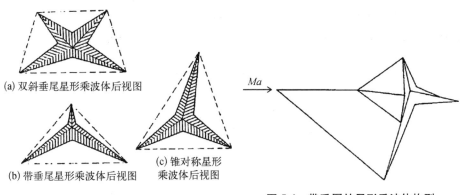

(a) 双斜垂尾星形乘波体后视图

(b) 带垂尾星形乘波体后视图

(c) 锥对称星形乘波体后视图

**图 5.3　面对称乘波尾翼和非对称
　　　　星形乘波体构型**

图 5.4　带垂尾的星形乘波体构型

5.1.2　宽速域乘波体组合设计

一般而言,实现高超声速飞行需要经历亚声速、跨声速和超声速阶段才能达

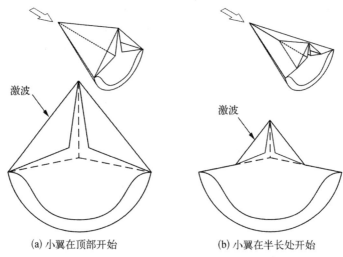

(a) 小翼在顶部开始   (b) 小翼在半长处开始

图 5.5 有垂直小翼的椭圆锥乘波体构型[86]

到。美国国家空天飞机(National Aero-Space Plane,NASP)计划——X-30 选用涡轮和冲压发动机组合技术,以通常的方式起飞降落,就是如上所言逐步实现高超声速巡航的例子。可见,高超声速飞行器必须适应高超声速之外的宽速域飞行。除此之外,对于临近空间远程高超声速飞行,无论是如图 5.6 所示的钱学森弹道(再入惯性滑翔弹道),还是 Sänger 弹道(再入跳跃滑翔弹道),都需要一定的初始马赫数,利用其初始动能实现较宽高超声速马赫数范围的无动力滑翔飞行,才能实现远程高超声速飞行的目标。因此,实现宽速域飞行是高超声速飞行器研制中的一项关键技术。

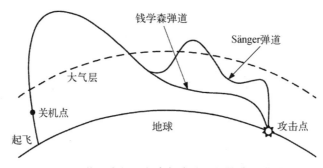

图 5.6 临近空间远程高超声速飞行的典型弹道

中国科学院力学研究所的王发民等[107,108]为了提高飞行器从低速起飞、亚声速飞行至高马赫数高速飞行的全速域气动特性,提出按照高马赫数设计的乘

波体和按照低马赫数设计的乘波体进
行组合布置的设计思想。如图 5.7 所
示,该方法将高马赫数乘波体置于低
马赫数乘波体前上方,两者通过一个
连接段上下相连,使飞行器构型在马
赫数飞行包线的高低两端分别实现部
分乘波,从而实现该组合飞行器在整
个飞行包线内保持良好气动特性的设
计目的。

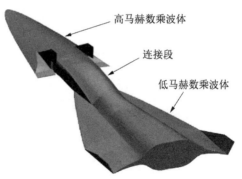

图 5.7　宽速域乘波体飞行器[107,108]

现有研究结果表明,这种上下组合的设计思想是符合超声速流动中有关马
赫波、依赖域与影响域概念的,其流动图像和气动特性是符合设计预期的。

5.1.3　乘波体外加小翼设计

日本的 Takama[109] 将一对机翼安装在锥导乘波体两侧(图 5.8),研究了该
乘波体构型的低速气动特性,并分析了翼展对乘波体气动特性的影响(图 5.9)。
亚声速时,机翼有效提高了乘波体升阻比性能,有利于乘波体的起飞和降落。与
此同时,在高超声速飞行条件下,机翼连接段限制了乘波体下表面高压气流溢向
上表面,外加的机翼并没有显著降低乘波体高超声速气动特性,因此该种设计概
念可用于宽速域飞行器的设计。这也显示出,利用乘波概念进行组合设计是有
其优势的。

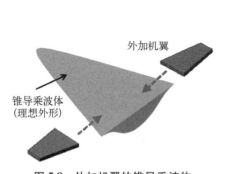

图 5.8　外加机翼的锥导乘波体

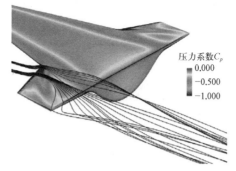

图 5.9　外加机翼锥导乘波体表面压力系数及流线

5.1.4　高压捕获翼设计

崔凯等[110] 首次提出的带高压捕获翼的气动布局概念,从某种意义上来讲,也是

一种乘波概念的应用拓展。该布局的特点是在飞行器机体背风面增加一个与来流方向平行的高压捕获翼,飞行器在高速飞行时,高压捕获翼可以捕获来流经机体上壁面压缩后形成的高压气流,利用捕获翼上、下表面之间的较大压力差使得飞行器的升力获得较大幅度补偿,同时飞行器的升阻比特性也可以获得大幅提升,该设计概念如图 5.10 所示。

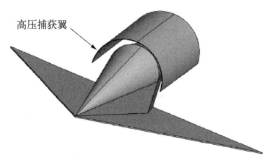

高压捕获翼

图 5.10　高压捕获翼设计概念[110]

5.2　两级乘波设计

5.2.1　背景和基本概念

1. 设计需求

对于无动力的高超声速滑翔飞行器,当前主要有两种飞行方案,即助推-滑翔式弹道方案和基于天基平台的滑翔式再入弹道方案。这两种方案的共同特点在于,再入大气后进行无动力滑翔飞行,增加射程是滑翔段方案设计的一个重要目标[111]。其中,滑翔段方案有 Sänger 弹道和钱学森弹道的区别,前者采用跳跃式滑翔弹道,后者的弹道速度单向连续变化。高超声速滑翔飞行器具有无须燃料和冲压发动机,系统组成相对简单的优势,但无动力致使末端机动能力受到限制。目前,助推-滑翔飞行器项目主要有 HTV-2、AHW、IH 和 CHR 等[112]。

对于带动力的吸气式高超声速巡航飞行器,目前,提出的方案均是由助推器将其加速至满足冲压发动机工作条件的高度和速度后,转为冲压发动机工作,进行高超声速巡航飞行[113]。

如图 5.11 所示,将滑翔与巡航两种高超声速飞行的优势结合起来,可以形成一种新的高超声速飞行方案[114],即飞行器本身携带具有固定推力、可重复开

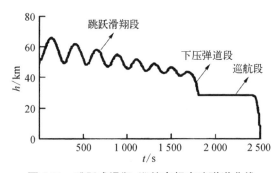

图 5.11　跳跃式滑翔-巡航高超声速弹道曲线

启的冲压发动机,以高超声速滑翔再入,在与目标达到一定距离或速度降至设定值时,借助所携带的冲压发动机在距离地面特定高度进行高超声速巡航。采用此种飞行方案的优势在于:① 可充分利用无动力滑翔增程,节约燃料;② 借助携带的冲压发动机进行高超声速巡航,增加续航和机动能力。

一般而言,此类飞行器滑翔时具有较高马赫数(通常 $Ma>10$);而动力巡航时马赫数稍低(通常 $Ma<10$),但仍然属于高超声速范围。本节为区分两个阶段,使用高马赫数代指滑翔飞行马赫数,而使用低马赫数代指巡航飞行马赫数。

如果采用此类滑翔-巡航高超声速飞行弹道,如何实现滑翔阶段和巡航阶段均具有良好气动特性(主要是升阻比性能)的高超声速飞行器外形设计呢? 本书提出的滑翔-巡航两级乘波设计是一种可行的方案。

2. 基本概念和设计思路

滑翔-巡航两级乘波是指在滑翔阶段和巡航阶段都进行乘波设计,飞行器虽然具有两个乘波面,但二者共用一个乘波前缘线。这意味着飞行器在不同飞行阶段使用各自对应的乘波面,即滑翔飞行时使用滑翔乘波面,巡航飞行时使用巡航乘波面。恰巧此类飞行器在滑翔飞行时需要设计整流罩保护内流道,那么将滑翔乘波面作为整流罩型面,在巡航飞行前将其抛离露出巡航乘波面,就可以有效利用乘波体的高升阻比和强压缩气流优势,实现吸气式高超声速巡航飞行。这种在滑翔阶段通过整流罩实现高马赫数乘波,在巡航阶段以进气道前体实现较低马赫数巡航乘波,且满足巡航状态进气道激波封口要求的气动外形设计,即本书所称的两级乘波设计,是一种通过变形实现在两个马赫数下均具有乘波特性的创新气动外形设计方法。

两级乘波设计中的两级是指高超声速飞行器的滑翔级和巡航级[15,115],它们分别对应高马赫数乘波体、低马赫数乘波体,相应高/低马赫数乘波面就对应滑翔级乘波面和巡航级乘波面,也就是整流罩乘波面和进气道压缩面。

3. 设计要求和几何约束

如本书第 2 章所述,乘波体一般具有三个表面,即乘波体上表面、下表面(即乘波面)和底面,以及三条描述几何外形、一条描述激波形状的几何特征型线,即前缘线、上表面底部型线、下表面底部型线和激波底部型线。根据两级乘波设计思路,这些设计输入参数之间有这样几个前提假设和设计要求:

（1）高/低马赫数乘波体共用一个上表面，它们的前缘线是相同的；

（2）高马赫数滑翔级乘波体下表面为整流罩，用于保护低马赫数巡航级下表面（进气道压缩面）和内流道；

（3）整流罩除前缘外的后部截断位置能将巡航级进气道唇口包容于内；

（4）为了实现激波封口，巡航级进气道唇口形状可设计成与激波底部型线相同。

根据上述设计要求，绘制锥导两级乘波体实体模型及其基准流场，如图 5.12 所示。由图 5.12 可以直观地认识和理解上述设计约束，并进行相关推导。需要指出的是，这些约束不限于锥导两级乘波体的设计，而是与设计方法无关的几何约束，当使用其他乘波设计方法进行两级乘波设计时，依然需要遵循上述约束条件。

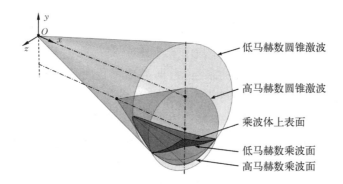

图 5.12　锥导两级乘波体实体模型及其基准流场

通过不断研究，两级乘波设计也从最初的锥导两级乘波设计，发展到了吻切锥两级乘波设计和吻切流场两级乘波设计，体现出了高超声速乘波设计理论的旺盛生命力。本节对几种两级乘波设计方法进行详细介绍，并给出设计结果的性能分析，供读者参考。

5.2.2　锥导两级乘波体设计

针对两级乘波体设计思路的提出，首先采用锥导乘波设计方法予以实现。

1. 设计原理

锥导两级乘波体是指滑翔级和巡航级都采用锥导乘波设计方法进行设计，二者都是锥导乘波体。巡航级锥导乘波体的基准流场为低马赫数锥形流场，其激波角为 β_1。同理，滑翔级锥导乘波体的基准流场为高马赫数锥形流场，其激

波角为 β_2。

　　因为锥导乘波体前缘线是基准激波(圆锥面)上的曲线,而根据第一条设计要求,两级乘波体的前缘线是相同的,显然它应该是这两个基准激波的交线。如果分别设定滑翔级和巡航级的设计马赫数和激波角,那么两个基准流场可以唯一确定,即可解出这个两级乘波体的前缘线。然后根据本书前面章节有关内容,在给定前缘线条件下,即可分别完成两级乘波体的设计。

　　因此,两级乘波体设计应从求解前缘线着手,即研究两个半锥角分别为 β_1 和 β_2,且轴线平行的圆锥交线求解问题。

　　为了满足第(2)、(3)条设计约束条件(滑翔级乘波面需要完全包覆巡航级乘波面),在乘波体底部截面上,滑翔级锥导乘波体激波底部型线必须在巡航级锥导乘波体激波底部型线下方,有 $\beta_1 < \beta_2$,如图 5.13 所示。

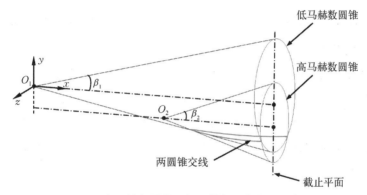

图 5.13　高马赫数圆锥和低马赫数圆锥相交示意图

　　为了求解两圆锥交线,取垂直于圆锥轴线的横截面,三个具有代表性的横截面位置如图 5.14 所示,横截面 x_i 上的相交圆如图 5.15 所示。图 5.15 中横截面内两圆的交点组成了两圆锥交线,所以求解两圆锥交线问题可以转化为在二维平面内求解两圆的交点问题。

　　图 5.14 为高马赫数和低马赫数圆锥的纵向对称面,坐标原点取在低马赫数圆锥顶点 $O_1(0, 0, 0)$,高马赫数圆锥顶点为 $O_2(x_2, y_2, 0)$。其中,两圆锥交线起始横截面为 $x = x_3$,圆锥截止平面(乘波体底部截面)为 $x = x_4$,之间任意横截面为 $x = x_i$。图 5.15 中的圆 O_1' 和圆 O_2' 表示两激波圆锥在 $x = x_i$ 横截面上的相交圆,两圆圆心 O_1' 和 O_2' 分别为两圆锥顶点 O_1 与 O_2 在该横截面的投影,两圆半径分别为 $R_{1,i}'$ 和 $R_{2,i}'$。随着 x_i 的变化,圆 O_1' 和圆 O_2' 有三种几何关系,即 0 个交点、1 个交点和 2 个交点。

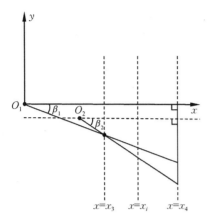

图 5.14   高、低马赫数圆锥纵向对称面示意图

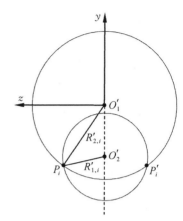

图 5.15   横截面两圆交点示意图

图 5.16 中两圆内切于点 $P_3(x_3, y_3, z_3)$，它是两圆锥交线的起始点。图 5.17 中两圆相交于点 $P_4(x_4, y_4, z_4)$ 和点 $P_4'(x_4, y_4, -z_4)$，这两点是两圆锥交线的结束点。此截面上两圆半径分别为 R_1 和 R_2，定义半展角 Φ_1 和 Φ_2 如图 5.17 所示。在该截面内，参数 Φ_1、Φ_2 和 R_1 可以唯一确定两个圆的外形和相对位置关系。结合图 5.14 和图 5.17 可知，当给定 β_1、β_2、Φ_1、Φ_2、R_1 时，两圆锥外形及相对位置关系可以唯一确定，两圆锥交线也就唯一确定了（交线存在的情况下）。

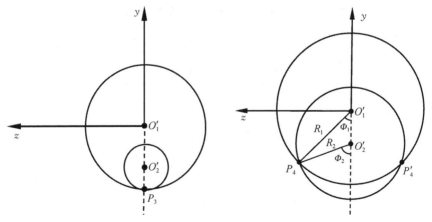

图 5.16   两圆相交起始横截面示意图   **图 5.17   两圆相交截止平面示意图**

根据上述几何关系，求得点 O_2 和 P_4 的坐标，分别如式(5.1)和式(5.2)所示：

$$\begin{cases} x_2 = R_1\left(\dfrac{1}{\tan\beta_1} - \dfrac{\sin\varPhi_1}{\tan\beta_2\sin\varPhi_2}\right) \\[3mm] y_2 = R_1\left(\dfrac{\sin\varPhi_1\cos\varPhi_2}{\sin\varPhi_2} - \cos\varPhi_1\right) \\[3mm] z_2 = 0 \end{cases} \tag{5.1}$$

$$\begin{cases} x_4 = \dfrac{R_1}{\tan\beta_1} \\[3mm] y_4 = -R_1\cos\varPhi_1 \\[3mm] z_4 = R_1\sin\varPhi_1 \end{cases} \tag{5.2}$$

点 P_3 的坐标求解如式(5.3)所示：

$$\begin{cases} x_3 = \dfrac{x_2\tan\beta_2 + y_2}{\tan\beta_2 - \tan\beta_1} \\[3mm] y_3 = -x_3\tan\beta_1 \\[3mm] z_3 = 0 \end{cases} \tag{5.3}$$

根据两圆方程式(5.4)可求得交点 $P_i(x_i, y_i, z_i)$ 坐标如式(5.5)所示：

$$\begin{cases} z_i^2 + y_i^2 = R_{1,i}'^2 \\[2mm] z_i^2 + (y_i - y_2)^2 = R_{2,i}'^2 \\[2mm] R_{1,i}' = x_i\tan\beta_1 \\[2mm] R_{2,i}' = (x_i - x_2)\tan\beta_2 \\[2mm] x_3 < x_i < x_4 \end{cases} \tag{5.4}$$

$$\begin{cases} y_i = \dfrac{y_2^2 + x_i^2\tan^2\beta_1 - (x_i - x_2)^2\tan^2\beta_2}{2y_2} \\[3mm] z_i = \pm\sqrt{x_i^2\tan^2\beta_1 - y_i^2} \\[3mm] x_3 < x_i < x_4 \end{cases} \tag{5.5}$$

根据式(5.5)得到两圆锥交线,也就是两级乘波体的共用前缘线,后续按照给定前缘线的乘波设计步骤完成两级乘波设计即可。

2. 几何约束

1) 两圆锥相交的几何约束条件

由两级乘波设计原理可知,两圆锥交线必须完全位于圆锥下半部分。结合图 5.14 和图 5.17 可知,两圆锥交线完全位于圆锥下半部分的几何约束条件如式 (5.6) 所示。

$$
\begin{cases}
\left| \dfrac{y_2}{x_2} \right| = \left| \dfrac{\tan\beta_1 \tan\beta_2 (\sin\Phi_1 \cos\Phi_2 - \cos\Phi_1 \sin\Phi_2)}{\tan\beta_1 \sin\Phi_1 - \tan\beta_2 \sin\Phi_2} \right| < \tan\beta_1 \\
\Phi_1 < \Phi_2 < 90° \\
\beta_1 < \beta_2
\end{cases}
\tag{5.6}
$$

2) 底部型线的几何约束条件

即使两圆锥相交,还需满足锥导两级乘波体出口型线的几何约束条件,才能实现该设计。从锥导两级乘波体前缘线开始,分别以低马赫数圆锥流场和高马

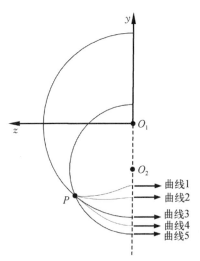

图 5.18　锥导两级乘波体后视图（半模示意图）

赫数圆锥流场为基准流场,向下游进行流线追踪至截止平面,分别得到低马赫数巡航级乘波体下表面底部型线和高马赫数滑翔级乘波体下表面底部型线,如图 5.18 所示。

图 5.18 中共有 5 条底部型线,曲线 1 代表两圆锥交线的底部投影线,即两级乘波体共用的上表面底部型线;曲线 2 代表低马赫数巡航级乘波体下表面底部型线;曲线 3 代表低马赫数巡航级乘波体激波底部型线;曲线 4 代表高马赫数滑翔级乘波体下表面底部型线;曲线 5 代表高马赫数滑翔级乘波体激波底部型线。曲线 1~5 的展向左端点均为点 P,图 5.18 中只给出了实际型线的左半部分。

由于整流罩是高马赫数滑翔级乘波体下表面,为了让整流罩完全覆盖住进气道(巡航级下表面和唇口),曲线 4 应该与曲线 3 重合或者在其下方,这是关于两级乘波设计的底部型线约束。

3. 设计步骤

首先给定 Ma_1、Ma_2、β_1、$\beta_2 (\beta_1 < \beta_2)$,然后给定满足锥导两级乘波体基本

几何约束条件的参数 Φ_1、Φ_2、R_1，由式（5.5）求解两圆锥交线，并作为乘波体前缘线；从前缘线开始，分别以低马赫数圆锥流场和高马赫数圆锥流场为基准流场，向下游进行流线追踪至截止平面，分别得到低马赫数流线和高马赫数流线，组成低马赫数乘波面和高马赫数乘波面；采用自由流面法设计乘波体上表面，封闭各面就完成了巡航级锥导乘波体和滑翔级锥导乘波体设计。

4. 设计实例

设计参数选为：$Ma_1 = 6$、$Ma_2 = 10$、$\beta_1 = 12°$、$\beta_2 = 18°$、$R_1 = 510 \text{ mm}$、$\Phi_1 = 40°$。此时满足两级锥导乘波设计基本约束条件的 Φ_2 值在 $41° \sim 66°$，取 Φ_2 为 $66°$，生成低马赫数锥导乘波体和高马赫数锥导乘波体，分别作为巡航级锥导乘波体和滑翔级锥导乘波体，并组成锥导两级乘波体，生成的实体模型如图 5.19 所示。

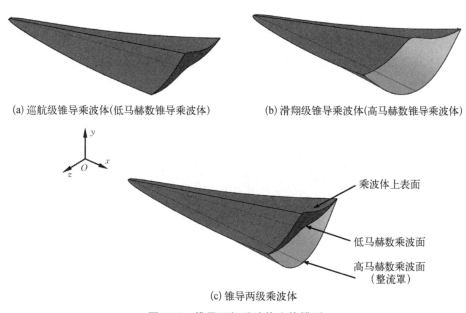

(a) 巡航级锥导乘波体(低马赫数锥导乘波体)　　　　(b) 滑翔级锥导乘波体(高马赫数锥导乘波体)

(c) 锥导两级乘波体

图 5.19　锥导两级乘波体实体模型

5. 乘波特性验证

对图 5.19 中的乘波体构型进行无黏数值模拟，设计状态下巡航级、滑翔级锥导两级乘波体流场信息如图 5.20 和图 5.21 所示。可见，巡航级锥导乘波体，即低马赫数锥导乘波体在设计状态（$Ma = 6$，$\alpha = 0°$）下，激波底部型线的数值解位置和理论设计位置吻合；构型两侧没有出现下表面的高压气流溢向上表面的溢流现象，表明乘波性能良好；高马赫数锥导乘波体下表面底部型线完全位于低马赫数激波底部型线的下方,表明整流罩可以完全覆盖住进气道唇口前缘。而滑翔级锥导乘波体,即高马赫数锥导乘波体,在设计状态($Ma=10$, $\alpha=0°$)下,激波底部型线的数值解位置和理论设计位置吻合,构型两侧同样没有出现溢流现象,乘波性能良好。

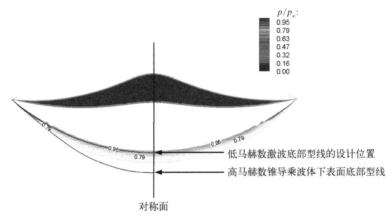

图 5.20 巡航级锥导两级乘波体底部横截面无黏无因次压强等值线图

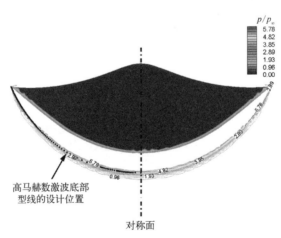

图 5.21 滑翔级锥导两级乘波体底部横截面无黏无因次压强等值线图

锥导两级乘波体实体模型的生成及其乘波设计验证表明,两级锥导乘波设计思路是可行的,满足约束条件的两级锥导乘波设计方法正确,获得了具有同一前缘线,且各自符合乘波特征的锥导两级乘波体。

6. 气动特性分析

对锥导两级乘波体进行无黏数值模拟,其气动特性如图 5.22 和图 5.23 所示,图中气动系数均取构型的水平投影面积作为参考面积,构型长度作为参考长度。

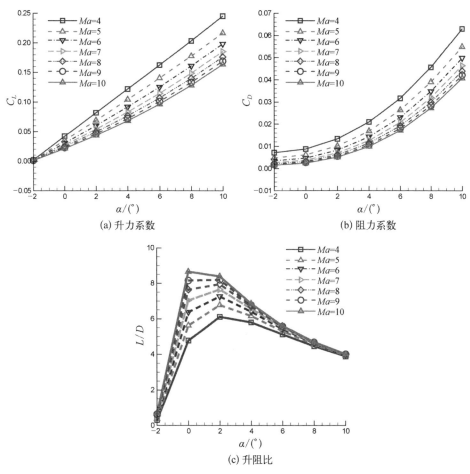

图 5.22　巡航级锥导两级乘波体无黏气动特性曲线

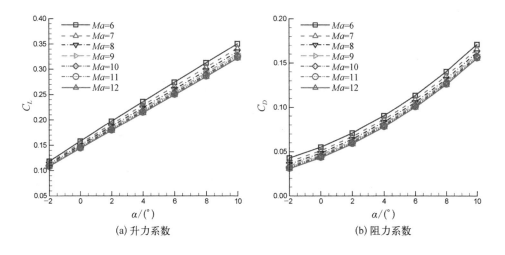

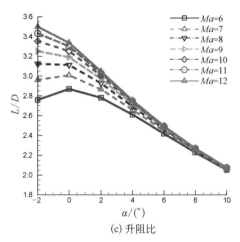

(c) 升阻比

图 5.23   滑翔级锥导两级乘波体无黏气动特性曲线

由图 5.22 和图 5.23 可知,巡航级锥导两级乘波体升力系数与攻角呈线性关系,且斜率随飞行马赫数的增大而减小;升力系数和阻力系数均随飞行马赫数的增大而减小;升阻比在小攻角下达到最大值,最大升阻比随飞行马赫数的增大而增大。滑翔级锥导两级乘波体的气动特性和巡航级两级锥导乘波体的气动特性类似,可以得到相同的结论。

5.2.3   吻切锥两级乘波体设计

采用 5.2.2 节锥导方法进行两级乘波体设计时,激波底部型线只能是圆弧,不利于乘波前体与进气道一体化设计。本节介绍利用吻切锥乘波设计方法进行两级乘波体设计[116],解决锥导两级乘波体激波底部型线只能是圆弧的限制问题。

1. 几何约束及简化假设

由吻切锥理论设计单级乘波体时,需给定设计的马赫数、激波角、激波底部型线和乘波体三条几何特征型线中的其中一条。按照这一思路,基于吻切锥理论设计滑翔-巡航两级乘波体时,需要给定巡航级马赫数 Ma_1 和激波角 β_1、滑翔级马赫数 Ma_2 和激波角 β_2,并给定巡航级激波底部型线、滑翔级激波底部型线和乘波体三条几何特征型线中的其中一条基本型线来进行流线追踪。当给定的乘波体几何特征型线为上表面底部型线时,乘波体底部截面示意图如图 5.24所示。

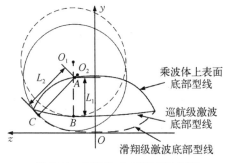

图 5.24　乘波体底部截面示意图

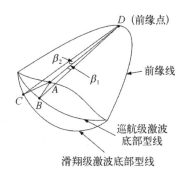

图 5.25　两级乘波体示意图

图 5.24 中 A 点为上表面底部型线上任意点,由于上表面底部型线和激波曲线封闭,在巡航级和滑翔级的激波底部型线上都存在过 A 点的吻切平面,且二者不一定相同。假设巡航级激波底部型线上 B 点生成的吻切平面和滑翔级激波底部型线上 C 点生成的吻切平面过 A 点,D 点为 A 点对应的前缘点,如图 5.25 所示。由于两级乘波体共用一条前缘线,A 点只对应唯一的前缘点 D,AD 长度唯一确定。因此,存在的几何约束见式(5.7):

$$AD = \frac{L_1}{\tan\beta_1} = \frac{L_2}{\tan\beta_2} \tag{5.7}$$

这一几何约束表明,过乘波体上表面底部型线上任意点的巡航级吻切平面和滑翔级吻切平面必须严格满足式(5.7)。

由于设定激波曲线时无法预知吻切平面的具体位置,且难以控制不同级吻切平面均能满足这一几何约束,巡航级激波底部型线和滑翔级激波底部型线的选取变得极为复杂。因此,照搬吻切锥理论设计单级乘波体的思路明显不适于用来进行两级乘波体设计。为了解决采用吻切锥乘波设计方法设计吻切锥两级乘波体存在复杂几何约束的难题,简化吻切锥两级乘波设计几何约束为:假设过乘波体上表面底部型线上任意点的巡航级吻切平面和滑翔级吻切平面在一个平面内,并且吻切平面内滑翔级的吻切锥轴线和巡航级吻切锥轴线相同。

需要注意,此假设不一定满足式(5.7),只是为了方便套用吻切锥乘波设计步骤进行两级乘波设计,实际流场是否满足式(5.7)必须在设计完成后进行验证。

2. 设计步骤

1) 给定设计参数和基本型线

设计参数和基本型线包括巡航级马赫数 Ma_1 和激波角 β_1、滑翔级马赫数 Ma_2 和激波角 β_2、巡航级激波底部型线或者滑翔级激波底部型线，以及乘波体三条基本几何特征型线中的其中一条。

当给定巡航级激波底部型线和上表面底部型线进行吻切锥两级乘波体设计时，待求的曲线包括巡航级下表面流线、巡航级下表面底部型线、滑翔级激波底部型线、滑翔级下表面流线和滑翔级下表面底部型线。

此处强调一下，在本节的前提假设下，给定巡航级激波底部型线和给定滑翔级激波底部型线都可以完成吻切锥两级乘波体设计，二者的区别只是在吻切平面中基准流场的求解次序不同而已。

2) 吻切平面内基准流场的求解

如图 5.26 所示，在底部截面上，取巡航级激波底部型线上一点 P_1。其曲率圆对应该点吻切平面上锥形流场在底部截面上的激波圆，圆心为 O_1；该吻切锥轴线平行于 x 轴，在图 5.27 中吻切锥顶点为 O。图 5.26 中 P_1 点和 O_1 点的连线交吻切锥两级乘波体上表面底部型线于 P_3 点。由 P_1 点、O_1 点的坐标和激波角 β_1 可获得吻切锥顶点 O 点的坐标，O_1 点和吻切锥顶点 O 点的连线为 P_1 点对应的吻切锥轴线；O_1 点、P_1 点和吻切锥顶点 O 点构成过 P_1 点的吻切平面 AA_1；P_1 点和吻切锥顶点 O 点的连线即吻切面 AA_1 内的巡航级激波线，如图 5.27 所示。在平面 AA_1 内由 P_3 点作平行于吻切锥轴线的直线交巡航级激波线于 P 点，P 点即吻切平面内吻切锥两级乘波体的前缘点，直线 PP_3 为吻切平面内的上表面流线。

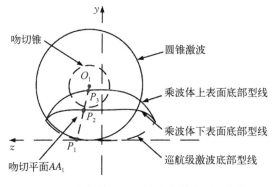

图 5.26　吻切锥两级乘波体底部截面示意图

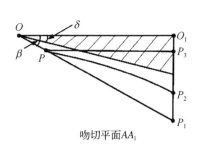

图 5.27　吻切锥两级乘波体吻切平面示意图

由吻切锥两级乘波体的设计前提"过乘波体上表面底部型线上任意点的巡航级吻切平面和滑翔级吻切平面在一个平面内,并且吻切平面内滑翔级的吻切锥轴线和巡航级吻切锥轴线相同"可知,由于 P 点为前缘点,滑翔级激波必然也通过 P 点。因此,在吻切平面 AA_1 内由获得的前缘点 P 点和设计激波角 β_2,作直线交巡航级吻切锥轴线于 O_2 点,O_2 点即滑翔级吻切锥的顶点,O_2 点和 O_1 点的连线 O_2O_1 即过 P_1 点的吻切平面内滑翔级吻切锥的轴线,如图 5.28 所示。延长 O_2 点和 P 点的连线,同时延长 O_1 点和 P_1 点的连线,两者相交于 P_4 点,P_4 点为设计的滑翔级激波底部型线上的点,O_2 点和 P_4 点之间的连线即吻切平面 AA_1 内设计的滑翔级激波位置。

由设计的巡航级马赫数 Ma_1 和激波角 β_1,通过求解巡航级锥形基准流场获得巡航级吻切锥半锥角 δ_1;由设计的滑翔级马赫数 Ma_2 和激波角 β_2,通过求解滑翔级锥形基准流场获得滑翔级吻切锥半锥角 δ_2,并获得吻切平面 AA_1 内的流场参数,即完成了吻切锥两级乘波体各自基准流场的求解。

3)吻切平面内的流线追踪

由前缘点 P 点在巡航级锥形基准流场内进行流线追踪,获得巡航级下表面流线 PP_2,P_2 点为巡航级下表面底部型线上的点;由前缘点 P 在滑翔级锥形基准流场内进行流线追踪,获得滑翔级下表面流线 PP_5,P_5 点为滑翔级下表面底部型线上的点,如图 5.29 所示。

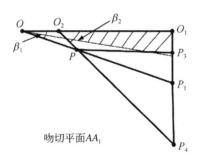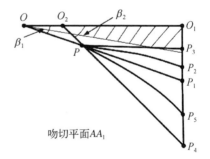

图 5.28 滑翔级吻切平面示意图　　**图 5.29 滑翔级吻切平面流线追踪示意图**

4)生成吻切锥两级乘波体

在如上吻切平面 AA_1 内的所有型线求解完成后,对其他吻切平面重复以上设计步骤,可获得各吻切平面内的所有型线。所有前缘点平滑连接构成前缘线,所有巡航级下表面流线构成巡航级乘波体下表面,所有滑翔级下表面流线构成滑翔级乘波体下表面,所有巡航级下表面底部型线上的点构成巡航级下表面底部型线,所有滑翔级下表面底部型线上的点平滑连接构成滑翔级下表面底部型线。

最后对吻切锥两级乘波体的底部各自进行封闭,完成设计。

3. 几何约束的进一步分析

由锥形流的特点可知,流线经过激波将发生偏转,偏转角满足 $\theta \in (\delta, \beta)$,即偏转角大于基准锥半锥角,小于激波角。因此按照两级乘波体设计要求,保证滑翔级下表面的流线在巡航级下表面的流线下方的充要条件为

$$\theta_1 < \theta_2 \tag{5.8}$$

其中,θ_1 为巡航级流线经过巡航级斜激波后的流线偏转角;θ_2 为滑翔级流线经过滑翔级斜激波后的流线偏转角。

θ 的求解在给定设计参数时就能确定下来,因此设计前只需选定符合式(5.8)的参数即可。

4. 设计实例

本节沿用 5.2.2 节的设计点流场参数和乘波体上表面底部型线式(5.9)作为设计输入,并选取巡航级激波底部型线如式(5.10)所示。

$$
y = \begin{cases}
H + (-1)^r B\left(z + \dfrac{L_2}{2}\right)^r, & -\dfrac{L}{2} \leqslant z < -\dfrac{L_2}{2} \\[2mm]
H, & -\dfrac{L_2}{2} \leqslant z \leqslant \dfrac{L_2}{2} \\[2mm]
H + B\left(z - \dfrac{L_2}{2}\right)^r, & \dfrac{L_2}{2} < z \leqslant \dfrac{L}{2}
\end{cases}
\tag{5.9}
$$

$$
y = \begin{cases}
(-1)^q A\left(z + \dfrac{L_1}{2}\right)^q, & -\dfrac{L}{2} \leqslant z < -\dfrac{L_1}{2} \\[2mm]
0, & -\dfrac{L_1}{2} \leqslant z \leqslant \dfrac{L_1}{2} \\[2mm]
A\left(z - \dfrac{L_1}{2}\right)^q, & \dfrac{L_1}{2} < z \leqslant \dfrac{L}{2}
\end{cases}
\tag{5.10}
$$

其中,A、B 为大于 0 的实数;q、r 为不小于 2 的正整数。

参数 L、L_1、L_2、H、A、B、q 和 r 并不相互独立,当给定 L、L_1、L_2、H、q 和 r(几何关系如图 5.30 所示,具体参数如表 5.1 所示)时,可以计算出 A 和 B 的值。

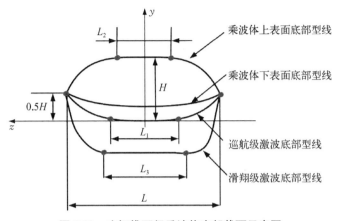

图 5.30　吻切锥两级乘波体底部截面示意图

表 5.1　基于吻切锥理论设计吻切锥两级乘波体参数表

设计实例	Ma_1	$\beta_1/(°)$	Ma_2	$\beta_2/(°)$	L/mm	L_1/mm	L_2/mm	H/mm	q	r
Case5.2.3	6.0	14.0	12	18	1 000	120	100	255	4	2

最后生成的吻切锥两级乘波体如图 5.31 所示,该吻切锥两级乘波体共用一个上表面,浅色和深色下表面分别是滑翔级(高马赫数)和巡航级(低马赫数)乘波下表面;其三视图如图 5.32 和图 5.33 所示。

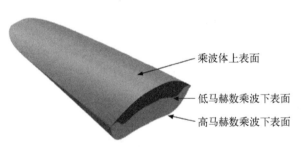

图 5.31　吻切锥两级乘波体理论外形

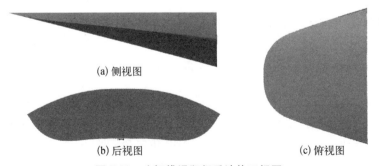

(a) 侧视图

(b) 后视图

(c) 俯视图

图 5.32　吻切锥滑翔级乘波体三视图

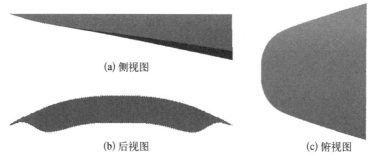

(a) 侧视图

(b) 后视图　　　　　　　　　　　(c) 俯视图

图5.33　吻切锥巡航级乘波体三视图

5. 乘波特性验证

1) 吻切锥巡航级乘波设计验证

对吻切锥巡航级乘波体设计点($Ma=6$，$\alpha=0°$)数值模拟结果进行分析。图5.34给出了底部截面无因次压力等值线图,图中黑色矩形框曲线为乘波体上、下表面底部型线,正三角形曲线为设计输入的滑翔级激波底部型线。可见,理论设计的激波位置和数值模拟激波位置基本一致;乘波体下表面流场均匀,高压气流严格限制在吻切锥巡航级乘波体下方,两侧基本不存在溢流现象。由图5.35可见,吻切锥巡航级乘波体纵向对称面上的乘波性能良好。

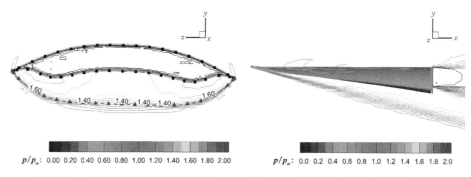

p/p_{∞}: 0.00 0.20 0.40 0.60 0.80 1.00 1.20 1.40 1.60 1.80 2.00　　p/p_{∞}: 0.0 0.2 0.4 0.6 0.8 1.0 1.2 1.4 1.6 1.8 2.0

图5.34　吻切锥巡航级乘波体底部　　图5.35　吻切锥巡航级乘波体纵向对称面
截面无因次压力等值线图　　　　　　无因次压力等值线图

2) 吻切锥滑翔级乘波设计验证

对吻切锥滑翔级乘波体设计状态($Ma=12$，$\alpha=0°$)下的数值模拟结果进行分析,图5.36给出了吻切锥滑翔级乘波体底部截面无因次压力等值线,图中黑色矩形框曲线为乘波体上、下表面底部型线,正三角形曲线为设计过程中得到的滑翔级激波底部型线。可见,设计过程中得到的激波位置和数值模拟的激波位置在展向中间大部分位置基本吻合;但乘波体侧缘处两个激波位置存在明显差异,有下表面高压气流向上表面翻转的溢流现象。对此现象进行分析,其原因是设计中使用的简化假设"过乘波体上表面底部型线上任意点的巡航级吻切平面和滑翔级吻切平面在一个平面内,并且吻切平面内滑翔级的吻切锥轴线和巡航级吻切锥轴线相同"不合理,实际设计过程中得到的滑翔级激波底部型线和相对应巡航级激波底部型线上点的吻切平面并不重合,设计方法本身存在缺陷,因此造成了设计结果中的溢流现象。

图 5.37 给出了吻切锥滑翔级乘波体纵向对称面上无因次压力等值线,可见纵向对称面内激波贴附于乘波体前缘,高压气流基本控制在乘波体下表面,乘波特性良好。

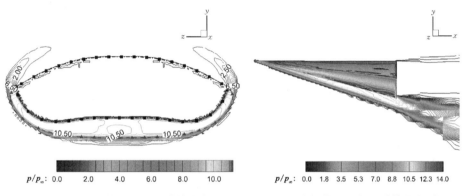

图 5.36　吻切锥滑翔级乘波体底部截面无因次压力等值线图　　图 5.37　吻切锥滑翔级乘波体纵向对称面无因次压力等值线图

由乘波特性验证可知,对于吻切锥两级乘波体,不能简单按照吻切锥单级乘波设计方法直接类推进行设计,而且本节所做的简化几何约束假设不合理,不能得到满足乘波约束的吻切锥两级乘波体设计结果。因此,可以根据吻切流场设计思想,对吻切锥两级乘波设计方法进行改进。

5.2.4　变激波角吻切两级乘波体设计

1. 设计方法改进

根据简化假设开展吻切锥两级乘波设计时,是在通过乘波体上表面底部型线上某一点的同一个吻切平面内进行基准流场求解,获得巡航级和滑翔级的流线。对该设计方法进行改进,可以去掉"同一吻切平面"的简化假设,引入吻切流场设计概念,在不同的吻切平面内分别进行基准流场求解,以及滑翔级和巡航级的设计。

通过设计输入条件的分析,可以选择激波角作为两个吻切平面的区分参数。在设计输入条件中已知某一级乘波体的激波角 β_1(可以是同一激波角,也可以是变化的激波角),可以用式(5.7)计算另一级乘波体的当地激波角 β_{2i};而沿展向,后者是变化的。因此,该方法命名为变激波角吻切两级乘波设计。

2. 设计步骤

当采用变激波角吻切流场乘波设计方法进行两级乘波设计时,没有先后顺序的要求。可以先设计巡航级乘波体再设计滑翔级乘波体,也可以先设计滑翔级乘波体再设计巡航级乘波体,二者没有本质区别。本节选择以先设计巡航级乘波体为例进行说明,具体的设计步骤如下。

1)给定设计参数和基本型线

设计参数和基本型线包括巡航级马赫数 Ma_1 和激波角 β_1、滑翔级马赫数 Ma_2、巡航级激波底部型线、滑翔级激波底部型线和乘波体三条几何特征型线中的其中一条。

当给定巡航级激波底部型线、滑翔级激波底部型线和乘波体上表面底部型线进行两级乘波设计时,待求的曲线包括前缘线、巡航级下表面流线、巡航级下表面底部型线、滑翔级下表面流线和滑翔级下表面底部型线。

2)巡航级乘波体设计

巡航级乘波体设计步骤沿用吻切锥乘波体设计步骤,此时吻切锥乘波体激波底部型线对应两级乘波体设计时给定的巡航级激波底部型线,具体设计过程如下。

如图5.38所示,建立坐标系,在巡航级激波底部型线上取足够密的离散点。以巡航级激波底部型线上某离散点 P_1 的曲率作为吻切平面上该点的基准激波圆半径,O_1 为基准激波圆的圆心,也是吻切锥顶点 O(图5.39)在底部截面的投影点(吻切锥的轴线平行于 x 轴)。P_1 点和 O_1 点的连线交两级乘波体上表面底部型线于 P_3 点。由 P_1 点、O_1 点坐标和激波角 β_1 可获得吻切锥顶点 O 的坐标,O_1 点和吻切锥顶点 O 的连线为过 P_1 点的吻切锥轴线;O_1 点、P_1 点和吻切锥顶点 O 构成过 P_1 点的吻切平面 AA_1,P_1 点和吻切锥顶点 O 点的连线 P_1O 为巡航级吻切平面 AA_1 内的基准激波线。根据设定的巡航级马赫数 Ma_1 和激波角 β_1,可以求解巡航级吻切平面内 AA_1 的基准流场,以及吻切锥半锥角 δ_1。

获得吻切平面内基准流场后,由 P_3 点在吻切平面 AA_1 内作平行于吻切锥轴线的直线(上表面自由流线)交巡航级激波于 P 点,即吻切平面内的巡航级乘波体前缘点。由前缘点 P 在吻切平面 AA_1 的基准流场内进行流线追踪,获得巡

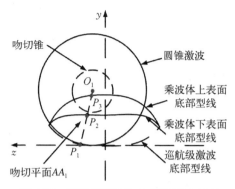

图 5.38　巡航级乘波体底部截面示意图

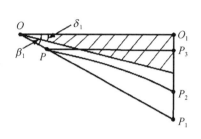

图 5.39　巡航级吻切平面 AA_1 示意图

航级下表面流线 PP_2，P_2 为巡航级下表面底部型线上的点，如图 5.39 所示。

对巡航级激波底部型线上的其他离散点重复以上步骤,可获得各自吻切平面内的上/下表面流线。所有巡航级下表面流线构成巡航级乘波体下表面,所有巡航级上表面流线构成巡航级乘波体上表面,所有巡航级下表面底部型线上的点(图 5.39 中点 P_2)构成巡航级乘波体下表面底部型线。对乘波体所有表面进行封闭,即完成了巡航级乘波体设计。

3）滑翔级乘波体设计

完成巡航级乘波体设计后,在其基础上进行滑翔级乘波体设计,具体步骤如下。

如图 5.40 所示,在给定的滑翔级激波底部型线上取足够密的离散点,以滑翔级激波底部型线上任意点 P_4 的曲率为吻切平面 BB_1 内过该点的基准激波圆半径,O_2 点为基准激波圆的圆心,也为 P_4 点对应的吻切锥顶点 O'（图 5.41）在滑翔级底部截面上的投影点,P_4 点和 O_2 点的连线交上表面底部型线于 P_5 点。

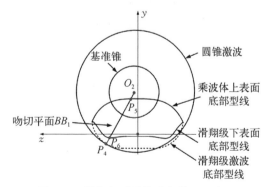

图 5.40　滑翔级乘波体底部截面示意图

由 P_5 点作平行于 x 轴的直线交前缘线于 P' 点（图 5.42）,P_4 点、P_5 点和 P' 点构成过 P_4 点的吻切平面 BB_1。过 P_4 点吻切平面内基准流场的激波角可用已知的线段来进行求解,由几何关系可得

$$\beta_{2i} = \arctan(P_4O_2/P'O_2) \tag{5.11}$$

由 P_4 点、O_2 点和激波角 β_{2i} 可以求得 P_4 点对应的吻切锥顶点 O' 点的坐标,吻切锥顶点 O' 点和 P_4 点之间的连线即吻切平面 BB_1 内的基准激波线,如图 5.41 所示。由给定的滑翔级马赫数 Ma_2 和求得的激波角 β_{2i},可求解获得滑翔级吻切平面内的基准流场及吻切锥半锥角 δ_2。

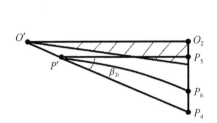

图 5.41　滑翔级吻切平面 BB_1 示意图

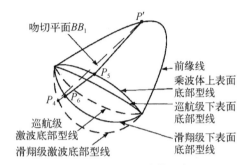

图 5.42　滑翔级乘波体示意图

由滑翔级乘波体前缘点 P' 在吻切平面 BB_1 基准流场内进行流线追踪,获得滑翔级下表面流线 $P'P_6$,P_6 点即滑翔级下表面底部型线上的点,如图 5.41 所示。

对滑翔级激波底部型线上的其他离散点重复以上步骤,可获得各自吻切面内的上/下表面流线。所有滑翔级下表面流线构成滑翔级乘波体下表面;所有滑翔级下表面底部型线上的点 P_6 构成滑翔级乘波体下表面底部型线。对乘波体所有表面进行封闭,即完成了滑翔级乘波体设计,也就完成了变激波角吻切两级乘波体设计。

若先给定滑翔级马赫数 Ma_2 和激波角 β_2,同样也可以先设计滑翔级乘波体,然后再设计巡航级乘波,具体设计步骤类似,不再赘述。

3. 设计实例

本节沿用 5.2.3 节设计输入参数,乘波体上表面底部型线、巡航级激波底部型线和滑翔级激波底部型线分别见式(5.12)~式(5.14)。

乘波体上表面底部型线:

$$y = \begin{cases} H + (-1)^r B \left(z + \dfrac{L_2}{2} \right)^r, & -\dfrac{L}{2} \leqslant z < -\dfrac{L_2}{2} \\[2mm] H, & -\dfrac{L_2}{2} \leqslant z \leqslant \dfrac{L_2}{2} \\[2mm] H + B \left(z - \dfrac{L_2}{2} \right)^r, & \dfrac{L_2}{2} < z \leqslant \dfrac{L}{2} \end{cases} \tag{5.12}$$

巡航级激波底部型线：

$$y = \begin{cases} (-1)^q A\left(z + \dfrac{L_1}{2}\right)^q, & \dfrac{-L}{2} \leq z < -\dfrac{L_1}{2} \\[3mm] 0, & \dfrac{-L_1}{2} \leq z \leq \dfrac{L_1}{2} \\[3mm] A\left(z - \dfrac{L_1}{2}\right)^q, & \dfrac{L_1}{2} < z \leq \dfrac{L}{2} \end{cases} \tag{5.13}$$

滑翔级激波底部型线：

$$y = \begin{cases} -L_4 + (-1)^p C\left(z + \dfrac{L_2}{2}\right)^p, & \dfrac{-L}{2} \leq z < -\dfrac{L_3}{2} \\[3mm] -L_4, & \dfrac{-L_3}{2} \leq z \leq \dfrac{L_3}{2} \\[3mm] L_4 + C\left(z - \dfrac{L_2}{2}\right)^p, & \dfrac{L_3}{2} < z \leq \dfrac{L}{2} \end{cases} \tag{5.14}$$

其中，A、B、C 为大于 0 的实数；r、q、p 为不小于 2 的正整数。

参数 L、L_1、L_2、L_3、L_4、H、A、B、C、r、q、p 并不相互独立，当给定 L、H、L_1、L_2、L_3、L_4、r、q 和 p 时，可以计算出 A、B 和 C 的值。

滑翔级激波底部型线中间部分为直线，激波两端曲线为指数函数，左右对称，曲线如图 5.43 所示。

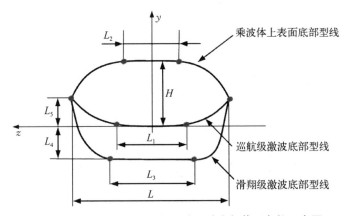

图 5.43　变激波角吻切两级乘波设计底部截面参数示意图

1）变激波角吻切两级乘波体 Case5.2.4_A

本节采用先巡航级后滑翔级的设计步骤进行变激波角吻切两级乘波体设计，具体的设计输入参数如表 5.2 所示。

表 5.2　变激波角吻切两级乘波体设计输入参数表（Case5.2.4_A）

设计实例	Ma_1	Ma_2	$\beta_1/(°)$	L/mm	L_1/mm	L_2/mm	L_3/mm	L_4/mm	L_5/mm	H/mm	r	q	p
Case5.2.4_A	6.0	12.0	14.0	1 000	160	100	160	−20	125	255	2	4	4

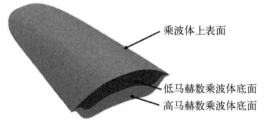

乘波体上表面

低马赫数乘波体底面
高马赫数乘波体底面

图 5.44　变激波角吻切两级乘波体外形（Case5.2.4_A）

变激波角吻切两级乘波体 Case5.2.4_A 如图 5.44 所示，两级乘波体共用一个上表面，底部不同颜色分别表示高/低马赫数（滑翔/巡航级）乘波体底面，其三视图如图 5.45 和图 5.46 所示。

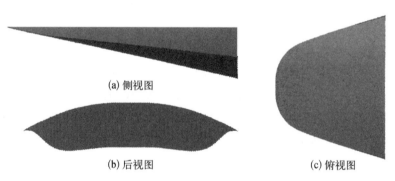

(a) 侧视图

(b) 后视图

(c) 俯视图

图 5.45　变激波角吻切滑翔级乘波体三视图（Case5.2.4_A）

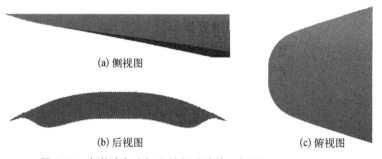

(a) 侧视图

(b) 后视图

(c) 俯视图

图 5.46　变激波角吻切巡航级乘波体三视图（Case5.2.4_A）

　　变激波角吻切滑翔级乘波体各吻切平面的激波角 β_2 存在差异,激波角沿展向曲线如图 5.47 所示。可见,不同吻切平面激波角最大值和最小值相差在 1° 以内。

　　2) 变激波角吻切两级乘波体 Case5.2.4_B

　　本节采用先滑翔级后巡航级的设计步骤,进行变激波角吻切两级乘波设计。由图 5.47 可知,滑翔级激波底部型线对应的各吻切平面激波角

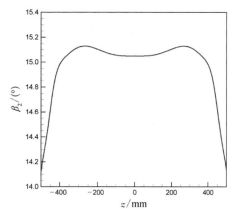

图 5.47　变激波角吻切滑翔级乘波体激波角沿展向变化曲线

在 15° 附近,故给定滑翔级激波角 15°,其他设计参数如表 5.3 所示。

表 5.3　变激波角吻切两级乘波体设计输入参数表(Case5.2.4_B)

设计实例	Ma_1	Ma_2	$\beta_2/(°)$	L/mm	L_1/mm	L_2/mm	L_3/mm	L_4/mm	L_5/mm	H/mm	r	q	p
Case5.2.4_B	6.0	12.0	15.0	1 000	160	100	160	−20	125	255	2	4	4

　　先滑翔级后巡航级设计的变激波角吻切两级乘波体 Case5.2.4_B 如图 5.48 所示,其三视图如图 5.49 和图 5.50 所示。

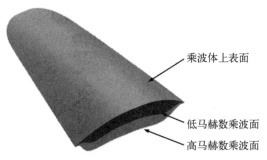

乘波体上表面

低马赫数乘波面

高马赫数乘波面

图 5.48　变激波角吻切两级乘波体外形(Case5.2.4_B)

　　巡航级激波底部型线上各吻切平面激波角展向变化曲线如图 5.51 所示,可见,不同吻切平面激波角最大值和最小值相差也在 1° 以内。

　　4. 变激波角吻切两级乘波体 Case5.2.4_A 的乘波特性验证

　　对变激波角吻切两级乘波体 Case5.2.4_A 的高超声速流动分别进行无黏数值模拟和乘波特性分析。

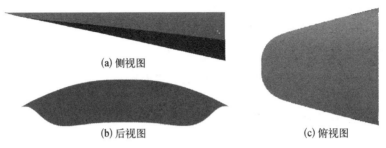

(a) 侧视图

(b) 后视图   (c) 俯视图

图 5.49   变激波角吻切滑翔级乘波体三视图(Case5.2.4_B)

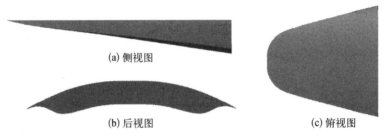

(a) 侧视图

(b) 后视图   (c) 俯视图

图 5.50   变激波角吻切巡航级乘波体三视图(Case5.2.4_B)

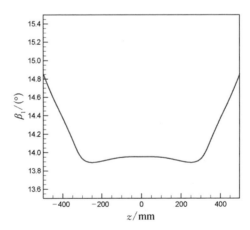

图 5.51   变激波角吻切滑翔级乘波体激波角展向变化曲线

1) Case5.2.4_A 巡航级乘波特性验证

图 5.52 和图 5.53 给出了设计状态($Ma_1 = 6$,$\alpha = 0°$)下 Case5.2.4_A 巡航级的底部截面和纵向对称面无因次压力等值线图,图 5.52 中矩形框曲线为乘波体上、下表面底部型线,正三角形曲线为滑翔级激波底部型线。可见,设计输入的巡航级乘波体激波位置和数值模拟结果基本吻合,机身两侧基本不存在溢流现

象。由图 5.52 和图 5.53 可知,激波贴附于乘波体前缘,高压气流控制在乘波体下表面,设计外形具有乘波特性。

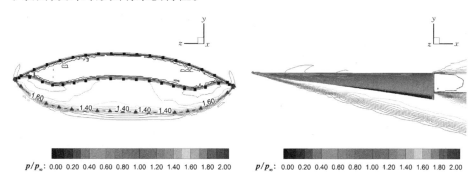

图 5.52　Case5.2.4_A 巡航级底部截面
无因次压力等值线图

图 5.53　Case5.2.4_A 巡航级纵向对称面
无因次压力等值线图

2) Case5.2.4_A 滑翔级乘波特性验证

图 5.54 和图 5.55 给出了 Case5.2.4_A 在滑翔级设计状态($Ma_2 = 12$, $\alpha = 0°$)下底部截面和纵向对称面的无因次压力等值线图,图 5.54 中矩形框曲线为乘波体上、下表面底部型线,正三角形曲线为滑翔级激波底部型线。可见,设计输入的激波底部型线与数值模拟结果吻合较好,乘波体两侧基本不存在溢流现象。显然,变激波角吻切滑翔级乘波体的下表面激波贴附于乘波体前缘,高压气流严格控制在乘波体下表面。相比吻切锥滑翔级乘波体设计结果,尽管激波角沿展向变化在 1° 以内,但变激波角吻切滑翔级乘波体乘波特性显著,改进设计方法的效果明显。

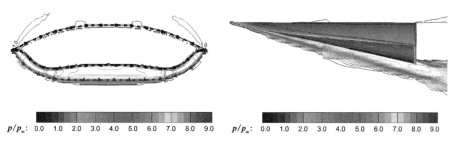

图 5.54　Case5.2.4_A 滑翔级底部
截面无因次压力等值线图

图 5.55　Case5.2.4_A 滑翔级纵向对称面
无因次压力等值线图

5. 变激波角吻切两级乘波体 Case5.2.4_B 的乘波特性验证

对变激波角吻切两级乘波体 Case5.2.4_B 的高超声速流动分别进行无黏数值模拟和乘波特性分析。

1）Case5.2.4_B 滑翔级乘波特性验证

Case5.2.4_B 滑翔级设计状态（$Ma_2 = 12$，$\alpha = 0°$）下底部截面和纵向对称面无因次压力等值线图见图 5.56 和图 5.57。可见，设计输入的激波底部型线（红色曲线）与数值模拟结果吻合较好，乘波体下表面流场均匀，两侧基本不存在溢流现象，Case5.2.4_B 滑翔级乘波特性明显。

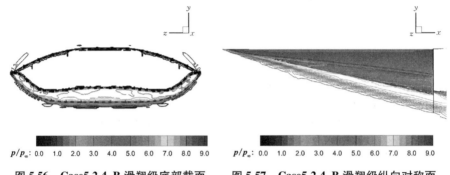

p/p_∞: 0.0 1.0 2.0 3.0 4.0 5.0 6.0 7.0 8.0 9.0 p/p_∞: 0.0 1.0 2.0 3.0 4.0 5.0 6.0 7.0 8.0 9.0

图 5.56   Case5.2.4_B 滑翔级底部截面   图 5.57   Case5.2.4_B 滑翔级纵向对称面
无因次压力等值线图   无因次压力等值线图

2）Case5.2.4_B 巡航级乘波特性验证

Case5.2.4_B 巡航级设计状态（$Ma_1 = 6$，$\alpha = 0°$）下底部截面和纵向对称面无因次压力等值线图见图 5.58 和图 5.59。可见，设计输入的激波底部型线（红色曲线）和数值模拟结果吻合较好，乘波体下表面流场均匀，两侧基本不存在溢流现象，Case5.2.4_B 巡航级乘波特性明显。

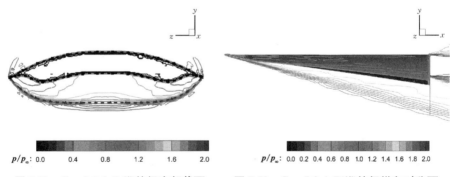

p/p_∞: 0.0   0.4   0.8   1.2   1.6   2.0 p/p_∞: 0.0 0.2 0.4 0.6 0.8 1.0 1.2 1.4 1.6 1.8 2.0

图 5.58   Case5.2.4_B 巡航级底部截面   图 5.59   Case5.2.4_B 巡航级纵向对称面
无因次压力等值线图   无因次压力等值线图

综上可知，基于变激波角吻切流场的滑翔-巡航两级乘波设计方法，无论在哪个先后次序下，均能够设计出具有较好乘波特性的滑翔级、巡航级乘波体，设计方法正确合理。

6. 变激波角吻切两级乘波体 Case5.2.4_A 的气动特性分析

1）Case5.2.4_A 巡航级气动特性分析

Case5.2.4_A 巡航级的气动力系数随攻角的变化曲线如图 5.60 ~ 图 5.62 所示,由图可知,变激波角吻切巡航级乘波体气动特性与吻切锥巡航级乘波体气动特性和变化规律基本一致。其实二者外形也相同,因为设计方法的改变只影响了第二个乘波体(滑翔级乘波体)外形,而且其外形变化也很小(激波角变化在 1°以内)。可以预见,虽然吻切锥两级乘波体的乘

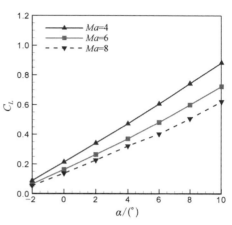

图 5.60　Case5.2.4_A 巡航级升力系数随攻角变化曲线

波特性不如设计预期,但由于其外形与变激波角吻切两级乘波体相比变化不大,二者气动特性规律应该相差不大。

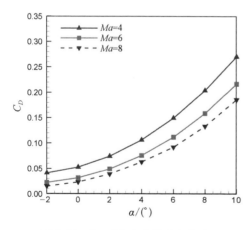

图 5.61　Case5.2.4_A 巡航级阻力系数随攻角变化曲线

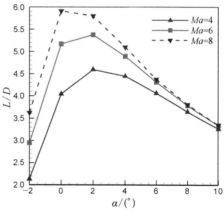

图 5.62　Case5.2.4_A 巡航级升阻比随攻角变化曲线

2）Case5.2.4_A 滑翔级气动特性分析

Case5.2.4_A 滑翔级气动力系数随攻角的变化曲线如图 5.63~图 5.65 所示。变激波角吻切滑翔级乘波体与吻切锥滑翔级乘波体的气动特性变化规律一致,但由于其乘波特性良好,其最大升阻比有明显提升。

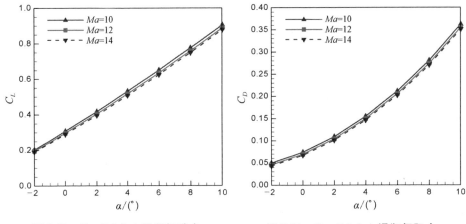

图 5.63　**Case5.2.4_A** 滑翔级升力
系数随攻角变化曲线

图 5.64　**Case5.2.4_A** 滑翔级阻力
系数随攻角变化曲线

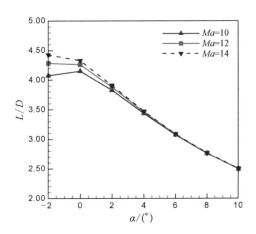

图 5.65　**Case5.2.4_A** 滑翔级升阻比
随攻角变化曲线

7. 变激波角吻切两级乘波体 Case5.2.4_B 的气动特性分析

1）Case5.2.4_B 滑翔级气动特性分析

Case5.2.4_B 滑翔级气动力系数随攻角的变化曲线如图 5.66 ~ 图 5.68 所示。由图可知,两种设计步骤获得的滑翔级气动特性及其随攻角变化规律基本一致。这说明在设计输入参数相近的情况下,设计顺序对滑翔级乘波体外形影响不大。

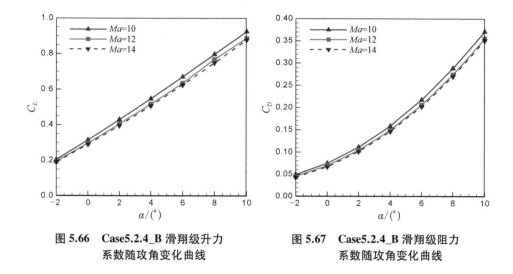

图 5.66　Case5.2.4_B 滑翔级升力
系数随攻角变化曲线

图 5.67　Case5.2.4_B 滑翔级阻力
系数随攻角变化曲线

2）Case5.2.4_B 巡航级气动特性分析

Case5.2.4_B 巡航级气动力系数随攻角的变化曲线如图 5.69 ～图 5.71 所示。同样由图可知,两种设计步骤获得的巡航级气动特性及其随攻角变化规律基本一致,再次说明设计输入参数相近的情况下,设计顺序对两级乘波体外形影响都不大。

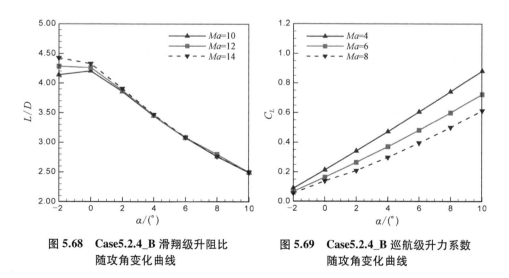

图 5.68　Case5.2.4_B 滑翔级升阻比
随攻角变化曲线

图 5.69　Case5.2.4_B 巡航级升力系数
随攻角变化曲线

8. 不同设计顺序影响分析

在本节变激波角吻切两级乘波体设计中,采用两种顺序进行设计的差异主

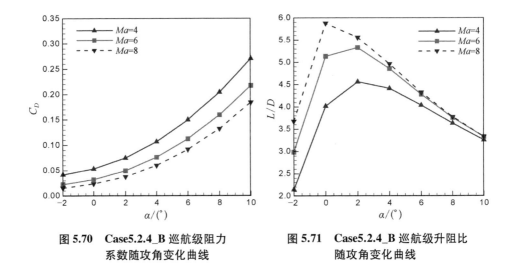

图 5.70　Case5.2.4_B 巡航级阻力
系数随攻角变化曲线

图 5.71　Case5.2.4_B 巡航级升阻比
随攻角变化曲线

要是设计输入的激波角不同:先巡航级后滑翔级设计时,Case5.2.4_A 巡航级设
计输入激波角为恒定值 14.0°,Case5.2.4_A 滑翔级各吻切平面内激波角在
14.1°~15.1° 变化;先滑翔级后巡航级设计时,Case5.2.4_B 滑翔级设计输入激波
角为恒定值 15.0°,Case5.2.4_B 巡航级各吻切平面内激波角在 13.9°~14.9° 变
化。具体参数对比见表 5.4。

表 5.4　不同设计顺序设计输入参数对比

设计实例	Ma_1	Ma_2	β_1 或 β_2 /(°)	L/mm	L_1/mm	L_2/mm	L_3/mm	L_4/mm	L_5/mm	H/mm	r	q	p
Case5.2.4_A	6.0	12.0	14.0	1 000	160	100	160	−20	125	255	2	4	4
Case5.2.4_B	6.0	12.0	15.0	1 000	160	100	160	−20	125	255	2	4	4

　　1) 乘波体底部型线对比

　　两种设计顺序获得的巡航级和滑翔级乘波体底部型线对比如图 5.72 所示,
图 5.72(a) 为巡航级乘波体,图 5.72(b) 为滑翔级乘波体,图中蓝色曲线表示上
表面底部型线,红色三角形实线为先巡航级后滑翔级设计的乘波体下表面底部
型线,黑色虚线为先滑翔级后巡航级设计的乘波体下表面底部型线。由图可知,
采用不同顺序设计的两级乘波体,其下表面底部型线基本吻合,差别较小。

　　2) 巡航级气动特性对比

　　表 5.5 和表 5.6 给出了不同设计顺序巡航级乘波体设计马赫数下升力系数、
阻力系数的对比。其中,下标 A 表示先巡航级后滑翔级设计顺序,下标 B 表示

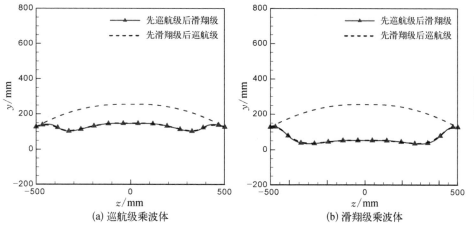

图 5.72　不同设计顺序巡航级和滑翔级乘波体底部型线对比图

先滑翔级后巡航级设计顺序。可见,不同设计顺序的巡航级乘波体在设计马赫数下升力系数、阻力系数基本相等,所有算例的相对误差均在 1% 以下。显然其原因为两种设计顺序的乘波体三维数模尺寸基本一致。

表 5.5　不同设计顺序巡航级乘波体在设计马赫数下升力系数对比

$\alpha/(°)$	-2	0	2	4	6	8	10
C_{LA}	0.067 6	0.164 3	0.265 2	0.370 6	0.481 8	0.599 1	0.722 9
C_{LB}	0.067 6	0.164 4	0.265 2	0.370 7	0.481 9	0.599 0	0.722 9
相对误差/%	0.00	0.06	0.00	0.03	0.02	-0.02	0.00

表 5.6　不同设计顺序巡航级乘波体在设计马赫数下阻力系数对比

$\alpha/(°)$	-2	0	2	4	6	8	10
C_{DA}	0.022 6	0.032 1	0.049 8	0.076 3	0.112 5	0.159 4	0.217 2
C_{DB}	0.022 6	0.032 2	0.049 8	0.076 5	0.112 6	0.159 3	0.217 2
相对误差/%	0.00	0.31	0.00	0.26	0.09	-0.06	0.00

3) 滑翔级气动特性对比

表 5.7 和表 5.8 给出了不同设计顺序滑翔级乘波体在设计马赫数下升力系数、阻力系数的对比。同样可见,不同设计顺序的滑翔级乘波体在设计马赫数下升力系数和阻力系数的相对误差均在 1% 以下,这一结果和巡航级乘波体结果一致。

表 5.7　不同设计顺序滑翔级乘波体在设计马赫数下升力系数对比

$\alpha/(°)$	-2	0	2	4	6	8	10
C_{LA}	0.195 2	0.297 2	0.404 4	0.516 8	0.634 2	0.767 8	0.887 3
C_{LB}	0.195 3	0.297 2	0.404 5	0.516 9	0.634 0	0.767 6	0.887 5
相对误差/%	0.05	0.00	0.02	0.02	-0.03	-0.03	0.002

表 5.8　不同设计顺序滑翔级乘波体在设计马赫数下阻力系数对比

$\alpha/(°)$	-2	0	2	4	6	8	10
C_{DA}	0.045 6	0.069 7	0.104 2	0.149 4	0.205 7	0.274 1	0.355 1
C_{DB}	0.045 6	0.069 7	0.104 4	0.149 5	0.205 5	0.274 0	0.355 3
相对误差/%	0.00	0.00	0.02	0.07%	-0.10	-0.04	0.06

综上所述,变激波角吻切两级乘波体能够实现滑翔级和巡航级的较严格乘波,解决了基于吻切锥理论设计两级乘波体时滑翔级存在溢流的问题,同时也证明了吻切流场乘波设计方法在一定的条件下,也是一种很好的乘波设计方法。

5.3　多级变形乘波设计

5.3.1　背景和基本概念

高超声速乘波飞行器通常是以单马赫数为设计点进行设计,其在非设计状态下乘波特性和气动特性可能明显降低[117-119]。而未来高超声速乘波飞行器面临着在更宽广的速域范围飞行的实际要求,因此,满足宽速域飞行是乘波体设计的必然要求。

单一设计点乘波体固化的气动外形,使其难以在整个速域范围都保持良好的乘波特性。5.2 节所述的滑翔-巡航两级乘波体是先携带整流罩无动力滑翔飞行,滑翔结束后抛掉整流罩,随即启动超燃冲压发动机,带动力巡航飞行。该设计概念是利用乘波整流罩和巡航乘波前体,实现在两个马赫数条件下均能乘波飞行(高马赫数滑翔和低马赫数巡航)。而将智能变体技术[120-125]引入乘波体设计中,也可以有效地解决其宽速域乘波问题,称之为多级变形乘波体。

多级是指多个飞行马赫数,每一级均指一个特定的飞行马赫数。所谓多级变形乘波体,是指该乘波体在每一个马赫数下都对应一个乘波面,通过记忆合金等智能变形手段,在不同马赫数下由乘波面的变形来实现多级乘波飞行的变形飞行器。该乘波体具有如下特征。

(1) 多级变形乘波体具有同一个前缘线。类似于两级乘波概念提出的前缘线约束条件,这是实现多级变形乘波设计的一个约束条件。

(2) 多级变形乘波体上表面可以是同一个外形,也可以是不同外形,没有明确的约束限制。在实际设计过程中,只是采用了自由流面法进行辅助设计。

(3) 多级变形乘波体下表面随飞行马赫数变化,这是变形和多级适应的核心。

多级变形乘波体设计方法的应用背景主要有两个:一是多马赫数变形滑翔飞行;二是多马赫数变形巡航飞行。前者可以保证飞行器在不同马赫数条件下均能乘波飞行;后者可以保证飞行器前体在不同马赫数条件下都能完成预压缩功能,保持进气道的激波封口特性。

本节分别基于锥导理论和吻切锥理论,设计生成多级变形乘波体构型,并采用数值模拟的方法对设计方法的正确性和有效性进行验证。

5.3.2　锥导多级变形乘波体设计

1. 设计原理

当在锥形流场中生成乘波体构型时,生成的乘波体称为锥导乘波体。其中,锥形流是指超声速气流绕无限长零攻角圆锥的流动,锥形流场如图 5.73 所示。如图 5.74 所示,常规的锥导乘波体是基于单一马赫数设计的单级锥导乘波体,设计过程中需要给定基本几何特征型线和基准流场设计参数。其中,基本几何特征型线包括上表面底部型线和激波底部型线,基准流场设计参数包括圆锥激波角和来流马赫数等。

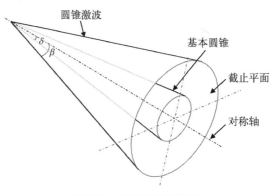

图 5.73　锥形流场示意图

通过流动参数和设计参数,采用锥形流理论可以唯一确定基本圆锥和圆锥激波,即唯一确定了圆锥基准流场。在自由来流场中采用自由流面法可以得到乘波体前缘线(前缘线定义为上表面和下表面的交线),在圆锥基准流场中采用

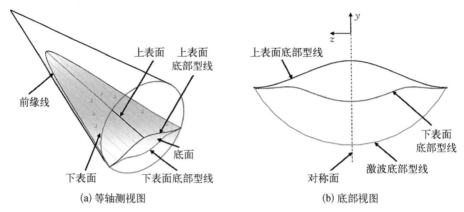

图 5.74　单级锥导乘波体设计原理示意图

流线追踪方法可以得到下表面底部型线(下表面底部型线定义为下表面和底面的交线)。上表面、下表面和底面即构成了常规的单级锥导乘波体构型。

　　如图 5.75 所示,当给定一个固定的激波角 β 和来流马赫数时,可以唯一确定一个圆锥激波和激波流场(基准流场)。如果固定一个激波角 β,给定多个不同的设计马赫数,则可以对应生成多个不同的基本圆锥,从而可以得到多个不同的锥形流场,这些锥形流场的共同点是圆锥激波面一致(同一个激波角 β)。因此,当选取同一个截止平面作为乘波体底部截面,并截取其中的一段圆弧作为设计输入的激波底部型线,且给定乘波体的上表面底部型线时,可以通过自由流面法唯一确定一条前缘线。前缘线与上表面底部型线放样可以生成乘波体上表面。

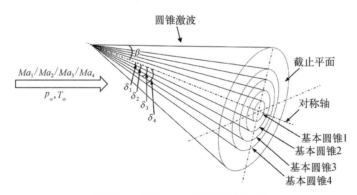

图 5.75　多级锥形流场原理示意图

2. 设计步骤

多级锥导乘波体构型生成过程包括以下四个步骤。

第一步,给定乘波飞行器的飞行速域范围及任务要求,根据飞行速域范围及任务要求提取设计马赫数范围$[Ma_{min}, Ma_{max}]$,并确定多级乘波体的级数 n 和各级乘波体的设计马赫数。

第二步,给定一个固定的激波角 β 和来流参数,并将第一步中的各级设计马赫数作为设计参数,求解多个超声速轴对称圆锥基准流场。

对于锥形流场,当给定设计激波角、设计马赫数和来流静压、来流静温等输入参数时,可以利用 Taylor-Maccoll 方法求解得到超声速轴对称圆锥基准流场。此处求解时,设计参数包括一个固定的激波角和四个设计马赫数,基于固定的激波角 β,可以求解得到一个基准圆锥激波面及激波后的特征线网格节点的位置和流动参数;然后将来流静压、来流静温等作为输入参数,基于不同的设计马赫数,利用 Taylor-Maccoll 方法,即可求得多个超声速轴对称圆锥基准流场。

第三步,给定激波底部型线和多级乘波体的上表面底部型线,求解前缘线和各级乘波体的下表面。类似于单级乘波体的生成过程,多级乘波体的生成也需要提供基本几何特征型线,设计多级乘波体时给定激波底部型线和上表面底部型线,如图 5.76 所示。

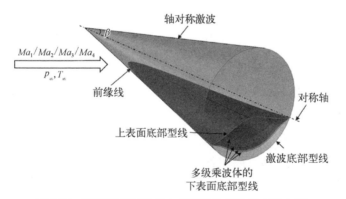

图 5.76   基于锥导理论的多级乘波体设计原理示意图

由于各个基准流场的轴对称激波面相同,各级乘波体的激波底部型线一致;由于前缘线的求解是基于自由流面法,当给定上表面底部型线时,可以唯一确定前缘线;当设计马赫数不同时,基准流场的基准圆锥不同,所以各级乘波下表面是在不同的基准流场中求得的的。

首先,在基于第一级设计马赫数 Ma_1 求解的基准流场中从前缘点开始向后进行流线追踪,得到第一级乘波体的后缘点和下表面流线,一系列的流线放样生成第一级乘波下表面;其次,在基于第二级设计马赫数 Ma_2 求解的基准流场中从前缘点开始向后进行流线追踪,得到第二级乘波体的后缘点和下表面流线,一系列的流线放样生成第二级乘波下表面;以此类推,分别得到第三级乘波下表面和第四级乘波下表面。

第四步,构建乘波体上表面,并用第一级乘波体的底面作为多级乘波体的底面,与各级乘波面一起构成多级乘波体构型。

上表面底部型线与第三步中求得的前缘线放样生成多级乘波体上表面,上表面底部型线与第一级乘波体底部型线放样生成多级乘波体底面,如图5.77 (a)所示。至此,上表面、第一级乘波下表面、第二级乘波下表面、第三级乘波下表面、第四级乘波下表面及底面构成多级乘波体构型,如图5.77(b)所示。

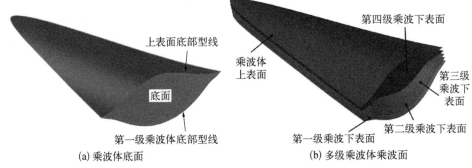

(a) 乘波体底面   (b) 多级乘波体乘波面

图 5.77 基于锥导理论的多级乘波体底面及分解示意图

多级乘波体结合变体策略即可进行变体飞行,其中,智能材料和结构[126,127]的应用就是一种变体策略。来流条件对智能变形材料的结构变形能力有影响[127],使用智能变形材料,多级乘波体可以根据任务的需求自适应地改变外形,从而使得乘波飞行器可以在各个飞行马赫数下均保持乘波特性。当多级乘波体作为滑翔飞行器时,以飞行马赫数从 12 到 6 为例,在飞行器从 $Ma=12$ 滑翔飞行至 $Ma=10$ 的过程中,通过控制总温等参数使得第一级乘波下表面智能变形为第二级乘波下表面,以此类推,在飞行器从 $Ma=10$ 滑翔飞行至 $Ma=8$ 的过程中,第二级乘波下表面智能变形为第三级乘波下表面,在飞行器从 $Ma=8$ 滑翔飞行至 $Ma=6$ 的过程中,第三级乘波下表面智能变形为第四级乘波下表面。最后,飞行器可以 $Ma=6$ 进行巡航飞行。

3. 设计实例

基于多级乘波体设计原理,本节给定具体的设计输入参数,生成锥导多级变形乘波体构型实例。选取设计马赫数为 6~12,等分为 4 份,即 $Ma_1=12$, $Ma_2=$

10, $Ma_3 = 8$ 和 $Ma_4 = 6$。也就是说,所设计的多级乘波体为四级。如图 5.78 所示,给定激波底部型线方程如下:

$$y_{-\text{shock}} = R_s \times \cos \Phi \qquad (5.15)$$

$$z_{-\text{shock}} = R_s \times \sin \Phi \qquad (5.16)$$

其中,R_s 为锥形激波在底部截面的半径,Φ 为底部截面的半展角。

给定上表面底部型线方程如下:

$$y_{-\text{upper}} = a \times |z|^3 + b \times z^2 + c \times z + d \qquad (5.17)$$

其中,系数 a、b、c、d 通过图 5.78 和图 5.79 的几何关系求得,分别如式(5.18)~式(5.21)所示:

$$d = - r_0 \qquad (5.18)$$

$$c = \tan \delta_1 \qquad (5.19)$$

$$b = \left[3 \times (y_2 - d - c \times z_2) - z_2 \times \tan \delta_2 + z_2 \times c \right]/z_2^2 \qquad (5.20)$$

$$a = (y_2 - d - c \times z_2 - b \times z_2^2)/z_2^3 \qquad (5.21)$$

其中,$r_0 = R_s - L_w \times \tan\beta$, L_w 为乘波体长度;δ_1 为上表面底部型线在点 1 位置的倾斜角;δ_2 为上表面底部型线在点 2 位置的倾斜角;(y_2, z_2) 为上表面底部型线在点 2 位置的坐标值。

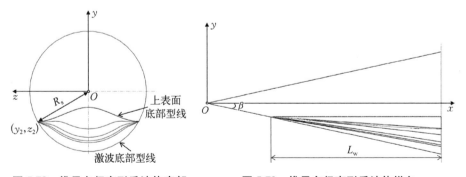

图 5.78　锥导多级变形乘波体底部截面示意图　　图 5.79　锥导多级变形乘波体纵向对称截面示意图

表 5.9 给出了本节选用的设计参数,其中 W 为乘波体宽度,设计生成的外形如图 5.80 所示,图 5.81 给出了锥导多级变形乘波体的三视图。

表 5.9　多级锥导乘波体设计参数

设计参数	数值
$Ma_1/Ma_2/Ma_3/Ma_4$	12/10/8/6
β	12°
Φ	60°
L_w	6 m
δ_1	0°
δ_2	0°
W	3 m

图 5.80　锥导多级变形乘波体外形

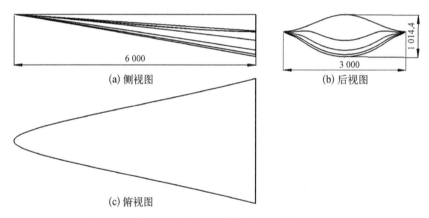

图 5.81　锥导多级变形乘波体三视图(单位: mm)

4. 乘波特性验证

1) 计算条件

多级乘波体构型需要在宽速域范围内飞行,因此,本节计算算例的选取基于一条等动压弹道,选取典型的飞行条件为 $Ma=6$、$H=25.0$ km,此状态下的动压 q 为 64.2 kPa。对应 $Ma=12$、$Ma=10$、$Ma=8$ 的飞行高度 H 分别为 34.3 km、31.8 km、28.8 km。所有算例的侧滑角均为 0°,攻角分别取 0°、2°、4°。来流参数取自标准大气参数表,表 5.10 给出了来流条件。

表 5.10　锥导多级变形乘波体在不同马赫数下的来流条件

Ma_∞	H/km	q/kPa	T_∞/K	p_∞/Pa	$\rho_\infty/(kg/m^3)$	$\mu_\infty/(N \cdot s/m^2)$
6	25.0	64.2	221.6	2549	4.0×10^{-2}	1.45×10^{-5}
8	28.8	64.6	225.3	1432	2.2×10^{-2}	1.47×10^{-5}

（续表）

Ma_∞	H/km	q/kPa	T_∞/K	p_∞/Pa	$\rho_\infty/(\text{kg/m}^3)$	$\mu_\infty/(\text{N·s/m}^2)$
10	31.8	64.1	228.3	916	1.4×10^{-2}	1.48×10^{-5}
12	34.3	64.0	234.6	635	9.4×10^{-3}	1.52×10^{-5}

2）乘波特性分析

图 5.82 所示为无黏条件下锥导多级变形乘波体各级底部横截面压力分布云图，其中，红色虚线为激波的设计位置。由图可见，每一级乘波体均具有较好的乘波特性，乘波体两侧基本没有出现溢流现象；每一级乘波体的底部激波位置基本上相同，且与激波的设计位置吻合较好，验证了多级锥导乘波设计方法的正确性。

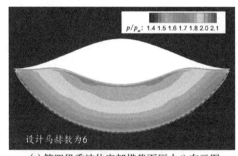
(a) 第四级乘波体底部横截面压力分布云图

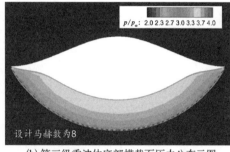
(b) 第三级乘波体底部横截面压力分布云图

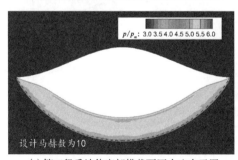
(c) 第二级乘波体底部横截面压力分布云图

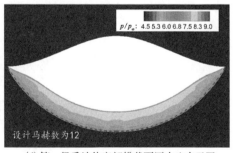
(d) 第一级乘波体底部横截面压力分布云图

图 5.82　锥导多级变形乘波体各级底部横截面压力分布云图（无黏结果）

结合适当的变体飞行策略[126]，多级乘波体可以在飞行过程中改变外形，使得其始终在设计马赫数状态下乘波飞行。这样当多级乘波体用于吸气式巡航飞行器的前体时，激波可以始终在唇口处具有封口特性，有利于乘波前体与进气道的一体化设计。

5.3.3　吻切锥多级变形乘波体设计

与单级锥导乘波体相同,基于锥导理论生成的锥导多级变形乘波体激波底部型线局限于圆弧形状,因此锥导多级变形乘波体不适合作为机体/进气道一体化构型的前体。此时,可以采用基于吻切锥理论的多级乘波体设计方法进行改进设计。

1. 设计原理

吻切锥乘波体的激波底部型线不再局限于圆弧形状,但是可以看作由无限多个圆弧段组成的曲线。如图 5.83 所示,传统单级吻切锥乘波体设计过程可以概述为:给定激波底部型线后,将其划分为很多个小段圆弧,每一段均可以看作一段圆锥激波,产生该段激波的圆锥即吻切锥,经过该段激波底部型线上的点和对应吻切锥轴线的平面即吻切平面,在每个吻切平面内,圆锥顶点位置由激波角和该段激波圆弧的曲率中心确定,锥形流场通过求解 Taylor-Maccoll 流动控制方程等得到,通过对前缘点或底部型线点进行流线追踪得到相应的流线,将所有吻切平面内的流线组合形成吻切锥乘波体的下表面,上表面通过自由流面法得到。吻切锥多级变形乘波设计原理就是采用吻切锥乘波设计方法进行每一级乘波体设计。

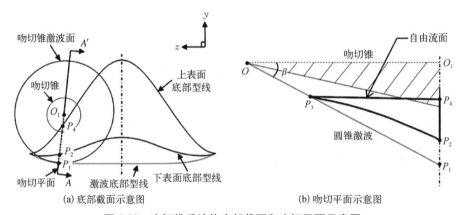

图 5.83　吻切锥乘波体底部截面和吻切平面示意图

2. 设计步骤

类似锥导多级乘波体设计过程,设计吻切锥多级变形乘波体构型时,需要给定基本几何特征型线、设计参数及基准流场的来流参数。其中,给定的上表面底部型线、设计参数和基准流场的来流参数与 5.3.2 节相同,但激波底部型线设计为一条二阶导数连续的曲线。

吻切锥多级变形乘波体的具体设计步骤如下。

第一步,给定飞行器的飞行速域范围及任务要求,根据飞行速域范围及任务要求提取设计马赫数范围 $[Ma_{\min}, Ma_{\max}]$，并确定多级乘波体的级数 n 和各级乘波体的设计马赫数。

第二步，对给定的激波底部型线进行离散，针对任一离散点 P_1，得到过该点的曲率圆和圆心 O_1 点。P_1 点与 O_1 点的连线与上表面底部型线相交于点 P_4。

第三步，给定一个固定的激波角 β，通过几何关系求解即可得到过点 P_1 的吻切锥和吻切锥的顶点 O，过点 P_1 与吻切锥轴线的平面则为对应的吻切平面。点 P_4 向前延伸（自由流面法）与 OP_1 连线相交于点 P_3，点 P_3 即前缘点。

第四步，以第一级乘波体的设计马赫数 Ma_1 为设计参数，并给定基准流场的来流参数作为输入，求得吻切平面 AA' 对应的锥形流场，并在该锥形流场中从前缘点 P_3 向后进行流线追踪，即可得到对应的后缘点 P_2。以此类推，针对激波底部型线上的每一个离散点重复上述操作，即可得到一系列的前缘点、后缘点和相应流线。所有的前缘点光滑连接成前缘线，所有的后缘点光滑连接成下表面底部型线，前缘线与上表面底部型线放样生成多级乘波体的上表面，所有的下表面流线放样生成第一级乘波下表面。

第五步，依次以第二级，第三级，$\cdots$，第 n 级乘波体的设计马赫数 Ma_2，Ma_3，$\cdots$，Ma_n 为设计参数，求得对应的锥形流场，并采用流线追踪方法得到各级乘波体下表面的流线和后缘点，再依次放样生成第二级乘波下表面，第三级乘波下表面，$\cdots$，第 n 级乘波下表面。

第六步，由上表面底部型线和第一级乘波体的下表面底部型线生成多级乘波体底面。

至此，基于吻切锥理论的多级乘波体构型设计完成。如图 5.84 所示，基于吻切锥理论的多级乘波体由一个上表面、n 个乘波下表面和一个底面组成。不同于基于锥导理论生成的多级乘波体构型，基于吻切锥理论生成的多级乘波体

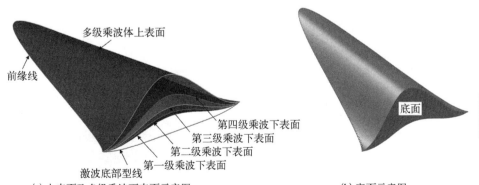

(a) 上表面及多级乘波下表面示意图　　　　　(b) 底面示意图

图 5.84　基于吻切锥理论的多级乘波体构型示意图

构型的设计激波底部型线不再局限于圆弧,可以是任意二阶导数连续的曲线。

3. 设计实例

基于吻切锥理论生成多级乘波体构型,激波底部型线可以设计为任意二阶导数连续的曲线。若乘波体作为吸气式飞行器的前体,则进气道通常安装在乘波体展向的中间位置,因此,为了使进气道入口处获得均匀流场,激波底部型线的中间部分设计为直线;为了提高容积效率,激波底部型线的外缘部分设计为指数函数。如图5.85所示的乘波体底部截面,给定激波底部型线方程如式(5.22)所示:

$$y = \begin{cases} A \times (z - L_s)^4, & z > L_s \\ 0, & -L_s \leqslant z \leqslant L_s \\ A \times (z + L_s)^4, & z < -L_s \end{cases} \tag{5.22}$$

其中,L_s为激波底部型线上直线段长度的一半,$L_s = 0.1W$,W为乘波体宽度。

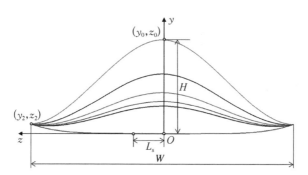

图5.85 基于吻切锥理论的多级乘波体底部截面示意图

给定上表面底部型线方程如式(5.17)所示。

表5.11给出了本节选用的设计参数,设计生成的外形如图5.86所示,图5.87给出了吻切锥多级变形乘波体的三视图。

表5.11 吻切锥多级变形乘波体设计参数

设计参数	数 值
$Ma_1/Ma_2/Ma_3/Ma_4$	12/10/8/6
β	12°
L_w	6 m
δ_1	0°
δ_2	0°
W	3 m

图5.86 吻切锥多级变形乘波体外形

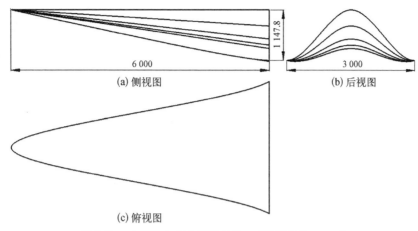

(a) 侧视图　　　　　　　　　　(b) 后视图

(c) 俯视图

图 5.87　吻切锥多级变形乘波体三视图(单位: mm)

4. 乘波特性验证

数值模拟计算状态与 5.3.2 节相同,具体见表 5.10。图 5.88 给出了无黏条件下吻切锥多级变形乘波体各级底部横截面压力分布云图,其中虚线为激波底部型线的设计位置。

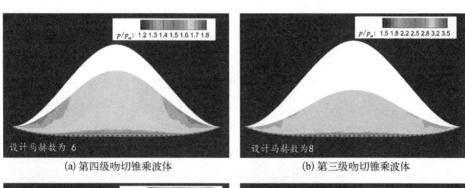

(a) 第四级吻切锥乘波体　　　　　(b) 第三级吻切锥乘波体

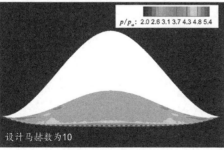
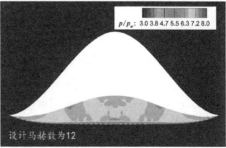

(c) 第二级吻切锥乘波体　　　　　(d) 第一级吻切锥乘波体

图 5.88　吻切锥多级变形乘波体各级底部横截面压力分布云图(无黏结果)

从图中结果可知,每一级吻切锥乘波体均具有较好的乘波特性,乘波体两侧均没有明显的溢流现象。每一级吻切锥乘波体的底部激波位置基本上相同,且与设计输入的激波位置吻合较好,乘波特性显著,验证了吻切锥多级乘波设计方法的正确性。

若将该类构型用于机体/进气道一体化设计中,吻切锥多级乘波体在每一个飞行马赫数下都具有乘波特性,且激波底部型线不再局限于圆弧,可以使得进气道入口处的气流更加均匀,且在较宽的马赫数范围内均有唇口激波封口特性,更加适用于宽速域进气道的设计。

通过本节介绍,得到有关多级变形乘波体设计的主要结论如下。

(1) 锥导多级变形乘波体和吻切锥多级变形乘波体构型具有一个上表面和多个乘波下表面,且各级乘波面均能在设计状态下具有乘波特性。

(2) 多级变形乘波体适用于宽马赫数速域的高超声速滑翔飞行,也可用于吸气式飞行器的进气道压缩面设计,能够保证在宽马赫数范围内激波封口,具有较好的气流压缩和捕获进气特性。

5.4 脊形乘波设计

5.4.1 背景和基本概念

乘波体具有良好的高超声速乘波特性,使用乘波设计方法可以实现高超声速飞行器下表面的流线形设计,使得高超声速飞行器比较容易实现高升阻比的气动特性。但是,乘波体的上表面通常采用自由流面法进行设计,结合比较平坦的流线形下表面,使得乘波体的容积率较低。这就是高超声速飞行器气动设计中的一个主要困难:升阻比与容积率的矛盾。为了解决这个矛盾,可以从乘波体上表面形状的设计改进入手,在不影响乘波体下表面设计的基础上,改进乘波体的容积特性。

超声速脊形前体具有良好的容积率特性,同时也是超声速飞机实现过失速飞行的重要部件,具有可探测性低、超声速大攻角飞行气动特性好等优点。该构型主要由切拱弧和脊形边缘组成,最早应用于 A-12 侦察机的气动外形设计中,并在其衍生出的 YF-12 战斗机、D-21 无人侦察机和 SR-71 侦察机上得到了延续。如图 5.89 所示,在 F-22 等先进超声速战斗机的气动外形设计中,超声速脊形前体仍然发挥着重要作用。

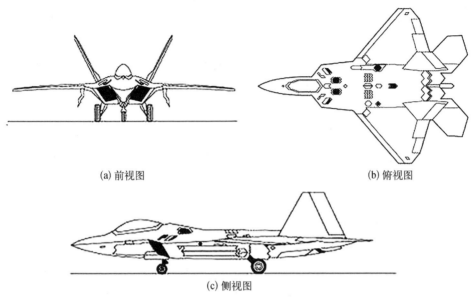

(a) 前视图

(b) 俯视图

(c) 侧视图

图 5.89　F-22 超声速战斗机三视图

Roos 和 Kegelman[128]研究了不同前体构型在大攻角时的涡流场特点,具体涉及圆锥前体、椭圆锥前体和脊形前体。结果显示,脊形前体在任何攻角下的法向力均大于其他两种构型。造成这一现象的原因是,脊形前体在上表面产生了较强的涡和较高的负压,且背风面的大部分区域受到涡的影响,具体流场结构如图 5.90 所示。研究[129]还发现,脊形前体在背风面所产生的涡结构与大后掠三角翼相似。Roos 和 Magness[130] 的研究表明,脊形前体在无侧滑时流场没有出现不对称的现象,同时脊形前体有着较好的方向稳定性。相比之下,圆锥和椭圆锥前体在所有攻角下都存在着较大的方向不稳定性。

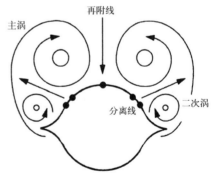

图 5.90　脊形前体背风面涡流场结构示意图

鉴于脊形前体具有上述优良的超声速气动特性,完全可以尝试将其引入高超声速气动外形设计中,取长补短,发挥其高容积率、高升力、航向稳定的优势,改进乘波体的低容积率特性。超声速脊形前体的特点在于其脊形边缘和光滑拱起。其中,脊形边缘可以与乘波体的尖锐边缘相结合,避免上表面对下表面的乘波特性产生影响;脊形前体设计中的光滑拱起则可以解决乘波体设计中存在的容积偏小、容积率不高等问题。因此,脊形前体和乘波体下表面的结合就形成了脊形乘波体的概念:其下表面仍然为乘波面,上表面采用脊形拱起设计,以此改善乘波构型的容积特性和气动特性。一般乘波体沿前缘线将流场分割成上下互不干扰的两个部分,而脊形乘波体同样以其前缘线将流场分割为上下互不干扰的部分,其上、下表面流场也互不干扰。

本节对脊形乘波体设计方法进行具体介绍。鉴于工程实际应用中的高超声速飞行器一般采用钝化前缘进行热防护,本节也对脊形乘波体的一体化前缘钝化设计方法进行介绍。

5.4.2 基于超椭圆曲线的脊形吻切锥乘波体设计

1. 超椭圆脊形吻切锥乘波体设计方法

Ravi 和 Mason[131] 提出了一种参数化脊形前体的设计方法,即利用超椭圆方程来得到脊形前体的横截面曲线,利用切线尖拱和直线段的组合来设计脊形前体的俯视投影轮廓线。超椭圆曲线方程的表达式为

$$\left(\frac{z}{b}\right)^{2+n} + \left(\frac{y}{a}\right)^{2+m} = 1 \tag{5.23}$$

其中,n 和 m 为方程的自适应参数,可以控制超椭圆曲线在对称面处和边缘处的斜率;b 和 a 分别为超椭圆曲线的宽半径和高半径。

高宽比 a/b 和自适应参数 n 对于超椭圆曲线形状的影响如图 5.91 所示,图中横轴为 y 方向坐标,纵轴为 z 方向坐标,分别以高半径 a 做无量纲化;图中给出了宽高比 b/a 分别为 1.5、1.0 和 0.5 的三种超椭圆曲线。

Ravi 和 Mason 采用超椭圆方程来生成脊形前体的原因有以下几点:

(1) 利用超椭圆曲线进行设计比较灵活,有限的参数可以设计出较多的外形;

(2) 超椭圆曲线具备了脊形前体的主要特征,即有着脊形边缘和光滑拱起;

(3) 超椭圆方程的形式简单,且可以对脊形边缘的斜率进行控制。

在对比了不同高宽比 a/b 和不同自适应参数 n 的设置之后,Ravi 和 Mason 发现高宽比等于 0.5 时,脊形前体的方向稳定性最好,且自适应参数 n 对于方向稳定性的影响不大。

2. 超椭圆脊形吻切锥乘波体设计步骤

从 Ravi 和 Mason 的参数化超声速脊形前体设计方法出发,采用超椭圆曲线来

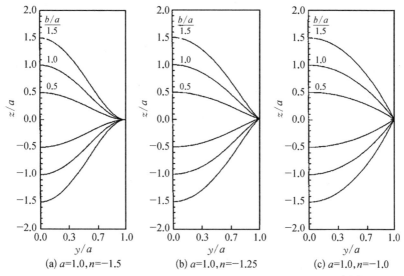

图 5.91　不同参数设置对于超椭圆曲线形状的影响($m=0$) [131]

设计脊形乘波体的上表面,下表面则是采用吻切锥乘波设计方法来进行设计,从而得到基于超椭圆曲线的脊形吻切锥乘波体(chined osculating cone waverider),简称超椭圆脊形吻切锥乘波体。相应地,该类乘波体的设计参数可以分为三类,即总体设计参数、下表面设计参数和上表面设计参数。其中,总体设计参数为乘波体的长度 L 和宽度 W 。

基于超椭圆曲线的脊形吻切锥乘波设计步骤如下:

(1)给定总体设计参数;

(2)给定下表面设计参数和设计型线,由吻切锥乘波设计方法生成乘波体下表面流线;

(3)给定上表面设计参数,获取前缘线,并对其进行离散,获取离散点坐标信息;

(4)以前缘线离散点为基础,采用超椭圆曲线生成横截面上的上表面轮廓线;

(5)将所有下表面流线、上表面轮廓线进行放样,封闭底部得到脊形吻切锥乘波体。

接下来从下表面和上表面两个方面对设计方法进行详细介绍。

1)超椭圆脊形吻切锥乘波体下表面设计

一般而言,乘波体的前缘线为空间三维曲线,且无简便的解析表达式可用。而超椭圆曲线的设计基准为平面,如果采用超椭圆曲线在三维乘波体前缘线的基础上进行上表面的参数化设计,则上下表面将有可能交叉,导致无法有效生成乘波体。

因此在设计流程中,考虑给定临时上表面底部型线和激波底部型线的方法来生成下表面,且将临时上表面底部型线设置为直线段,以保证乘波体前缘线为平面曲线,避免上、下表面分别设计时产生交叉的问题。在完成超椭圆脊形吻切锥乘波体下表面设计之后,此临时上表面底部型线不参与超椭圆脊形吻切锥乘波体底面的封闭步骤。也就是说,临时上表面底部型线在设计过程中,只是起到生成乘波体前缘线及下表面的辅助设计作用。

超椭圆脊形吻切锥乘波体临时上表面底部型线公式为

$$y = 0, \quad -\frac{W}{2} \leqslant z \leqslant \frac{W}{2} \tag{5.24}$$

超椭圆脊形吻切锥乘波体激波底部型线公式为

$$y = Az^q - h, \quad -\frac{W}{2} \leqslant z \leqslant \frac{W}{2} \tag{5.25}$$

其中,

$$\begin{cases} A = \left(\dfrac{2}{W}\right)^q L_w \tan\beta \\ h = L_w \tan\beta \end{cases} \tag{5.26}$$

当指数 q 确定后,激波底部型线的具体表达式由长度 L_w、宽度 W 和激波角 β 三个参数共同决定。然而需要注意的是,对于特定的设计马赫数 Ma、长度 L_w、宽度 W 和指数 q,激波角存在一定的取值范围限制。

首先,求解锥形流场时,需要利用斜激波关系式获得圆锥激波后的流场参数作为数值计算的初值。气流偏转角 θ 为 $0°$ 时对应的激波角(马赫角)为其取值下限,由式(5.27)求得

$$\beta_{\min} = \arcsin\frac{1}{Ma_1} \tag{5.27}$$

其中,Ma_1 为波前马赫数。

其次,利用吻切锥乘波设计方法对乘波体进行设计时,激波底部型线和上表面底部型线也必须满足一定的几何关系。其中,激波底部型线上任意点的曲率半径 R 必须大于该点沿曲线法向到上表面底部型线的距离 d,具体如图 5.92 所

示。这一约束使得激波角 β 受到 L_w、W 和 q 的限制而存在一个取值上限。对应地,如果给定激波角 β 和 q,则乘波体的展长比 W/L_w 存在着一个最小值,其几何约束关系为

$$R \geqslant d \quad (5.28)$$

其中,

$$\begin{cases} R = \dfrac{(1 + y'^2)^{\frac{3}{2}}}{|y''|} \\ d = |y| \sqrt{1 + y'^2} \end{cases} \quad (5.29)$$

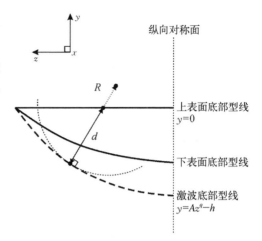

图 5.92　吻切锥乘波体激波底部型线和上表面底部型线几何约束示意图

举例来说,当 $Ma = 10.0$、$\dfrac{W}{L_w} = 0.5$ 且 $q = 2$ 时,激波角 β 的取值为 $[5.74°, 9.94°]$。

2)超椭圆脊形吻切锥乘波体上表面设计

在下表面生成之后,利用超椭圆曲线生成超椭圆吻切锥脊形乘波体的上表面,超椭圆曲线方程见式(5.23)。求 y/a 对 z/b 的偏导数,可得

$$\frac{\mathrm{d}\bar{y}}{\mathrm{d}\bar{z}} = \begin{cases} \infty, & n > -1 \\ -(2 + m)\,\bar{z}^{(1+m)}, & n = -1 \\ 0, & n < -1 \end{cases} \quad (5.30)$$

其中,$\bar{z} = z/b$;$\bar{y} = y/a$;对于 m 而言,其值越大时,横截面越接近矩形,故而一般取 $m = 0$;为了较好地体现脊形边缘特征,参数 n 的取值一般设置为 $(-2, -1]$,此时边缘的斜率为 0。

上表面的具体设计步骤如图 5.93 所示,如下所述:

(1)对前缘线沿纵向进行离散获得一系列离散点。由于乘波体前缘线关于纵向对称面对称,离散点也设置为关于纵向对称面对称。

(2)获取每一对离散点之间的水平距离 W_x 及其到前缘顶点的距离 d_x。

(3)给出 n、m、a/b 的值或者变化规律。

(4)利用超椭圆曲线设计出乘波体的上表面在各个站位处的轮廓线,其中 $b = \dfrac{W_x}{2}$。

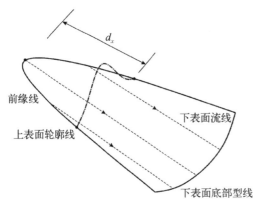

图 5.93　在某一纵向站位生成上表面轮廓线示意图

（5）将所有上表面轮廓线光滑连接起来得到上表面。

为增大超椭圆脊形吻切锥乘波体上表面的设计空间,将高宽比 $\dfrac{a}{b}$ 设置为沿纵向变化,具体变化规律为

$$a/b = (a/b)_e \left[r + (1-r)\left(\frac{d_x}{L_w}\right)^p \right] \tag{5.31}$$

其中,$(a/b)_e$ 为底部截面处的上表面高宽比;r 为乘波体前缘顶点处高宽比与底部截面处高宽比之比;p 为函数的指数。

3. 设计实例及参数影响分析

正交试验设计方法基于均衡分布思想,应用组合数学理论构造正交表并设置试验点,通过对试验结果进行分析处理,可以获得所研究的因素对于试验指标的影响[132]。本节采用正交试验设计方法来研究部分设计参数对于超椭圆脊形吻切锥乘波体性能的影响规律。

1）正交试验设计

在高超声速飞行器气动外形的设计过程中,一般会给定飞行器的长度、宽度和设计马赫数。此外,在设计吸气式乘波飞行器时,乘波前体的激波底部型线会设计成与进气道唇口相吻合的形式。因此,在正交试验设计时,保持超椭圆脊形吻切锥乘波体的设计参数 L_w、W、Ma、q 和 m 不变,研究其他 5 个设计参数对乘波体可用升阻比和容积率的影响。

针对上表面 5 个设计参数,即 n、$(a/b)_e$、r、p 和激波角 β,采用 $L_{16}(4^5)$ 正交表,共需进行 16 次 CFD 计算以获取气动特性参数。具体各参数设置和正交试验因素水平设置如表 5.12 和表 5.13 所示。

表 5.12　部分设计参数设置表

设计参数	L_w/m	W/m	Ma	q	m
数值	3.6	1.8	10.0	2	0

表 5.13　正交试验因素水平设置表

水　平	$\beta/(°)$	n	$(a/b)_e$	r	p
1	6.0	−1.2	0.3	0.0	0.0
2	7.0	−1.4	0.4	0.3	0.3
3	8.0	−1.6	0.5	0.6	0.6
4	9.0	−1.8	0.6	0.9	0.9

由表 5.13 可以得到 16 组参数,由每组参数可以设计得到一个超椭圆脊形吻切锥乘波体,各乘波体外形的设计参数如表 5.14 所示。

表 5.14　超椭圆脊形吻切锥乘波体外形设计参数表

设 计 实 例	参　　数				
	$\beta/(°)$	n	$(a/b)_e$	r	p
Case5.4_6	6.0	−1.2	0.3	0.0	0.0
Case5.4_7	6.0	−1.4	0.4	0.3	0.3
Case5.4_8	6.0	−1.6	0.5	0.6	0.6
Case5.4_9	6.0	−1.8	0.6	0.9	0.9
Case5.4_10	7.0	−1.2	0.4	0.6	0.9
Case5.4_11	7.0	−1.4	0.3	0.9	0.6
Case5.4_12	7.0	−1.6	0.6	0.0	0.3
Case5.4_13	7.0	−1.8	0.5	0.3	0.0
Case5.4_14	8.0	−1.2	0.5	0.9	0.3
Case5.4_15	8.0	−1.4	0.6	0.6	0.0
Case5.4_16	8.0	−1.6	0.3	0.3	0.9
Case5.4_17	8.0	−1.8	0.4	0.0	0.6
Case5.4_18	9.0	−1.2	0.6	0.3	0.6
Case5.4_19	9.0	−1.4	0.5	0.0	0.9
Case5.4_20	9.0	−1.6	0.4	0.9	0.0
Case5.4_21	9.0	−1.8	0.3	0.6	0.3

设计获得的各超椭圆脊形吻切锥乘波体具体外形如图 5.94 所示。

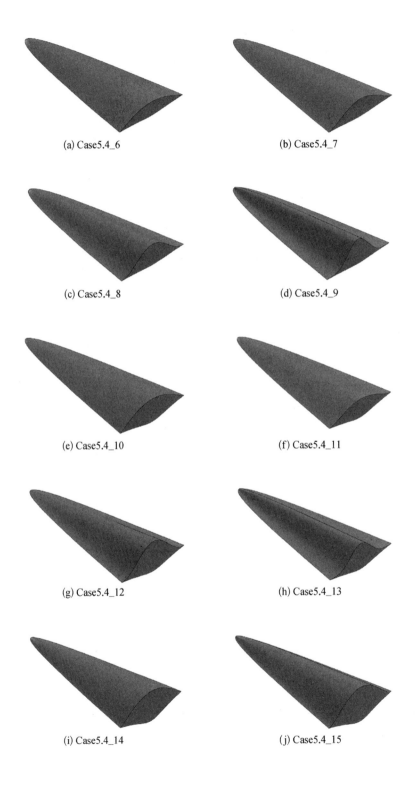

(a) Case5.4_6

(b) Case5.4_7

(c) Case5.4_8

(d) Case5.4_9

(e) Case5.4_10

(f) Case5.4_11

(g) Case5.4_12

(h) Case5.4_13

(i) Case5.4_14

(j) Case5.4_15

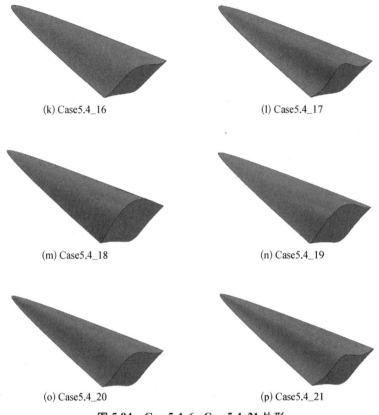

(k) Case5.4_16　　　　　　　　　　　(l) Case5.4_17

(m) Case5.4_18　　　　　　　　　　　(n) Case5.4_19

(o) Case5.4_20　　　　　　　　　　　(p) Case5.4_21

图 5.94　Case5.4_6~ Case5.4_21 外形

2）参数影响分析

对于滑翔类飞行器的最优滑翔距离,阮春荣[133]指出,以最大升阻比飞行获得的滑翔距离与最优解的差别不到1%。而对乘波体气动特性的研究表明,其最大升阻比往往出现在大于0°的某个小攻角处[134]。高超声速飞行器一般也会以一个非0°小攻角滑翔飞行,因此,研究乘波体的非0°攻角可用升阻比相对于0°攻角升阻比更具实际意义。

针对前面设计得到的超椭圆脊形吻切锥乘波体,在设计马赫数($Ma=10.0$)和实用攻角($\alpha=6°$)状态下进行数值计算,得到其可用升阻比L/D、容积V、表面积S、容积率($\eta=V^{\frac{2}{3}}/S$)等参数,表 5.15 给出了各因素所对应的不同指标的极差值,其中$R_{\eta i}$和$R_{(L/D)i}$分别表示容积率和可用升阻比对应的第i个因素的极差。某一因素对应的极差值越大,该因素对于相应指标的影响也就越大。

表 5.15　各因素极差分析结果

指　标	因　　素				
	$\beta/(°)$	n	$(a/b)_e$	r	p
$R_{\eta i}$	0.028	0.017	0.019	0.005	0.005
$R_{(L/D)i}$	2.452	0.537	1.141	0.229	0.076

　　图 5.95~图 5.104 给出了各因素对容积率(或可用升阻比)的影响曲线,反映了各因素对相应指标的影响水平。

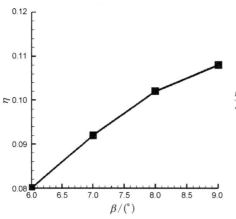

图 5.95　容积率随激波角变化曲线

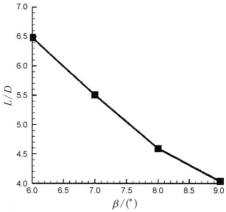

图 5.96　可用升阻比随激波角变化曲线

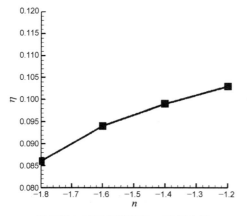

图 5.97　容积率随参数 n 变化曲线

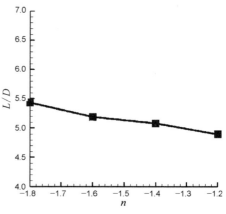

图 5.98　可用升阻比随参数 n 变化曲线

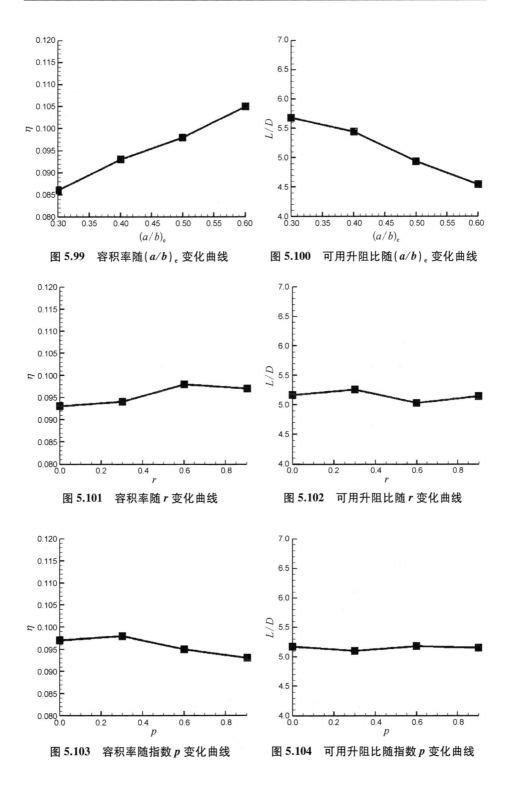

图 5.99　容积率随$(a/b)_e$变化曲线　　图 5.100　可用升阻比随$(a/b)_e$变化曲线

图 5.101　容积率随 r 变化曲线　　图 5.102　可用升阻比随 r 变化曲线

图 5.103　容积率随指数 p 变化曲线　　图 5.104　可用升阻比随指数 p 变化曲线

由表 5.15 可知,激波角 β 对容积率的影响最大,其次是 $(a/b)_e$ 和设计参数 n,而 p 和 r 对于容积率的影响较小。具体而言,当激波角 β 增大时,乘波体的容积率也随之增大;而 n 和 $(a/b)_e$ 也对容积率产生类似的影响效果。但从图 5.101 和图 5.103 中无法得到 r 和 p 对于容积率的明确影响规律。

同理,由表 5.15 可以发现,对可用升阻比影响从大到小的因素依次是 β、$(a/b)_e$、n、r 和 p。相对而言,β 和 $(a/b)_e$ 的影响更加显著且两者的作用效果相似。即当 β 和 $(a/b)_e$ 的值增大时,乘波体的厚度和容积率增大,阻力相应增大,从而使得可用升阻比减小。同时注意到 n 越大,乘波体的可用升阻比越小。这是由于 n 影响上表面的脊形角,n 越小,上表面的横截面形状也就越"瘦",气流在上表面的膨胀也就越充分。

综上所述,如果设计时只考虑升阻比和容积率,可以主要关注 β、$(a/b)_e$ 和 n 这三个设计参数,但这并不意味着 p 和 r 不重要。设计参数 r 关系到超椭圆脊形吻切锥乘波体头部的尺寸,这对热防护带来一定的影响;而参数 p 影响上表面容积沿纵向的分布规律,在需要装载特定形状容积时可以对其进行修改。

3)升阻比对比分析

将超椭圆脊形吻切锥乘波体的下表面单独提取出来,利用自由流面法设计其上表面,便可得到一般意义上的吻切锥乘波体。此时,超椭圆脊形吻切锥乘波体和对应的吻切锥乘波体有着相同的乘波面,分别如图 5.105 和图 5.106 所示。

图 5.105 超椭圆脊形吻切锥乘波体

图 5.106 对应吻切锥乘波体

两个乘波体在设计马赫数下的无黏升阻比性能计算结果如图 5.107 所示。其中,OCW 指代吻切锥乘波体,而 COCW 指代超椭圆脊形吻切锥乘波体。

超椭圆脊形吻切锥乘波体和作为其设计基础的吻切锥乘波体的容积率相差约 50%,主要是因为上表面的脊形设计使得乘波体的容积增大,容积率提高。从图 5.107 可以看出,吻切锥乘波体在小攻角时的升阻比远大于超椭圆脊形吻切锥乘波体。但随着攻角的增大,两者的升阻比差异逐渐减小。在实用攻角下,超椭圆脊形吻切锥乘波体与吻切锥乘波体升阻比性能相当,但容积效率提高了约 50%,实用性显著增强。

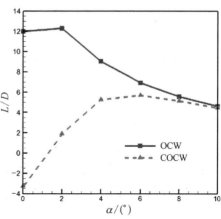

图 5.107　超椭圆脊形吻切锥乘波体与吻切锥乘波体的无黏升阻比性能对比

综合上述分析,可以得到有关超椭圆脊形吻切锥乘波体的主要结论如下。

(1) 超椭圆脊形吻切锥乘波体设计方法具有参数少、数学表达简单等优点,其设计参数可以分为总体设计参数、下表面设计参数和上表面设计参数,各参数之间相对独立,便于开展优化设计工作。

(2) 在所研究的部分设计参数中,对容积率影响较大的是激波角 β、底部截面处高宽比 $(a/b)_e$ 和自适应参数 n;而对可用升阻比影响较大的是激波角 β 和 $(a/b)_e$,其中 β 和 $(a/b)_e$ 对于容积率与可用升阻比的影响作用是相似的。值得注意的是,此结论对一般乘波体也成立。

(3) 超椭圆脊形吻切锥乘波体的容积率比吻切锥乘波体大约 50%,而可用升阻比相当,使其具有重要的工程实用价值。

(4) 设计超椭圆脊形吻切锥乘波体时,对底部型线进行了约束,这在一定程度上缩小了基于超椭圆曲线的脊形乘波体的设计空间,不利于乘波体气动特性的提高。

5.4.3　基于 CST 方法的脊形吻切锥乘波体设计

类别函数/形状函数转换(class function/shape function transformation, CST)方法具有设计参数少、适用性强、建模精度高的特点。为弥补利用超椭圆曲线生成脊形乘波体的不足(临时上表面底部型线为直线),本节采用 CST 方法生成乘波体上表面,完成脊形乘波体设计。

1. CST 方法简介

CST 方法由波音公司的 Kulfan 和 Bussoletti[135] 提出,是一种基于类别函数和形状函数的二维或三维几何结构解析表达方法。该方法可以以较少的设计参数来描述较大的设计空间。

CST 方法最早用来对翼型进行拟合,二维翼型的无量纲表达式为

$$\zeta(\varphi) = C_{N_2}^{N_1}(\varphi) \times S(\varphi) \tag{5.32}$$

其中,ζ 为对 z 轴坐标进行归一化后的无量纲坐标;$\varphi = x/c$,即 x 轴坐标对翼型弦长 c 进行归一化之后的无量纲坐标;$C_{N_2}^{N_1}(\varphi)$ 和 $S(\varphi)$ 分别为类别函数和形状函数,两个参数的作用不同,其中类别函数决定了翼型的基本几何特征,形状函数的作用则是对类别函数得到的几何外形进行修正。

类别函数的表达式为

$$C_{N_2}^{N_1}(\varphi) = \varphi^{N_1} (1 - \varphi)^{N_2} \tag{5.33}$$

类别函数主要由参数 N_1 和 N_2 控制,其效果如图 5.108 所示。图 5.108 中假设了 $N_1 = N_2$,下角标 u 表示上半部分曲线,l 表示下半部分曲线。不难看出,N_1 越小,轮廓形状越接近方形;而 N_1 越大时,轮廓呈现出类似"Ω"的形状,且越来越"瘦"。而当 N_1 不等于 N_2 时,曲线左右也不再是对称的形状。

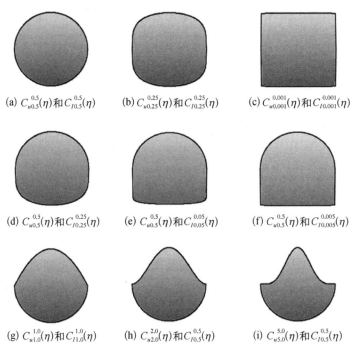

(a) $C_{u0.5}^{0.5}(\eta)$ 和 $C_{l0.5}^{0.5}(\eta)$ (b) $C_{u0.25}^{0.25}(\eta)$ 和 $C_{l0.25}^{0.25}(\eta)$ (c) $C_{u0.001}^{0.001}(\eta)$ 和 $C_{l0.001}^{0.001}(\eta)$

(d) $C_{u0.5}^{0.5}(\eta)$ 和 $C_{l0.25}^{0.25}(\eta)$ (e) $C_{u0.5}^{0.5}(\eta)$ 和 $C_{l0.05}^{0.05}(\eta)$ (f) $C_{u0.5}^{0.5}(\eta)$ 和 $C_{l0.005}^{0.005}(\eta)$

(g) $C_{u1.0}^{1.0}(\eta)$ 和 $C_{l1.0}^{1.0}(\eta)$ (h) $C_{u2.0}^{2.0}(\eta)$ 和 $C_{l0.5}^{0.5}(\eta)$ (i) $C_{u5.0}^{5.0}(\eta)$ 和 $C_{l0.5}^{0.5}(\eta)$

图 5.108 不同类别函数控制参数对应的轮廓形状[136]

形状函数通常采用 n 阶 Bernstein 多项式进行表示，其表达式为

$$S(\varphi) = \sum_{i=0}^{n} b_i B_n^i(\varphi) = \sum_{i=0}^{n} b_i \binom{n}{i} \varphi^i (1 - \varphi)^{n-i} \tag{5.34}$$

其中，n 为多项式阶数；b_i 为 Bernstein 系数；$\binom{n}{i}$ 为组合数，即 $\binom{n}{i} = \dfrac{n!}{i!\,(n-i)!}$。

式(5.32)可以表示为式(5.35)中的形式：

$$\zeta(\varphi) = \sum_{i=0}^{n} b_i \left[C_{N_2}^{N_1}(\varphi) B_n^i(\varphi) \right] = \sum_{i=0}^{n} b_i \zeta_i(\varphi) \tag{5.35}$$

由形状函数的表达式[式(5.34)]可知，n 阶 Bernstein 多项式可以将翼型分解为 $n+1$ 个分翼型加权组合的形式，具体如图 5.109 所示。Bernstein 系数 b_i 共有 $n+1$ 个，这些系数也作为各个分翼型的权重因子来影响整个翼型。当 $b_i = 1$ 时，形状函数 $S(\varphi) = 1$，称为单位形状函数，此时翼型只由类别函数参数控制。

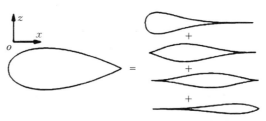

图 5.109　翼型的 CST 参数化分解[137]

除了二维翼型之外，Kulfan[136,137]也介绍了 CST 方法在其他方面的应用，显示出 CST 方法强大的几何表达能力，具体如图 5.110 所示。

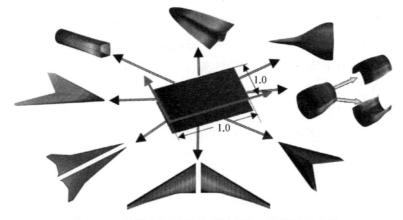

图 5.110　利用 CST 方法生成的部分三维外形示意图

国内对 CST 方法也跟进开展了一系列研究。西北工业大学的关晓辉等[138,139]对 CST 方法及改进后的类别形状修正函数变换(class function/shape function revised transformation, CSRT)方法进行了研究:一方面在对比了 B 样条法、Hicks-Henne 法和参数化翼型法后,发现 CST 方法具有参数少、精度高的优点,同时建议为了保证精度、避免参数化出现病态现象,最好使用 4 阶以上、10 阶以下的 Bernstein 多项式来定义形状函数;另一方面,研究发现 CSRT 方法虽然克服了 CST 方法的局部控制不足的缺点,但其需要更多的参数才能达到相似的精度,给优化过程带来一定的困难。

国防科技大学的马洋等[140]基于 CST 方法设计了高超声速滑翔式升力体。该升力体采用幂函数来定义水平投影型线,然后利用 CST 方法生成升力体的上、下表面。将形状函数设置为1,减少了设计变量的数量。另外,正交试验设计方法用来确定对性能影响较大的参数。在确定了设计参数后,再进行基于 Kriging 代理模型的多目标设计优化工作。粟华等[141]则是用 B 样条函数代替 Bernstein 多项式并引入了侧向轮廓描述函数,建立了三维飞行器几何外形的完整解析表达形式。为了解决设计参数较多带来的优化设计困难的问题,引入了分层优化设计的思想,即将设计参数区分为全局参数和局部调整参数。具体地,将外形尺寸和形状函数参数划分为全局参数,而将 Bernstein 系数划分为局部调整参数。在对全局参数优化之后,再对局部调整参数进行优化。这一优化思想在保持了设计空间的同时,降低了优化难度,减少了优化时间,提高了气动外形优化设计的效率。

2. CST 脊形吻切锥乘波体设计方法

本节在 CST 方法和吻切锥乘波设计方法的基础上,提出基于 CST 方法的脊形吻切锥乘波体设计方法。该方法的思路是:下表面依然采用吻切锥乘波设计方法进行设计,而上表面则采用 CST 方法进行设计。基于 CST 方法的脊形吻切锥乘波体设计方法在设计下表面时并不需要对乘波体底部型线进行限制。因此,乘波面的设计型线可以根据实际需要进行选取,增大了设计空间。

CST 脊形吻切锥乘波体的设计输入参数包括长度 L_w、宽度 W、厚度 H、激波角 β、设计马赫数 Ma,以及激波底部型线、上表面底部型线等。设计生成乘波面时,输出的是一系列流线上的离散点(代表流线),难以利用参数化方法进行解析表达。此外,乘波面的曲率也会随设计参数的变化而产生较大的变化。以上两点都给上表面的参数化设计带来一定的困难。

此时,可以采用坐标叠加的思路来进行 CST 脊形吻切锥乘波体的上表面设计。根据上表面坐标归一化次序的不同,又可以具体分为两种设计方法,先对 z

轴坐标进行归一化的设计方法记为方法一,先对 x 轴坐标进行归一化的设计方法记为方法二。

1) 先对 z 轴坐标进行归一化的设计步骤

方法一是先对横向坐标 z 进行归一化,再对纵向坐标 x 进行归一化。具体过程如下。

(1) 利用三次样条曲线对乘波体前缘点进行插值。在上表面的坐标归一化过程中需要获取乘波体前缘点的准确坐标,而用流线追踪方法去求解坐标无疑是复杂而低效的。插值方法在获取较精确坐标的同时,也降低了计算量和编程的难度。此处采用三弯矩法结合非扭结样条的方法获取插值函数,该方法的优点是不需要给定端点处的边界条件。

(2) 对乘波体表面所有离散点的横向坐标 z 和纵向坐标 x 进行归一化处理,具体公式为

$$\varphi = \frac{z}{W} + 0.5, \qquad -\frac{W}{2} \leqslant z \leqslant \frac{W}{2} \tag{5.36}$$

$$\eta = \frac{x - L_{\mathrm{w}} E_{xz}(\varphi)}{L_{\mathrm{w}} - L_{\mathrm{w}} E_{xz}(\varphi)}, \qquad L_{\mathrm{w}} E_{xz}(\varphi) \leqslant x \leqslant L_{\mathrm{w}} \tag{5.37}$$

其中, $L_{\mathrm{w}} E_{xz}(\varphi)$ 为对前缘点的 x 轴和 z 轴坐标进行插值后得到的 x-z 平面上的前缘线投影函数,该函数用 φ 表示,并用来对离散点的 x 轴坐标进行归一化。

(3) 第(2)步限制了上表面在 x-z 平面上的投影区域,而上表面最后一个坐标 y 确定了上表面的具体外形。y 是无量纲坐标 φ 和 η 的函数,用式(5.38)进行表示:

$$y(\varphi, \eta) = H \cdot C_{N_2}^{N_1}(\varphi) C_{M_2}^{M_1}(\eta) \sum_{i=0}^{n} \sum_{j=0}^{m} b_{i,j} B_n^i(\varphi) B_m^j(\eta) + \Delta y(\varphi, \eta)$$

$$\tag{5.38}$$

不难看出,CST 方法仍然采用了类别函数和形状函数对三维曲面进行解析表达。在 φ 方向上,采用了 n 阶 Bernstein 多项式作为形状函数;而在 η 方向上,则是采用了 m 阶 Bernstein 多项式作为形状函数。相应地,Bernstein 多项式系数 $b_{i,j}$ 总共有 $(n+1) \times (m+1)$ 个。

(4) 根据脊形吻切锥乘波体的几何特点对式(5.38)进行简化。一方面,脊形吻切锥乘波体是关于 x-z 平面对称的面对称构型,有

$$N_1 = N_2 = N \qquad (5.39)$$

另一方面,脊形吻切锥乘波体的尾部一般保持较大的厚度以增大容积,式(5.40)成立,同时使 $M_1 < 1$。

$$M_2 = 0 \qquad (5.40)$$

综上两点, $y(\varphi, \eta)$ 可以简化为如下形式:

$$y(\varphi, \eta) = H \cdot C_N^N(\varphi) C_0^M(\eta) \sum_{i=0}^{n} \sum_{j=0}^{m} b_{i,j} B_n^i(\varphi) B_m^j(\eta) + \Delta y(\varphi, \eta)$$

$$(5.41)$$

类别函数参数由原来的 4 个变为 2 个,即 M 和 N,而 H 为厚度参数,即乘波体在底部截面处的最大厚度。

(5)根据需要,给定类别函数参数 M 与 N 和形状函数参数 $b_{i,j}$ 的值。

(6)对下表面的坐标进行叠加以获取上表面离散点。将上表面离散点设置为与乘波面的离散点一一对应,即上表面离散点的 x 轴和 z 轴坐标与对应的下表面离散点坐标相同。然后令

$$\Delta y(\varphi, \eta) = y_{\text{lower}} \qquad (5.42)$$

即令附加函数 $\Delta y(\varphi, \eta)$ 的值等于下表面离散点 y 轴坐标的值。这样,将下表面的坐标加入上表面的解析表达式中,即实现了坐标的叠加。上、下表面得以相互联系,避免了两个表面可能产生的相互交叉的现象。

(7)由于上表面的点与乘波面流线上的点一一对应,上表面的点也可以按照下表面流线上点的顺序连接起来构成上表面的型线。将所有的乘波面流线光滑连接便可以得到乘波面,而将所有上表面型线进行光滑连接便可以得到乘波体的上表面。

2)先对 x 轴坐标进行归一化的设计步骤

方法二是先对纵向坐标 x 进行归一化,再对横向坐标 z 进行归一化。其具体过程如下。

(1)利用三次样条曲线对乘波面前缘点进行插值,与方法一的区别在于只需对某一侧的前缘点进行插值即可。

(2)对乘波体表面所有离散点的横向坐标 z 和纵向坐标 x 进行归一化处理,具体公式如式(5.43)和式(5.44)所示:

$$\eta = \frac{x}{L_{\mathrm{w}}}, \qquad 0 \leqslant x \leqslant L_{\mathrm{w}} \tag{5.43}$$

$$\varphi = \frac{z}{2L_{\mathrm{w}}E_{zx}(\eta)} + 0.5, \qquad -L_{\mathrm{w}}E_{zx}(\eta) \leqslant z \leqslant L_{\mathrm{w}}E_{zx}(\eta) \tag{5.44}$$

其中，$L_{\mathrm{w}}E_{zx}(\eta)$ 为对前缘点的 x 轴和 z 轴坐标进行插值后得到的 x-z 平面上的前缘线投影函数，该函数用 η 表示，并用来对离散点的 z 轴坐标进行归一化。

（3）在进行简化之后，$y(\varphi, \eta)$ 用式（5.45）进行表示：

$$y(\varphi, \eta) = H \cdot C_N^N(\varphi) C_0^M(\eta) \sum_{i=0}^{n} \sum_{j=0}^{m} b_{i,j} B_n^i(\varphi) B_m^j(\eta) + \Delta y(\varphi, \eta) \tag{5.45}$$

采用方法二得到的 y 的表达式与方法一推导得出的表达式在形式上是相同的，两者的区别在于无量纲坐标 z 和 x 的归一化形式和取值范围。

（4）根据需要，给定类别函数参数 M 与 N 和形状函数参数 $b_{i,j}$ 的值。然后对下表面的坐标进行叠加以获取上表面离散点。

（5）将上表面离散点的坐标设置为与乘波面的离散点坐标一一对应，即上表面离散点的 x 轴和 z 轴坐标与对应的下表面离散点坐标相同。最后，将所有流线光滑连接获得上、下表面。

虽然两个方法关于 y 轴坐标的表达式在形式上一样，但在曲面的参数化表达上存在实质差别。方法一先对 z 轴坐标进行归一化，则对三维曲面的参数化过程可以看作一系列与 x-y 平面平行的上表面轮廓线的组合，主要体现的是 $C_0^M(\eta)$ 的影响；方法二先对 x 轴坐标进行归一化，对上表面的参数化过程可以看作一系列与 y-z 平面平行的上表面轮廓线的组合，主要体现的是 $C_N^N(\varphi)$ 的影响。这一差别存在的根本原因是 x 轴和 z 轴坐标的归一化方式不同，导致了同一组无量纲坐标 φ 和 η 所对应的 x 轴与 z 轴坐标不同。

3. CST 脊形吻切锥乘波体设计约束分析

由图 5.108 可以看出，不同的类别函数参数所对应的曲线差异较大，且部分参数所对应的曲线可能得不到具有脊形特征的上表面。由定义，即脊形前体主要是由切拱弧和脊形边缘构成，可以得出对脊形乘波体上表面的两个约束：① 上表面在边缘处沿展向的斜率为 0；② 在对称面处沿展向的斜率为 0。

当满足这两个约束时，可以认为基于 CST 方法设计的乘波体是 CST 脊形吻切锥乘波体。基于 CST 方法所设计的 CST 脊形吻切锥乘波体的上表面是对下表面的坐标叠加生成的,故上表面是否呈现脊形特征与下表面密切相关。然而,乘波体的下表面为高超声速流面,较难通过对下表面参数进行设计来使其在边缘处沿展向的斜率均为 0。同时,下表面的设计还需要考虑一体化设计、容积、气动特性等多方面的约束条件,再增加边缘处的几何约束势必会增加气动外形设计的难度。因此,为简化问题难度,可以只考虑上表面的约束条件,即只考虑式(5.46):

$$y(\varphi, \eta) = H \cdot C_N^N(\varphi) C_0^M(\eta) \sum_{i=0}^{n} \sum_{j=0}^{m} b_{i,j} B_n^i(\varphi) B_m^j(\eta) \tag{5.46}$$

将式(5.46)对变量 z 求偏导数便可以得到上表面沿展向的斜率,由链式法则可以得到

$$\frac{\partial y(\varphi, \eta)}{\partial z} = \frac{\partial y}{\partial \varphi} \cdot \frac{\partial \varphi}{\partial z} + \frac{\partial y}{\partial \eta} \cdot \frac{\partial \eta}{\partial z} \tag{5.47}$$

首先对方法一的约束条件进行分析。由式(5.36)和式(5.37)可以得到

$$\begin{cases} \dfrac{\partial \varphi}{\partial z} = \dfrac{1}{W} \\[3mm] \dfrac{\partial \eta}{\partial z} = \dfrac{x - L_{w}}{W[L_{w} - L_{w} E_{xz}(\varphi)]^2} \cdot \dfrac{\partial LE_{xz}(\varphi)}{\partial \varphi} \end{cases} \tag{5.48}$$

对式(5.46)求偏导数,有

$$\begin{aligned} \left(\frac{\partial y}{\partial \varphi}\right)_{\eta} &= H \cdot \frac{\partial C_N^N(\varphi)}{\partial \varphi} \cdot C_0^M(\eta) \sum_{i=0}^{n} \sum_{j=0}^{m} b_{i,j} B_n^i(\varphi) B_m^j(\eta) \\ &\quad + H \cdot C_N^N(\varphi) C_0^M(\eta) \cdot \sum_{i=0}^{n} \sum_{j=0}^{m} b_{i,j} \frac{\partial B_n^i(\varphi)}{\partial \varphi} B_m^j(\eta) \end{aligned} \tag{5.49}$$

$$\begin{aligned} \left(\frac{\partial y}{\partial \eta}\right)_{\varphi} &= H \cdot \frac{\partial C_0^M(\eta)}{\partial \eta} \cdot C_N^N(\varphi) \sum_{i=0}^{n} \sum_{j=0}^{m} b_{i,j} B_n^i(\varphi) B_m^j(\eta) \\ &\quad + H \cdot C_N^N(\varphi) C_0^M(\eta) \cdot \sum_{i=0}^{n} \sum_{j=0}^{m} b_{i,j} \frac{\partial B_m^j(\eta)}{\partial \eta} B_n^i(\varphi) \end{aligned} \tag{5.50}$$

此时,上表面边缘对应于 $\eta = 0$,即 $x = L_w E_{xz}(\varphi)$。由 $C_0^M(\eta) = \eta^M$ 可知,式(5.49)对所有 φ 均等于 0。但是在式(5.50)中,由于 $M < 1$,$C_0^M(\eta)$ 对 η 的偏导数在

$\eta = 0$ 时不等于 0,而是趋向无穷大。这使得方法一无法通过给定较简单的参数约束来构造脊形边缘形状。

其次对方法二的约束条件进行分析。由式(5.43)和式(5.44)可以得到式(5.51)。由于 $\dfrac{\partial \eta}{\partial z} = 0$,故只需要讨论式(5.47)等号右侧第一项即可。

$$\begin{cases} \dfrac{\partial \varphi}{\partial z} = \dfrac{1}{2L_w E_{zx}(\eta)} \\[3mm] \dfrac{\partial \eta}{\partial z} = 0 \end{cases} \tag{5.51}$$

此时上表面前缘线对应于 $\varphi = 0$ 和 $\varphi = 1$,即 $z = -L_w E_{zx}(\eta)$ 和 $z = L_w E_{zx}(\eta)$。由 $C_N^N(\varphi) = \varphi^N (1 - \varphi)^N$ 可知,在边缘处式(5.49)等号右侧的第二项为 0。又由式(5.52)可知,式(5.49)等号右侧的第一项在 $N > 1$ 时也为 0。因此,采用方法二设计的乘波体上表面具有脊形边缘特征的条件是 $N > 1$。

$$\frac{\partial C_N^N(\varphi)}{\partial \varphi} = N\varphi^{N-1} (1 - \varphi)^{N-1}(1 - 2\varphi) \tag{5.52}$$

而在对称面处,即 $\varphi = 0.5$ 时,由式(5.52)可知式(5.49)等号右侧第一项为 0。其第二项是否为 0,可以通过研究 $B_n^i(\varphi)$ 的偏导数情况而确定。

$$\frac{\partial B_n^i(\varphi)}{\partial \varphi} = \begin{cases} -n (1 - \varphi)^{n-1}, & i = 0 \\ n[B_{n-1}^{i-1}(\varphi) - B_{n-1}^i(\varphi)], & i = 1, \cdots, n - 1 \\ n\varphi^{n-1}, & i = n \end{cases} \tag{5.53}$$

由式(5.53)可知,当 $\varphi = 0.5$ 时,有 $\left[\dfrac{\partial B_n^i(\varphi)}{\partial \varphi} \right]_{\varphi = 0.5} = -\left[\dfrac{\partial B_n^{n-i}(\varphi)}{\partial \varphi} \right]_{\varphi = 0.5}$。若要保证式(5.49)等号右侧第二项为 0,则必须要使 $b_{i,j} = b_{n-i,j}$。

综上所述,采用方法一设计的乘波体,较难对其提出约束以生成具备脊形特征的外形;而采用方法二设计的乘波体,为使其上表面具备脊形特征,应使类别函数参数 $N > 1$,同时 Bernstein 系数满足 $b_{i,j} = b_{n-i,j}$ 的条件。

4. 设计实例及对比分析

本节利用一般的吻切锥乘波体设计方法,并分别结合 CST 脊形吻切锥乘波体设计方法一和方法二,设计得到包括 CST 脊形吻切锥乘波体在内的三个乘波体,并进行对比分析。

三个乘波体的下表面均采用给定激波底部型线和上表面底部型线的方法进行设计,且两个底部型线均为二次曲线,具体表达式如式(5.54)和式(5.55)所示。

激波底部型线为

$$y = Az^2 - 0.1H, \qquad -\frac{W}{2} \leqslant z \leqslant \frac{W}{2} \qquad (5.54)$$

上表面底部型线为

$$y = -az^2 + 0.9H, \qquad -\frac{W}{2} \leqslant z \leqslant \frac{W}{2} \qquad (5.55)$$

其中,$H = L_w \tan\beta$;系数 A 和 a 可根据给定的设计参数求得,见表5.16。

表 5.16　CST 脊形吻切锥乘波体总体设计参数和下表面设计参数

设计参数	L_w/m	W/m	Ma	β/(°)
数　值	3.6	1.8	8.0	10.0

为简化起见,方法一和方法二中的形状函数均设置为1,且其他上表面设计参数相同。

吻切锥乘波设计方法设计的吻切锥乘波体(Case5.4_22)外形如图5.111和图5.112所示。

图 5.111　Case5.4_22 外形等轴测视图　　　图 5.112　Case5.4_22 外形后视图

测量得到 Case5.4_22 外形的厚度 H 为203.67 mm,如将其作为 CST 方法的厚度参数则可能无法明显看出方法一和方法二的差异。因此,设置 CST 方法的厚度参数 H 为500 mm,同时设置类别函数参数 N 和 M 分别为5.0和0.75。

图5.113~图5.116为利用两种 CST 方法生成的 CST 脊形吻切锥乘波体外形示意图,其中 Case5.4_23 为利用方法一设计得到的 CST 脊形吻切锥乘波体,Case5.4_24 为利用方法二设计得到的 CST 脊形吻切锥乘波体。

图 5.113　Case5.4_23 外形等轴测视图

图 5.114　Case5.4_23 外形后视图

图 5.115　Case5.4_24 外形等轴测视图

图 5.116　Case5.4_24 外形后视图

由 Case5.4_23 和 Case5.4_24 的外形不难看出：一方面，基于 CST 方法设计的 CST 脊形吻切锥乘波体相对于一般吻切锥乘波体，上表面的自由度更高，可以根据容积、气动特性等多方面的需要开展设计和优化工作；另一方面，由 Case5.4_23 和 Case5.4_24 外形在 $x/L_w = 0.25$ 站位处的横截面形状（图 5.117 和图 5.118）可以看出，采用方法二生成的 CST 脊形吻切锥乘波体自然地具备了脊形特征，而 Case5.4_23 需要对上表面参数进行优化选取之后才能得到类似的结果。

图 5.117　Case5.4_23 外形横截面形状

图 5.118　Case5.4_24 外形横截面形状

根据上述分析可知，采用 CST 方法进行脊形吻切锥乘波体设计有参数较少、设计空间相对自由的优点。但也应注意到，并非所有的设计参数都能得到具备脊形特征的乘波体。方法一在设计脊形乘波体时会面临较复杂的参数约束，而方法二所要满足的约束条件较少且简单。对一般吻切锥乘波体和 CST 脊形吻切锥乘波体进行对比分析可得到以下结论。

（1）CST 脊形吻切锥乘波体有着较好的参数化表现，即可以用较少的设计参数来表达较多的几何外形。其设计参数同样可以分为总体设计参数、下表面设计参数和上表面设计参数,但由于利用了坐标叠加的方法,在选取上表面设计参数时需要考虑下表面的影响。

(2) CST 方法二可以通过满足较少的约束条件生成 CST 脊形吻切锥乘波体,而方法一可能需要对上表面设计参数进行优化设计才能达到相似的效果。

(3) 采用 CST 方法生成的脊形吻切锥乘波体在边缘处的厚度非常薄。较薄的边缘可以提高飞行器的气动特性,但不利于加工制造和热防护。因此,在实际的高超声速乘波体设计过程中,需要采用增加容积的方法对前缘构型进行钝化处理。

5.4.4 乘波体前缘钝化设计

高超声速飞行器面临严峻的飞行气动热环境,因此在工程应用中必须对其尖锐前缘进行钝化。对于脊形乘波体而言,其在不同纵、横向截面内,上、下表面轮廓线几何形状可能存在较大变化,所带来的三维效应使其前缘钝化的外形设计面临困难,必须寻找一种能够对复杂尖前缘外形进行自适应的前缘钝化构型设计技术。本节对一种可控半径的参数化三维前缘钝化方法进行介绍,并给出其在脊形乘波体上的应用实例。

1. 前缘钝化方法简介

从外形设计的几何学角度来看,现有的各种乘波体前缘钝化方法主要在容积增减和前缘钝化曲线类型两个方面存在差异。

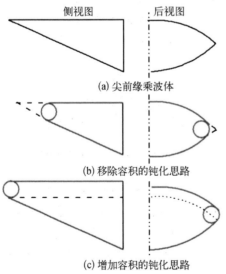

(a) 尖前缘乘波体

(b) 移除容积的钝化思路

(c) 增加容积的钝化思路

图 5.119　移除容积和增加容积两种前缘钝化思路示意图

(1) 在容积增减方面,Stevens[142] 提出了通过移除容积和增加容积两种途径进行前缘钝化的思路,如图 5.119 所示。其中移除容积的方法被一些学者[143,144] 在研究中所采用,但考虑到乘波体的前缘较薄,移除容积的方法可能会对升力面的几何形状产生较大影响,进而使得升阻比和容积减小。而 Tincher 和 Burnett[145] 在对增加容积的方法进行研究后指出:增加容积的方法对乘波体容积、升力面和流场结构的影响较小。

为尽量减少对乘波体外形的改变,采用增加容积的思路进行前缘钝化设计研究。

（2）在前缘钝化曲线类型上,部分研究采用圆弧来进行前缘钝化,其优点是设计过程简单,不足之处在于优化设计空间较小。如果乘波体上表面不是自由流面,采用圆弧钝化曲线将较难保证其与乘波体表面的光滑连接。Rodi[144] 和 Kontogiannis 等[146] 分别提出了基于 Bézier 曲线和有理 Bézier 曲线的前缘钝化方法(图 5.120),前者针对前缘钝化参数开展了优化设计工作,后者则是研究了不同设计参数组合的影响。图 5.120 中,w_1 为有理 Bézier 曲线的权因子,通过改

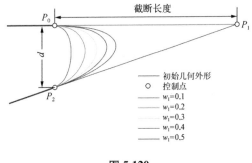

图 5.120

变 w_1 值可获得不同纯化前缘曲线。基于参数曲线的前缘钝化方法一定程度上拓展了设计空间,且其与原飞行器的表面能够光滑连接,适用范围较广。

但上述三维前缘钝化方法在使钝化前缘与飞行器表面光滑连接,以及指定各前缘点处的钝化半径两个方面不能兼顾。实际高超声速飞行器的研制过程中,希望根据局部热环境状态和局部热防护材料性能提出具体前缘钝化半径,这就需要直接指定不同前缘位置处的钝化半径,因此需要对三维前缘钝化方法进行优化改进。

2. 前缘钝化设计方法

1）乘波体前缘点插值条件的获取

由于乘波体前缘线为一条三维空间曲线,在进行前缘钝化时有必要将复杂的三维曲面设计问题简化为二维平面曲线设计问题,即先设计一系列的二维钝化前缘曲线,然后对其进行放样得到三维的钝化前缘曲面。就前缘钝化的方向而言,可以选择沿流向钝化和沿前缘法向钝化[146]。沿流向进行前缘钝化,方便在前缘各个横向站位上直接指定钝化半径,并且钝化前缘曲面与上、下表面可实现流向上的光滑连接。因此改进设计选用增加容积的钝化思路,沿流向进行钝化设计,即设计各横向站位上的前缘钝化曲线。

乘波体未钝化时的尖前缘点记为 P_0,在对上表面沿法向抬升了高度 Δh 后,将上、下表面端点分别记为 P_1 和 P_0。 相应地,新前缘点 P_2 处的插值条件为 P_0 点处的位置、切矢 v_0、曲率 k_0 和 P_1 点处的位置、切矢 v_1 和曲率 k_1,具体如图 5.121 所示。

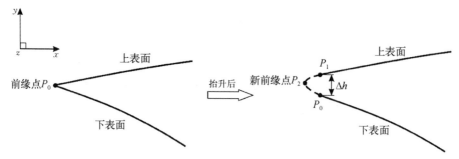

图 5.121 上表面抬升前后的乘波体纵向截面示意图

对于一条 x-y 平面上的曲线 $y = f(x)$,则其在点 $P(x, f(x))$ 处的切矢及其曲率可由式(5.56)得到:

$$\begin{cases} \boldsymbol{v} = \dfrac{(x, f'(x))}{\mid (x, f'(x)) \mid} \\[3mm] k = \dfrac{(x, f'(x)) \times (x, f''(x))}{\mid (x, f'(x)) \mid^3} \end{cases} \tag{5.56}$$

此处的向量叉乘定义为

$$\boldsymbol{a} \times \boldsymbol{b} = (a_1, a_2) \times (b_1, b_2) = a_1 b_2 - a_2 b_1 \tag{5.57}$$

考虑到乘波体,乃至一般飞行器的纵向截面曲线在多数情况下没有明确的表达式,此时可以通过对离散点进行差分获取端点处的一阶和二阶导矢,进而得到端点插值条件。

2)纵向截面钝化前缘线的构造方法

据端点条件构造插值曲线的问题,可以看作插值于两个端点的几何厄米插值(geometric Hermite interpolation, GHI)问题。该问题由 de Boor 等[147]首次提出,其利用三次 Bézier 曲线插值于给定条件的平面上的两个点,从而解决了 GHI 问题。

应用于 GHI 问题中的曲线类型有多种,其中 Bézier 曲线有着良好的凸包性和较简单的计算方法,在实际应用中有一定的优势。在此基础上,杨炯等[148]为解决压气机叶型前缘连续和前缘点曲率控制的问题,提出了一种可指定前缘点曲率的曲率连续前缘设计方法。该方法应用了两段三次 Bézier 曲线作为前缘曲线,实现了前缘与叶型的 G^2 连续和前缘点的曲率控制。三次 Bézier 曲线共需要四个控制点 $(P_0 \sim P_3)$ 来进行曲线的设计,如图 5.122 所示,图中 $\boldsymbol{\delta}$ 是某点处的切矢量,$\boldsymbol{d}$ 是 P_0 点到 P_3 点的距离矢量,k 表示曲线在某点处的曲率。

图 5.122 中四个控制点间的关系
如下：

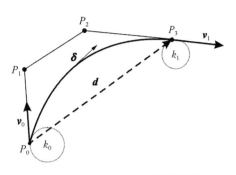

$$\begin{cases} \boldsymbol{P}_1 = \boldsymbol{P}_0 + \delta_0 \boldsymbol{v}_0 \\ \boldsymbol{P}_2 = \boldsymbol{P}_3 - \delta_1 \boldsymbol{v}_1 \end{cases} \quad (5.58)$$

其中，$\boldsymbol{P}_0$、$\boldsymbol{P}_1$、$\boldsymbol{P}_2$、$\boldsymbol{P}_3$ 分别为各点的位置
矢量；δ_0 和 δ_1 为待求参数。

端点 P_0 和 P_3 处的曲率分别为

图 5.122　三次 Bézier 曲线示意图

$$\begin{cases} k_0 = 2\boldsymbol{v}_0 \times \dfrac{\boldsymbol{P}_2 - \boldsymbol{P}_1}{3\delta_0^2} \\[3mm] k_1 = 2\boldsymbol{v}_1 \times \dfrac{\boldsymbol{P}_1 - \boldsymbol{P}_2}{3\delta_1^2} \end{cases} \quad (5.59)$$

由端点插值条件可以得到关于 δ_0 和 δ_1 的方程组：

$$\begin{cases} (\boldsymbol{v}_0 \times \boldsymbol{v}_1)\delta_0 = \boldsymbol{d} \times \boldsymbol{v}_1 - 1.5 k_1 \delta_1^2 \\ (\boldsymbol{v}_0 \times \boldsymbol{v}_1)\delta_1 = \boldsymbol{v}_0 \times \boldsymbol{d} - 1.5 k_0 \delta_0^2 \end{cases} \quad (5.60)$$

通过求解式(5.60)可以得到参数 δ_0 和 δ_1 的值，从而计算得到其余两个控制点的
坐标，进而由式(5.61)得到一条曲率连续的插值曲线。

$$B(t) = \boldsymbol{P}_0 (1-t)^3 + 3\boldsymbol{P}_1 t (1-t)^2 + 3\boldsymbol{P}_2 t^2 (1-t) + \boldsymbol{P}_3 t^3, \qquad 0 \leqslant t \leqslant 1 \quad (5.61)$$

利用前述的方法可以得到与乘波体上、下表面光滑连接的钝化前缘曲线，但
该曲线在新前缘点处的钝化半径无法控制。此时可以利用两段三次 Bézier 曲线
构造钝化前缘曲线，具体如图 5.123 所示。在给定了新前缘点的位置和新前缘
点钝化半径之后，便可由前述 GHI 算法分两次求解出钝化前缘曲线。

de Boor 等[147]讨论了式(5.60)的解的情况，指出该方程组可能有 0~3 个
解。乘波体等外形的前缘线为三维空间曲线，各个横向站位处的端点插值条件
不一，可能导致方程无解或者多解。如要将该方法应用于三维外形上，则对于方
程组解的讨论将是主要障碍之一。

此处对插值条件进行简化，即不要求钝化曲线与乘波体上、下表面间的曲率连
续，将钝化前缘曲线与上、下表面连接处的曲率值设置为 0。式(5.60)可简化为

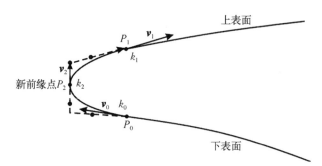

图 5.123　利用两段三次 Bézier 曲线构造钝化前缘曲线示意图

$$\begin{cases} (\boldsymbol{v}_0 \times \boldsymbol{v}_1)\delta_0 = \boldsymbol{d} \times \boldsymbol{v}_1 \\ (\boldsymbol{v}_0 \times \boldsymbol{v}_1)\delta_1 = \boldsymbol{v}_0 \times \boldsymbol{d} - 1.5k_0\delta_0^2 \end{cases} \tag{5.62}$$

式(5.60)变为一个一元一次方程与一个二元二次方程的组合,不难看出,式(5.62)必然有且只有一个解。

通过对插值条件的调整,以降低钝化前缘曲线与上、下表面连接的光滑性为代价,简化了 Bézier 曲线的求解过程,有利于保持不同站位处前缘钝化曲线之间的连续性。

3) 三维钝化前缘曲面构造方法

在进行三维钝化前缘曲面的设计时,需要考虑到不同横向站位处新前缘点的钝化半径 $1/k_2$、位置 P_2 及上表面抬升距离 Δh 的设置。

乘波体纵向对称面处的驻点是热防护压力最大的部位,该处的前缘钝化半径应由热防护材料和飞行工况等条件确定。为减小阻力或是最大限度利用热防护材料性能,可将其他站位处的前缘钝化半径适当减小。Rodi[144] 提出了一种利用经验公式确定乘波体前缘钝化半径的方法,可由纵向对称面处的前缘钝化半径和当地前缘后掠角确定各横向站位处的前缘钝化半径,如式(5.63)所示:

$$r_{\text{swept}} = r_{\text{symmetry}}(\cos\lambda)^{2.2} \tag{5.63}$$

其中,r_{swept} 为当地前缘钝化半径;r_{symmetry} 为纵向对称面处的前缘钝化半径;λ 为当地前缘后掠角。

新前缘点的位置 P_2 和上表面抬升距离 Δh 并无严格的解析表达式可供参考,但对其设置应尽量满足以下两个要求:

(1) 参数设置能使钝化前缘曲线成功生成,即 δ_0 和 δ_1 的值处于合适的范围内;

(2) 在钝化前缘曲线上其他位置的曲率小于新前缘点 P_2 处的曲率。

此处推荐将新前缘点 P_2 设置在上、下表面延长线所构成夹角的角平分线上,其与 P_0 点的水平距离 l 可由式(5.64)得出[146],而上表面抬升距离 Δh 的大小设置为当地前缘钝化半径 r_{swept} 的 1~2 倍即可。

$$l = r_{\text{swept}}/\cos\lambda \qquad (5.64)$$

实际生成前缘钝化曲面时,较难保证所有生成的前缘钝化曲线均能满足前述两点要求,此时可以选取满足要求的曲线进行放样,从而得到所需的钝化前缘曲面。

3. 设计实例

采用 5.4.2 节中基于超椭圆曲线的脊形吻切锥乘波体设计方法设计出一个超椭圆脊形吻切锥乘波体(Case5.4_25)外形,并对其进行前缘钝化,部分设计参数如表 5.17 所示,其中上表面纵向对称面截线采用了二次曲线与直线段组合,可以以较少的参数来描述上表面的纵向轮廓变化。

表 5.17　Case5.4_25 外形的部分设计参数

设计参数	L_{w}/m	W/m	Ma	β/(°)
数　值	2.8	1.8	8.0	9.6

将纵向对称面处的前缘钝化半径设置为 20 mm,并由式(5.63)得到最小前缘钝化半径沿横向变化曲线,如图 5.124 所示。注意到,钝化前的 Case5.4_25 后部的前缘后掠角较大,导致对应的最小当地前缘钝化半径较小。这在一定程度上不利于前缘钝化曲线的成功生成,也给加工制造带来了一定的困难。因此对最小前缘钝化半径变化规律进行适当的调整,使得前缘钝化曲线在大部分区域可以成功生成,同时提高飞行器热防护系统的冗余度。

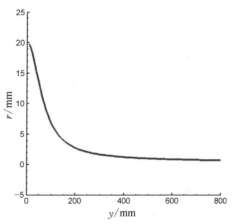

图 5.124　最小前缘钝化半径沿横向变化规律示意图

钝化前后的超椭圆脊形吻切锥乘波体 Case5.4_25 及其前缘钝化效果如图 5.125~图 5.128 所示。

图 5.125　钝化前的 Case5.4_25 等轴测视图　　图 5.126　钝化前的 Case5.4_25 头部侧视图

图 5.127　钝化后的 Case5.4_25 等轴测视图　　图 5.128　钝化后的 Case5.4_25 头部侧视图

5.5　基于前缘线水平投影型线的吻切锥乘波设计

5.5.1　基本概念

现阶段常用的吻切锥乘波设计方法是在给定激波底部型线的情况下,同时给定乘波体几何特征型线,以设计马赫数和激波角(或半锥角)计算各吻切平面内的基准流场;并在各吻切平面基准流场中,从乘波体下表面的前缘点或后缘点出发,进行流线追踪得到乘波体下表面的流线;再将所有下表面流线组合放样,完成乘波体下表面的设计。

乘波体几何特征型线主要包括其三维前缘线,以及二维的上表面底部型线和下表面底部型线。当采用自由流面法设计乘波体上表面时,其上表面底部型线也可以视为三维前缘线的底部投影型线。同样,乘波体三维前缘线的水平投影型线也是能够反映其主要几何特征的一种二维几何特征型线。因此,除了设定下表面底部型线的设计以外,设定上表面底部型线(前缘线底部投影型线)和前缘线水平投影型线都是基于前缘线特征的乘波设计方法。

本书前面章节已经对输入条件为上、下表面底部型线的乘波设计方法进行了介绍,本节对输入条件为前缘线水平投影型线的吻切锥乘波设计方法进行介绍,并给出设计实例和分析。

5.5.2 设计原理及约束

基于前缘线水平投影型线的吻切锥乘波设计原理如图 5.129 所示,已知条件是设计马赫数 Ma、激波角 β,以及前缘线水平投影型线和激波底部型线。

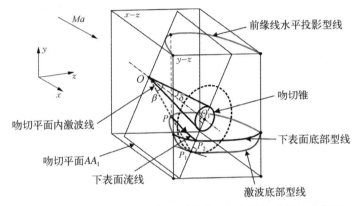

图 5.129 基于前缘线水平投影型线的吻切锥乘波体设计示意图

首先将激波底部型线进行离散,获得底部截面上的各激波点;由激波点 P_1 的曲率圆圆心 O_1 可以确定吻切锥轴线 OO_1(过圆心 O_1 垂直于底部截面),以及吻切平面 AA_1(由吻切锥轴线 OO_1 和 P_1 点确定);由线段 P_1O_1 和给定的激波角 β,可由几何关系获得对应的圆锥激波顶点 O 的坐标,求解 Taylor-Maccoll 流动控制方程可获得吻切平面内的锥形基准流场;以前缘线水平投影型线为基线的垂直曲面(垂直于水平面)与吻切平面内激波线 OP_1 的交点即前缘点 P;由 P 点在吻切平面锥形基准流场中进行流线追踪获得下表面流线 PP_2,P_2 点为流线与底部截面的交点(下表面后缘点);对激波底部型线上的其他离散点重复以上步骤,可获得各吻切平面内的流线及所有下表面后缘点;将所有下表面流线组合放样即可得到乘波体下表面;上表面采用自由流面法生成,上表面底部型线和下表面底部型线封闭构成底面;随后完成乘波体上、下表面和底面封闭,即完成了乘波体设计。

由上述设计原理分析,基于前缘线水平投影型线的吻切锥乘波体设计中,关键步骤是获取各吻切平面内的前缘点。而前缘点有解的前提是基于前缘线水平投影型线的垂直曲面(垂直于水平面)与对应吻切平面上的激波线段有交点,即式(5.65)在 $z \in (-0.5W, 0.5W)$ 内有解,若式(5.65)无解则无法在激波面上求出

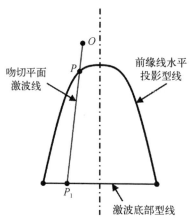

图 5.130 吻切平面内前缘点
求解示意图

前缘点 P。其中, $f(x, z) = 0$ 表示基于前缘线水平投影型线的垂直曲面方程, $g(x, y, z) = 0$ 表示吻切平面内激波线 OP_1 的方程。

根据图 5.129 和图 5.130 的几何位置关系可知,该方法要求前缘线水平投影型线位于吻切平面的圆锥激波顶点与底部截面之间,且不能超出乘波体设定的宽度,这就是能够实现该乘波设计的几何约束条件。这也意味着作为设计输入的前缘线水平投影型线不能随意设置,而是与激波底部型线等其他设计输入参数有关联关系。实际设计过程中,需要通过一定的尝试才能确定所有设计输入参数是相容的。

$$\begin{cases} f(x, z) = 0 \\ g(x, y, z) = 0 \end{cases}, \quad z \in (-0.5W, 0.5W) \tag{5.65}$$

5.5.3 设计步骤

根据上述设计原理分析,具体设计步骤如下。

(1)给定设计输入参数。

设计输入参数包括设计马赫数 Ma 和基准流场激波角 β。

(2)给定基本几何特征型线。

给定的基本几何特征型线包括激波底部型线和前缘线水平投影型线。上述设计输入参数需要进行一定的尝试才能满足约束条件要求。

(3)吻切平面流场求解。

对激波底部型线进行离散,求得每个离散点对应吻切平面内的锥形基准流场。

(4)流线追踪。

获取各吻切平面内的前缘点,从前缘点出发进行流线追踪获得下表面流线,采用自由流面法获得上表面流线。

(5)流线组合放样。

将上表面流线和下表面流线分别进行组合放样得到乘波体上表面和下表面,对底面进行封闭,完成乘波体设计。

5.5.4　设计输入参数

为研究前缘线水平投影型线形状对吻切锥乘波体外形及性能的影响,建立坐标系如图 5.129 所示,坐标原点设在距乘波体底部截面为 10 m 的纵向对称面上,设定激波底部型线为二次曲线,其数学方程如式(5.66)所示;其他设计输入参数,如马赫数 Ma、激波角 β、乘波体长度 L_w、乘波体宽度 W 数据如表 5.18 所示。

$$y = \frac{2L_w}{W^2}\tan\beta \times z^2 - L_w\tan\beta \tag{5.66}$$

表 5.18　设计输入参数表

设计输入参数	Ma	$\beta/(°)$	L_w/m	W/m
数　值	10	10	4	3

为了能够方便地控制前缘线水平投影型线形状,采用三次样条曲线对其进行参数化描述,具体的参数化方法如图 5.131 所示。在给定乘波体长度 L_w、宽度 W 后,乘波体顶点 M 和后缘点 N 的坐标可确定;二者之间可以在指定位置插入 $N-1(N \geqslant 1)$ 个离散点作为控制点,第 $N-1$ 个控制点将前缘线水平投影型线分为 N 段曲线。此时唯一确定该三次样条曲线的设计输入参数有:插入点个数 $N-1$ 及其坐标 $(x_i, z_i)(i = 1, 2, \cdots, N-1)$;$N$ 点处切线与 z 轴的夹角 $\theta_N(M$ 点处夹角 θ_M 默认为

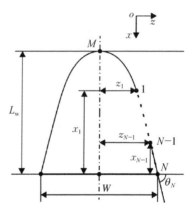

图 5.131　前缘线水平投影型线的三次样条曲线参数化示意图

$0°)$。根据三次样条曲线的设计输入参数和曲线一阶导数及二阶导数连续的条件,代入式(5.67)计算各系数,就得到了光滑连接的 N 段三次曲线,即具体的前缘线水平投影型线方程。

$$x = \begin{cases} a_1z^3 + b_1z^2 + c_1z + d_1 \\ a_2z^3 + b_2z^2 + c_2z + d_2 \\ \quad\quad\cdots \\ a_nz^3 + b_nz^2 + c_nz + d_n \end{cases} \tag{5.67}$$

其中,系数 a_i、b_i、c_i、d_i $(i = 1, 2, \cdots, n)$ 可根据已知条件求解。

本节给出了 0 个插入点、1 个插入点和 2 个插入点三种情况下,根据此方法生成的三种前缘线水平投影型线,具体设计输入参数如表 5.19 所示,所有前缘线水平投影型线及乘波体设计实例均进行了编号,其中 a、b、c 分别代表 0 个插入点、1 个插入点和 2 个插入点三种情况。

表 5.19 乘波体设计输入参数选取一览表

设计实例	参数				
	$\theta_N/(°)$	x_1/L_w	$z_1/(0.5W)$	x_2/L_w	$z_2/(0.5W)$
Case5.5-a1	5				
Case5.5-a2	25				
Case5.5-a3	45				
Case5.5-a4	75				
Case5.5-a5	80				
Case5.5-a6	85				
Case5.5-b1	45	0.9	0.3		
Case5.5-b2	45	0.7	0.3		
Case5.5-b3	45	0.5	0.3		
Case5.5-b4	45	0.3	0.3		
Case5.5-b5	45	0.1	0.3		
Case5.5-b6	45	0.7	0.1		
Case5.5-b7	45	0.4	0.2		
Case5.5-b8	45	0.4	0.4		
Case5.5-c1	45	0.98	0.14	0.4	0.25
Case5.5-c2	45	0.48	0.14	0.4	0.25
Case5.5-c3	45	0.78	0.04	0.4	0.25
Case5.5-c4	45	0.78	0.08	0.4	0.25
Case5.5-c5	45	0.78	0.14	0.3	0.25
Case5.5-c6	45	0.78	0.14	0.7	0.25
Case5.5-c7	45	0.78	0.14	0.4	0.40

5.5.5 乘波体设计实例

根据上述设计输入参数,设计生成了所有与给定前缘线水平投影型线对应的吻切锥乘波体。当三次样条曲线没有插入点时,生成的构型 Case5.5-a1 ~ Case5.5-a6 如图 5.132 所示。

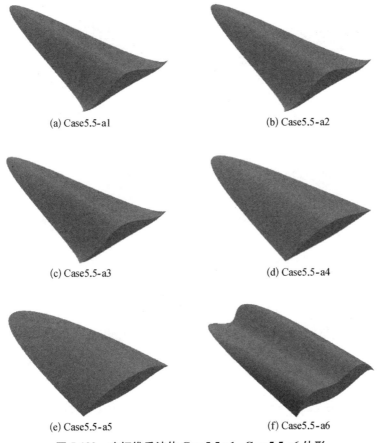

(a) Case5.5-a1

(b) Case5.5-a2

(c) Case5.5-a3

(d) Case5.5-a4

(e) Case5.5-a5

(f) Case5.5-a6

图 5.132 吻切锥乘波体 Case5.5-a1~Case5.5-a6 外形

由图 5.132 可见,当 θ_N 增大到某一值时,会生成如 Case5.5-a6 所示的双头乘波体外形。该构型左右两边均有凸起,将其命名为"双体"乘波构型。通过计算分析可知,在满足方法本身约束条件的情况下,生成"双体"乘波构型的 θ_N 取值范围与乘波体长度 L_w 和宽度 W 应满足式(5.68):

$$\theta_N > \arctan \frac{6L_w}{W} \tag{5.68}$$

当三次样条曲线有 1 个插入点时,生成的乘波构型 Case5.5-b1~Case5.5-b8 如图 5.133 所示。

多一个控制点参数得到的前缘线水平投影型线的形状更加丰富,因此乘波体的外形也更加多样:不仅可以生成"双体"乘波构型(Case5.5-b1、Case5.5-

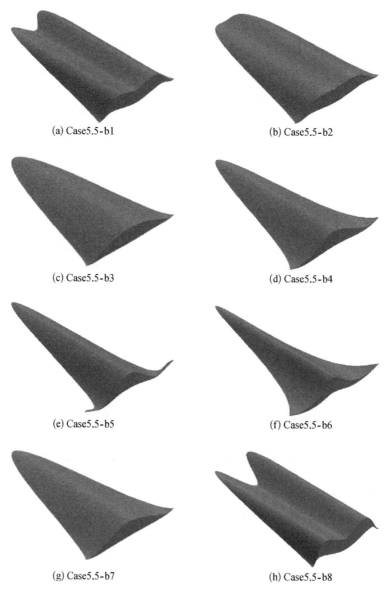

(a) Case5.5-b1　　　　　　　　　　(b) Case5.5-b2

(c) Case5.5-b3　　　　　　　　　　(d) Case5.5-b4

(e) Case5.5-b5　　　　　　　　　　(f) Case5.5-b6

(g) Case5.5-b7　　　　　　　　　　(h) Case5.5-b8

图 5.133　吻切锥乘波体 Case5.5-b1～Case5.5-b8 外形

b8),还可生成一种两边翘起类似飞机翼梢小翼的乘波构型(Case5.5-b5),以及如 Case5.5-b6 所示的背部脊形乘波构型等。

　　当三次样条曲线有 2 个插入点时,生成的乘波构型 Case5.5-c1～Case5.5-c7 如图 5.134 所示。可见乘波体的外形由于前缘线水平投影型线形状多样变得更加复杂。除设计生成了"双体"乘波构型(Case5.5-c1)、带翼梢小翼的乘波构型

（Case5.5-c5）、背部脊形乘波构型（Case5.5-c4）外，还生成了如 Case5.5-c2、Case5.5-c3所示带有类似机翼部件的乘波构型。

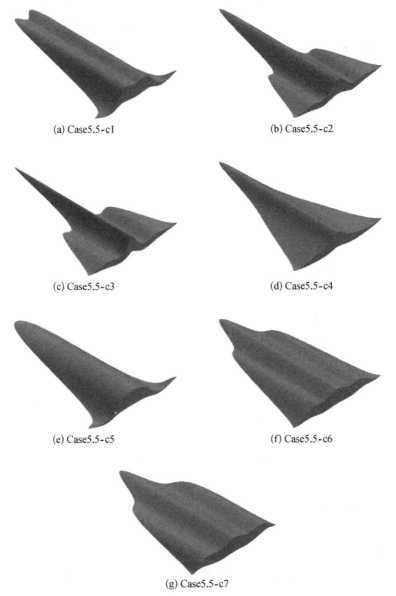

(a) Case5.5-c1

(b) Case5.5-c2

(c) Case5.5-c3

(d) Case5.5-c4

(e) Case5.5-c5

(f) Case5.5-c6

(g) Case5.5-c7

图 5.134 吻切锥乘波体 Case5.5-c1～Case5.5-c7 外形

本节讨论的设计方法是在给定乘波体前缘线水平投影型线的情况下进行乘波体设计的,可以通过对比所生成乘波构型的前缘线水平投影型线和设计输入是否一致,来判定设计方法和设计过程正确与否。

由于生成的构型较多,选取以下几个具有代表性且特征突出的乘波构型进行前缘线水平投影型线的对比:Case5.5-b1、Case5.5-b5、Case5.5-b6 和 Case5.5-c3。前缘线水平投影型线对比如图 5.135 所示,图中黑色曲线是设计输入的前缘线水平投影型线,各点是所对应乘波构型前缘线水平投影型线上的点。由图 5.135 可知,设计获得的乘波构型前缘线水平投影型线与其设计输入型线相符,设计方法和设计过程正确。

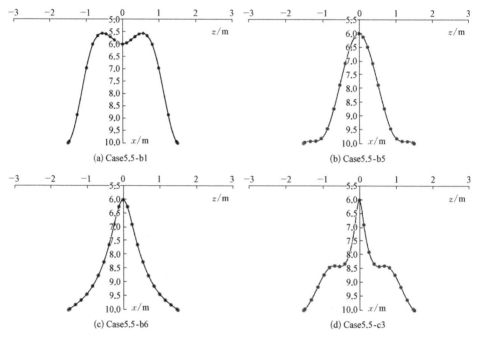

图 5.135　前缘线水平投影型线对比图

5.5.6　乘波特性验证

对选取的四个典型乘波构型进行数值计算,验证其乘波特性。无黏条件下各乘波构型的三维无量纲压力等值线如图 5.136 所示。由图 5.136 可知,在设计条件下,各横截面的激波均能较好地贴附于前缘上,使高压区局限于乘波体下表面,上表面压力较低,且乘波体边缘无明显的向上溢流现象,表明 Case5.5-b1、Case5.5-b5、Case5.5-b6 和 Case5.5-c3 四种构型乘波特性良好。

各乘波构型无黏、有黏条件下纵向对称面、底面的无量纲压力分布云图分别如图 5.137 和图 5.138 所示。可见,无黏流场中基本没有溢流现象,有黏流场中

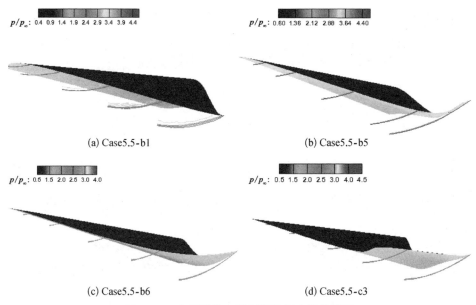

(a) Case5.5-b1

(b) Case5.5-b5

(c) Case5.5-b6

(d) Case5.5-c3

图 5.136　各乘波体三维无量纲压力等值线图

则有少量气流从下表面溢出现象。数值模拟预测的激波与设计输入的激波(红色虚线)在无黏条件下吻合得更好,有黏条件下则向下偏移,这是因为设计过程中选择的基准流场是无黏的,有黏情况下会产生边界层,对乘波特性有所影响。总体而言,四种构型在设计条件下均具有良好的乘波效果。

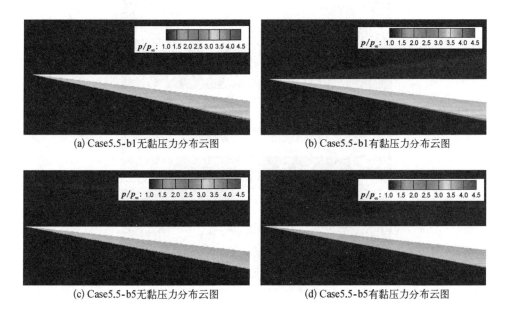

(a) Case5.5-b1无黏压力分布云图

(b) Case5.5-b1有黏压力分布云图

(c) Case5.5-b5无黏压力分布云图

(d) Case5.5-b5有黏压力分布云图

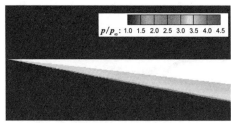

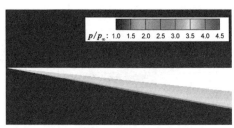

(e) Case5.5-b6无黏压力分布云图　　　　　　　(f) Case5.5-b6有黏压力分布云图

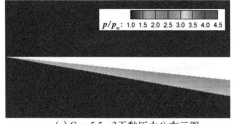

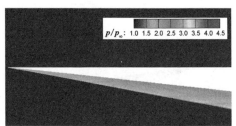

(g) Case5.5-c3无黏压力分布云图　　　　　　　(h) Case5.5-c3有黏压力分布云图

图 5.137　各乘波体纵向对称面无量纲压力分布云图

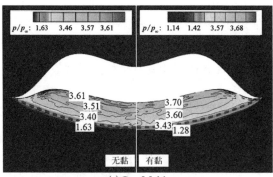

(a) Case5.5-b1

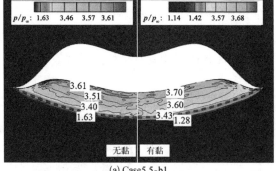

(b) Case5.5-b5

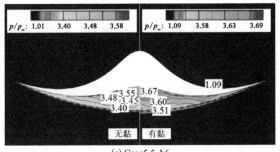

(c) Case5.5-b6

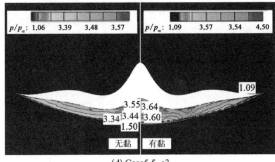

(d) Case5.5-c3

图 5.138　各构型底面无量纲压力分布云图

综上,通过前缘线水平投影型线的对比和乘波特性分析,本节给定前缘线水平投影型线的吻切锥乘波体设计方法正确可靠,而且乘波体构型有多种,大大丰富了乘波设计方法的多样性。

在本节所设计生成的乘波构型中,"双体"乘波构型在外形上有利于与双进气道的一体化设计,可根据具体的设计要求对该构型进行优化调整;Case5.5-b5这类具有两边翘起的类似飞机翼梢小翼的乘波构型可改善乘波体的横向静稳定性,对提高升力特性也有较好作用;Case5.5-b6 类具有明显的机体特征;Case5.5-c2、Case5.5-c3 这一类则具有明显的机翼特征。上述各种乘波构型展示了基于前缘线水平投影型线的吻切锥乘波设计方法的优越性,这种方法的设计灵活性远远超越其他两种输入二维几何特征型线(上/下表面底部型线)的乘波设计方法,在高超声速飞行器气动外形设计方面应该大有可为。

5.5.7　气动特性分析

Case5.5-b1、Case5.5-b5、Case5.5-b6 和 Case5.5-c3 四种吻切锥乘波构型在不同攻角下的气动特性(升力系数、阻力系数、升阻比、俯仰力矩系数、压心相对位置)随攻角的变化曲线如图 5.139 所示,其中俯仰力矩矩心为乘波体头部顶点。

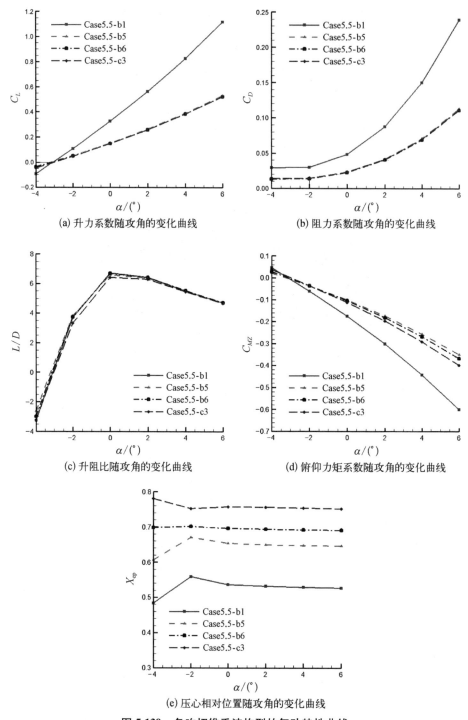

(a) 升力系数随攻角的变化曲线

(b) 阻力系数随攻角的变化曲线

(c) 升阻比随攻角的变化曲线

(d) 俯仰力矩系数随攻角的变化曲线

(e) 压心相对位置随攻角的变化曲线

图 5.139　各吻切锥乘波构型的气动特性曲线

四种构型中,"双体"乘波构型 Case5.5-b1 的升力系数、阻力系数和俯仰力矩系数相比其他三种构型随攻角的变化幅度较大,但升阻比曲线随设备的变化很小,压心相对位置更靠前。乘波构型 Case5.5-b6 的背部呈脊形,其压心相对位置基本不随攻角的变化而改变,且背部突起对乘波体的容积率也有一定改善作用,具有一定的实用价值。具有机翼部件的乘波构型 Case5.5-c3,与普通乘波体相比,其外形更接近实际飞行器,由于机翼的作用,其压心相对位置最为靠后,静稳定性最好。

5.5.8　机翼形状影响

通过给定前缘线水平投影型线设计吻切锥乘波体,可获得丰富的乘波体外形。其中,带机翼部件的乘波体更像一个实际的飞机,有直接用于高超声速飞行器设计的应用前景。本节以此为出发点,对乘波机翼相关设计参数的影响进行分析,研究其对乘波体外形及其气动特性的作用规律。为便于后续的论述,将乘波体构型中远离对称轴的较明显的类似于机翼的部分称为乘波机翼,靠近对称轴部分称为乘波机身,如图 5.140 所示。乘波机身和乘波机翼并无精确的定

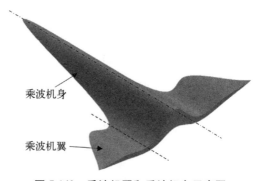

图 5.140　乘波机翼和乘波机身示意图

义与边界,这类似于超声速飞机翼身融合的设计概念。

1. 正交试验设计

为研究前缘线水平投影型线插入点位置对机翼形状的影响,进而研究其对乘波体性能的影响,使用正交试验设计方法选取设计参数获得乘波体构型。通过正交试验设计方法选取的试验点是均匀分布的,便于通过分析试验结果获得各参数对性能指标的影响规律。

在进行乘波体外形设计时,通常会根据飞行器总体要求,给出乘波体的长度 L_w、宽度 W 及设计马赫数 Ma,在与进气道的一体化设计中,还会对乘波体的激波底部型线有所要求。因此本节在设计正交试验时,固定乘波体的长度 L_w、宽度 W 及激波底部型线(参数值与表 5.18 中相同),保持靠近对称轴的第一个插入点位置(决定机身宽度)不变,研究第二个插入点位置(决定机翼形状)对机翼形状及乘波体气动特性的影响。针对 x_2/L_w 和 $z_2/(0.5W)$,采用 $L_9(3^2)$ 正交表,

共需进行 9 次 CFD 计算以获取气动特性参数。各参数设置和正交试验因素水平设置分别如表 5.20 和表 5.21 所示。

表 5.20　设计参数设置一览表

设计参数	Ma	$\beta/(°)$	L_w/m	W/m	$\theta_N/(°)$	x_1/L_w	$z_1/(0.5W)$
数　值	10	10	4	3	45	0.48	0.14

表 5.21　正交试验因素水平设置一览表

水　平	x_2/L_w	$z_2/(0.5W)$
1	0.10	0.30
2	0.25	0.35
3	0.40	0.40

　　由表 5.21 可得到 9 种参数组合,由每个参数组合设计得到对应的带机翼乘波体外形,各个外形的设计参数如表 5.22 所示。

表 5.22　正交试验带机翼乘波体外形设计参数设置一览表

设计实例	参数		设计实例	参数	
	x_2/L_w	$z_2/(0.5W)$		x_2/L_w	$z_2/(0.5W)$
Case5.5-p1	0.10	0.30	Case5.5-p6	0.25	0.40
Case5.5-p2	0.10	0.35	Case5.5-p7	0.40	0.30
Case5.5-p3	0.10	0.40	Case5.5-p8	0.40	0.35
Case5.5-p4	0.25	0.30	Case5.5-p9	0.40	0.40
Case5.5-p5	0.25	0.35			

　　将各算例的前缘线水平投影型线进行对比,如图 5.141 所示。图 5.141 中 $(-0.5, 0.5)$ 区间的型线重合,$(-1.5, -0.5)$ 和 $(0.5, 1.5)$ 区间内差异较大,表明乘波体机身保持不变,而机翼形状不同,满足设计预期。各算例的具体几何外形如图 5.142 所示。

2. 气动特性分析

　　首先对乘波体设计状态下的流场进行分析,各乘波构型在设计状态下下表面压力分布云图如图 5.143 所示。

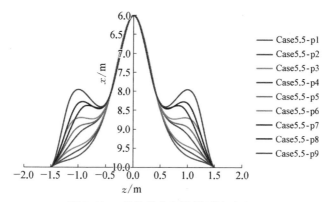

图 5.141　前缘线水平投影型线对比图

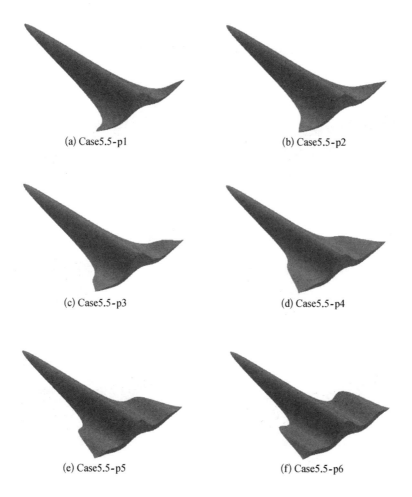

(a) Case5.5-p1

(b) Case5.5-p2

(c) Case5.5-p3

(d) Case5.5-p4

(e) Case5.5-p5

(f) Case5.5-p6

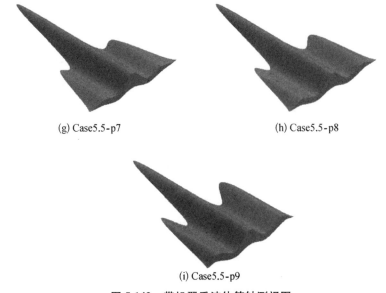

(g) Case5.5-p7 　　　　　　　　(h) Case5.5-p8

(i) Case5.5-p9

图 5.142　带机翼乘波体等轴测视图

(a) Case5.5-p1 　　　　　　　　(b) Case5.5-p2

(c) Case5.5-p3 　　　　　　　　(d) Case5.5-p4

(e) Case5.5-p5 　　　　　　　　(f) Case5.5-p6

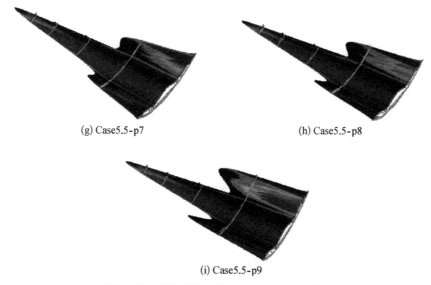

(g) Case5.5-p7　　　　　　　　　　(h) Case5.5-p8

(i) Case5.5-p9

图 5.143　带机翼乘波体下表面压力分布云图

　　各乘波构型的升力系数、阻力系数、升阻比、俯仰力矩系数、压心相对位置和静稳定度如图 5.144~图 5.149 所示,其中力矩参考中心为 60%乘波体机体长度处,参考长度为 1 m,参考面积为 1 m²。由图 5.141 可知,Case5.5-p1~Case5.5-p9 的机翼投影面积是在逐渐增大的,而各乘波构型的升力系数、阻力系数也都随投影面积的增大而增大;由于乘波机翼增加了后机体面积,俯仰力矩系数随机翼投影面积的增大而减小(低头力矩增大);升阻比变化比较复杂,出现了先增大后

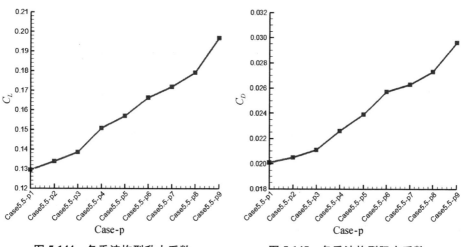

图 5.144　各乘波构型升力系数　　　　　图 5.145　各乘波构型阻力系数

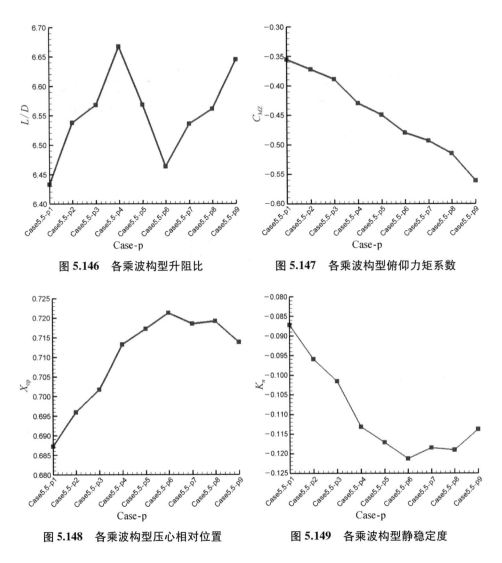

图 5.146　各乘波构型升阻比　　　　　图 5.147　各乘波构型俯仰力矩系数

图 5.148　各乘波构型压心相对位置　　　图 5.149　各乘波构型静稳定度

减小而后又增大的趋势,其中 Case5.5-p4 有最大升阻比;结合乘波体外形可以看出,
当乘波机翼出现前掠形状时,整机压心位置将稍向前移,计算结果符合理论预期。

　　表 5.23 罗列了各因素所对应不同指标的极差值,其中 R_{Li}、R_{Di}、$R_{(L/D)i}$、
$R_{C_{MZi}}$、$R_{X_{cpi}}$ 和 $R_{K_{ni}}$ 分别代表升力系数、阻力系数、升阻比、俯仰力矩系数、压心相
对位置和静稳定度对应的第 i 个因素的极差。某一因素对应的极差值越大,表
明该因素对相应指标的影响作用越大。由表 5.23 中数据可知,第二个插入点的
x 轴坐标值对所有气动特性的影响都比 z 轴坐标值大,且对升力系数、升阻比和
俯仰力矩系数的影响程度最高。

表 5.23 各因素极差分析结果一览表

因　素	指　标					
	R_{Li}	R_{Di}	$R_{(L/D)i}$	$R_{C_{MZi}}$	$R_{X_{cpi}}$	$R_{K_{ni}}$
x_2/L_w	0.048	0.007	0.067	0.151	0.022	0.022
$z_2/(0.5W)$	0.016	0.002	0.014	0.051	0.006	0.006

图 5.150~图 5.161 给出了同一水平下升力系数、阻力系数、升阻比、俯仰力矩系数、压心相对位置和静稳定度随不同因素变化的曲线,反映了各因素对不同指标的影响。

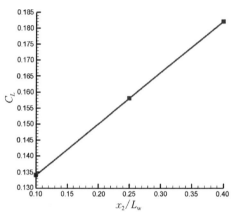

图 5.150 升力系数随 x_2/L_w 变化曲线

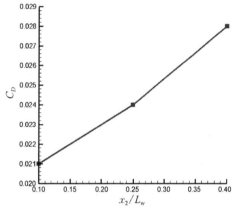

图 5.151 阻力系数随 x_2/L_w 变化曲线

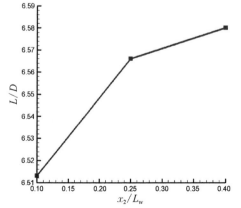

图 5.152 升阻比随 x_2/L_w 变化曲线

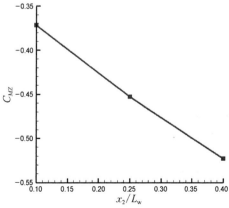

图 5.153 俯仰力矩系数随 x_2/L_w 变化曲线

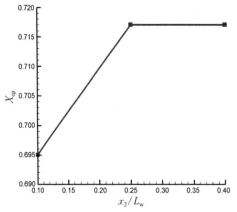

图 5.154　压心相对位置随 x_2/L_w 变化曲线　　图 5.155　静稳定度随 x_2/L_w 变化曲线

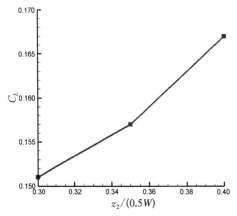
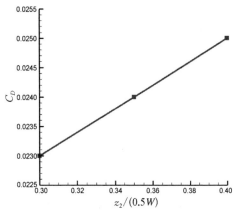

图 5.156　升力系数随 $z_2/(0.5W)$ 变化曲线　　图 5.157　阻力系数随 $z_2/(0.5W)$ 变化曲线

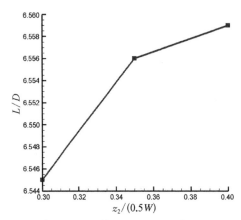
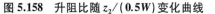
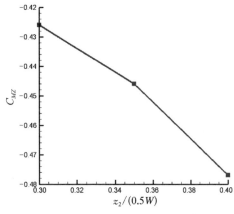

图 5.158　升阻比随 $z_2/(0.5W)$ 变化曲线　　图 5.159　俯仰力矩系数随 $z_2/(0.5W)$ 变化曲线

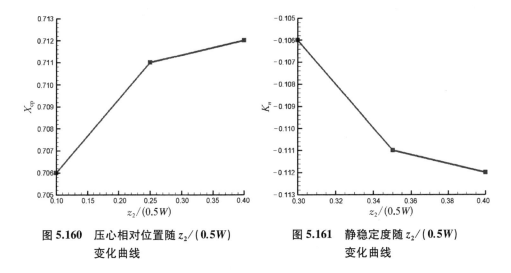

图 5.160　压心相对位置随 $z_2/(0.5W)$
变化曲线

图 5.161　静稳定度随 $z_2/(0.5W)$
变化曲线

从图 5.150~图 5.161 可知,对各个指标来说均是插入点的纵向位置影响更大,且对俯仰力矩系数的影响最明显。当 x_2/L 增大或是 $z_2/(0.5W)$ 增大,即插入点离 z 轴或 x 轴越远时,升力系数、阻力系数、升阻比和压心相对位置均增大,俯仰力矩系数和静稳定度则减小。

通过以上分析,可针对工程应用的不同要求,如升阻比或静稳定度,选择合适的机翼形状进行飞行器设计。

5.5.9　机翼翼展影响

1. 试验设计

对于一般机翼来说,形状和翼展(翼的展向长度)都是十分重要的设计参数,为研究乘波机翼翼展对气动特性的影响,使用控制变量法选取设计参数。选择 5.5.8 小节中 Case5.5-p2、Case5.5-p3、Case5.5-p5 开展研究,为保证乘波机身等形状不变,固定插入点的绝对位置不变,仅变化乘波体宽度来控制机翼展向长度,相关设计参数设置如表 5.24 和表 5.25 所示。

表 5.24　固定设计参数设置一览表

设计参数	Ma	$\beta/(°)$	L_w/m	$\theta_N/(°)$
数　值	10	10	4	45

表 5.25　设计参数设置一览表

设计实例	参　　数				
	W	x_1/L_w	$z_1/(0.5W)$	x_2/L_w	$z_2/(0.5W)$
Case5.5-p2	3	0.48	0.14	0.10	0.35
Case5.5-p21	4	0.48	0.105	0.10	0.262 5
Case5.5-p22	5	0.48	0.084	0.10	0.21
Case5.5-p3	3	0.48	0.14	0.10	0.4
Case5.5-p31	4	0.48	0.105	0.10	0.3
Case5.5-p32	5	0.48	0.084	0.10	0.24
Case5.5-p5	3	0.48	0.14	0.25	0.35
Case5.5-p51	4	0.48	0.105	0.25	0.262 5
Case5.5-p52	5	0.48	0.084	0.25	0.21

由于乘波体宽度有所变化,为保证插入点绝对位置固定,其在 z 轴方向的相对位置有所变化。将前缘线水平投影型线进行对比,如图 5.162 所示,可见型线在 $(-0.5, 0.5)$ 区间基本是重合的,此外的区间有相应的拓宽,表明乘波机身部分基本不变,机翼翼展有所增加,符合设计预期。对应生成的乘波体三维外形如图 5.163 所示。

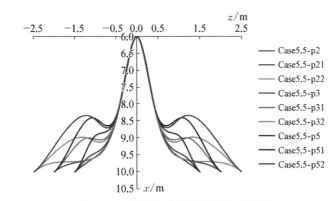

图 5.162　前缘线水平投影型线对比图

(a) Case5.5-p2　　　　　　　　　　　　　　(b) Case5.5-p21

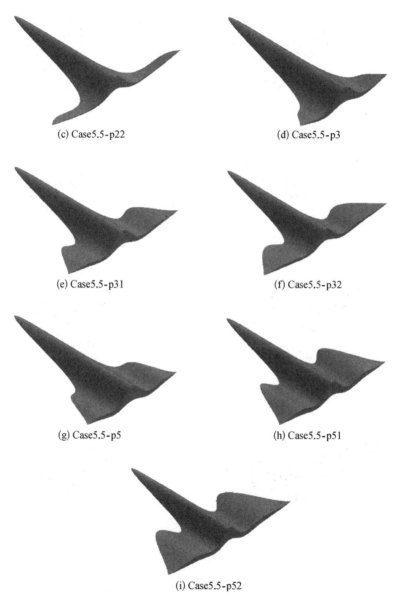

(c) Case5.5-p22　　　　　　　　　　　(d) Case5.5-p3

(e) Case5.5-p31　　　　　　　　　　　(f) Case5.5-p32

(g) Case5.5-p5　　　　　　　　　　　(h) Case5.5-p51

(i) Case5.5-p52

图 5.163　带机翼乘波体等轴测视图

2. 气动特性分析

对各乘波体在设计状态下的流场进行分析,计算条件取设计状态,得到乘波体在设计状态下的下表面压力分布云图如图 5.164 所示。由图可知,各构型乘波机翼下表面均有低压,且乘波机翼的后掠角越小,低压面积占比越大。

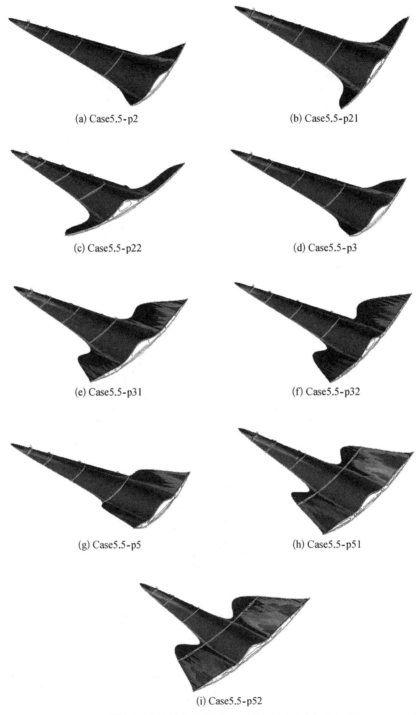

(a) Case5.5-p2

(b) Case5.5-p21

(c) Case5.5-p22

(d) Case5.5-p3

(e) Case5.5-p31

(f) Case5.5-p32

(g) Case5.5-p5

(h) Case5.5-p51

(i) Case5.5-p52

图 **5.164**　带机翼乘波体在设计状态下的下表面压力分布云图

　　各乘波外形的升力系数、阻力系数、升阻比、俯仰力矩系数、压心相对位
置和静稳定度随翼展变化曲线如图 5.165 ~ 图 5.170 所示。由图可知,三组
乘波体的变化趋势相同:随着翼展的增大,升力系数、阻力系数和压心相对
位置增大,升阻比、俯仰力矩系数和静稳定度则减小。结合流场图 5.164 分
析,随着翼展的增大,力的作用面积增大,因此升力系数和阻力系数均增大,
且初始乘波机翼面积越大,各系数增大越明显;但翼展增大时,乘波体下表
面高压部分面积并无明显增加,即翼展增大使下表面低压占比更多,故阻力
增加得比升力快,因此升阻比是降低的;翼展增大使得乘波体压心相对位置
后移,因此静稳定度更好。

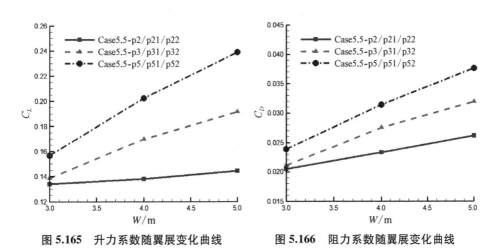

图 5.165　升力系数随翼展变化曲线　　　图 5.166　阻力系数随翼展变化曲线

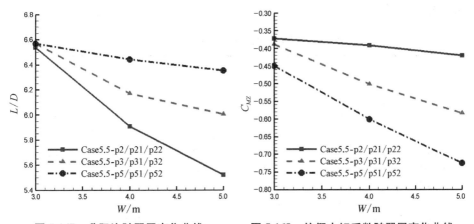

图 5.167　升阻比随翼展变化曲线　　　图 5.168　俯仰力矩系数随翼展变化曲线

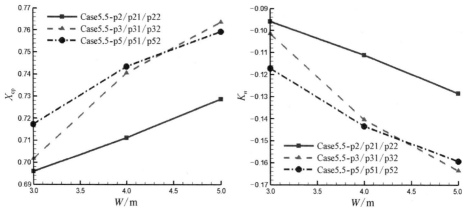

图 5.169 压心相对位置随翼展变化曲线　　图 5.170 静稳定度随翼展变化曲线

5.5.10 乘波飞机设计实例

由前述内容可知,基于前缘线水平投影型线的乘波体设计可以得到复杂多样的乘波体构型,且其气动特性变化规律也比较复杂,这恰恰为高超声速飞行器根据不同任务设计提供了丰富的选择空间,也为乘波设计理论的不断发展提供了动力。

本节在具有机翼形状的乘波体设计基础上,叠加前面介绍的脊形乘波体设计方法,构造有较高容积,且具有完全乘波下表面的乘波飞机构型,进一步丰富高超声速乘波设计理论的应用空间。

1. 乘波下表面设计

设计乘波飞机外形的第一步是构造具有飞机布局特征的乘波体,其下表面应该完全乘波,此时采用给定前缘线水平投影型线的乘波设计方法,主要设计参数如表 5.26 所示。

表 5.26　乘波飞机主要设计参数选取一览表

设计实例	参　数				
	$\theta_N/(°)$	x_1/L_w	$z_1/(0.5W)$	x_2/L_w	$z_2/(0.5W)$
Case5.5-f1	70	0.85	0.15	0.15	0.35
Case5.5-f2	70	0.85	0.15	0.20	0.35
Case5.5-f3	70	0.62	0.25	0.40	0.30
Case5.5-f4	70	0.80	0.15	0.25	0.30
Case5.5-f5	70	0.65	0.15	0.25	0.30
Case5.5-f6	70	0.65	0.20	0.25	0.30
Case5.5-f7	70	0.50	0.15	0.25	0.30

　　初步生成的乘波飞机构型 Case5.5-f1～Case5.5-f7 的气动外形如图 5.171 所示,此时上表面采用自由流面法设计。

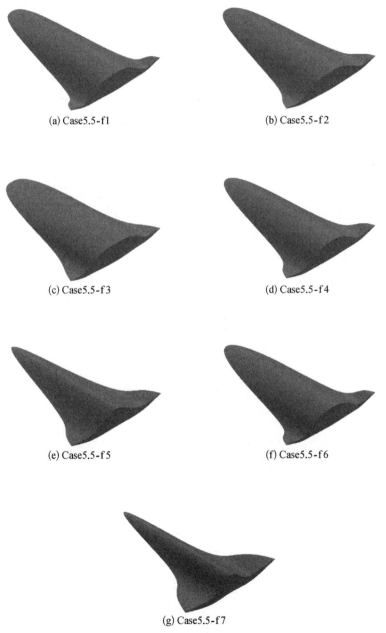

(a) Case5.5-f1　　　　　　　　　　　(b) Case5.5-f2

(c) Case5.5-f3　　　　　　　　　　　(d) Case5.5-f4

(e) Case5.5-f5　　　　　　　　　　　(f) Case5.5-f6

(g) Case5.5-f7

图 5.171　乘波飞机初步构型的气动外形

选取外形特征较为典型的 Case5.5-f3、Case5.5-f4、Case5.5-f5 和 Case5.5-f7 进行气动特性计算,主要气动特性数据如表 5.27 所示,其中 r 表示容积率。

表 5.27 乘波飞机初步构型主要气动特性数据

设 计 实 例	C_L	C_D	L/D	C_{MZ}	r
Case5.5-f3	0.046 4	0.006 9	6.717 8	−0.000 34	0.18
Case5.5-f4	0.045 5	0.006 7	6.744 8	−0.001 4	0.18
Case5.5-f5	0.045 2	0.006 7	6.759 3	−0.003 1	0.17
Case5.5-f7	0.042 8	0.006 4	6.735 4	−0.004 3	0.17

高超声速飞机设计指标重点是升阻比与静稳定度,内部容积足够即可。由表 5.27 可知,升阻比越大则容积率 r 越小,但各构型之间差别不大,仅 Case5.5-f7 在俯仰力矩系数方面稍有优势。故采用 Case5.5-f7 的下表面作为乘波飞机下表面,并将此构型命名为 waverider vehicle 1,其气动外形各向视图如图 5.172 所示。

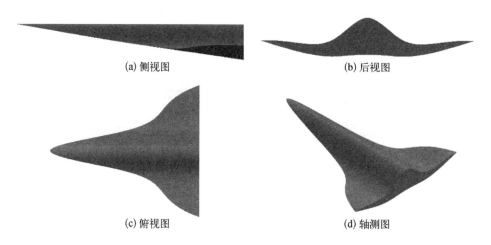

(a) 侧视图   (b) 后视图

(c) 俯视图   (d) 轴测图

图 5.172 乘波飞机初选构型 waverider vehicle 1 气动外形

2. 脊形上表面设计

基于乘波飞机初选构型 waverider vehicle 1,首先采取 CST 方法开展上表面脊形乘波体外形设计。为了在增大乘波体容积的同时减少对升阻比的影响,设计过程中在尽量保持头部丰满的同时也将乘波机翼尽量变薄。在 waverider

vehicle 1 的基础上设计得到 waverider vehicle 2,其气动外形各向视图如图 5.173
所示。

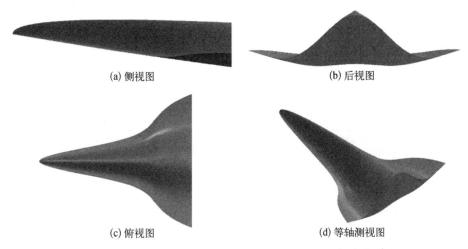

(a) 侧视图　　　　　　　　　　　　　　(b) 后视图

(c) 俯视图　　　　　　　　　　　　　　(d) 等轴测视图

图 5.173　乘波飞机初选构型 waverider vehicle 2 气动外形

采用超椭圆曲线,同样可以获得理想的脊形上表面设计得到 waverider
vehicle 3,其气动外形各向视图如图 5.174 所示。

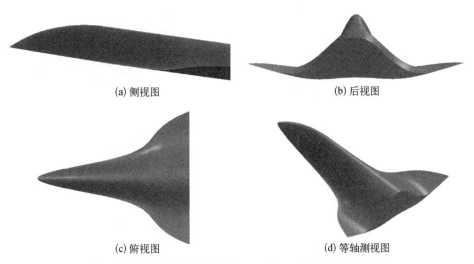

(a) 侧视图　　　　　　　　　　　　　　(b) 后视图

(c) 俯视图　　　　　　　　　　　　　　(d) 等轴测视图

图 5.174　乘波飞机初选构型 waverider vehicle 3 气动外形

与 waverider vehicle 2 对比可知,waverider vehicle 3 明显在头部处更加饱满,
同时乘波机翼处也更薄,兼顾了容积与升阻比。

3. 前缘钝化设计

根据前面介绍的前缘钝化设计方法,取头部钝化半径为 30 mm,乘波机翼处最小钝化半径为 5 mm,钝化曲线设计如式(5.71)所示,得到钝化后的构型 waverider vehicle 4,其头部钝化前后对比如图 5.175 所示,三维气动外形见图 5.176。

$$r = 8.963\ 6z^3 + 29.729\ 2z^2 + 32.623\ 7z + 30, \qquad z \in (-2.25, 0] \quad (5.69)$$

(a) 钝化后   (b) 钝化前

图 5.175 乘波飞机初选构型 waverider vehicle 4 钝化前后头部对比

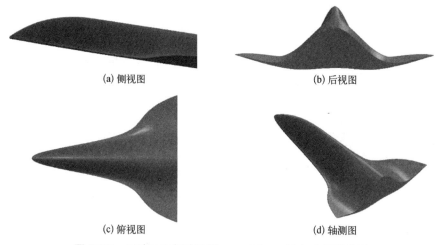

(a) 侧视图   (b) 后视图

(c) 俯视图   (d) 轴测图

图 5.176 乘波飞机初选构型 waverider vehicle 4 气动外形

4. 气动舵面设计

高超声速飞行器气动舵面的尺寸一般设置为机身水平投影面积的 8%~9%,通过对舵面形状和尺寸进行迭代设计,最终得到乘波飞机初选构型 waverider vehicle 5,其气动外形如图 5.177 所示。

5. 气动特性分析

对乘波飞机初选构型 waverider vehicle 5 进行无黏气动特性数值计算,其设计状态下升力系数、阻力系数、升阻比和俯仰力矩系数随攻角和马赫数变化的曲线分别如图 5.178 和图 5.179 所示。

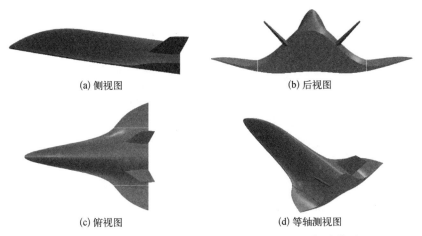

(a) 侧视图　　　　　　　　　　　　(b) 后视图

(c) 俯视图　　　　　　　　　　　　(d) 等轴测视图

图 5.177　乘波飞机初选构型 waverider vehicle 5 气动外形

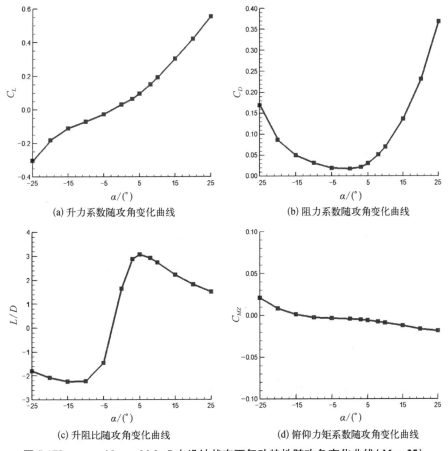

(a) 升力系数随攻角变化曲线　　　　　　　(b) 阻力系数随攻角变化曲线

(c) 升阻比随攻角变化曲线　　　　　　　　(d) 俯仰力矩系数随攻角变化曲线

图 5.178　waverider vehicle 5 在设计状态下气动特性随攻角变化曲线($Ma=25$)

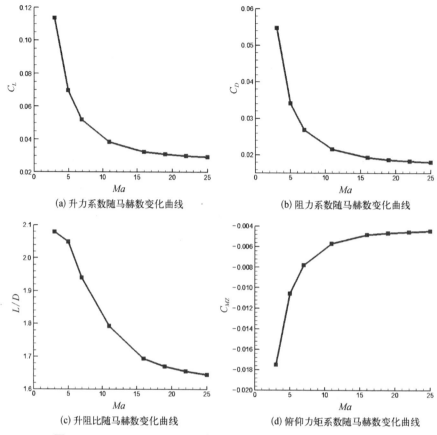

(a) 升力系数随马赫数变化曲线 (b) 阻力系数随马赫数变化曲线

(c) 升阻比随马赫数变化曲线 (d) 俯仰力矩系数随马赫数变化曲线

图 5.179 waverider vehicle 5 气动特性随马赫数变化曲线（$\alpha=0°$）

由图 5.178 可知，其设计状态（$Ma=25$）下的升阻比在 5° 攻角时最大，具有良好的俯仰力矩特性，气动特性变化曲线符合高超声速飞行器一般规律。

通过本节乘波飞机设计实例的介绍，可见乘波设计方法具有完成高超声速飞行器主要部件符合流动原理的气动外形（流线型）设计的能力，其参数化的设计过程也非常适合进行多学科优化设计，其在高超声速飞行器气动外形设计方面具有鲜明的技术优势。

5.6 基于三维前缘线的吻切锥乘波设计

5.6.1 背景和基本概念

到目前为止，本书所介绍的所有乘波设计实例都是以其二维型线（激波底部型线和几何特征型线)为设计输入条件进行设计的。乘波体二维几何特征型线主要包括其三维前缘线的底部投影型线,也就是采用自由流面法设计上表面时的上表面底部型线,以及乘波体三维前缘线的水平投影型线和下表面底部型线。

当设定乘波体下表面底部型线为设计输入的几何特征型线时,可直接控制乘波体下表面在底部截面的形状,便于与进气道或者飞行器后部机体进行一体化设计,但无法直接控制乘波体前缘线形状或两侧反角和后掠角等。当设定乘波体三维前缘线的二维投影型线作为设计输入条件时,可以在一定程度上反映乘波体三维外形特征,例如,前缘线的底部投影型线可表证乘波体的宽度和两侧边缘的反角水平,前缘线的水平投影型线可表证乘波体的长度、宽度及两侧边缘的后掠角水平等,但无法同时满足乘波体所有几何特征的设计约束。因此,设定乘波体二维几何特征型线无法直接控制乘波体三维前缘线的全部外形特征,限制了乘波体外形的设计自由度。若在设计过程中直接给定乘波体的三维前缘线,即可对其基本外形进行直接控制,更容易满足总体、气动、结构等对飞行器几何形状的设计要求,具有重要的工程应用价值。

在本书 2.5 节中,已经提到了可以开展输入三维前缘线的乘波设计,也有部分研究者进行了此项研究。例如,2017 年,Kontogiannis 等[149]提出了基于吻切理论,将锥形流场作为基准流场,给定三维前缘线的吻切锥乘波体设计方法,其生成的吻切锥乘波体外形如图 5.180 所示。但文献中并没有对设计方法进行验证,未给出设计构型的流场分析与气动特性。

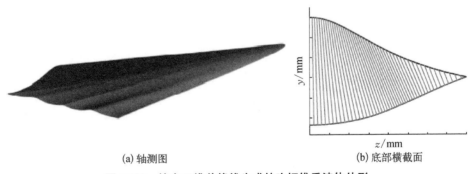

(a) 轴测图　　　　　　　　　(b) 底部横截面

图 5.180　给定三维前缘线生成的吻切锥乘波体外形

本节给出基于三维前缘线的吻切锥乘波体设计实例,详细地介绍基于三维前缘线的吻切锥乘波设计原理及其约束条件,并选择符合约束条件的三维曲线,生成相应的吻切锥乘波体构型;继而通过几何外形对比、流场分析验证该设计方法的正确,并对获得的乘波体进行气动特性分析。

5.6.2   设计原理

基于三维前缘线的吻切锥乘波设计中,若可以确定与某个三维前缘点相契合的锥形基准流场,则可按照一般吻切锥乘波设计方法完成乘波体设计。因此,在给定三维前缘线后,设计锥形基准流场还需要给定设计马赫数 Ma 和激波角 β。由于前缘线的三维特性相比二维型线增加了一个空间自由度,在设定其他设计输入参数时需要减少一个空间自由度,否则会产生"过定义"问题。

鉴于三维前缘线一定程度上代表了激波型线(乘波特性使然),因此可以省略吻切锥乘波设计需要的上表面底部型线和激波底部型线的输入。此时,设计难点在于缺少两个底部型线的条件下,如何进行某个前缘点对应的吻切平面锥形基准流场的求解,也就是需要确定吻切锥乘波设计过程中的两个底部几何特征型线:上表面底部型线和激波底部型线。下面详细介绍这两个底部型线的求解过程。

首先是乘波体上表面底部型线的求解,这个过程相对简单。对给定的三维前缘线进行离散;由某一前缘点出发,使用自由流面法获得吻切平面内乘波体上表面后缘点;所有吻切平面内的后缘点光滑连接,即得到乘波体上表面底部型线。

其次是求解激波底部型线。设计中所给定的三维前缘线与乘波体上表面底部型线、激波底部型线关系如图 5.181 所示:三维前缘线上某离散点 P,其在底

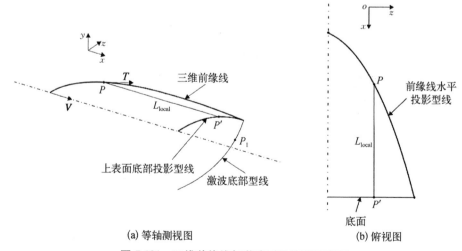

(a) 等轴测视图   (b) 俯视图

图 5.181   三维前缘线与激波型线关系示意图

面的投影为 P'，也就是该点在吻切平面内对应的乘波体后缘点；在乘波体底部截面上，与 P 点对应的吻切平面内的激波后缘点为 P_1，也就是吻切平面内乘波体在激波底部型线上的对应点。可以用式(5.70)计算在点 P 处的有效后掠角 λ：

$$\lambda = 90° - \arccos \frac{\boldsymbol{T} \cdot \boldsymbol{V}}{|\boldsymbol{V}|} \tag{5.70}$$

其中，$\boldsymbol{T}$ 为 P 点处单位切矢；$\boldsymbol{V}$ 为自由来流速度矢量。

如图 5.182 和图 5.183 所示，γ 表示底部截面上点 P' 处切线与点 P_1 处切线的夹角，满足以下几何关系：

$$D_{\text{local}} = \frac{L_{\text{local}}}{\tan \lambda} \cdot \sin \gamma = L_{\text{local}} \cdot \tan \beta \tag{5.71}$$

整理得

$$\sin \gamma = \tan \lambda \tan \beta \tag{5.72}$$

由式(5.72)可得 γ，再根据式(5.73)计算 P 点所在吻切平面与 y 轴的夹角 α，即确定了该点所在吻切平面角度：

$$\alpha = \gamma - \theta \tag{5.73}$$

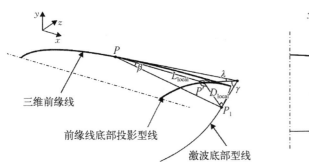

图 5.182　三维前缘线相关角度几何关系示意图

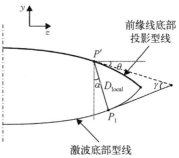

图 5.183　三维前缘线与激波型线底面示意图

如图 5.183 所示，式(5.73)中 θ 表示前缘点 P 处的切矢在底面的投影与 z 轴的夹角。最终，由式(5.71)可以计算点 P_1 和前缘点 P 在底面的投影距离 D_{local}，其中 L_{local} 即前缘点 P 到底面的距离。根据简单的几何关系，已知点 P、α 和 D_{local}，就可以确定点 P_1 的位置了。

至此，前缘点 P 对应的激波后缘点 P_1 的位置求解完成，将所有前缘点对应的激波后缘点光滑连接,即获得了与给定三维前缘线对应的激波底部型线。在获得两个关键的底部几何特征型线后,就可以依照吻切锥乘波设计方法,完成乘波体设计。

综上所述,给定三维前缘线的吻切锥乘波设计方法的核心是:给定一条三维前缘线,通过几何关系,即前缘点的有效后掠角和激波角之间的关系式,求解该三维前缘线所对应的激波底部型线,再利用吻切锥理论进行基准流场的求解,最终获得乘波体。

5.6.3 设计约束讨论

在给定三维前缘线的乘波设计中,三维前缘线需要满足一定约束条件,才可完成乘波体设计,这些约束条件包含了角度约束、二阶可导约束和凹凸约束等。

1. 角度约束

计算激波底部型线的过程中,式(5.71)成立的条件是

$$\tan\lambda\,\tan\beta \leqslant 1 \tag{5.74}$$

变换得

$$\beta \leqslant \arccos\frac{\boldsymbol{T}\cdot\boldsymbol{V}}{|\boldsymbol{V}|} \tag{5.75}$$

即要求前缘线上任意离散点的切矢与自由来流方向的夹角不小于激波角。

2. 二阶可导约束

吻切锥乘波体设计过程中需计算激波点处的曲率圆半径,计算公式如式(5.76)所示:

$$R = \left|\frac{(1+y')^{\frac{3}{2}}}{y''}\right| \tag{5.76}$$

其中,R 为曲率圆半径;y' 为激波底部型线方程的一阶导数;y'' 为激波底部型线方程的二阶导数。

式(5.78)成立的要求就是 y'' 不为零,即激波底部型线方程二阶导数不为零。根据 5.6.2 节的原理介绍和公式推导,可以推断式(5.76)成立的前提是三维前缘线需保证二阶可导且不为零。

3. 凹凸约束

吻切锥乘波设计的基准流场为零攻角绕圆锥超声速流场,要求激波底部型

线二阶导数大于零,因为若二阶导数小于零则吻切平面内的激波与前缘线无交点故无法进行流线追踪。因此,前缘线计算得到的激波底部型线方程需二阶导数处处大于零,即要求三维前缘线满足一定的凹凸性。

通过上述分析可知,角度、二阶可导与凹凸性均为吻切锥理论所带来的约束,也就是说,当改变基准流场,使用其他吻切设计理论进行乘波体设计时,三维前缘线的约束条件应该有相应的改变。

5.6.4　设计步骤

根据上述基于三维前缘线的吻切锥乘波设计原理和设计约束的讨论,其具体设计步骤总结如下。

（1）给定设计总体参数。

设计总体参数包括设计马赫数 Ma 和激波角 β。

（2）给定设计输入型线。

此时输入型线就是乘波体的三维前缘线。

（3）求解乘波体底部型线。

具体见 5.6.2 节中的介绍。

（4）求解吻切平面内基准流场。

将激波底部型线离散为一系列激波点,在每一激波点对应的吻切平面内,求解 Taylor-Maccoll 流动控制方程获得锥形基准流场参数。

（5）吻切平面内流线追踪。

在每一吻切平面内获得前缘点并从其出发,进行流线追踪至底部截面,获得乘波体下表面流线;使用自由流面法生成上表面流线。

（6）流线组合放样。

将所有下表面流线组合放样得到乘波体下表面,上表面流线组合放样得到乘波体上表面,对底部进行封闭,乘波体设计完成。

5.6.5　设计输入参数

基于三维前缘线的吻切锥乘波设计方法的设计输入参数包括马赫数 Ma 和激波角 β,并需要给定三维前缘线。为验证设计方法的正确性和突出三维型线设计方法的优越性,以控制乘波体反角为出发点,选取常用的幂次曲线和三角函数曲线进行组合设计三维曲线,作为乘波体的前缘线,各参数选取如表 5.28 所示。

表 5.28　基于三维前缘线的吻切锥乘波设计参数表

设 计 实 例	Ma	$\beta/(°)$	三维前缘线方程
Case5.6_1	10	10	$\begin{cases} x = t^2 + 6 \\ y = -1 \\ z = t \end{cases}$
Case5.6_2	10	10	$\begin{cases} x = t^2 + 6 \\ y = -0.125t^2 - 0.5 \\ z = t \end{cases}$
Case5.6_3	10	10	$\begin{cases} x = 10 - 4\cos\left(\dfrac{\pi}{4}t\right) \\ y = 0.5\cos\left(\dfrac{\pi}{4}t\right) - 1 \\ z = t \end{cases}$
Case5.6_4	10	10	$\begin{cases} x = 10 - 4\cos\left(\dfrac{\pi}{4}t\right) \\ y = -0.5\cos\left(\dfrac{\pi}{4}t\right) - 1 \\ z = t \end{cases}$
Case5.6_5	10	10	$\begin{cases} x = t^2 + 6 \\ y = -0.5\cos\left(\dfrac{\pi}{4}t\right) - 1 \\ z = t \end{cases}$
Case5.6_6	10	10	$\begin{cases} x = 0.25t^4 + 6 \\ y = 0.062\,5t^4 - 1.5 \\ z = t \end{cases}$

5.6.6　乘波体设计实例

1. 气动外形对比

对应生成的构型 Case5.6_1 ~ Case5.6_6 如图 5.184 所示,从外形上看,分别生成了具有上、下反角的构型,符合预期。

2. 几何特征型线对比

为确定三维型线设计方法可直接控制吻切锥乘波体前缘线,将给定的三维

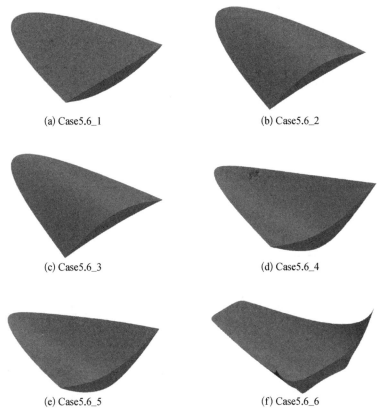

(a) Case5.6_1　　　　　　　　　　(b) Case5.6_2

(c) Case5.6_3　　　　　　　　　　(d) Case5.6_4

(e) Case5.6_5　　　　　　　　　　(f) Case5.6_6

图 5.184　各吻切锥乘波体构型等轴测视图

前缘线与其对应生成的构型进行对比,如图 5.185 所示。图 5.185 中曲线表示给定的三维前缘线,各点表示设计生成构型的前缘线上的点,左侧为底部投影,右侧为水平投影。对比可知,在各投影面上的数据均吻合得很好,说明基于三维前缘线的设计方法可以直接指定构型的前缘线。

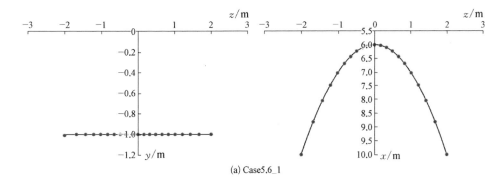

(a) Case5.6_1

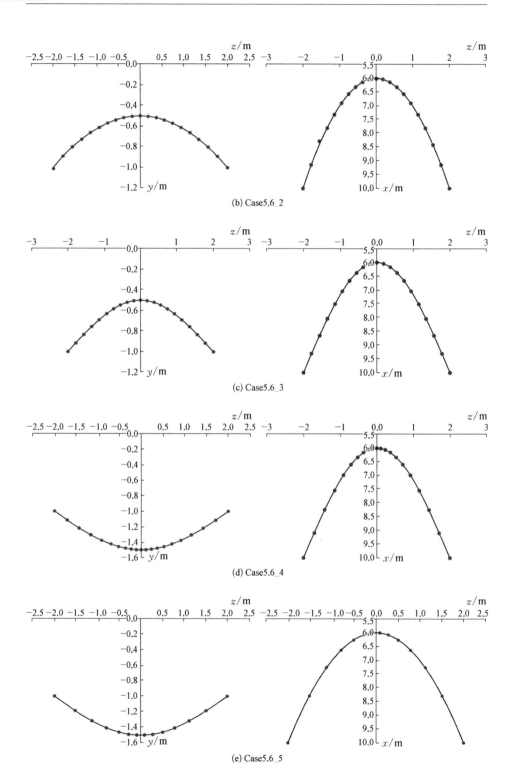

(b) Case5.6_2

(c) Case5.6_3

(d) Case5.6_4

(e) Case5.6_5

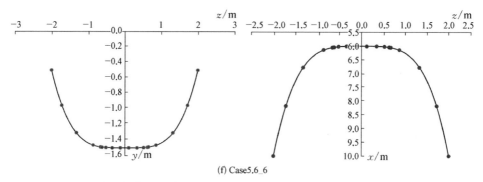

(f) Case5.6_6

图 5.185　各吻切锥乘波体前缘线与给定三维前缘线的底部与水平投影对比图

为进一步检验三维型线设计方法,探究其与二维型线设计方法的关联,本节选取文献[116]中给定下表面底部型线设计的吻切锥乘波体,将其三维前缘线作为三维型线设计方法中的给定前缘线,并保证设计马赫数、激波角等其他参数一致,设计得到乘波体并将其与参考吻切锥乘波体进行外形对比。三维视图对比如图 5.186 所示,各基本型线/投影型线的对比如图 5.187 所示。

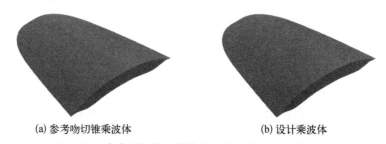

(a) 参考吻切锥乘波体　　　　　　　(b) 设计乘波体

图 5.186　参考吻切锥乘波体与设计乘波体三维视图对比

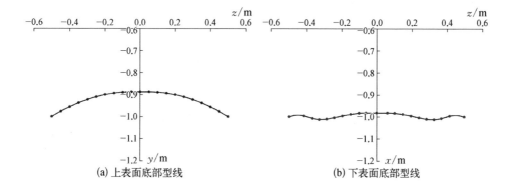

(a) 上表面底部型线　　　　　　　(b) 下表面底部型线

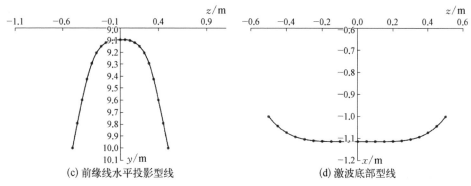

(c) 前缘线水平投影型线　　　　　　　(d) 激波底部型线

图 5.187　参考吻切锥乘波体与设计乘波体型线对比图

图 5.187 中,数据点表示设计乘波体基本型线上的点,曲线表示参考吻切锥乘波体对应的型线。可见,设计乘波体与参考吻切锥乘波体各型线一致,外形相同。分析结果表明,给定三维前缘线的设计方法正确;基于吻切锥理论、二维型线设计方法和三维型线设计方法在其他设计输入参数相同的情况下,设计生成的乘波体是一致的。

5.6.7　乘波体性能分析

1. 乘波特性验证

为检验 Case5.6-1~Case5.6-6 是否具有乘波特性,对其进行无黏数值模拟和有黏数值模拟。各吻切锥乘波体在无黏流场条件下的三维无量纲压力分布云图如图 5.188 所示。由图 5.188 可知,各乘波体下表面激波贴附于前缘,各设计实例在设计条件下乘波特性良好。

各吻切锥乘波体在无黏与有黏条件下纵向对称面和底面的无量纲压力分布云图如图 5.189 和图 5.190 所示。对比可知,在黏性流场中,均有少许高压从下表面泄露至上表面,这是边界层的存在导致的。将图 5.190 中由理论方法计算

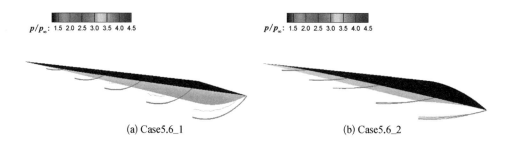

p/p_∞: 1.5 2.0 2.5 3.0 3.5 4.0 4.5　　　　　p/p_∞: 1.5 2.0 2.5 3.0 3.5 4.0 4.5

(a) Case5.6_1　　　　　　　　　　　(b) Case5.6_2

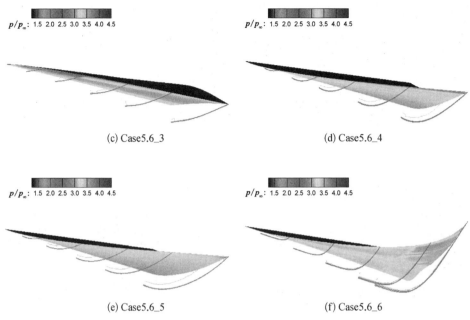

(c) Case5.6_3

(d) Case5.6_4

(e) Case5.6_5

(f) Case5.6_6

图 5.188　各吻切锥乘波体无黏三维无量纲压力分布云图

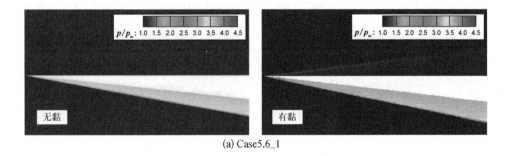

(a) Case5.6_1

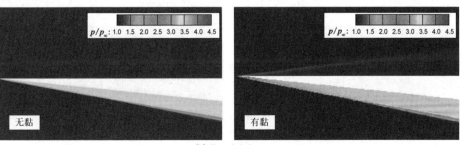

(b) Case5.6_2

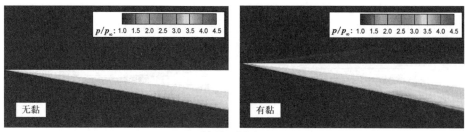

(c) Case5.6_3

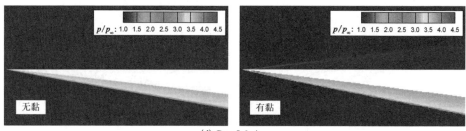

(d) Case5.6_4

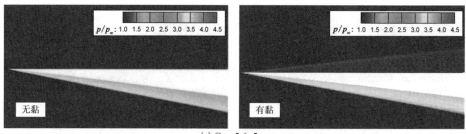

(e) Case5.6_5

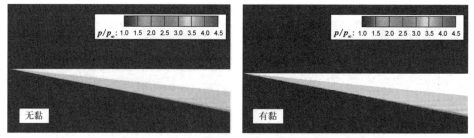

(f) Case5.6_6

图 5.189　各吻切锥乘波体纵向对称面无黏与有黏无量纲压力分布云图

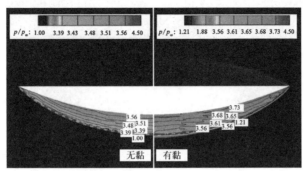

(a) Case5.6_1

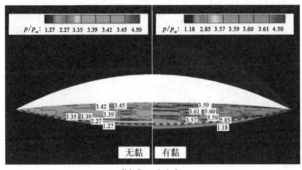

(b) Case5.6_2

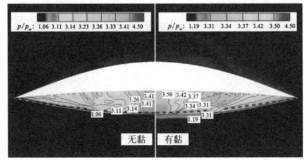

(c) Case5.6_3

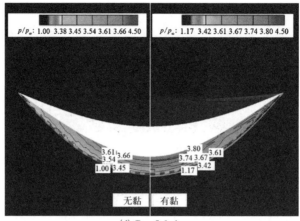

(d) Case5.6_4

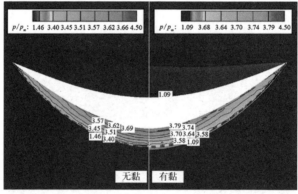

(e) Case5.6_5

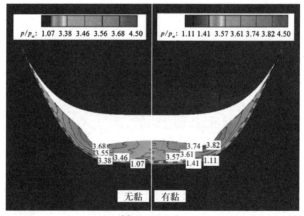

(f) Case5.6_6

图 5.190　各吻切锥乘波体底面无量纲压力分布云图对比

出的激波位置与数值模拟预测的位置进行对比可知,在无黏条件下,由三维前缘
线理论计算出的激波位置与数值模拟预测的激波位置十分吻合,也进一步说明
了此设计方法是正确的,有黏时预测激波位置比设计激波位置相比稍向下移,是
边界层所致。

　　各吻切锥乘波体设计实例的无量纲压力分布云图如图 5.191 所示。可见
Case5.6_6 头部较钝,尾部两端翘起,后掠角较小,这两处的下表面高压封闭效果
并不理想。但其他各乘波体具有良好的乘波特性,下表面高压区明显。

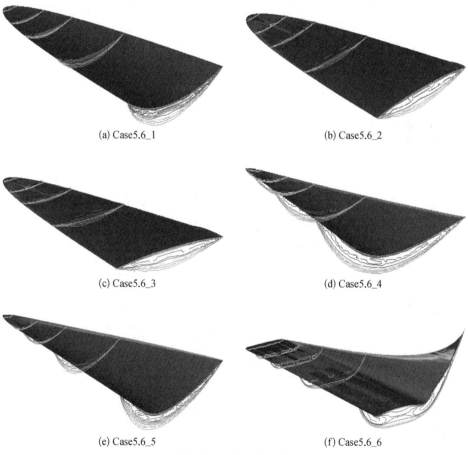

(a) Case5.6_1　　　　　　　　　　　　　　(b) Case5.6_2

(c) Case5.6_3　　　　　　　　　　　　　　(d) Case5.6_4

(e) Case5.6_5　　　　　　　　　　　　　　(f) Case5.6_6

图 5.191　吻切锥乘波体无量纲压力分布云图

2. 气动特性分析

　　计算各吻切锥乘波体在不同攻角下的气动特性参数,各参数随攻角变化曲
线如图 5.192 所示。

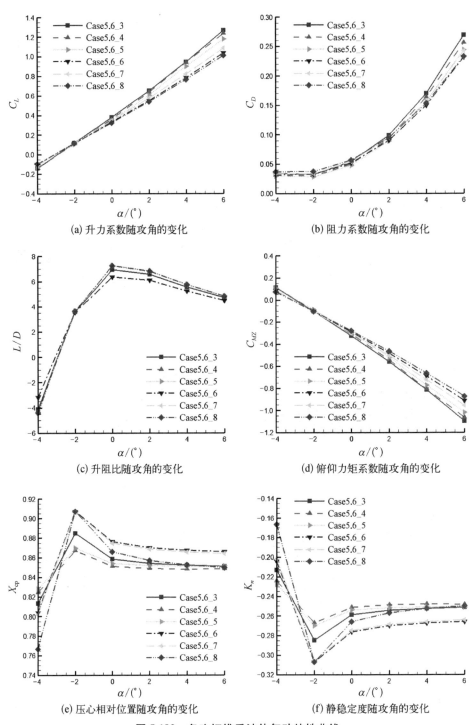

(a) 升力系数随攻角的变化

(b) 阻力系数随攻角的变化

(c) 升阻比随攻角的变化

(d) 俯仰力矩系数随攻角的变化

(e) 压心相对位置随攻角的变化

(f) 静稳定度随攻角的变化

图 5.192　各吻切锥乘波体气动特性曲线

　　由图 5.192 可知,各乘波体升力系数随攻角的变化基本呈线性增长;阻力系数在负攻角处变化不大,在正攻角处随攻角的增大迅速增长;攻角由负到正时,升阻比先增大后减小,在 0° 攻角处达到最大值;攻角从 -4° 变为 -2° 时,压心相对位置增大显著,位置明显向后移动,由 -2° 变为 0° 时,又向前移动,在整个正攻角区间缓慢前移,在 -2° 攻角处达到最大值;若假设乘波体质心位置不变,静稳定度随攻角的增大先减小后增大,且在负攻角处静稳定度变化剧烈,在正攻角处变化平缓很多,在 -2° 攻角处静稳定度最好。

　　综上,本节介绍了基于三维前缘线的吻切锥乘波体设计方法,给出了设计原理、步骤及三维前缘线的约束条件。然后以控制乘波体反角为出发点,选取常用的幂次曲线和三角函数曲线组合为乘波体三维前缘线,将其作为设计输入参数,开展乘波设计。通过外形对比和性能分析,验证了基于三维前缘线的吻切锥乘波设计方法的正确性,表明该方法可直接控制乘波体前缘形状,具有重要的工程应用价值。

　　根据本章吻切类设计思想的介绍,我们可以想到,基于给定的乘波体三维前缘线条件,实际上不仅限于吻切锥乘波设计方法,还可以使用吻切轴对称,甚至使用吻切流场等方法开展更复杂的乘波设计。当然,如果开展这些工作,本书所介绍的内容只能起到参考作用,具体设计输入参数的选择及设计步骤的确定,还需要进行实际研究才能得到答案。

5.7　小结

　　本章从拓展应用基本乘波设计方法的角度,介绍了在工程实践过程中,为解决某些实际需求而进行的乘波设计方法改进,主要包括以下五个方面的设计方法改进。

　　一是各种组合式乘波设计方法,包括星形乘波体、宽速域组合乘波体、改善乘波体亚声速性能的外加小翼方案,以及进一步提高乘波体升力的高压捕获翼方案等。这些方法在符合乘波设计原则及高超声速流动机理的前提下,通过简单的乘波设计组合,实现了乘波体的多种工程应用设计。

　　二是为适应新型滑翔-巡航飞行,提出了两级乘波体设计方法,以整流罩、进气道前体两级外形乘波为出发点,分别采用锥导乘波设计方法、吻切锥乘波设计方法,以及变激波角吻切流场乘波设计方法,实现了满足高升阻比乘波和均匀压缩气流两种设计约束,并具有良好气动特性的滑翔-巡航两级乘波设计。

三是为实现宽马赫数高超声速飞行(滑翔、巡航),发展了基于智能变形材料的多级变形乘波设计方法,可以满足不同马赫数均能实现乘波飞行,且满足不同马赫数均能实现激波封口的进气道设计约束。多级变形乘波设计方法是研制宽马赫数高超声速飞行器的一种可行设计选择。

四是为改善高升阻比乘波体的容积率较小问题,提出了改进乘波体上表面外形的脊形乘波体概念,并介绍了基于超椭圆方程曲线和 CST 方法的脊形吻切锥乘波体设计方法,以及参数化三维光滑的前缘钝化方法。设计实例表明,脊形乘波体在大幅改善容积率的同时,保持了实用攻角条件下的升阻比性能,对乘波体的工程应用有重要价值。

五是发展了基于乘波体三维前缘线及前缘线的水平投影型线的乘波设计方法,完成了具有飞行器前体、机身、机翼等特征的乘波体设计,为乘波高超声速飞行器的一体化气动外形设计打下了技术基础。

通过本章相关内容介绍,读者可以了解和掌握高超声速乘波设计原理在方法上的创新进展,以及一些高超声速飞行的背景知识和相关约束,给出的设计实例也方便有兴趣的读者进行学习和实践。

第6章

乘波体与进气道的一体化设计

乘波构型应用于吸气式高超声速飞行器设计主要有两大优势：一是可以高效捕获并预压缩气流；二是可以实现高升阻比性能设计。基于这两个优势，乘波设计应用于机体/进气道一体化设计可分为两大类：乘波前体/进气道一体化设计和乘波机体/进气道一体化设计。前者主要发挥乘波体高效捕获并预压缩气流的优势，重点关注进气道性能优化；而后者则同时发挥了乘波构型预压缩气流及利于飞行器高升阻比性能设计的两个优势，进一步突出了乘波设计对吸气式高超声速飞行器总体性能改善的潜力。

本章总结介绍国内外学者将乘波设计应用于机体/进气道一体化设计的主要进展，并根据主要的两种设计分类对其进行分析总结。

6.1 背景和基本概念

自 20 世纪 60 年代以来的大量研究[150,151]充分说明，机体与推进系统的一体化设计是实现吸气式高超声速飞行的关键，良好的机体/推进系统一体化设计能够满足设计人员对吸气式高超声速飞行器气动/推进性能的综合需求。

吸气式高超声速飞行器机体包括了前体、机身、机翼和后体，此处机翼泛指机身两侧主要提供升力的扁平机体部分[152]。高超声速飞行所依赖的推进系统主要是超燃冲压发动机，包括进气道、燃烧室、尾喷管等部件。超燃冲压发动机在吸气式高超声速飞行器机体上的布局位置和数量应根据飞行任务需求来进行设计，其形式多种多样。进气道需要为燃烧室工作提供满足参数要求的压缩气流，其所需要的上游捕获气流可能受到飞行器机体各部件的干扰；而燃烧室和尾喷管属于内部部件,其上游流动主要受制于进气道或燃烧室出口性能参数,基本不受机体部件的流动干扰。因此,吸气式高超声速飞行器机体/推进系统一体化设计的核心之一是飞行器机体和进气道的一体化设计[153]。

从工作性能和总体设计参数角度考虑,高超声速飞行器对机体和进气道的设计要求存在着差异:对机体的设计要求,主要为高升阻比、高有效容积及良好的前缘气动热防护性能;而对进气道的设计要求,则是以最小的气流能量损失为燃烧室提供尽可能多的有效气源[154]。由于机体、进气道两者在工作要求、设计方法上的不同,在很长一段时间里,机体/进气道一体化只能做到分别设计两种高性能部件,然后对其进行简单组合和折中。但一体化设计问题并非如此简单,制约总体性能提高的关键在于缺乏高效的机体/进气道一体化设计方法。

乘波体[63]利用前缘贴体激波压缩原理(乘波原理),有利于实现构型在高超声速飞行条件下高升阻比的气动特性要求[155,156],从而使其成为高超声速飞行器的理想气动构型[157,158]。此外,乘波体不仅通过激波和下表面(压缩面)实现了进气道预压缩气流的目的,而且其前缘贴体激波减少了构型下表面高压区气流向上表面低压区翻转的溢流现象,从而尽可能多地维持了所捕获的气流流量,有利于提高进气道捕获性能。基于这两个优势,将乘波设计应用于吸气式高超声速飞行器的机体/进气道一体化设计是很自然的。

从乘波体担负飞行器部件功能的角度划分,乘波体与进气道的一体化设计可以分为两大类[142,159]。

第一类中,乘波体作为飞行器前体,同时也是进气道的预压缩面,为进气道正常工作提供其所需的预压缩气流,可以称之为乘波前体/进气道一体化设计。在这种一体化设计中,乘波体不作为除前体以外的高超声速飞行器其他机体部分的构型组成。

第二类中,乘波体既作为乘波前体进气道预压缩面,也作为高超声速飞行器其他机体部件的构型组成,可以称之为乘波机体/进气道一体化设计。在这种一体化设计中,乘波体不仅可以作为飞行器前体,而且可以作为飞行器的其他机体部分(机头、机翼等),为飞行器提供足够的结构容积和良好的升阻比性能。具体设计中,可以通过机械组合、几何修型或者流线设计等方法,将乘波前体(进气道预压缩面与其他乘波机体部位组合,形成高超声速飞行器整体。

6.2 乘波前体/进气道一体化设计

乘波前体/进气道一体化设计研究中,有的主要通过设计一体化基准流场进行流向一体化设计,有的主要通过吻切乘波设计理论或几何拼接等方法进行展向一体化设计;有些设计方法仅考虑流向的一体化设计,有些设计方法则同时考虑流向和展向的一体化设计。本节归纳总结各种设计思路,主要从流向一体化设计和展向一体化设计两个方面总结介绍当前主要的乘波前体/进气道一体化设计方法和成果。不难理解,乘波机体/进气道一体化设计同样也可以按照流向、展向进行归类总结。

6.2.1 乘波前体/进气道流向一体化设计

沿流动方向的乘波前体/进气道一体化设计工作,主要有两种思路。

第一种思路是将乘波前体作为进气道的第一级预压缩面,其后用多级楔或二维等熵压缩面连接,进一步压缩气流直至满足进气道入口要求。该方法可以称为"直线型面前体+多级楔/等熵压缩构成的组合前体/进气道一体化设计",如美国马里兰大学 Starkey 和 Lewis 的方案,如图 6.1 所示[160]。

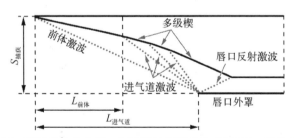

图 6.1 乘波前体作为第一级预压缩面的前体/进气道一体化构型

第二种思路是将乘波前体作为进气道的整个预压缩面,气流经过前体压缩后直接进入进气道。该方法可以称为"曲线型面前体+等熵压缩构成的全曲面前体/进气道一体化设计",如中国空气动力研究与发展中心吴颖川等的方案[161,162],如图 6.2 所示。

上述两种思路的区别在于:前者的乘波前体不是全部的进气道预压缩面,而后者的乘波前体可以作为全部的进气道预压缩面。因此,前者并不是严格意

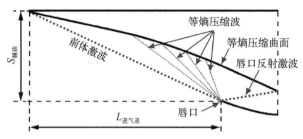

图 6.2　乘波前体作为整个预压缩面的前体/进气道一体化构型

义上的乘波前体/进气道一体化设计,而是一种类乘波前体/进气道一体化设计。由于前者要为乘波前体匹配一个多级楔/等熵压缩面,增加了设计复杂度,不利于参数化设计;但其优势在于乘波前体和进气道可以分开单独设计(参数匹配的前提下),设计自由度更大。而后者的乘波前体可以与进气道融合在一个基准流场中进行设计,两者的一体化程度更高,方便了参数化设计优化;但乘波前体/进气道同时开展设计工作,其受到的相关设计约束也更严格,在工程应用中往往需要进行修型处理。

影响乘波前体/进气道一体化气动特性的关键,并不是乘波前体是否作为进气道的全部预压缩面(因为两者并没有本质区别),而是乘波前体的类型。

乘波前体的类型主要由基准流场的类型决定。根据乘波设计中基准流场类型的不同,有一系列乘波前体/进气道一体化设计方法。用于乘波前体/进气道一体化设计的基准流场可以分为二维平面基准流场、轴对称外锥基准流场(外压缩)、轴对称内锥基准流场(内收缩)及三维非轴对称基准流场等类型。下面从基准流场类型的角度归纳总结典型乘波前体/进气道一体化设计方法。

1. 基于二维平面基准流场的乘波前体/进气道一体化设计

应用于乘波前体设计的二维平面基准流场主要包括二维尖楔流场和曲楔流场,两种基准流场分别用于设计楔导乘波体和曲楔乘波体。

楔导乘波体[63]作为飞行器前体用于一体化设计,其最大优势是流场均匀度好且便于优化设计。它的基准流场是二维尖楔绕流,其几何构型、流场参数和气动特性参数均可以用解析方法快速求解。设计楔导乘波体包括展向恒定楔角和展向变楔角两种方法[163],后者实际上是一种基于近似三维基准流场的设计方法。应用展向恒定楔角方法生成的楔导乘波体,其前缘产生平面激波,而应用展向变楔角方法生成的楔导乘波体的前缘可以产生三维激波。与展向恒定楔角方法相比,展向变楔角方法更具灵活性,便于匹配进气道。美国马里兰大学的

Starkey 等[160,164,165]应用变楔角楔导乘波体(图 6.3)作为多模块发动机的第一级预压缩面,开展了楔导乘波前体/进气道一体化设计方法研究。

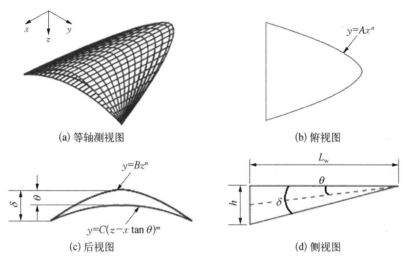

图 6.3　变楔角楔导乘波体外形图

李怡庆等应用如图 6.4 所示的二维曲楔基准流场用于设计乘波体,发展出压力分布可控的乘波前体/进气道一体化设计方法,生成的曲楔乘波前体/进气道一体化方案三维模型如图 6.5 所示。研究表明,曲楔和楔导乘波前体/进气道一体化两种方案具有相似的外形尺寸和乘波特性,但设计实例中前者的进气道流量系数比后者提高了 5%,进气道出口压升比提高了 6.4%,总压恢复系数提高了 2.3%,具有一定的优势[166]。

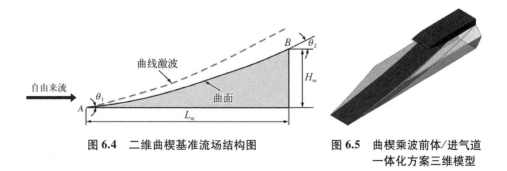

图 6.4　二维曲楔基准流场结构图　　图 6.5　曲楔乘波前体/进气道一体化方案三维模型

2. 基于轴对称外锥基准流场的乘波前体/进气道一体化设计

轴对称外锥包括直锥(母线为直线)和曲锥(母线为曲线),对应的直锥/曲锥基准流场都先后应用于乘波前体/进气道一体化设计。

英国伦敦帝国理工学院的 Javaid 和 Serghides[167,168] 利用直锥基准流场设计生成锥导乘波前体,将其作为一体化构型的第一级预压缩面来设计高超声速飞行器,该方法可以称为"锥导乘波前体/进气道一体化设计方法"。与楔导乘波前体相比,锥导乘波前体容积效率增大,但由于其三维流场特性,降低了进气道入口气流均匀度[169]。

吴颖川等[161,162] 在吻切曲锥乘波前体研究的基础上,应用曲锥基准流场发展了曲锥乘波前体/进气道一体化设计方法(其设计构想见图 6.2),通过展向截断的方式生成完整飞行器构型,并与常规飞行器构型进行了对比研究。研究表明,前者相较于后者具有低阻力、高总压恢复、高流量捕获等优势,继承了曲锥基准流场的高压缩效率特性。

3. 基于轴对称内锥基准流场的乘波前体/进气道一体化设计

内锥基准流场是一种内收缩激波流场。贺旭照等[170-174]、周正等[175] 在如图 6.6 所示的内锥基准流场中进行流线追踪,设计生成了吻切(密切)内锥乘波前体/进气道一体化构型,并用数值模拟和风洞试验方法验证了该设计方法。

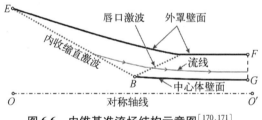

图 6.6　内锥基准流场结构示意图[170,171]

4. 基于三维非轴对称基准流场的乘波前体/进气道一体化设计

三维非轴对称基准流场不能像前述的二维平面基准流场、轴对称外/内锥基准流场那样用解析方法或者特征线方法快速精确求解,只能通过数值计算方法求解得到。因此将该类流场应用于乘波前体/进气道一体化设计成本较高,不利于参数化设计,从而限制了其应用于一体化设计的适用范围,仅有部分研究者开展了相关方法研究。

美国马里兰大学的 Takashima 和 Lewis[34,35,176] 为改善前体预压缩气流均匀度,提高前体的内部容积(装载性能),提出将绕楔-锥体三维非轴对称流场作为基准流场生成楔-锥乘波前体,并将其应用于乘波前体/进气道一体化设计,发展了楔-锥乘波前体/进气道一体化设计方法。南京航空航天大学的明承东[177] 应用楔-锥乘波前体,对该类一体化设计方案进行了细致而系统的研究。

6.2.2　乘波前体/进气道展向一体化设计

乘波前体/进气道展向一体化设计主要包括利用吻切乘波设计理论和直接几何拼接两大类方法。其中,按照结合吻切方法的不同,基于吻切乘波设计理论的一体化设计方法又可分为基于吻切锥、吻切轴对称或吻切流场的一体化设计方法。

吻切乘波设计理论之所以能够得到广泛研究并得以迅速发展,除了它可以对构型和流场进行展向设计,还有一个重要原因是在基本合理的忽略横向流动的前提假设下,这种设计方法实际上简化成了一种基于轴对称基准流场的二维乘波设计方法(吻切平面内)。轴对称基准流场是易于设计和求解的,而且有利于开展参数化设计优化工作。因此,基于吻切乘波设计理论的乘波前体/进气道一体化设计方法也得到众多研究者的青睐,涌现了众多优秀研究成果。

不同于基于吻切乘波设计理论的一体化设计方法,几何拼接方法是在工程设计中根据乘波前体和进气道各自的气动特性和几何特性,通过旋转、拼接等方式,将两者在几何层次沿展向安装融合在一起而实现的一体化设计方法。这些旋转、拼接方式将不可避免地对乘波前体和进气道的气动特性产生影响,需要设计者想办法尽可能地降低其不利影响,这在实际操作层面是有一定难度的。

下面从三种吻切乘波设计理论和几何拼接方法的角度对典型乘波前体/进气道展向一体化设计方法进行介绍。

1. 基于吻切锥乘波设计方法的乘波前体/进气道一体化设计

吻切锥乘波设计也称为密切锥乘波设计。乘波前体/进气道一体化设计中使用该方法时,作为设计输入的乘波体激波底部型线不再局限于圆弧或直线,而可以根据进气道唇口外形合理设计为相应曲线,这样增大了乘波前体/进气道一体化设计的自由度和应用范围,降低了其难度,因此该方法得到了广泛应用。

Takashima 和 Lewis[178]、O'Brien[179]、O'Brien 和 Lewis[180,181] 应用吻切锥乘波前体作为一体化构型的第一级预压缩面,改善了中间区域的流场均匀度,同时提高了外侧三维流场的气动特性(如容积效率),是吻切锥乘波前体/进气道一体化设计的典型设计实例。

为了进一步提高乘波体作为飞行器前体的预压缩气流作用,南京航空航天大学的吕侦军和王江峰[182]发展了一种多级压缩吻切锥乘波体设计方法,该方法应用吻切锥乘波设计理论和零攻角圆锥绕流基准流场,通过流线追踪生成具有多个压缩面的乘波体。其所应用的三级压缩基准流场如图6.7所示,设计生成的三级压缩吻切锥乘波体如图6.8所示。

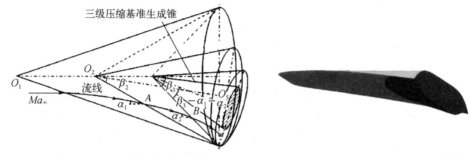

图 6.7　三级压缩基准流场[182]　　　　图 6.8　三级压缩吻切锥乘波体[182]

随后,Wang等[183]将多级压缩吻切锥乘波前体作为一体化构型的预压缩面,发展出多级压缩吻切锥乘波前体/进气道一体化设计方法,改善了传统吻切锥乘波前体对气流的预压缩性能。其设计生成的三级压缩吻切锥乘波前体/进气道一体化构型如图6.9所示。

(a) 侧视图　　　　　　　　　　　(b) 等轴测视图

图 6.9　三级压缩吻切锥乘波前体/进气道一体化构型[183]

2. 基于吻切轴对称乘波设计方法的乘波前体/进气道一体化设计

吻切轴对称乘波设计方法是Sobieczky对吻切锥乘波设计方法的拓展。根据该方法,吻切平面内的基准流场可以不再局限于锥形流场,而是可以根据设计需要选用合适的轴对称基准流场。每个吻切平面内的基准流场都可以由同一个轴对称基准流场缩放得到,一体化设计中的缩放比例可由进气道唇口横截面或激波底部型线的曲率半径确定。

前面所述的吴颖川等[161,162]发展的曲锥乘波前体/进气道一体化设计方法,是基于曲锥基准流场的吻切轴对称一体化设计方法,该方法更准确的名称应该是"吻切曲锥乘波前体/进气道一体化设计方法",其一体化构型的数值模拟横截面激波形态如图6.10所示[162],图中清晰展示出该构型横截面激波形态具有典型的吻切乘波设计理论特性,即中间平直、两侧弯曲。

前面所述的贺旭照等[170-175]发展的吻切(密切)内锥乘波前体/进气道一体化设计方法,是基于内锥基准流场的吻切轴对称一体化设计方法,图 6.11 展示了该一体化构型。

图 6.10　吻切曲锥乘波前体/进气道一体化构型的数值模拟横截面激波形态[162]

图 6.11　吻切(密切)内锥乘波前体/进气道一体化构型[170,171]

3. 基于吻切流场乘波设计方法的乘波前体/进气道一体化设计

吻切流场概念由美国洛克希德·马丁空间系统公司的 Rodi[97-99]于 2005 年首次提出,它是吻切锥和吻切轴对称思想的进一步拓展:每个吻切平面内的基准流场不再局限于同一个轴对称基准流场,而是可以根据设计需要在每个吻切平面内选用不同的轴对称基准流场。

Rodi 应用吻切流场乘波设计理论,提出了吻切流场乘波前体/进气道一体化设计方法。图 6.12 展示了 Rodi 研究中的吻切平面内外压缩激波流场结构,图中唇口之前的流场属于外压缩激波流场[184]。该方法也是将前体作为进气道的整个预压缩面,气流经过前体压缩后直接进入进气道。相较于吻切轴对称乘波前体/进气道一体化设计方法,由于沿展向吻切平面内的基准流场可以不同,该方法

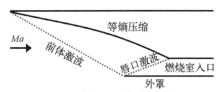

图 6.12　吻切平面内外压缩激波流场结构示意图

更具灵活性。但该方法设计生成的乘波前体构型绕流场存在一定的横向流动,突破了吻切设计的前提假设(忽略横向流动),带来了更大的设计误差。

不同于 Rodi 在吻切流场乘波设计理论中所描述的外压缩激波流场,南京航空航天大学的尤延铖利用吻切流场乘波设计理论,通过设计唇口横截面激波型线的曲率沿展向连续变化,实现吻切平面基准流场沿展向(从内侧至外侧)由内收缩激波基准流场向外压缩激波基准流场的连续过渡,从而将两种完全不同的基准流场紧密而有效地结合起来,并提出双乘波设计概念[185](图 6.13):在唇口

之前的任意横截面上,飞行器前体外侧"乘坐"在外压缩激波面上(外乘波),内侧"乘坐"在内收缩激波面上(内乘波)。应用双乘波设计方法生成的单流道双乘波前体/进气道一体化构型如图 6.14 所示。

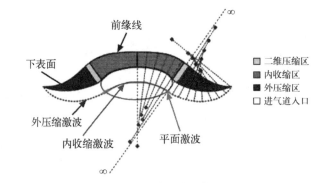

图 6.13　双乘波设计概念原理图

(a) 前视图　　　　　　　　　　　(b) 俯视图

图 6.14　单流道双乘波前体/进气道一体化构型

双乘波概念极大地拓展了人们对于吻切流场设计理论的想象空间。据分析,使用外压缩激波基准流场设计外侧乘波面,是为了充分发挥外乘波体的高升阻比特性;使用内收缩激波基准流场设计内侧乘波面,是为了充分发挥内乘波体高效捕获预压缩气流的优势。虽然该一体化构型的容积效率和升阻比性能仍值得商榷,但它是一种较为完备的融合内外乘波概念的理想设计方法。

图 6.15　两流道双乘波前体/进气道一体化构型

随后,厦门大学的 Li 等拓展了尤延铖的双乘波设计理论,开展了两流道情况下的双乘波前体/进气道一体化设计和验证,其构型如图 6.15 所示[186]。

4. 基于几何拼接方法的乘波前体/进气道一体化设计

比较典型的几何拼接方法有几何过渡和旋转对拼等方法。

1）几何过渡一体化设计

南京航空航天大学的南向军等参照美国空军"猎鹰"计划高超声速巡航飞行器HCV[187],将一款"类水滴形"的内收缩进气道布置于吻切锥乘波前体的两侧,进气道外型面和前体型面之间采用简单的曲面进行过渡,设计出如图 6.16 所示的吻切锥乘波前体/两侧内收缩进气道一体化构型[188]。尽

图 6.16　吻切锥乘波前体/两侧内收缩进气道一体化构型

管它的前体和进气道是通过几何过渡方法实现的一体化,但数值结果表明,其前体外流场和进气道内流场在高马赫数下基本独立。

2）旋转对拼一体化设计

中国科学院力学研究所的崔凯等[189,190]将两个锥导乘波前体进行旋转对拼(图 6.17),提出一种新型的双乘波旋转对拼式前体/进气道一体化设计方法(构型如图 6.18 所示),该方法提高了一体化构型的升阻比性能和容积效率。值得注意的是,该双乘波概念有别于尤延铖的双乘波概念,前者指左右两侧均为外乘波,而后者指内侧内乘波、外侧外乘波。

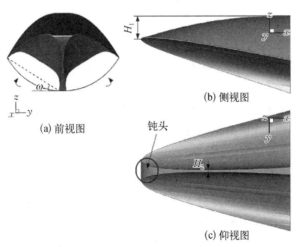

图 6.17　双锥导乘波旋转对拼式前体设计[189,190]

从上述乘波前体/进气道一体化设计研究情况可以看到,同乘波设计一样,更为一般的曲激波母线基准流场与吻切方法相结合,可以从流向和展向两个方向进行一体化气动外形的几何特征型线设计,为工程应用中飞行器前体/进气道

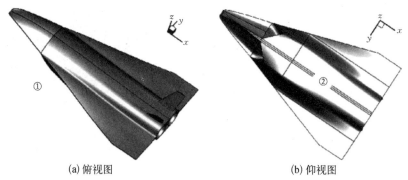

(a) 俯视图　　　　　　　　　　　(b) 仰视图

图 6.18　双乘波体旋转对拼式前体/进气道一体化构型[189,190]

一体化设计提供了更为广阔的设计空间和设计思路。

　　乘波前体/进气道一体化设计已经得到深入发展,基本涉及了乘波体设计理论中的大部分基准流场类型和设计方法,已经获得了一些气动特性较为优良的吸气式高超声速飞行器气动构型。但乘波前体/进气道一体化设计没有考虑飞行器其他部位(包括进气道唇口外罩、进气道两侧机身)的乘波设计,这无疑将给吸气式高超声速飞行器气动特性的进一步提高带来不利影响,不利于其更优秀气动布局的设计实现。因此,有必要开展乘波机体/进气道一体化设计研究。

6.3　乘波机体/进气道一体化设计

　　乘波机体/进气道一体化设计中,乘波体除了作为飞行器前体和进气道压缩面,还作为飞行器的其他机体部分,为飞行器提供优良的气动特性。那些在乘波前体/进气道一体化设计中所运用的相关设计方法依然有效,如一体化基准流场设计、吻切类方法运用、几何拼接或融合方法等,只不过此时乘波设计需要考虑飞行器机体更多的约束,难度相对增大。此类研究成果相对乘波前体/进气道一体化设计要少,但也在不断发展中。

　　一般而言,乘波机体/进气道一体化设计首先考虑乘波机体的设计(包括一体化基准流场的设计),其次运用各种方法加入进气道部分的设计。其一般设计流程为:一体化基准流场设计;流线追踪生成乘波体,作为整个吸气式高超声速飞行器的基本构型;在乘波机体范围内,应用流线追踪或其他技术设计生成进气道;完成飞行器其他部件设计及修型,从而实现乘波机体/进气道一体化设计。

从运用基准流场进行乘波机体/进气道一体化设计的角度考虑,可以将设计方法分为基准流场包容式一体化设计、基准流场相交式一体化设计、全基准流场一体化设计三类,其一体化程度依次升高,一体化优势也越发明显,但同时也增大了设计难度和设计工作量。除了从运用基准流场角度考虑一体化设计以外,还有一些简单的一体化设计是从乘波机体和进气道两者的几何形状层面上考虑融合设计,即几何融合式一体化设计,下面对乘波机体/进气道一体化设计方法进行具体介绍。

6.3.1　基准流场包容式一体化设计

基准流场包容式一体化设计,是在设计乘波机体的基准流场时就考虑到进气道安放位置,从而使得其他方法设计生成的进气道能够完全包容在乘波机体的基准激波之内,以避免或减弱进气道对机体乘波特性的破坏。

例如,美国马里兰大学的 O'Neill 和 Lewis[150,151,191] 发展出一系列吸气式高超声速一体化乘波飞行器,生成的一体化构型如图 6.19(a)所示。他们的构想是乘波前体、楔面和进气道都被同一个圆锥激波面所包裹[图 6.19(b)],激波能够基本附着在整个飞行器前缘上,即整个机体"乘坐"在圆锥激波面上。但它是通过几何衔接的方式将发动机布置在机腹[图 6.19(c)],破坏了进气道后方机体的乘波特性。

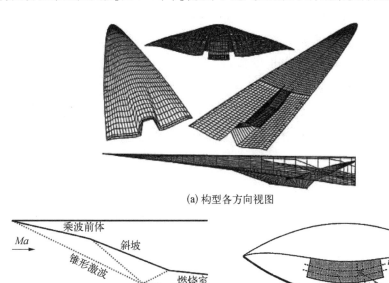

(a) 构型各方向视图

(b) 各部件一体化原理图　　(c) 发动机安装位置

图 6.19　被圆锥激波包裹的吸气式高超声速一体化构型[150]

如图 6.20 所示，Tarpley 和 Lewis[192,193]将发动机安装于楔导乘波机体下表面，从而同时发挥楔导乘波前体捕获气流优势和整个楔导乘波机体的高升阻比优势，但整个机身均为楔导乘波体，所以降低了机身的容积效率。

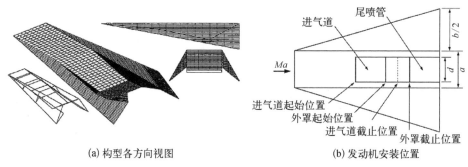

(a) 构型各方向视图　　　　　　(b) 发动机安装位置

图 6.20　楔导乘波机体/进气道一体化构型及发动机安装位置[192]

6.3.2　基准流场相交式一体化设计

在基准流场相交式一体化设计中，乘波机体与进气道的一体化设计来源于两者的基准流场相交，即将两者基准流场激波面的交线作为共用型线，将此共用型线作为乘波前缘线，其中一部分是进气道压缩面的前缘，此时的乘波机体与进气道是通过这条共用型线建立联系的。

例如，美国波音公司的 Smith 和 Bowcutt[194]将外压缩圆锥激波面与内收缩圆锥激波面的交线作为机体前缘线和进气道前缘线的共用段，发展出乘波机体/两侧内收缩进气道一体化设计方法，由于两者的前缘线有共用段相连，外乘波机体与内收缩进气道可以较好地融合，如图 6.21 所示。

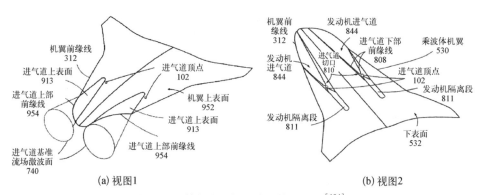

(a) 视图1　　　　　　　　　　(b) 视图2

图 6.21　基准流场相交式一体化设计[194]

6.3.3　全基准流场一体化设计

不同于基准流场包容式或相交式一体化设计方法,全基准流场一体化设计是将乘波机体设计和进气道设计的基准流场统一考虑,建立一个既能进行乘波机体设计,又能进行进气道设计的基准流场,但乘波机体和进气道是在这个基准流场的不同区域中应用流线追踪技术构建出来的。换言之,该类基准流场要同时考虑外流动和内流动。因此,该方法的核心是内外流一体化基准流场的建立和求解。

内外流一体化全乘波设计方法及设计实例将在本书第 7 章详细介绍。

6.3.4　几何融合式一体化设计

北京航空航天大学的 Tian 等[195]参照美国空军"猎鹰"计划的另一架吸气式高超声速飞行器 HTV-3X[5],通过几何融合的方式,实现吻切锥乘波机体与两侧内收缩进气道的一体化设计,并用参数化方法对其进行了改型和优化设计,其优化后的构型如图 6.22 所示。

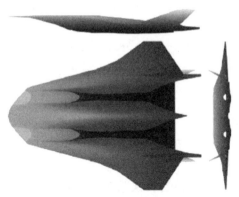

图 6.22　吻切锥乘波机体/两侧内收缩进气道一体化构型[195]

6.4　小结

结合吸气式高超声速飞行器不同部位的功能需求,采用流线追踪方法进行各部位气动外形设计时,基准流场类型对各部位气动特性影响较大。例如,内收缩基准流场更适用于设计进气道,而外压缩基准流场更适用于设计乘波前体或乘波机体。但这两种基准流场的特征差异明显,使得乘波机体与进气道二者的融合设计存在很大困难,迫切需要发展创新的乘波机体/进气道一体化设计方法和思路。

从目前进展来看,乘波机体/进气道一体化设计正处于初步发展阶段,目前的设计方法多为组合拼接方法,如基准流场包容式一体化设计、基准流场相交式一体化设计和几何融合式一体化设计,还没有形成类似于乘波前体/进气道一体化设计方法那样相对合理的设计方法或理论体系,研究者仍然在寻找更符合流动规律、设计自由度更广阔的乘波机体/进气道一体化设计方法。

对乘波设计方法应用于吸气式高超声速飞行器机体/进气道一体化设计的国内外研究现状进行分析可知,当前乘波前体/进气道一体化设计研究成果较多,技术成熟度较高;而乘波机体/进气道一体化设计则处于刚刚起步阶段,机体外乘波、进气道内乘波的一体化设计思想和吻切设计概念正在逐渐交叉融合,设计方法正在不断发展之中,但技术成熟度较低,还需加大研究进度。对该领域总体研究现状的总结及可能的发展趋势分析如下。

(1)从总体设计思路看,乘波体/进气道一体化设计主要通过基准流场进行流向外形设计,应用吻切乘波设计理论或几何拼接方法进行展向外形设计,这与乘波设计方法的发展方向基本一致。

(2)同乘波设计一样,乘波体/进气道一体化设计的基准流场已经不再局限于直激波流场,而是拓展到了更一般的弯曲激波流场,而引入吻切方法后,进一步拓展到了更为复杂的三维非轴对称流场。

(3)在乘波机体/进气道一体化设计研究中,从基准流场设计时就进行乘波体基准流场和进气道基准流场的结合,也就是全基准流场一体化设计方法,是一种有发展潜力的乘波机体/进气道一体化设计思路。这种方法首先建立同时考虑内、外流动的轴对称基准流场,其次基于设计输入的激波型线和几何特征型线,利用吻切方法等在不同基准流场区域中进行流线追踪,获取飞行器不同部位的气动构型。这种一体化构型是在基准流场和输入型线层面通过流线追踪实现的,具有符合流动规律的明显优势,且便于开展参数化设计和优化工作。目前这种方法仍处在发展初期,方法的进一步凝练和提升还需进行大量探索研究。

本书第 7 章对这种全基准流场一体化设计方法和设计实例,即内外流一体化全乘波设计方法及其设计实例进行介绍。

第7章

内外流一体化全乘波设计

7.1 基本概念

内外流一体化全乘波设计属于乘波机体/进气道一体化设计范畴,是通过设计内外流一体化基准流场,将乘波机体外流场和进气道内流场通过设计输入的几何特征型线建立联系,所设计的内外流一体化构型可称为全乘波构型。

所谓全乘波是指不仅构型的前体能乘波,而且构型的其他机体部位均能乘波,即整个构型的所有前缘(包括前体、其他机体及进气道唇口前缘等)均贴附在激波面上。因其构型不仅包含乘波前体,还包含了可作为飞行器机身和进气道两侧的乘波机体部分,本书中也称之为全乘波构型(尽管没有设置空气舵,以及缺少隔离段、燃烧室、尾喷管等内流道部分)。全乘波构型不仅在设计状态下实现了前体、机腹、机翼部分的乘波型面设计(本书中分别称之为乘波前体、乘波机腹、乘波机翼),使机体各部件能够发挥乘波体高升阻比性能优势;还能完成机体与流线追踪进气道的一体化设计,且不会对机体乘波特性造成破坏。

内外流一体化全乘波设计的核心是进行内外流一体化基准流场的设计,而该基准流场既可以通过求解基准体绕流场来获得,也可以通过直接设计激波的方式来获得。因此本章首先对基于基准体的轴导全乘波一体化设计方法进行介绍,然后对基于基准激波的轴导全乘波一体化设计方法进行介绍。基于基准激波的轴导全乘波一体化设计方法省略了基准体,不仅简化了设计环节,能够直接自由设计激波面及激波后流场,而且依然是严格遵循高超声速无黏流动机理的设计方法,有着严谨的理论基础,具有更优秀的发展潜力。在单独的乘波体设计中,也同样可以发展这种基于基准激波的设计方法。本章最后还对全乘波设计实例的风洞试验内容进行介绍,验证了全乘波设计方法的正确性。

目前我们研究发展的内外流一体化全乘波设计方法是在轴对称基准流场中进行的乘波设计,因此可以称之为"内外流一体化轴导全乘波设计方法"(相对于锥导乘波设计而言)。将来不排除可以应用吻切方法等开展相关设计,出现"内外流一体化吻切轴对称全乘波设计方法"或者"内外流一体化吻切流场全乘波设计方法"等,这也是编写本书的期望之一。

7.2 基于基准体的轴导全乘波设计

7.2.1 全乘波构型部件组成

如图 7.1 所示,全乘波构型是由乘波前体/进气道、后体乘波面、上表面和底面构成,其中乘波前体/进气道与后体乘波面在进气道唇口位置衔接。全乘波构型的乘波面包括前体乘波面和后体乘波面,其中后体乘波面是由乘波机腹下表

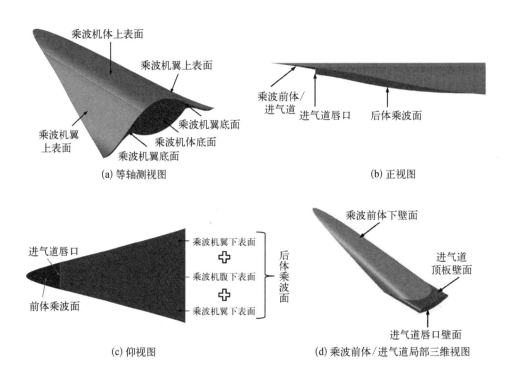

(a) 等轴测视图

(b) 正视图

(c) 仰视图

(d) 乘波前体/进气道局部三维视图

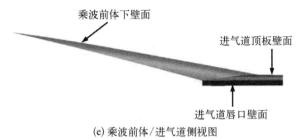

(e) 乘波前体/进气道侧视图

图 7.1　全乘波构型部件组成

面和两个乘波机翼下表面共同组成的,此处后体定义为进气道唇口横截面之后的机体部分,包括乘波机腹及左右两侧机翼部分的机体,乘波机腹下表面的前缘就是进气道唇口前缘。

7.2.2　全乘波构型设计原理

图 7.2 是内外流一体化全乘波构型设计原理示意图。在高超声速流场中,尖头回转体产生轴对称激波面,在该流场中设计完成的全乘波构型不仅能实现飞行器前体、机腹、机翼乘波面的设计,还能完成机体与流线追踪进气道的一体化设计,且不会对机体乘波特性造成破坏,整个飞行器机体均具有乘波特性。图 7.3 为该设计条件下全乘波构型与附着在其前缘和进气道唇口的激波面示意图,该激波面由前体激波面和后体激波面组成。结合图 7.2 可知,该全乘波构型的乘波前体下表面和乘波后体下表面均是流场中的真实流面,即全乘波构型是在图 7.2 所示的高超声速轴对称流场中构建出来的。在设计来流条件下,全乘波构型的乘波前体作为进气道的预压缩面,为其压缩并捕获气流;唇口以后的机腹和机翼均作为后体乘波面,为飞行器提供高升阻比性能。鉴于构型前体和后体前缘(包括唇罩前缘

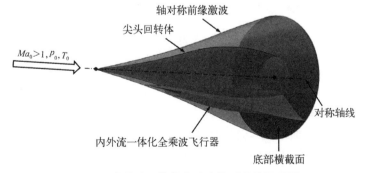

图 7.2　内外流一体化全乘波构型设计原理图

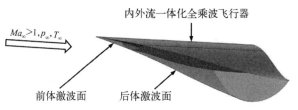

图 7.3 全乘波构型示意图

和机翼前缘)均贴附在激波面上,不仅限制了整个机体下表面高压气流溢向上表面低压区,而且也保证了前体激波的封口特性,实现了前体预压缩且捕获气流、后体乘波提供高升阻比的功能,因此称之为"全乘波"。需要注意的是,为避免混淆,图 7.2 中没有给出全乘波构型内流道设计所需的基准流场示意。

图 7.4 给出了分区流线追踪生成全乘波构型的内外流一体化轴对称基准流场示意图,该流场中给出了全乘波设计所需的主要激波结构和基准体构型壁面结构。

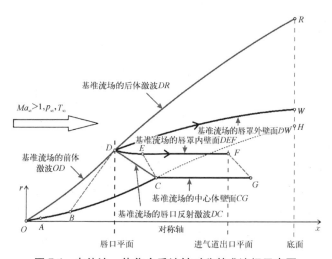

图 7.4 内外流一体化全乘波轴对称基准流场示意图

图 7.5 给出了全乘波构型在底部横截面上的投影型线示意图,其中曲线 3—1—4 是乘波前体前缘线在底部横截面上的投影型线,曲线 2—3 和 4—5 分别是全乘波构型左、右乘波机翼部分前缘线在底部横截面上的投影型线,曲线 3—6—4 是全乘波构型进气道唇口在底部横截面上的投影型线,曲线 7—8—9 是乘波机腹下表面的后缘线(下表面与底部横截面的交线),曲线 2—7 和 9—5 分别是左、右乘波机翼下表面的后缘线(下表面与底部横截面的交线),闭环曲线 10—11 是包含进气道的内流道在全乘波构型底部横截面上的交线,本书中称之为进气道出口型线。

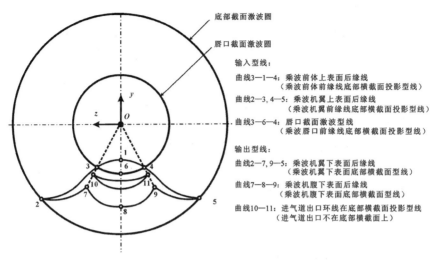

图 7.5　全乘波构型底部横截面上投影型线定义

根据图 7.5,可以再梳理一下全乘波构型的流道结构。首先,全乘波构型绕流场既包含外流道,又包含内流道,其中外流道被构型前缘分割为上表面流道和下表面流道两部分(与一般乘波体相同),内流道则是一个有入口、出口的环形结构。全乘波构型内流道中进气道前缘(乘波前体压缩面前缘和唇口前缘)在底部横截面上的投影型线是曲线 3—1—4 和曲线 3—6—4,二者构成封闭环线,而进气道出口型线 10—11 也是封闭环线,这反映的正是进气道封闭入口前缘环线和封闭出口后缘环线的拓扑结构,代表了进气道内流型面的完整结构。而全乘波构型中的乘波体前缘线则由于进气道的存在,被分割为两部分:其中外轮廓乘波前缘部分在底部横截面上的投影型线由曲线 2—3、3—1—4 和 4—5 构成,而乘波机腹前缘部分在底部横截面上的投影型线是曲线 3—6—4。这样,以自由流线法设计上表面时,整个上表面外流道在底部横截面上的投影区域就是曲线 2—3—1—4—5,它代表了全乘波构型的上表面外流道;而下表面外流道在底部横截面上的投影区域则是由曲线 2—3—6—4—5—9—8—7—2 构成的封闭区域,它代表了全乘波构型的下表面外流道。

根据上述分析,可以明确内外流一体化全乘波设计的基本原理就是设计一个包含外流道和内流道的轴对称基准流场;采用自由流线法由曲线 2—3—1—4—5 出发设计上表面外流道;在外流道基准流场中由曲线 2—3、3—6—4 和 4—5 出发流线追踪设计乘波下表面;在内流道基准流场中由曲线 3—1—4、3—6—4 出发流线追踪设计内流道壁面。这时的内外流一体化设计主要是通过一体化的基准流场,以及头部前缘线 3—1—4 和进气道唇口前缘线 3—6—4 来实现。由进气道唇口前缘线 3—6—4 出发在外流道基准流场中进行流线追踪,就得到乘波机腹下表面;由曲线 3—6—4 出发,在内流道基准流场中进行流线追踪,就得到一部分内流道壁面。而曲线 3—1—4 同样身兼二职:由其出发采用自由流线法可以得到一部分外流道上表面,由其出发在内流道基准流场中进行流线追踪就得到乘波前体及内流道另一部分壁面。

根据乘波设计原理,上表面一般采用自由流线法设计,在内外流一体化全乘波设计中也采用了相同方法,把主要精力放在乘波面和内流道壁面设计上。因此,内外流一体化全乘波设计方法的关键就是内外流一体化基准流场的设计,以及设计输入型线的确定,下面介绍全乘波基准体及其流场的设计。

7.2.3 基准体及基准流场

除上表面以外,全乘波构型的主要组成部件乘波前体/进气道、乘波机腹下表面和乘波机翼下表面均是在如图 7.4 所示的轴对称基准流场中设计生成的。该基准流场是一种同时具有内流道流动和外流道流动的轴对称流场,作为内外流一体化轴导全乘波构型设计的基准流场,命名为全乘波轴对称基准流场,形成该基准流场的假想飞行物体称之为全乘波轴对称基准体,其壁面轮廓线为图 7.4 中黑色实线部分。

如图 7.4 所示,全乘波轴对称基准体及其流场在其对称面上包括三条基准激波和四条基准体壁面曲线,三条基准激波分别是基准流场的前体激波 OD、基准流场的后体激波 DR 和基准流场的唇口反射激波 DC,四条基准体壁面曲线分别是基准流场的前体壁面 $OABC$、基准流场的中心体壁面 CG、基准流场的唇罩内壁面 DEF 和基准流场的唇罩外壁面 DW。

基准流场的唇罩内壁面 DEF 和基准流场的唇罩外壁面 DW 均由流线生成,这两条流线把绕尖头回转体 $OABH$ 的轴对称绕流场划分为两个区域,即区域 $O—A—B—C—G—F—E—D—O$ 和区域 $D—W—R—D$。前者用于设计乘波前体/进气道,因此命名为前体/进气道基准流场区,也就是前面所述的内流道基准流场区(包含了作为压缩面的乘波前体基准流场部分);后者用于设计后体乘波面,因此命名为后体基准流场区,也就是前面所述的外流道基准流场区。这两个区域以点 D 为连接点联系在一起,D 点既是对称面上全乘波轴对称基准流场前后体激波的分界点,又是后体基准流场的壁面前缘点。

乘波前体/进气道基准流场区由“两波四区”组成,其中“两波”是指基准流

场的前体激波 OD、基准流场的唇口反射激波 DC;"四区"是指基准流场的前体
激波依赖区 O—A—B—D—O、基准流场的等熵主压缩区 B—C—D—B、基准流
场的唇口反射激波依赖区 D—C—E—D 和基准流场的稳定区 E—F—G—C—E,
设定由基准唇口 D 产生的基准流场的唇口反射激波 DC 入射在肩点 C 处。需要
注意的是,上述所有壁面命名都是全乘波轴对称基准体和基准流场的概念,不是
待生成的全乘波构型的壁面名称,这一点需要读者注意区分。

乘波前体/进气道基准流场区用于全乘波构型中乘波前体和进气道内流道
壁面的流线追踪生成,而后体基准流场区用于全乘波构型中后体乘波面,也就是
乘波机腹下表面和左、右乘波机翼下表面的流线追踪生成,这也是两个基准流场
区划分和设计使用的主要区别。

7.2.4　全乘波构型设计步骤

内外流一体化全乘波构型设计主要包括以下几个步骤。

(1) 设计内外流一体化全乘波轴对称基准体。

根据巡航飞行任务要求和技术指标,设计合适的尖头内外流一体化全乘波
轴对称基准体,其母线轮廓即图 7.4 中黑实线部分。任务要求和技术指标包括
对前体的气流预压缩性、对飞行器升阻比和容积效率等性能的要求,需要转换为
具体总体设计参数(设计马赫数、飞行高度等)和几何参数。全乘波轴对称基准
体选择尖头是为了方便使用特征线方法生成全乘波轴对称基准流场。

(2) 求解全乘波轴对称基准流场。

在如图 7.4 所示的坐标系 Oxr 中,根据总体设计参数,应用特征线理论,求
解内外流一体化全乘波轴对称基准流场。全乘波轴对称基准流场包括前体/进
气道基准流场(区域 O—A—B—C—G—F—E—D—O)和后体基准流场(区域
D—W—R—D)两部分。前体/进气道基准流场区用于设计乘波前体和进气道内
流道,而后体基准流场区用于设计除前体以外的其他乘波机体部分,包括进气道
唇口以外的乘波机腹部分。

需要指出,在内外流一体化全乘波设计过程中,全乘波轴对称基准体和基准
流场是交互设计完成的,没有在流程上的绝对前后关系。

(3) 求解乘波前体前缘线。

在如图 7.5 所示的底面中,设定作为设计输入的前体前缘线在底部横截面
上的投影曲线(曲线 3—1—4),并对其离散化以进行乘波设计。如图 7.6 中过前
体前缘线投影点 12 的自由流线与基准前体激波 OD 相交得到前体前缘点 14,沿

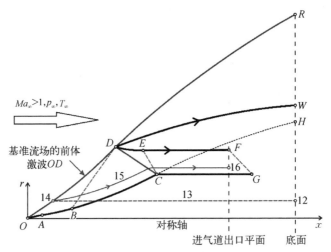

图 7.6　前体前缘、进气道及相关流线示意图

展向将所有前体前缘点连接就得到了全乘波构型的乘波前体前缘线。

（4）求解乘波机翼前缘线。

在如图 7.5 所示的底部横截面中，设定作为设计输入的乘波机翼前缘线在底部横截面上的投影曲线（曲线 2—3 和 4—5），并对其离散化以进行乘波设计。如图 7.7 中过乘波机翼前缘线投影点 17 的自由流线与基准流场的后体激波 DR 相交得到乘波机翼前缘点 19，沿展向将所有乘波机翼前缘点连接就得到了全乘波构型的乘波机翼前缘线。

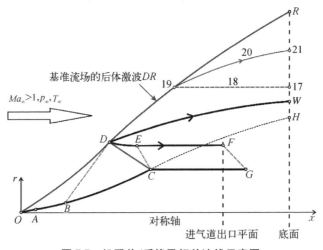

图 7.7　机翼前/后缘及相关流线示意图

（5）求解进气道唇口前缘线。

在如图 7.5 所示的底部横截面中,设定作为设计输入的进气道唇口型线在底部横截面上的投影曲线(曲线 3—6—4),并对其离散化,由离散点出发的自由流线与基准流场的前体激波 *OD* 相交得到进气道唇口点,沿展向将所有进气道唇口点连接组成进气道唇口型线。值得说明的是,虽然进气道唇口型线 3—6—4 在图 7.5 中仅是一条圆弧线,但是它的设计不局限于圆弧型线,也可以是非圆弧型线,此时需要结合吻切类乘波设计方法进行乘波设计。

（6）求解乘波前体和进气道壁面。

从前体前缘点和进气道唇口点出发,在前体/进气道基准流场区(*O—A—B—C—G—F—E—D—O*)中进行流线追踪,直至底部横截面;将流线放样即生成乘波前体和进气道壁面,这些流线与底部横截面交点的连线为进气道出口型线。

（7）求解乘波机腹下表面。

从进气道唇口点出发,在后体基准流场区(*D—W—R—D*)中进行流线追踪,直至底部横截面;将流线放样即生成乘波机腹下表面,这些流线与底部横截面交点的连线组成乘波机腹下表面后缘线。

（8）求解两侧乘波机翼下表面。

从两侧机翼前缘点出发,在后体基准流场区(*D—W—R—D*)中进行流线追踪,直至底部横截面;将这些流线放样即生成两侧机翼下表面,这些流线与底部横截面交点的连线组成机翼下表面后缘线。机翼下表面和机腹下表面共同构成下表面。

（9）设计上表面。

从前体前缘点和两侧机翼前缘点出发,采用自由流线法或者脊形乘波体设计方法,完成全乘波体上表面设计。上表面流线与底部横截面交点的连线组成上表面后缘线。

（10）封闭所有表面生成全乘波构型。

由上表面后缘线、下表面后缘线(机腹后缘线和两侧机翼后缘线)、进气道出口型线构成全乘波体的底面,它与上表面、下表面、乘波前体和进气道壁面共同构成封闭的全乘波体构型。最终设计生成的全乘波体构型如图 7.1 所示,该全乘波体采用自由流面作为上表面。

7.2.5　基准流场的详细设计

全乘波轴对称基准流场是实现全乘波构型设计的基础,本节以尖头回转体

（曲锥）开始,综合运用有旋特征线法和流线追踪方法,完成如图 6.22(a)所示的内外流一体化全乘波轴对称基准流场设计,设计过程具体可分为五个步骤。

（1）设计尖头回转体并求解其超声速绕流场。

设计如图 7.8 中所示尖头回转体(母线为曲线 $OABC_2H$,可由点 A、B、C_2、H 的位置坐标和各段型线方程唯一确定),并将经过点 H 的横截面作为尖头回转体底部横截面(也是全乘波构型的底部横截面)。应用有旋特征线法求解绕此尖头回转体的超声速绕流场(轴对称流场),在零攻角设计来流条件下(主要设计输入参数为 Ma_∞、p_∞、T_∞),尖头回转体产生前缘附体激波 OR,其中点 R 是轴对称前缘激波 OR 与底部横截面的交点。

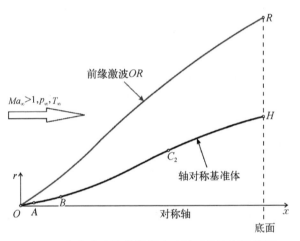

图 7.8　绕尖头回转体的超声速轴对称流场示意图

（2）分解尖头回转体流场为内、外区。

如图 7.9 所示,在尖头回转体母线上选取点 B,利用特征线方法求解从点 B 发出的左行马赫线,其与前缘附体激波 OR 交于点 D。将点 D 设置为进气道唇口,则其将前缘附体激波划分为前体激波 OD 和后体激波 DR,过点 D 的横截面即基准流场的进气道唇口横截面。上述步骤中,如果直接设定唇口 D 点的位置,那么 B 点位置的求解是一个迭代的过程,需要进行迭代计算。

确定唇口点 D 后,在绕尖头回转体的超声速轴对称流场中应用流线追踪方法求解过点 D 的流线,该流线与底部横截面交于点 W。将流线 DW 作为基准体唇罩外壁面,则流线 DW 将整个流场划分为内侧流场区($O—A—B—C_2—H—W—D—O$)和外侧流场区($D—W—R—D$)。内侧流场区用于设计前体/进气道基准流场,其中区域 $O—A—B—D—O$ 为前体/进气道基准流场的基准流场的前

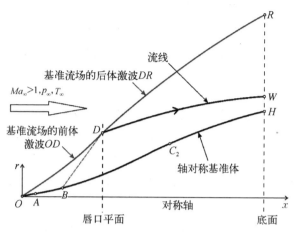

图 7.9　尖头回转体内侧流场区和外侧流场区示意图

体激波依赖区,而外侧流场区 $D—W—R—D$ 即后体基准流场区。

(3)求解唇口反射激波。

图 7.10 给出了前体/进气道基准流场的唇口反射激波示意图,图中激波 OD 后流场 $O—C_1—D—O$ 内细实线代表左行马赫线,虚线代表右行马赫线,空心节点代表马赫线网格节点,唇口点 D 的基准唇口反射激波 DC 与左行马赫线的交点简称为激波点,其与曲线 BH 的交点为 C,设置为进气道肩点。在图 7.10 所示流场中,利用有旋特征线法,由 B 点左行马赫线 BD 和曲线 BH,求解经过点 D 的右行马赫线及其与曲线 BH 的交点 C_1,并求解由左行马赫线 BD、右行马赫线

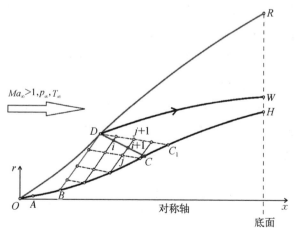

图 7.10　前体/进气道基准流场的唇口反射激波示意图

DC_1 及曲线 BC_1 所包围的流场区域。随后设定如式(7.1)所示的基准流场的唇口反射激波 DC 波后的流动方向角分布,利用预估-校正迭代方法,求解基准流场的唇口反射激波 DC 的具体坐标,直至基准唇口反射激波与曲线 BC_1 的交点 C。

$$\theta_{DC,2} = \theta_{DC,2}(x), \quad x \in [x_D, x_C] \tag{7.1}$$

其中,$\theta_{DC,2}$ 为基准流场的唇口反射激波 DC 波后的流动方向角,其值随 x 轴坐标变化。

最后,利用斜激波理论求解基准流场的唇口反射激波 DC 波后的流动参数,由左行马赫线 BD、基准流场的唇口反射激波 DC 及壁面曲线 BC 就围成了等熵主压缩区 $B—C—D—B$。

如图 7.10 所示,利用预估-校正迭代方法求解基准唇口反射激波 DC 的具体方法如下。

针对基准流场的唇口反射激波 DC 上任意两个相邻的激波点 i 和 $i+1$,靠近点 D 的激波点 i 定义为上游激波点,远离点 D 的激波点 $i+1$ 定义为下游激波点。由上游激波点 i 的位置坐标求解下游激波点 $i+1$ 的位置坐标,预估方程和校正方程分别如式(7.2)和式(7.3)所示。

$$r_{i+1}^0 = r_i + \tan\left[\pi - (\beta_i - \theta_{i,1})\right]\Delta x \tag{7.2}$$

$$r_{i+1}^n = r_i + \tan\left\{\frac{\pi - (\beta_i - \theta_{i,1}) + \left[\pi - (\beta_{i+1}^{n-1} - \theta_{i+1,1}^{n-1})\right]}{2}\right\}\Delta x \tag{7.3}$$

其中,x 和 r 为两个方向的坐标值;下标 i 为激波点的位置编号;Δx 为下游和上游激波点在 x 方向的差值;β 为基准流场的唇口反射激波 DC 的当地激波角;r_{i+1}^0 为下游激波点 $i+1$ 预估后的 r 值;r_{i+1}^n 为下游激波点 $i+1$ 校正 n 次之后所得到的 r 值;$\theta_{i,1}$ 为上游激波点 i 的波前的当地流动方向角 θ 值;$\theta_{i+1,1}^{n-1}$ 为下游激波点 $i+1$ 校正 $n-1$ 次之后所得到的波前的当地流动方向角 θ 值,$\theta_{i+1,1}^{n-1}$ 由左行马赫线上的点 j 和点 $j+1$ 的 θ 值线性插值得到;β_i 为上游激波点 i 的当地激波角;β_{i+1}^{n-1} 为下游激波点 $i+1$ 校正 $n-1$ 次之后所得到的当地激波角。

β_{i+1}^{n-1} 由 θ—β—Ma 关系式(7.4)求解得到:

$$\tan(\theta_{i+1,1}^{n-1} - \theta_{i+1,2}) = 2\cot\beta \frac{Ma_{i+1,1}^{n-1\,2}\sin^2\beta_{i+1}^{n-1} - 1}{Ma_{i+1,1}^{n-1\,2}(\gamma + \cos 2\beta_{i+1}^{n-1}) + 2} \tag{7.4}$$

其中,$Ma_{i+1,1}^{n-1}$ 和 $\theta_{i+1,1}^{n-1}$ 分别为下游激波点 $i+1$ 校正 $n-1$ 次之后所得到的波前的当

地马赫数 Ma 和当地流动方向角 θ 值,其中 $\theta_{i+1,1}^{n-1}$ 由左行马赫线上的点 j 和 $j+1$ 的 θ 值线性插值得到;$\theta_{i+1,2}$ 是下游激波点 $i+1$ 的波后的当地流动方向角,$\theta_{i+1,2}$ 是已知条件,它可以根据如式(7.1)所示的基准流场的唇口反射激波 DC 波后的流动方向角分布得到;γ 为比热容比。

确定点 $i+1$ 的位置坐标之后,即可得到当地激波角 β 和气流偏转角 $\Delta\theta$,然后利用斜激波关系式求解波后流动参数,为了方便起见,列出公式如式(7.5)~式(7.7)所示。

$$\frac{p_2}{p_1} = \frac{2\gamma}{\gamma + 1}\left(Ma_1^2\sin^2\beta - \frac{\gamma - 1}{2\gamma}\right) \tag{7.5}$$

$$\frac{\rho_2}{\rho_1} = \frac{(\gamma + 1)Ma_1^2\sin^2\beta}{2 + (\gamma - 1)Ma_1^2\sin^2\beta} \tag{7.6}$$

$$\frac{V_2}{V_1} = \frac{\sin\beta}{\sin(\beta - \Delta\theta)}\left[\frac{2}{(\gamma + 1)Ma_1^2\sin^2\beta} + \frac{\gamma - 1}{\gamma + 1}\right] \tag{7.7}$$

其中,下标 1 和 2 分别代表基准流场的唇口反射激波波前和波后的当地流动参数。

为了更加直观地描述基准唇口反射激波各角度之间的关系,将基准流场的唇口反射激波 DC 在点 $i+1$ 处的各角度定义及相互关系标出如图 7.11 所示。在图 7.11 中,22 表示在点 $i+1$ 处基准流场的唇口反射激波的微元,23 和 24 分别表示点 $i+1$ 处波前和波后的流动方向,基准流场的唇口反射激波微元 22 与波前流动方向 23 的夹角即当地激波角 β,波前流动方向 23、波后流动方向 24 与 x 轴的夹角分别为波前、波后流动方向角 θ_1 和 θ_2,波前流动方向 23 与波后流动方向 24 的夹角即当地气流偏转角 $\Delta\theta$,即 $\Delta\theta = \theta_1 - \theta_2$。

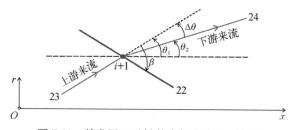

图7.11　基准唇口反射激波角度关系示意图

(4) 求解基准流场的唇口反射激波依赖区。

前体/进气道基准流场的基准唇口反射激波依赖区 $D—C—E—D$ 如图 7.12

所示,图中流场 D—C—E 内的细实线代表流线,虚线代表右行马赫线,空心节点代表流线与右行马赫线的交点。利用有旋特征线法的流线点单元过程,由基准流场的唇口反射激波 DC 的位置坐标和波后流动参数,求解基准流场的唇口反射激波依赖区 D—C—E—D(点 E 为经过点 D 的流线与经过点 C 的右行马赫线的交点),将流线 DE 作为全乘波轴对称基准流场的唇罩内壁面的前段。

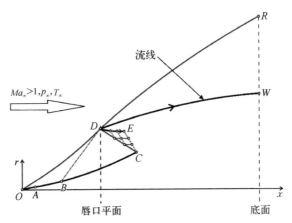

图 7.12　基准流场的唇口反射激波依赖区示意图

(5) 求解前体/进气道基准流场的稳定区。

前体/进气道基准流场的稳定区 E—C—G—F—E 如图 7.13 所示,图中稳定区内的细实线代表流线,虚线代表右行马赫线,空心节点代表流线与右行马赫线的交点。首先,设定肩点 C 右侧的中心体壁面曲线 CG 及该曲线上的流动参数分布,如马赫数或者压力分布。本书示例设定壁面倾斜角分布和马赫数分布,分别如式

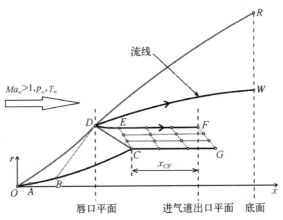

图 7.13　前体/进气道基准流场的稳定区示意图

(7.8)和式(7.9)所示,设定壁面倾斜角分布等价于设定了曲线 *CG* 的外形。

需要注意的是,中心体壁面曲线 *CG* 在肩点 *C* 处的壁面倾斜角必须与当地流动方向角(基准流场的唇口反射激波 *DC* 在点 *C* 处的波后流动方向角)重合,以保证基准流场的唇口反射激波 *DC* 在肩点 *C* 位置无反射。

其次,设定进气道出口横截面与肩点 *C* 沿 *x* 轴方向的距离 x_{CF},即设定了进气道出口横截面位置。最后,利用有旋特征线法的流线点单元过程,由右行马赫线 *CE* 的位置坐标和流动参数、中心体壁面曲线 *CG* 及该曲线上的流动参数分布,求解前体/进气道基准流场的稳定区 *E—F—G—C—E*,直至经过点 *E* 的流线与经过点 *G* 的右行马赫线交于点 *F*,得到流线 *EF*。将流线 *EF* 作为全乘波轴对称基准流场的唇罩内壁面的后段。流线 *DE* 和 *EF* 共同组成全乘波轴对称基准流场的唇罩内壁面的型线。

$$\delta_{CG} = \delta_{CG}(x), \qquad x \in [x_C, x_G] \tag{7.8}$$

$$Ma_{CG} = Ma_{CG}(x), \qquad x \in [x_C, x_G] \tag{7.9}$$

其中, δ_{CG} 和 Ma_{CG} 分别是曲线 *CG* 的壁面倾斜角和马赫数分布。

通过以上五个步骤的设计求解,就得到了基于尖头回转体(曲锥)的内外流一体化全乘波轴对称基准体及其高超声速绕流场,该流场可以作为全乘波构型设计的基准流场来使用。

7.2.6　基准流场设计实例

本节给出基于基准体的全乘波轴对称基准流场的一个设计实例,并开展计算分析,一方面验证基于基准体的全乘波轴对称基准流场设计方法,分析基于基准体的全乘波轴对称基准流场的流动特性和性能参数;另一方面为全乘波构型设计实例做准备。

1. 设计参数

基于基准体的全乘波轴对称基准流场设计实例选用的总体设计参数如表 7.1 所示,表中设定了图 7.9 中点 *A*、*B*、C_2 和 *H* 的 *x* 轴方向位置和壁面倾斜角。此设计实例中回转体母线 *OA* 是直线段,*AB*、BC_2 和 C_2H 均是二次曲线段,从而可以唯一确定 *OA*、*AB*、BC_2 和 C_2H 的型线方程。表 7.1 中 $\theta_{DC,2}(x) = 3.0°$ 表示基准唇口反射激波波后的流动方向角均等于3°;$\delta_{CG}(x) = 3.0°$ 表示中心体壁面曲线 *CG* 是一条倾斜角为3°的直线;$Ma_{CG}(x) = Ma_C$ 表示中心体壁面曲线 *CG* 上的马赫数均等于肩点 *C* 激波后的马赫数;自由来流静压 p_∞ 和静温 T_∞ 对应 25 km 的大气条件。

表 7.1 基于基准体的全乘波轴对称基准流场总体设计参数

Ma_∞	p_∞/ Pa	T_∞/ K	x_A/ m	x_B/ m	x_{C2}/ m	x_H/ m	δ_A/ (°)	δ_B/ (°)	δ_{C2}/ (°)	δ_H/ (°)	$\theta_{DC,2}(x)$/ (°)	$\delta_{CG}(x)$/ (°)	$Ma_{CG}(x)$	x_{CF}/ m
6	2 511.18	221.649	0.001	2.5	5.0	10.0	6	10	14	−14	3.0	3.0	Ma_C	1.0

应用 7.2.5 节所述的方法设计基于基准体的全乘波轴对称基准流场,并进行数值模拟验证。计算状态是模型设计点,即飞行高度 $H = 25$ km,飞行马赫数 $Ma_0 = 6$,攻角 $a = 0°$。

2. 设计验证

图 7.14 给出了基于基准体的全乘波轴对称基准流场的二维结构网格及边界条件设置,其中,边界 Inlet 1 和 Inlet 2 定义为远场边界条件,边界 Outlet 1 和 Outlet 2 定义为压力出口边界条件,边界 Axis 定义为轴对称边界条件。

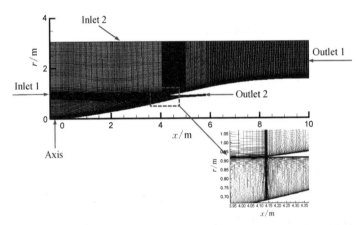

图 7.14 基于基准体的全乘波轴对称基准流场的二维结构网格及边界条件

无黏 CFD 方法计算结果和特征线方法设计的基于基准体的全乘波轴对称基准流场对比见图 7.15 和图 7.16。

图 7.15 给出了流场的马赫数等值线云图对比,包括整体流场对比和局部流场对比。图 7.15 中特征线方法设计流场中黑色箭头实线代表由唇口出发的外流场流线,即所设计基准体的唇口外罩壁面。由图 7.15 可见,特征线方法的激波分辨率较高且无激波厚度,就是设计流场的边界线;而无黏 CFD 方法计算的激波有网格尺度相当的厚度。但无论是由 $O—A—B—C—G—F—E—D—O$ 所围成的前体/进气道基准流场区,还是由 $D—W—R—D$ 所围成的后体基准流场区,激波形状和位置基本相同,两种方法计算的流场结构几乎没有差异。

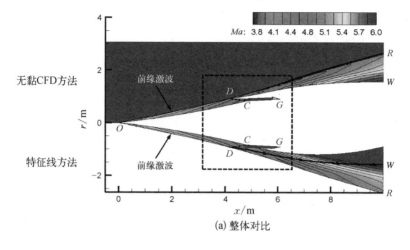

(a) 整体对比

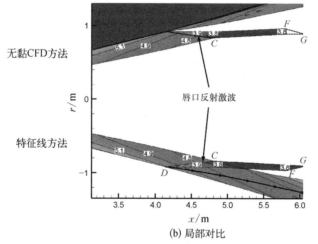

(b) 局部对比

图 7.15　基于基准体的全乘波轴对称基准流场马赫数等值线云图对比

图 7.16 给出了在设计状态 ($H = 25$ km, $Ma = 6$, $\alpha = 0°$) 下全乘波轴对称基准体沿程壁面无量纲压力分布对比,包括中心体壁面 OCG、基准流场的唇罩内壁面 DEF 和基准流场的唇罩外壁面 DW 的压力分布。由图 7.16 可见,壁面 $OABC$、DE 和 DW 上由两种方法计算的沿程壁面压力分布几乎是完全相同的;而壁面 CG 和 EF 上,由无黏 CFD 方法计算的壁面压力分布在特征线方法设计结果附近有少许波动,这是由于无黏 CFD 方法计算结果中出现了微弱的激波反射现象。但总体而言,采用特征线方法进行全乘波轴对称基准体和基准流场设计是正确且高效的。

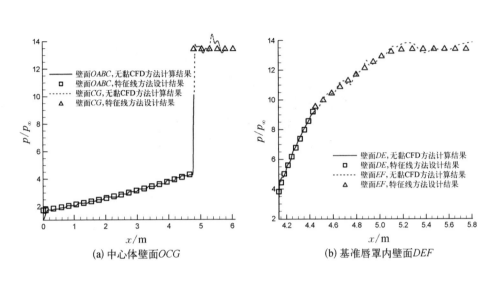

(a) 中心体壁面OCG (b) 基准唇罩内壁面DEF

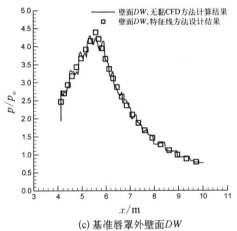

(c) 基准唇罩外壁面DW

图 7.16　全乘波轴对称基准体的沿程壁面无量纲压力分布对比

3. 基于基准体的全乘波轴对称基准流场性能

对基于基准体的全乘波轴对称基准流场进行考虑黏性作用的数值模拟,对比分析其流动特性及进气道性能。

图 7.17 分别给出了基于基准体的全乘波轴对称基准流场设计状态下的有黏流场马赫数和无量纲压力等值线云图。可见,由于黏性边界层的存在及激波/边界层干扰现象,进气道有黏流场相比无黏流场存在明显差异:有黏流场中入射激波在肩部附近诱导产生一个分离区,导致消波设计失效,产生反射激波,随后的内流道中发展出了激波串。显然,如何考虑黏性效应是内外流一体化气动

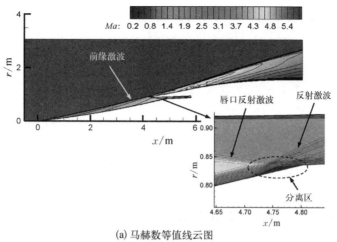

(a) 马赫数等值线云图

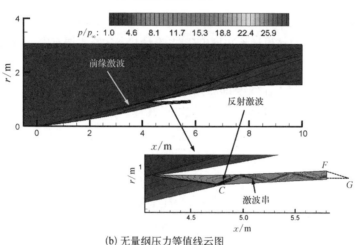

(b) 无量纲压力等值线云图

图 7.17　全乘波轴对称基准流场设计状态下的有黏流场等值线云图

构型设计需要面对的一个难题。

　　全乘波轴对称基准体在无黏和有黏条件下的气动特性对比见表 7.2,其中,变化幅度是有黏结果相较于无黏结果的变化百分比。表 7.2 主要考虑基准体进气道出口性能参数(面积平均),包括出口马赫数 Ma_e、压升比 p_e/p_∞、温升比 T_e/T_∞、总压恢复系数 $p_{e,t}/p_0$、质量流率 $\dot{m}$ 和流量系数 σ 等。可见,黏性作用对进气道出口性能参数中的 Ma_e、p_e/p_∞、T_e/T_∞ 和 $p_{e,t}/p_0$ 影响较大,而对 $\dot{m}$ 和 σ 影响较小。考虑黏性后,Ma_e 和 $p_{e,t}/p_0$ 分别降低 16.6% 和 32.4%,而 p_e/p_∞ 和 T_e/T_∞ 分别增加 31.7% 和 33.4%。在有黏条件下,流量系数 σ 为 0.980 7,仅比无黏条件降低 1.8%,表明在有黏条件下,前体激波封口特性仍然较好,从而确保了前

表 7.2　全乘波轴对称基准体气道性能对比

指　标	Ma_e	p_e/p_∞	T_e/T_∞	$p_{e,t}/p_0$	$\dot{m}/(\text{kg/s})$	σ
无黏	3.727 5	13.495 3	2.173 1	0.898 1	187.209 3	0.998 9
有黏	3.109 7	17.771 5	2.899 4	0.607 4	183.786 6	0.980 7
变化幅度/%	−16.6	31.7	33.4	−32.4	−1.8	−1.8

7.2.7　全乘波构型设计实例及验证

1. 设计参数

在 7.2.6 节基于基准体的全乘波轴对称基准流场设计基础上,本节给出了全乘波构型的设计实例,其总体设计参数见表 7.1。设计状态选择主要有以下两点原因[196]:

（1）在 $Ma=6$ 时,碳氢燃料超燃冲压发动机的比冲基本达到最大值,燃料的使用效率和发动机的工作效率都能充分地体现出来;

（2）这样的巡航高度和飞行马赫数下,高超声速飞行器具有飞行阻力小、气动加热效应低、生存能力高、射程远等优势。

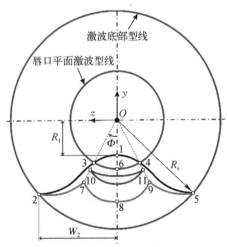

图 7.18　全乘波构型底部型线参数定义

图 7.18 给出了坐标系及全乘波构型底部型线的具体参数定义。为了保证全乘波构型的前体前缘线(3—1—4)与机翼前缘线(2—3 和 4—5)在连接点处光滑过渡,连接点 3 和点 4 处设置为一阶导数连续。取四次多项式曲线作为前体和机翼前缘线在底部横截面上的投影曲线 2—3—1—4—5,其型线方程见式(7.10)。设定点 2 位置沿 z 轴方向的斜率为 0,并设定参数 R_1 和 W_2,即可唯一确定方程系数 a_{2-3-1},b_{2-3-1} 和 c_{2-3-1},如式(7.11)所示。实际取 $R_1 = 0.2R_s$,$W_2 = 0.8R_s$,并采用自由流面作为上表面,此时前缘线在底部横截面上的投影曲线等价于上表面底部型线。另外,进气道唇口型线在底部横截面上的投影曲线 3—6—4 设置为圆弧段。

$$\bar{y} = a_{2-3-1} + b_{2-3-1}\,\bar{z}^2 + c_{2-3-1}\,\bar{z}^4 \tag{7.10}$$

$$\begin{cases} a_{2-3-1} = -R_1/R_s \\[2mm] b_{2-3-1} = \dfrac{2\left(R_1 - \sqrt{R_s^2 - W_2^2}\right)}{W_2^2} \\[4mm] c_{2-3-1} = \dfrac{\sqrt{R_s^2 - W_2^2} - R_1}{W_2^4} \end{cases} \tag{7.11}$$

其中，$\bar{y} = y/R_s$；$\bar{z} = z/R_s$；R_s 为回转体底部横截面激波半径。

2. 全乘波构型

设计完成的全乘波构型理论外形和基本尺寸如图 7.19 所示，构型长度为 7.47 m，宽度为 4.25 m，前体长度为 1.61 m。

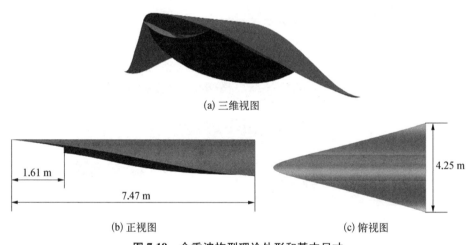

(a) 三维视图

(b) 正视图　　　　　　　　　　(c) 俯视图

图 7.19　全乘波构型理论外形和基本尺寸

3. 乘波特性验证

为了验证全乘波设计方法，对该构型进行设计状态下的无黏数值模拟。在其三维无黏流场中沿图 7.18 中的周向角 Φ 选取三个截面（$\Phi = 0°$、$\Phi = 30°$ 和 $\Phi = 40.89°$），观测截面上的激波形态。其中，$\Phi = 0°$ 截面是纵向对称面，与 $\Phi = 30°$ 截面共同观测前体和机腹激波形态，以及唇口反射激波形态；$\Phi = 40.89°$ 截面是图 7.18 中过点 3 的截面，可以观测乘波机翼附近激波形态。

三个流向截面在设计状态（$H = 25$ km，$Ma = 6$，$\alpha = 0°$）下的无黏无量纲压力等值线如图 7.20 所示，图中还给出了设计激波位置（虚线），A_1B_1 和 A_2B_2 为前体激波，B_1C_1 和 B_2C_2 为后体激波，B_3C_3 为乘波机翼激波。可见，数值模拟流场中前体激波、后体激波及乘波机翼激波的形状、位置与特征线方法设计结果吻合较好,表明全乘波设计中的乘波设计正确且具有较高设计精度。另外,数值模拟的入射激波在进气道肩部位置没有产生明显的反射激波,表明内流道消波设计有效。

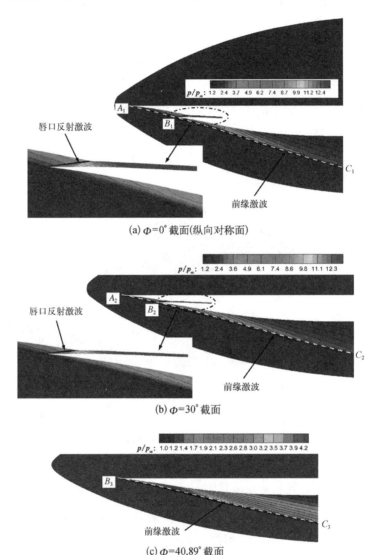

(a) $\Phi=0°$ 截面(纵向对称面)

(b) $\Phi=30°$ 截面

(c) $\Phi=40.89°$ 截面

图 7.20　全乘波构型不同流向截面无黏无量纲压力等值线云图

图 7.21 给出了唇口横截面和底部横截面的无黏无量纲压力等值线,图 7.21(a)中虚线不仅代表前体展向设计激波,还代表该截面上的唇口曲线;图 7.21(b)中虚线代表后体展向设计激波。可见,数值模拟流场中的前体展向激波与设

(a) 唇口横截面　　　　　　　(b) 底部横截面

图 7.21　全乘波构型不同横截面无黏无量纲压力等值线云图

计激波吻合较好,两侧边缘基本没有溢流现象,表明前体和后体均具有良好的乘波特性。另外,唇口位置前体激波封口,确保了前体/进气道具有良好的流量捕获特性。

　　由图 7.20 和图 7.21 的分析可知,本书所给出的全乘波构型设计实例不仅具有良好的前体、机翼、机腹乘波特性,且所设计的流线追踪进气道激波封口,内流道基本实现了消波设计,较好地达到了全乘波设计目的。

　　4. 考虑黏性的气动特性分析

　　图 7.22 给出了全乘波构型在设计状态下有黏数值模拟的纵向对称面、唇口横截面和底部横截面的无量纲压力等值线,图中虚线为特征线方法设计的激波位置。

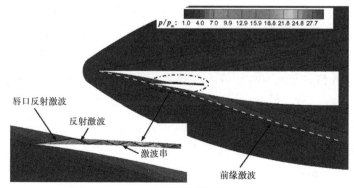

(a) 纵向对称面

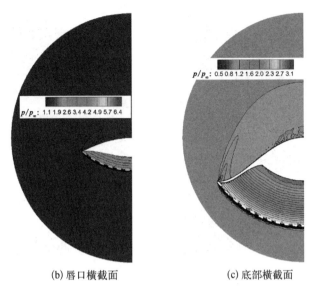

(b) 唇口横截面　　　　　　　　(c) 底部横截面

图 7.22　全乘波构型在设计状态有黏数值模拟的无量纲压力等值线云图

由图 7.22 可见,当存在边界层时,虽然前缘激波流向和展向形状的数值模拟结果与设计值吻合较好,但是激波位置的数值模拟结果略微向下偏离了设计位置,并且构型侧缘存在一定溢流。同时,相较于前体区域,后体区域边界层发展更充分,后体激波向下偏离设计位置程度明显大于前体激波。对比图 7.20(a)和图 7.22(a)可见,由于边界层影响和激波/边界层干扰现象,入射激波在进气道肩部附近诱导产生分离区,导致消波设计失效,产生反射激波,之后发展出激波串。说明实际设计飞行器构型时,黏性影响必须加以考虑才能完全实现乘波或者消波的设计目的。为此,本章后续对此项工作进行初步探索性研究。

全乘波构型设计状态的无黏和有黏性能对比见表 7.3,表中进气道出口性能(面积平均)包括 Ma_e、p_e/p_∞、T_e/T_∞、$p_{e,t}/p_0$、$\dot{m}$ 和 σ,其定义与表 7.2 相同;气动特性参数包括升力系数 C_L、阻力系数 C_D 和俯仰力矩系数 C_{MZ},计算气动力系数的参考长度和参考面积分别为本算例构型长度和底部面积,俯仰力矩参考点取为构型长度和高度的 50% 位置。由表 7.3 中数据可知,黏性作用对性能参数中的 Ma_e、p_e/p_∞、T_e/T_∞ 和 $p_{e,t}/p_0$ 及 C_D、C_{MZ} 和 L/D 影响较大,而对 $\dot{m}$、σ 和 C_L 影响较小。有黏条件相较于无黏条件,Ma_e、$p_{e,t}/p_0$ 和 L/D 分别降低 34.0%、64.9% 和 29.7%,而 p_e/p_∞、T_e/T_∞ 和 C_D 分别增加 83.9%、72.7% 和 51.1%。黏性作用使 C_{MZ} 绝对值增大,其原因可能是该状态下无黏 C_{MZ} 绝对值(0.005 9)是小量,略微的数值改变就会造成较大的百分比变化。在有黏条件下,由于前体激波略微偏离了唇口位置,流量系数 σ 减小为 0.953 6,但该值仅比无黏条件降低 3.6%,说明虽然没有进行边界层黏性修正,但是全乘波构型在有黏条件下的前体激波封口特性仍然较好,从而确保了前体/进气道具有良好的流量捕获特性。

表 7.3　全乘波构型设计状态的无黏和有黏性能对比

指　标	Ma_e	p_e/p_∞	T_e/T_∞	$p_{e,t}/p_0$	$\dot{m}/(\text{kg/s})$	σ	C_D	C_L	C_{MZ}	L/D
无　黏	3.731 4	13.388 0	2.165 8	0.896 1	11.006 8	0.989 6	0.116 1	0.447 3	−0.005 9	3.852 0
有　黏	2.462 5	24.624 9	3.741 1	0.314 2	10.605 9	0.953 6	0.175 4	0.475 0	−0.013 3	2.709 0
变化幅度/%	−34.0	83.9	72.7	−64.9	−3.6	−3.6	51.1	6.2	125.4	−29.7

最后,由上述分析可以发现,本节全乘波构型的进气道流动特性及其相关性能与基准体的进气道流动特性及其相关性能具有明显的相似性和继承性,说明基准流场将直接决定所设计乘波构型的流动特性。这其实也是自然的,因为本书所讨论的乘波设计方法或进气道设计方法都是采用的流线追踪方法,就是在基准流场中通过寻找流线和流面来完成的构型设计,则设计结果当然具有与基准流场相似的流动特性。这其实也提示我们,通过获取基准流场特性,也可以推断出所设计的乘波体或进气道的相关气动特性,而这些具体关联关系的发现则需要进一步的研究和分析才能完成。

7.3　基于基准激波的轴导全乘波设计

7.2 节基于基准体的轴导全乘波设计思路是:在初始基准尖头回转体超声速流场中提取基准激波;在基准激波上设置基准体唇口点,以该流场中过基准体唇口点的流线作为基准体唇罩外壁面,则基准体唇口后形成后体基准流场,在其中可进行乘波机翼、乘波机腹等乘波后体设计;设置前体激波在基准体唇口产生反射激波,并设计内流道基准流场,与基准体唇口前流场形成乘波前体/进气道基准流场,在其中进行乘波前体和流线追踪进气道设计;组合乘波前体/进气道/乘波后体即得到全乘波构型。

这种方法的一个缺点是,基准激波是由初始基准尖头回转体产生的,在基准激波上设置基准体唇口后,前/后体基准激波是固定的,后体激波不能调整,无法根据乘波前体/进气道设计结果调整乘波后体的设计,也就无法根据乘波前体/

进气道来调整全乘波构型的气动特性。

要解决这个问题,可以这样考虑:在设置基准体唇口后,其实前/后体激波及其流场区域以基准体唇罩外壁面为界是相对独立的,可以重新设计以基准体唇口点出发的后体基准激波及其流场,以新流场中的流线作为基准体唇罩外壁面来划分后体基准流场。这样,前体/进气道基准流场和后体基准流场实际上仅以基准体唇口点为界,可以一定程度上各自独立开展设计和求解。此时两个流场划分的关键只是在初始基准激波上确定基准体唇口点,也就是只需要先设计前体基准激波。

根据本书前面章节内容,由基准体求解基准激波和基准流场有很多方法可以实现,相对容易,这也就是 7.2 节全乘波设计讨论的内容。但直接给出基准激波作为设计输入,按照前体激波、后体激波相互独立的方法完成全乘波设计是否可行呢?下面我们就介绍以基准激波为设计输入、前/后体激波相对独立的全乘波构型设计。

需要强调的是,本节所指基于基准激波的全乘波构型设计仍然有基准体存在,只不过该基准体是在设定基准激波的前提下求解获得的,因此强调是基于激波,而不是基于基准体。

7.3.1　基准流场

基于基准激波的轴导全乘波构型与基于基准体的轴导全乘波构型部件组成是相同的,其全乘波轴对称基准流场分区也基本相同,最大的区别在于前/后体基准流场之间的联系和设计生成过程。

基于基准激波的轴导全乘波构型是在如图 7.23 所示的全乘波轴对称基准流场中设计生成的,图中细实线为激波,粗实线即基准体轮廓。

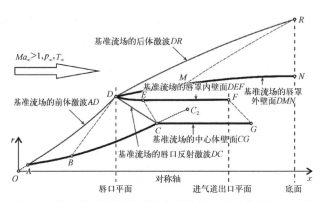

图 7.23　基于基准激波的轴导全乘波轴对称基准流场示意图

　　类似于 7.2 节的全乘波轴对称基准流场,图 7.23 所示的基于轴对称激波的全乘波轴对称基准流场也包括三条基准激波和四条基准体壁面,分别是基准流场的前体激波 AD、基准流场的后体激波 DR 和基准唇口反射激波 DC,以及基准流场的前体壁面 ABC、基准流场的中心体壁面 CG、基准流场的唇罩内壁面 DEF 和基准流场的唇罩外壁面 DMN。它们将整个全乘波轴对称基准流场划分为两个区域,即乘波前体/进气道基准流场区($A—B—C—G—F—E—D—A$)和乘波后体基准流场区($D—M—N—R—D$)。

　　但图 7.23 中基于轴对称激波的全乘波轴对称基准流场与 7.2 节全乘波轴对称基准流场的不同点在于,后者的基准流场的前体激波 OD、基准流场的后体激波 DR 是一条由尖头回转体母线 OH 产生的完整激波,其在分割点 D 位置是曲率连续的;而前者的基准流场的前体激波 AD、基准流场的后体激波 DR 在分割点 D 处不需要曲率连续,两段激波可以相互独立设计(即激波强度可以独立设计),拓展了后体乘波面的设计自由度。对比图 7.4 也可以发现,图 7.23 中的初始基准尖头回转体也不需要肩点 C 以后的曲线段了,且基准流场的后体激波 DR 的依赖域也变为基准流场的唇罩外壁面 DM 段,与初始基准尖头回转体无关了。

7.3.2　设计原理和步骤

　　图 7.24 给出了基于轴对称基准激波的全乘波构型设计原理。在超声速来流条件下,前体乘波面和后体乘波面均是在轴对称基准激波波后流场构造的流面,后体乘波面是由机腹乘波面和两个机翼乘波面共同组成的。图 7.24 中没有给出初始基准尖头回转体,因为设计输入就是基准激波,因此不需要这样的初始基准尖头回转体。

　　图 7.25 给出了基于轴对称基准激波的全乘波构型示意图。可见,前缘激波面贴

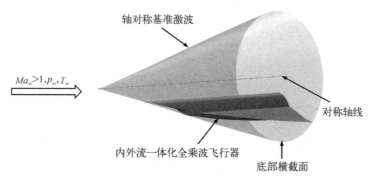

图 7.24　基于轴对称基准激波的全乘波构型设计原理图

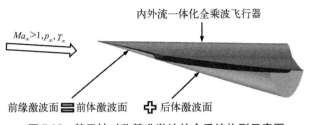

图 7.25　基于轴对称基准激波的全乘波构型示意图

附在飞行器前缘和进气道唇口,此处前缘激波面由前体激波面和后体激波面组成。

　　基于轴对称基准激波构造全乘波构型的设计步骤类似于 7.2.4 节基于尖头回转体设计全乘波构型的设计步骤。不同点是前两个步骤,即首先根据飞行器巡航任务要求,设计合适的轴对称基准激波;其次,应用特征线理论,根据设定的前缘激波,设计出基于基准激波的全乘波轴对称基准流场。下面详细介绍基于基准激波的全乘波轴对称基准流场的设计生成过程。

7.3.3　基准流场详细设计

　　当以轴对称基准激波为初始条件进行全乘波轴对称基准流场设计时,进气道基准流场的生成过程与基于基准体的进气道基准流场生成过程基本相同,主要区别在于前体和后体基准流场的设计生成。前体、后体基准流场都是先设定基准激波,求解其依赖域壁面作为基准体前段,然后根据设定的后段壁面求解该流场区域。完整全乘波轴对称基准流场的详细设计过程具体可以分为以下七个步骤。

　　(1) 设计基准流场的前体激波。

　　如图 7.26 所示,设定基准流场的前体激波 AD,其中点 D 作为全乘波轴对称基准流场的进气道唇口。应用有旋特征线法的流线点单元求解过程,由基准流场的前体激波 AD 和超声速来流条件(Ma_∞, p_∞, T_∞)求解得到基准流场的前体

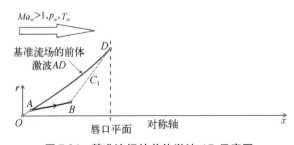

图 7.26　基准流场的前体激波 AD 示意图

激波依赖区 A—B—D—A(其中各流线点的位置坐标和流动参数);将流线 AB 作为前体/进气道基准流场区基准前体壁面的前段型线,其中点 B 是点 D 左行马赫线 C_+ 与过点 A 流线的交点。需要说明的是,此步骤中的流线点单元求解过程是指求解流线与左行马赫线的交点。

(2) 求解基准流场的 B—C_1—D—B 区。

如图 7.27 所示,设定壁面型线 BC_2,综合运用特征线方法的内点单元过程、壁面点单元过程及逆置壁面点单元过程,由左行马赫线 BD 和壁面型线 BC_2,求解由左行马赫线 BD、右行马赫线 DC_1 及壁面型线 BC_1 所包围区域 B—C_1—D—B(其中各内点、壁面点的位置坐标和流动参数,点 C_1 是过点 D 右行马赫线与壁面型线的交点)。

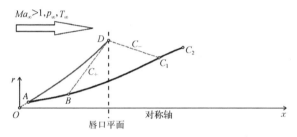

图 7.27　基准流场的 B—C_1—D—B 区示意图

(3) 求解基准流场的唇口反射激波。

如图 7.28 所示,设定如式(7.1)所示的唇口反射激波波后流动方向角 $\theta_{DC,2}(x)$ 分布,利用预估-校正的迭代算法(见 7.2 节),求解唇口反射激波,直至唇口反射激波与壁面型线交点 C(设置其为进气道肩点),并利用斜激波关系式求解唇口反射激波 DC 波后的流动参数。由左行马赫线 BD、唇口反射激波 DC 及壁面型线 BC 所围成的区域 B—C—D—B,是基准前体激波 AD 和唇口反射激波 DC 之间捕获压缩气流的主要部分,称为等熵主压缩区。

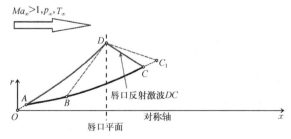

图 7.28　基准流场的唇口反射激波 DC 示意图

（4）求解基准流场的 $D—C—E—D$ 区。

如图 7.29 所示，利用有旋特征线法的流线点单元过程，由基准流场的唇口反射激波 DC 的位置坐标和波后流动参数，求解基准流场的唇口反射激波依赖区 $D—C—E—D$（点 E 为经过点 D 的流线与经过点 C 的右行马赫线的交点），将流线 DE 作为基准体唇罩内壁面的前段型线。

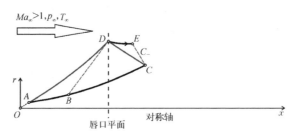

图 7.29　基准流场的 $D—C—E—D$ 区示意图

（5）求解基准流场的进气道稳定区。

如图 7.30 所示，求解前体/进气道基准流场稳定区 $E—F—G—C—E$ 和流线 EF，其求解方法与 7.2 节相同，此处省略。

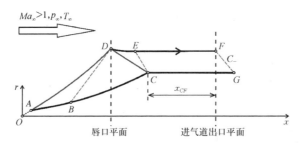

图 7.30　基准流场进气道稳定区示意图

完成本步骤后，前体激波依赖区 $A—B—D—A$、主压缩区 $B—C—D—B$、唇口反射激波依赖区 $D—C—E—D$ 和稳定区 $E—F—G—C—E$ 共同组成了前体/进气道基准流场区（$A—B—C—G—F—E—D—A$）。

（6）设计基准流场的后体激波。

如图 7.31 所示，设定基准后体激波 DR（R 点为基准后体激波与底部横截面交点）的形状，应用有旋特征线法的流线点单元过程（流线与激波点左行马赫线的交点），求解得到后体激波依赖区 $D—M—R—D$（点 M 是经过激波点 R 的左行马赫线 C_+ 与过 D 点流线的交点）中各流线点的位置坐标和流动参数；将流线 DM 作为基准流场唇罩外壁面的前段型线。

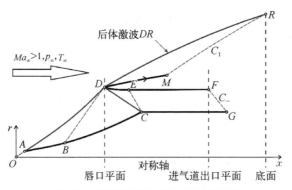

图 7.31　基准流场的后体激波示意图

（7）求解基准流场的后体部分。

如图 7.32 所示,求解基准流场的后体部分 M—N—R—M 区:设定壁面型线 MN 的形状,综合运用特征线理论的内点单元过程、壁面点单元过程及逆置壁面点单元过程,由左行马赫线 MR 和壁面型线 MN,求解由左行马赫线 MR、壁面型线 MN 及底面所包围的区域 M—N—R—M(各内点、壁面点的位置坐标和流动参数)。后体激波影响区 D—M—R—D 和 M—N—R—M 区共同组成了后体基准流场区 D—M—N—R—D。

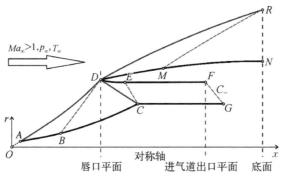

图 7.32　基准流场的后体部分示意图

至此,我们获得了基于基准激波的全乘波轴对称基准流场(含全乘波轴对称基准体),可以开展基于基准激波的全乘波体设计了。

7.3.4　基准流场设计实例

本节给出一个基于基准激波的全乘波轴对称基准流场设计实例,一方面进行该流场的数值模拟验证,另一方面将其作为全乘波构型设计实例的基准流场使用。该流场仍然以图 7.23 所示为例,所涉及概念、符号与其所示相同。

1. 设计参数

作为全乘波轴对称基准流场的进气道流场部分,进气道出口平均马赫数和压升比设计指标分别为 3.8 和 10.0。基准前体激波 AD 取为三次样条曲线,基准后体激波 DR 取为直线,各特征点激波角设定见表 7.4,表中的 β_{D_-} 和 β_{D_+} 分别是过点 D 的前体激波和反射激波的激波角。基准前体激波 AD 型线方程见式 (7.12),它的求解输入条件见式 (7.13) 和式 (7.14),点 R 的位置坐标参见式 (7.15)。本例前体激波 A 点波后流动方向角为 6°,D 点波后流动方向角为 8°,反射激波 D 点和 R 点波后流动方向角为 5°。

表 7.4 全乘波轴对称基准流场实例各特征点激波角设定

$\beta_A/(°)$	$\beta_{D_-}/(°)$	$\beta_{D_+}/(°)$	$\beta_R/(°)$
13.98	15.73	13.16	13.16

$$r = a_{AD}x^3 + b_{AD}x^2 + c_{AD}x + d_{AD}, \qquad x \in [x_A, x_D] \tag{7.12}$$

$$\begin{cases} r_A = 0.1r_D \\ x_A = \dfrac{r_A}{\tan\beta_A} \end{cases} \tag{7.13}$$

$$\begin{cases} x_D = 5.0 \\ r_D = x_D\tan\dfrac{\beta_A + \beta_{D_-}}{2} \end{cases} \tag{7.14}$$

$$\begin{cases} x_R = 10.0 \\ r_R = r_D + (x_R - x_D)\tan\beta_{D_+} \end{cases} \tag{7.15}$$

为了简便起见,壁面 BC_2 取为直线段,点 C_2 的位置坐标见式 (7.16)。

$$\begin{cases} x_{C_2} = 7.0 \\ r_{C_3} = r_B + (x_{C_2} - x_B)\tan\delta_B \end{cases} \tag{7.16}$$

其中,δ_B 为点 B 的壁面倾斜角,它可由基准前体激波 AD 唯一确定。

壁面 MN 取为三次曲线,其型线方程见式 (7.17),除了点 M 处一阶导数连续以外,其他约束条件见式 (7.18)。

$$r = a_{MN}x^3 + b_{MN}x^2 + c_{MN}x + d_{MN}, \qquad x \in [x_M, x_N] \tag{7.17}$$

$$\begin{cases} r_N = r_M + 0.5(x_N - x_M)\tan\delta_M \\ \delta_N = 0° \end{cases} \tag{7.18}$$

基于基准激波的全乘波轴对称基准流场其他设计参数如表 7.5 所示。表中 $\theta_{DC,2}(x) = 1.0°$，表示基准流场的唇口反射激波 DC 波后的流动方向角均等于 $1°$；$\delta_{CG}(x) = 1.0°$，表示基准流场的中心体壁面型线 CG 是一条倾斜角为 $1°$ 的直线；$Ma_{CG}(x) = Ma_C$，表示基准流场的中心体壁面型线 CG 上的马赫数均等于肩点 C 激波后的马赫数；进气道出口横截面距离肩点 C 的距离 x_{CF} 取为 1.3 m，该值约为进气道出口高度的 8 倍。表 7.5 中自由来流静压 p_∞ 和静温 T_∞ 对应 25 km 的大气条件。

表 7.5　基于基准激波的全乘波轴对称基准流场设计参数

Ma_∞	p_∞/Pa	T_∞/K	$\theta_{DC,2}(x)$ /(°)	$\delta_{CG}(x)$ /(°)	$Ma_{CG}(x)$	x_{CF}/m
6	2 511.18	221.649	1.0	1.0	Ma_C	1.3

2. 基于激波的全乘波轴对称基准流场设计结果验证

无黏数值模拟和特征线方法设计的基于激波的全乘波轴对称基准流场对比见图 7.33 和图 7.34。图 7.33 给出了流场的马赫数等值云图对比，包括整体流场和局部放大流场；图 7.34 给出了基于激波的全乘波轴对称基准体沿程壁面无量纲压力分布对比，包括基准流场的前体壁面 ABC、基准流场的中心体壁面 CG、基准流场的唇罩内壁面 DEF 和基准流场的唇罩外壁面 DMN 等。

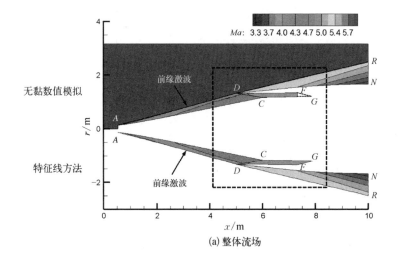

(a) 整体流场

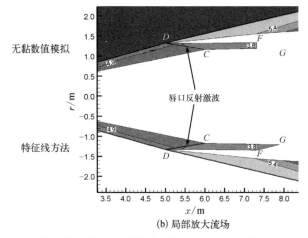

(b) 局部放大流场

图 7.33 基于激波的全乘波轴对称基准流场马赫数等值云图对比

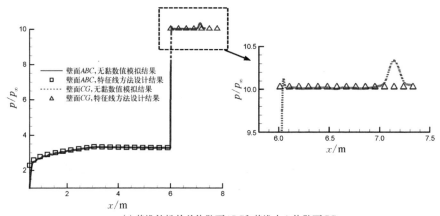

(a) 基准流场的前体壁面ABC和基准中心体壁面CG

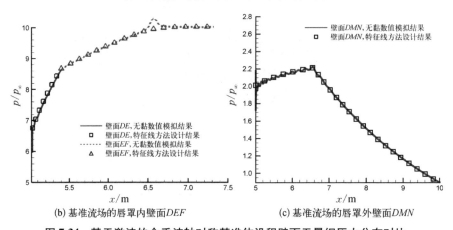

(b) 基准流场的唇罩内壁面DEF　　　(c) 基准流场的唇罩外壁面DMN

图 7.34 基于激波的全乘波轴对称基准体沿程壁面无量纲压力分布对比

由图 7.33 可见,无论是由 $A—B—C—G—F—E—D—A$ 所围成的前体/进气道基准流场区,还是由 $D—M—N—R—D$ 所围成的后体基准流场区,数值模拟激波形状和激波位置与设计值基本相同。由图 7.34 可见,在壁面型线上,数值模拟的沿程壁面无量纲压力分布结果几乎与设计值完全相同,仅在壁面 CG 和 EF 上存在微小波动,这是由于数值计算结果在内流道肩部位置出现了微弱的激波反射。上述对比结果证明,基于激波的全乘波轴对称基准流场设计方法正确。

3. 基于激波的全乘波轴对称基准流场性能

图 7.35 给出了基于激波的全乘波轴对称基准流场设计实例的有黏数值模

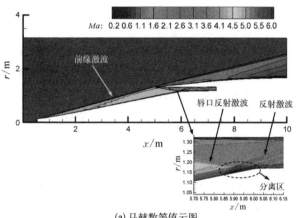

(a) 马赫数等值云图

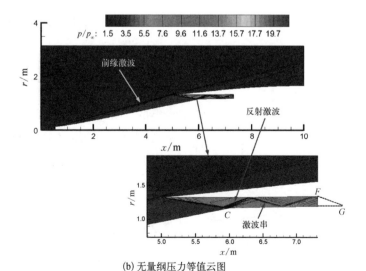

(b) 无量纲压力等值云图

图 7.35　基于激波的全乘波轴对称基准流场有黏等值线云图

拟结果,其无黏和有黏条件下的进气道出口性能(面积平均)参数对比见表 7.6,表中变化率是有黏数据相较于无黏数据的变化百分比。进气道出口性能参数主要包括出口马赫数 Ma_e、压升比 p_e/p_0、温升比 T_e/T_0、总压恢复系数 $p_{e,t}/p_{0,t}$、质量流率 $\dot{m}$ 和流量系数 σ 等。

表 7.6　基于激波的全乘波轴对称基准流场进气道出口性能(面积平均)参数对比

指标	Ma_e	p_e/p_∞	T_e/T_∞	$p_{e,t}/p_0$	$\dot{m}/(\text{kg/s})$	σ
无　黏	3.879 9	10.059 3	2.044 0	0.825 1	384.766 0	0.997 5
有　黏	3.284 9	12.814 4	2.705 2	0.573 0	375.220 7	0.972 7
变化率/%	−15.3	27.4	32.4	−30.6	−2.5	−2.5

由图 7.35 和图 7.33 对比可见,由于黏性边界层和激波/边界层相互干扰现象,基准唇口反射激波在进气道肩部产生一个小的分离区,消波设计失效,产生了反射激波,内流道发展出激波串。而表 7.6 中数据显示,黏性作用对进气道出口性能参数中的 Ma_e、p_e/p_∞、T_e/T_∞ 和 $p_{e,t}/p_0$ 影响较大,而对 $\dot{m}$ 和 σ 影响较小;在有黏条件下,流量系数 σ 为 0.972 7,仅比无黏条件降低了 2.5%,进气道具有良好的流量捕获特性。

这些结论都与 7.2 节全乘波轴对称基准流场性能分析结果一致,说明设计方法对流场性能没有影响。

7.3.5　全乘波构型设计实例及验证

1. 设计参数

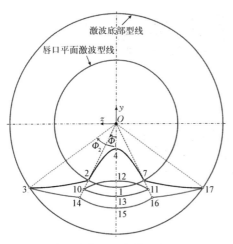

图 7.36　全乘波构型底部截面各型线示意图

基于上节所设计的全乘波轴对称基准流场和设计参数,按照图 7.36 所给出的全乘波构型底部截面各型线定义,前体前缘线在底部横截面上的投影曲线 2—4—7 选用二次曲线,半模型线方程见式(7.19),它可由参数 y_4 和 Φ_1 唯一确定,约束条件如式(7.20)所示。

$$y = a_{4-2} + b_{4-2}z^2, \qquad z \in [0, z_2]$$

(7.19)

$$
\begin{cases}
z_4 = 0.0, & y_4 = -0.5r_D \\
z_2 = r_D \sin \Phi_1, & y_2 = -r_D \cos \Phi_1 \\
\Phi_1 = 18°
\end{cases}
\tag{7.20}
$$

其中，r_D 为唇口横截面的激波半径，其计算见式(7.14)；Φ_1 为前体前缘线端点在底部横截面投影点的半展角，简称为前体半展角。

机翼前缘线在底部横截面上的投影曲线 2—3 和 7—17 选用四次多项式曲线，半模型线方程见式(7.21)，它可由参数 Φ_1 和 Φ_2 唯一确定，约束条件见式(7.22)。

$$
y = a_{2-3} + b_{2-3}z^2 + c_{2-3}z^4, \qquad z \in [z_2, z_3]
\tag{7.21}
$$

$$
\begin{cases}
z_2 = r_D \sin \Phi_1, & y_2 = -r_D \cos \Phi_1 \\
z_3 = r_R \sin \Phi_2, & y_3 = -r_R \cos \Phi_2 \\
\Phi_1 = 18° \\
\Phi_2 = 44.427° \\
\left(\dfrac{\mathrm{d}y}{\mathrm{d}z}\right)_{z=z_3} = 0
\end{cases}
\tag{7.22}
$$

其中，r_R 为乘波机翼前缘线两侧端点在底部横截面投影的激波半径，其计算见式(7.15)；Φ_2 为乘波机翼前缘线端点在底部横截面投影点的半展角，简称为后体半展角。

2. 全乘波构型

在上述设计参数条件下，设计完成全乘波构型，其几何模型和基本尺寸如图7.37 所示，该构型长度约为 7.4 m，宽度约为 3.5 m，前体长度约为 2.4 m。

3. 乘波验证

对全乘波构型绕流场进行数值模拟，在三维无黏流场中选取四个展向角 $\Phi = 0°$、$\Phi = 12°$、$\Phi = 18°$ 和 $\Phi = 30°$（展向角 Φ 见图 7.36）截面进行观察，其中 $\Phi = 0°$ 截面为纵向对称面，$\Phi = 18°$ 截面为图 7.36 中过点 2 的截面。

在设计状态（$H = 25\ \mathrm{km}$，$Ma = 6$，$\alpha = 0°$）下四个展向角截面上的无量纲压力分布如图 7.38 所示，图中虚线为特征线方法设计的激波位置，A_1B_1 和 A_2B_2 为前体激波，B_1C_1 和 B_2C_2 为机腹激波，B_3C_3 和 B_4C_4 为机翼激波。由图 7.38 可见，前体激波、机腹激波及机翼激波数值模拟结果与特征线方法设计结果吻合，表明全乘波构型前缘均具有所预期的乘波特性，全乘波设计正确。且由图 7.38(a)和

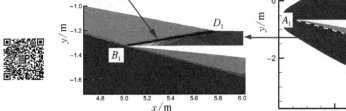

（a）三维视图

7 414

2 414   5 000

（b）左视图

819

1 230

3 491

（c）前视图

3 491

（d）俯视图

（e）仰视图

图 7.37   全乘波构型几何模型及基本尺寸（单位：mm）

图 7.38（b）可见，在进气道内流道，唇口激波入射在肩部位置并没有产生明显的激波反射，这与全乘波轴对称基准流场的内流道唇口激波入射特性吻合较好，表明全乘波构型在进气道肩部实现了消波，与设计初衷吻合。

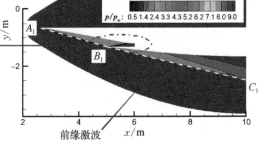

（a）$\Phi=0°$ 截面（纵向对称面）

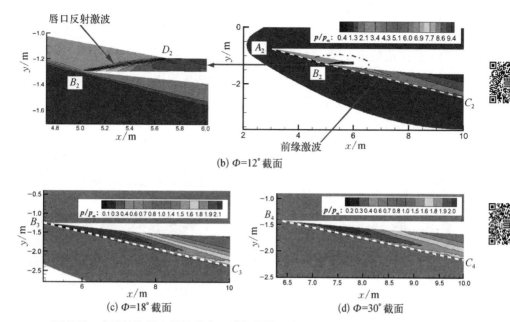

(b) $\Phi=12°$ 截面

(c) $\Phi=18°$ 截面　　　　　　　(d) $\Phi=30°$ 截面

图 7.38　全乘波构型在设计状态无黏数值模拟的展向角截面无量纲压力分布

全乘波构型在设计状态($H=25$ km, $Ma=6$, $\alpha=0°$)下唇口横截面、底部横截面的无黏数值模拟无量纲压力分布见图 7.39,图中虚线表示横截面上特征线方法设计的激波位置(唇口横截面上也表示设计唇口位置)。可见,各横截面上激波位置与设计值相吻合,进气道唇口具有良好的激波封口特性,且各横截面构型两侧边缘无溢流现象,表明构型前体、后体均具有良好的乘波特性,即实现了全乘波设计。

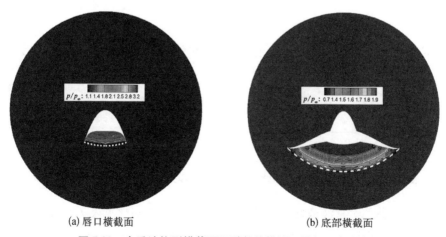

(a) 唇口横截面　　　　　　　　(b) 底部横截面

图 7.39　全乘波构型横截面无黏数值模拟无量纲压力分布

4. 考虑黏性的气动特性分析

图 7.40 和图 7.41 给出了基于激波的全乘波构型在设计状态下有黏数值模拟的四个展向角截面,以及唇口和底部横截面的无量纲压力分布,图中虚线为特征线方法设计的激波位置。基于激波的全乘波构型也由于黏性影响造成进气道内出现微弱激波反射和激波串现象,这与 7.2 节基于基准体的全乘波构型设计实例分析结论相同。

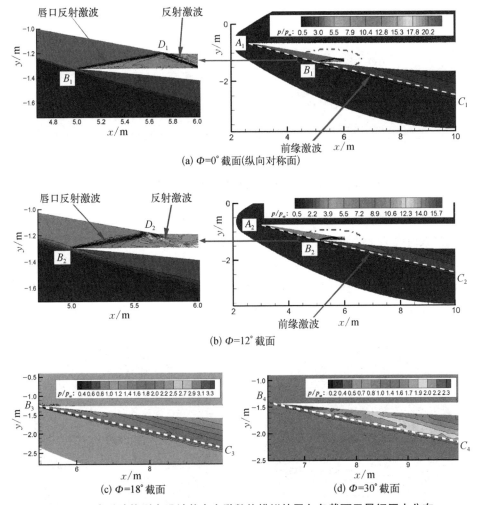

图 7.40 全乘波构型在设计状态有黏数值模拟的展向角截面无量纲压力分布

基于激波的全乘波构型设计状态下的无黏和有黏对比见表 7.7,表中进气道出口性能(面积平均)参数包括 Ma_e、p_e/p_∞、T_e/T_∞、$p_{e,t}/p_0$、$\dot{m}$ 和 σ,其定义与表

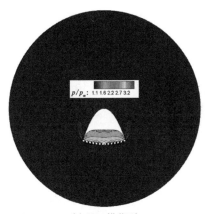
(a) 唇口横截面

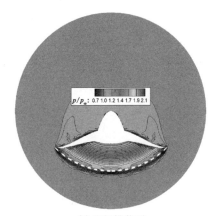
(b) 底部横截面

图 7.41　全乘波构型横截面上有黏数值模拟无量纲压力分布

7.2 相同;气动特性参数包括升力系数 C_L、阻力系数 C_D 和俯仰力矩系数 C_{MZ},计算气动力系数的参考长度和参考面积分别为本算例构型长度和底部面积,俯仰力矩参考点取为构型长度和高度的 50%位置。

表 7.7　基于激波的全乘波构型设计状态的无黏和有黏性能对比

指　标	Ma_e	p_e/p_∞	T_e/T_∞	$p_{e,t}/p_0$	$\dot{m}/(\text{kg/s})$	σ	C_D	C_L	C_{MZ}	L/D
无　黏	3.912 6	9.385 1	2.026 1	0.804 4	12.356 5	0.966 7	0.048 4	0.180 5	−0.015 8	3.731 5
有　黏	3.171 5	12.771 2	2.779 4	0.459 1	11.967 1	0.936 2	0.092 5	0.196 7	−0.018 4	2.127 3
增加百分比/%	−18.9	36.1	37.2	−42.9	−3.2	−3.2	91.1	9.0	16.5	−43.0

　　与 7.2 节基于基准体的全乘波构型性能相似,基于激波设计的全乘波构型在黏性影响下,Ma_e、$p_{e,t}/p_0$ 和 L/D 分别降低 18.9%、42.9%和 43.0%,而 p_e/p_∞、T_e/T_∞ 和 C_D 分别增加 36.1%、37.2%和 91.1%。虽然升阻比下降明显,但该构型仍然具有良好的流量捕获特性。

7.4　全乘波构型设计参数影响分析

　　回顾 7.3 节基于基准激波设计的全乘波构型,它的主要部件有乘波前体/进气道、乘波机翼、乘波机腹等。相比一般意义上的机体/进气道一体化设计，全乘波设计的优势在于前体/进气道一体化设计的同时还实现了机翼、机腹等部位的乘波设计。为了定量分析全乘波构型与一般机体/进气道一体化构型的气动特性差异，本节将全乘波构型中的乘波前体/进气道部件提取出来，作为全乘波构型气动特性对比分析的参照构型。由于基准流场、底部型线设计参数对全乘波构型外形影响较大，对这两类设计参数的影响进行分析。

7.4.1　乘波前体/进气道部件

图 7.42 给出了前体/进气道一体化轴对称基准流场示意图，图中实线是激波，实线是基准体轮廓线，包含了内流道轮廓 C—G 和 D—E—F。这个前体/进气道一体化轴对称基准流场是一种内外锥混合压缩进气系统，压缩激波主要由前体激波 AD 和唇口激波 DC 组成。它实际上就是全乘波轴对称基准流场中以唇口 D 为界的前体/进气道基准流场区，去掉了全乘波轴对称基准流场的后体基准流场区（图 7.23）。为完整起见，唇口 D 后采用直线段作为该基准体的外轮廓母线。由于此基准体唇罩外壁面与自由来流平行，设计生成的构型不会产生后体激波。该基准流场也可以看作图 7.23 所示的全乘波轴对称基准流场的特殊情况，即后体激波角为 0° 的情况。由该基准流场设计生成的乘波构型只有前体乘波，可以作为全乘波构型性能分析的对照组模型。

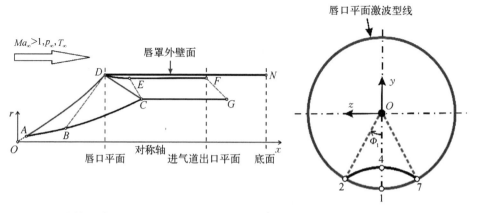

图 7.42　前体/进气道一体化轴对称基准流场示意图　　图 7.43　乘波前体/进气道一体化构型的底部型线示意图

图 7.43 给出了乘波前体/进气道一体化构型的底部型线示意图,其中型线
2—4—7 和 2—1—7 分别是前体前缘线和进气道唇口型线在底部横截面上的投
影曲线。

采用自由流线法,由图 7.43 中的底部轮廓线出发求得前体前缘线和进气道
唇口型线,在如图 7.44 所示的特征线方法设计的前体/进气道一体化轴对称基
准流场中进行流线追踪,求解得到一般乘波前体/进气道一体化构型,算例编号
为 Case1_FW,其几何外形及基本尺寸如图 7.45 所示。

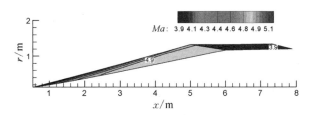

图 7.44　特征线方法设计的前体/进气道一体化轴对称
基准流场(马赫数等值线云图)

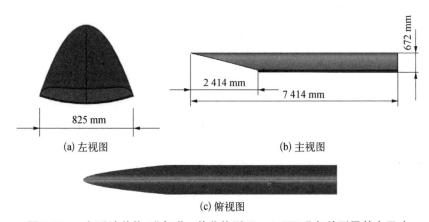

(a) 左视图　　　　　　　　　　　(b) 主视图

(c) 俯视图

图 7.45　一般乘波前体/进气道一体化构型 **Case1_FW** 几何外形及基本尺寸

图 7.44 所示基准流场设计参数与 7.3.4 节全乘波轴对称基准流场的前体/
进气道基准流场区设计参数相同;且一般乘波前体/进气道一体化构型 Case1_
FW 的前缘线和进气道唇口型线与 7.3.5 节中的全乘波构型实例的前体前缘线、
进气道唇口型线也相同。因此如图 7.45 所示的一体化构型相较于如图 7.37 所
示的全乘波构型,两者的前体/进气道是相同的,不同点是前者没有机腹乘波面
和机翼乘波面,即没有后体乘波面。

7.4.2 基准流场设计输入参数影响分析

全乘波设计的亮点是在实现前体/进气道一体化设计基础上,还能实现构型的后体乘波设计,因此研究乘波后体性能对全乘波构型气动特性的影响是重要的。后体乘波设计主要涉及全乘波轴对称基准流场中的后体基准流场区,在基于基准激波的全乘波设计中,它的设计输入条件主要包括后体激波 DR、壁面 MN 及后体相对长度等。本节针对这三个后体基准流场区主要设计输入条件,在数值计算结果基础上进行其气动特性影响分析。

1. 后体激波角的影响

乘波设计中,激波角越大,乘波体底部横截面投影面积越大,高超声速飞行的升阻比就越小。根据这一规律,后体激波角也将较大程度地影响全乘波构型的总体升阻比性能。

本节设计了四个后体激波角不同,其他设计输入条件和参数均相同的全乘波构型实例,编号分别为 Case2_FW、Case3_FW、Case4_FW 和 Case5_FW,其中 Case3_FW 即 7.3 节的全乘波构型设计实例,后体激波角 β_{D-R} 数据如表 7.8 所示。后体激波角的不同改变了全乘波轴对称基准流场底部横截面的激波半径,也就改变了全乘波构型的展向宽度。为了增强可对比性,四个算例机翼前缘线的无量纲方程均是相同的,也是选择 7.3 节中设计实例的相关输入参数。由表 7.8 可见,四个全乘波轴对称基准流场的后体激波角由 $10.91°$ 逐渐增加到 $18.56°$,这四个后体激波角对应的波后流动方向角 δ 分别为 $2°$、$5°$、$8°$ 和 $11°$,即四个后体激波角的选择是以波后流动方向角间隔 $3°$ 为依据设计的。而表 7.8 中构型 Case1_FW 即全乘波构型中的前体/进气道部件,其唇口外罩轮廓母线为直线。

表 7.8 全乘波轴对称基准流场后体激波(DR)设计激波角及波后流动方向角

项 目	Case1_FW	Case2_FW	Case3_FW	Case4_FW	Case5_FW
$\beta_{D-R}/(°)$	0.00	10.91	13.16	15.73	18.56
$\delta/(°)$	0	2	5	8	11

以上五个实例的前体/进气道是相同的,因此仅对比分析各构型的气动特性,没有考虑进气道出口性能对比,且气动力性能中包含了内流道部分。

采用特征线方法设计的 Case1_FW~Case5_FW 的全乘波轴对称基准流场马赫数分布对比如图 7.46 所示,各构型的几何外形和气动特性曲线分别如图 7.47 和图 7.48 所示。

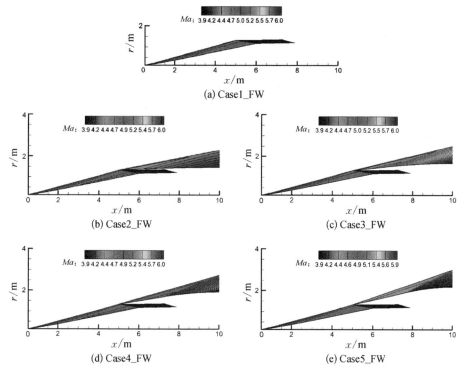

图 7.46 特征线方法设计的构型 **Case1_FW ~ Case5_FW** 的
全乘波轴对称基准流场马赫数分布

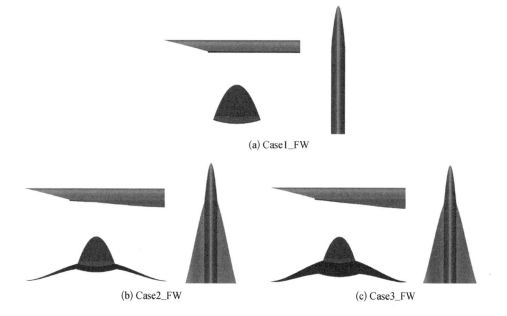

(d) Case4_FW   (e) Case5_FW

图 7.47 各构型(Case1_FW ~ Case5_FW)几何外形

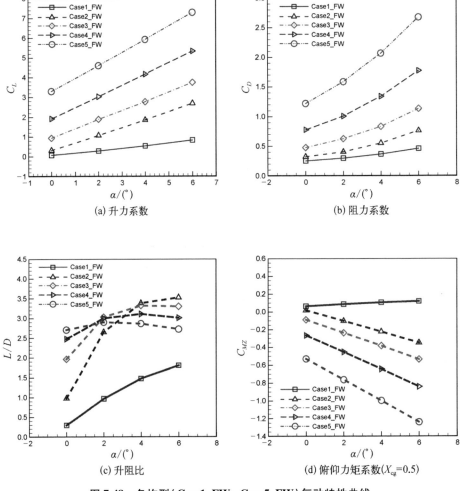

(a) 升力系数   (b) 阻力系数

(c) 升阻比   (d) 俯仰力矩系数(X_{cg}=0.5)

图 7.48 各构型(Case1_FW ~ Case5_FW)气动特性曲线

由图 7.46 可见,随着后体激波角的增加,后体激波在底部的高度(激波半径)逐渐增大,唇罩外壁面倾斜角度也逐渐增加;从而使得如图 7.47 所示的全乘波构型两侧机翼部分的(底部截面投影)厚度也增大,其内部装载特性有明显提高。

由图 7.48 可见,后体激波角越大,构型升力和阻力系数也越大,但其升阻比随之降低,这是由其底部横截面投影面积的变化决定的。显而易见的是,具有乘波机翼和乘波机腹的全乘波构型显著改善了乘波机体/进气道一体化构型的升阻比特性;当构型 Case2_FW 具有最薄的乘波机翼时,其具有计算攻角范围内最高的升阻比特性;在 0°攻角时,构型 Case2_FW 具有最小的俯仰力矩系数,说明此时其具有较好的配平特性。另外,当后体激波角增大时,全乘波构型升阻比随攻角的变化程度降低,对攻角的敏感度也降低,这仍然是构型在底部横截面投影面积增大造成的。由图 7.48(d)可见,四个全乘波构型低头力矩均较大,且后体激波角越大,低头力矩越大。这是因为全乘波构型中后体乘波面角度随激波角而增大,产生了更大的低头力矩。

由上述气动特性分析可知,全乘波构型看起来也不存在单一设计参数下的最优解,其性能优劣需要进行综合判断:需要进行一系列较全面的性能评估,根据具体设计需求来选择合适的设计参数和构型,以相对均衡满足设计指标为准。

2. 后体基准流场区壁面 MN 的影响

在如图 7.23 所示的全乘波轴对称基准流场中,基准唇罩外壁面的后段型线 MN 主要影响后体气流的膨胀或者压缩程度,其对全乘波构型气动特性的影响与后体激波角的影响是不同的。

选择 Case3_FW 作为对照构型,改变其后体基准流场区壁面 MN 参数,即将点 N 的 r 轴方向坐标值 r_N 由式(7.23)减小为式(7.24),此时设计实例编号为 Case6_FW。Case6_FW 的其他设计参数均与 Case3_FW 相同。

$$r_N = r_M + 0.5(x_N - x_M)\tan\delta_M \tag{7.23}$$

$$r_N = r_M \tag{7.24}$$

特征线方法设计的 Case3_FW 和 Case6_FW 的全乘波轴对称基准流场马赫数等值线云图如图 7.49 所示,两个全乘波构型的几何外形对比和气动特性对比分别如图 7.50 和图 7.51 所示。

由图 7.49 可见,相比 Case3_FW,Case6_FW 的后体基准流场区壁面 MN 更平直,气流膨胀程度增加,转折角加大。因此在同样底部截面型线设计条件下,

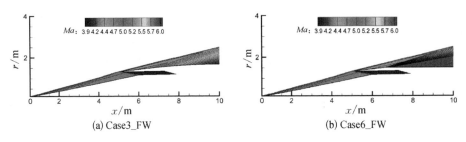

(a) Case3_FW (b) Case6_FW

图 7.49 特征线方法设计的全乘波轴对称基准流场马赫数
等值线云图（Case3_FW 和 Case6_FW）

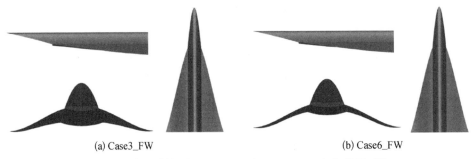

(a) Case3_FW (b) Case6_FW

图 7.50 全乘波构型 Case3_FW 和 Case6_FW 几何外形对比

如图 7.50 所示的 Case6_FW 的乘波机翼厚度比 Case3_FW 的小，其内部装载特性也变得较低。此时 Case6_FW 的升力和阻力均比 Case3_FW 的小，其也应该具有更小的低头力矩，如图 7.51（a）、图 7.51（b）和图 7.51（d）所示。但由图 7.51（c）发现，Case6_FW 并没有更高的最大升阻比，反而在大部分攻角状态下具有较小的升阻比，这显示了全乘波构型气动特性的复杂性。

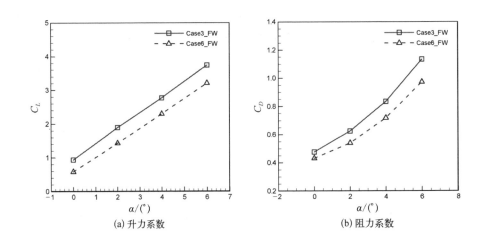

(a) 升力系数 (b) 阻力系数

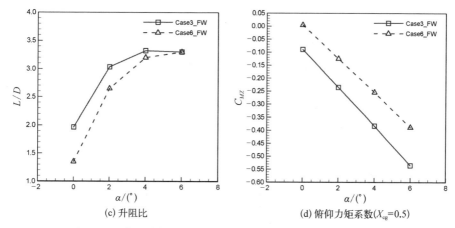

(c) 升阻比　　　　　　(d) 俯仰力矩系数(X_{cg}=0.5)

图 7.51　全乘波构型 Case3_FW 和 Case6_FW 气动特性对比

3. 后体相对长度的影响

全乘波构型后体相对长度(后体长度占构型总长的比例)可以反映后体乘波面积占全乘波构型乘波总面积的比重,对全乘波构型外形及气动特性也有较大影响。

同样选择 Case3_FW 作为对比分析构型,在保持其全乘波轴对称基准流场总长度(10 m)不变的情况下,将后体基准流场区长度由 5 m 增加到 6 m,其他设计参数均与 Case3_FW 的相同,此设计实例编号为 Case7_FW。

特征线方法设计的 Case3_FW 和 Case7_FW 全乘波轴对称基准流场马赫数等值线云图如图 7.52 所示,两个全乘波构型的几何外形和气动特性分别如图 7.53 和图 7.54 所示。

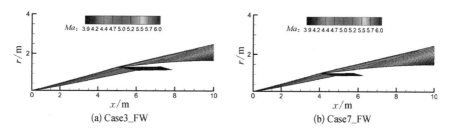

(a) Case3_FW　　　　　　(b) Case7_FW

图 7.52　特征线方法设计的全乘波轴对称基准流场马赫数等值线云图
(Case3_FW 和 Case7_FW)

由图 7.52 和图 7.53 可见,Case7_FW 后体基准流场区的长度由 5 m 增加到 6 m,后体乘波面的长度也由 5 m 增加为 6 m。这个现象说明,按照本章所介绍的轴导全乘波设计方法,全乘波轴对称基准流场中的后体长度(唇口至底面距离)就是全乘波构型的后体长度。

由图 7.54 可见,由于 Case7_FW 的后体乘波面积增大,其升力系数增大,但阻力系数基本没有变化,这与其底部横截面积(迎风面积)变化不大有关。这也直接造成 Case7_FW 的升阻比明显增大,显示了后体相对长度对升阻比性能的明显影响。

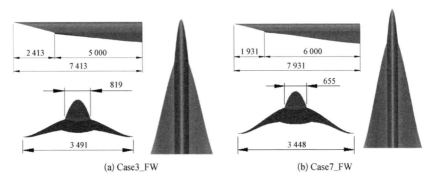

(a) Case3_FW   (b) Case7_FW

图 7.53 全乘波构型(Case3_FW 和 Case7_FW)几何外形及基本尺寸(单位: mm)

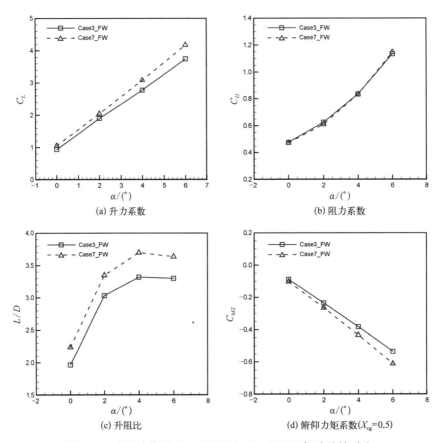

(a) 升力系数   (b) 阻力系数

(c) 升阻比   (d) 俯仰力矩系数($X_{cg}=0.5$)

图 7.54 全乘波构型 Case3_FW 和 Case7_FW 气动特性对比

7.4.3　底部型线设计输入参数影响分析

根据图 7.36 所示的底部型线几何关系可知,如果设定了全乘波轴对称基准流场参数及前体前缘线、机翼前缘线的底部投影型线方程,即式(7.19)和式(7.21),那么这两个投影型线可由三个参数 y_4、Φ_1 和 Φ_2 唯一确定。如果设定了全乘波构型长度,即可计算出 y_4 的值,那么仅需改变两个半展角参数 Φ_1 和 Φ_2 即可间接控制两条前缘线的形状。下面分别讨论这两个半展角对全乘波构型气动特性的影响。

1. 前体半展角 Φ_1 的影响

在设计实例 Case3_FW 的基础上,将设计输入参数中的前体半展角 Φ_1 值由 18°增加到 30°,其他设计参数均与 Case3_FW 的相同,此设计实例编号为 Case9_FW。

图 7.55 给出了全乘波构型 Case3_FW 和 Case9_FW 叠放在一起的后视图,其中标注了前体半展角数值;两个全乘波构型的气动特性对比如图 7.56 所示。

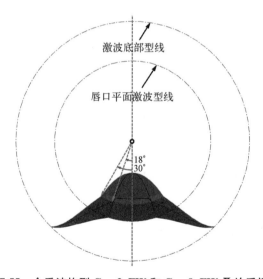

图 7.55　全乘波构型 Case3_FW 和 Case9_FW 叠放后视图

由图 7.55 可见,Case9_FW 的前体宽度和前体捕获面积均比 Case3_FW 大,但两全乘波构型总体宽度相同,因此 Case9_FW 低头力矩相比 Case3_FW 有减小的趋势,这是乘波构型具有的一般特点。由于 Case9_FW 底部投影面积较大,其升力和阻力系数相比 Case3_FW 均增大,但升力系数增加相对要少一些,因此其

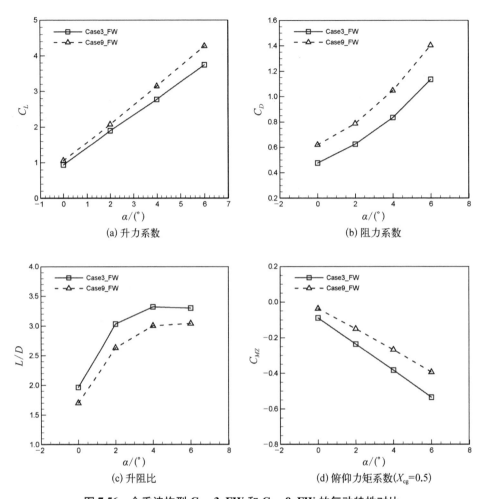

图 7.56　全乘波构型 Case3_FW 和 Case9_FW 的气动特性对比

升阻比有明显下降。可见,增大前体半展角虽然对前体和进气道性能提升有益,但却对全乘波构型整体升阻比性能有害,这再次揭示了吸气式高超声速气动外形设计的复杂性和矛盾性。

2. 后体半展角 Φ_2 的影响

在全乘波构型 Case9_FW 的基础上,将后体半展角 Φ_2 值由 44.43° 增加到 53.13°,其他设计参数均与 Case9_FW 的相同,此设计实例编号为 Case10_FW。

图 7.57 给出了全乘波构型 Case9_FW 和 Case10_FW 叠放在一起的后视图对比,图中标示出了后体半展角数据;两个全乘波构型的气动特性对比如图 7.58 所示。

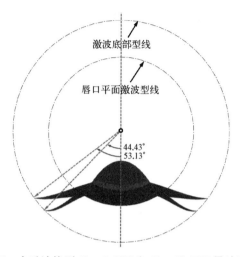

图 7.57　全乘波构型 Case9_FW 和 Case10_FW 叠放后视图

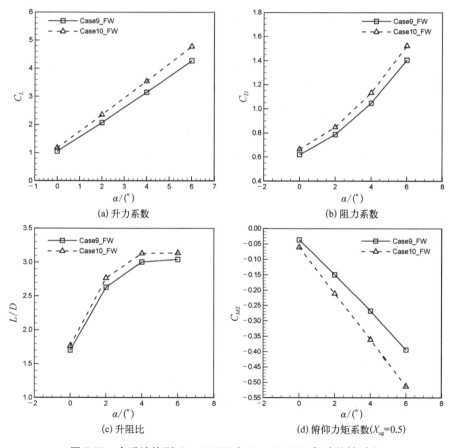

图 7.58　全乘波构型 Case9_FW 和 Case10_FW 气动特性对比

由图 7.57 和图 7.58 可见,Case10_FW 的前体/进气道与 Case9_FW 相同,但 Case10_FW 乘波机翼宽度较大,且下反角较小;而其后体横截面投影面积(迎风面积)有一定增加,这造成其升力和阻力系数均有所增加;但其后体面积占比较大,可以更好地发挥后体乘波面(包括机腹和机翼乘波面)升阻比高的优势,因此其升阻比有小幅增大;当然,后体面积占比较大还将带来更大的低头力矩,因此其低头力矩较大。

总体来看,全乘波构型各设计输入参数的影响,基本可以分为前体影响和后体影响两种,都符合一般乘波体的气动特性变化规律,但多个参数交织作用,使得全乘波构型的设计参数影响非常复杂,工程应用中还需要开展多参数和多目标设计优化工作。

7.5 乘波前体/进气道的边界层黏性修正

本书前面章节介绍的所有乘波设计实例都是采用超声速无黏基准流场进行设计的,但由于空气黏性的作用,实际流动会在紧贴壁面附近产生边界层,与无黏流动存在明显差异。因此当考虑黏性影响时,这些乘波体在实际流场中的乘波特性都会因为边界层的存在,以及激波/边界层干扰现象而出现不可忽略的偏差。要想让所设计气动外形的实际流动图像和流动特性尽量接近设计值,必须对采用无黏方法设计的乘波气动型面进行边界层修正,或者称之为边界层黏性修正。

相对乘波面而言,黏性边界层对进气道内流道设计的影响更为严重。一方面,气流在到达进气道内流道时,其边界层往往已经经过前体压缩面的充分发展,相对特征尺度不大的进气道成为不可忽视的干扰流动组成;另一方面,进气道内流道一般存在压缩激波,在激波/边界层干扰机理作用下,容易产生鼓包、分离、激波反射和激波串等复杂流动现象,严重影响进气道性能。因此本节仅讨论乘波前体/进气道一体化设计的边界层黏性修正方法,并没有对全乘波构型的后体乘波面进行边界层黏性修正,但这并不影响边界层黏性修正方法在其他乘波设计方法中的推广应用。

7.5.1 边界层黏性修正基本原理

1. 边界层位移厚度

边界层位移厚度 δ^* 也称为排移厚度,它是边界层的存在使得外部流线向外偏移的距离,如图 7.59 所示。它具有明确的物理意义:由于流体的黏性作用,存在着流动被阻滞的边界层,为了满足连续性方程,流道必须扩张,从而使得流线向远离壁面的方向偏移。换言之,边界层的存在,排移了厚度为 δ^* 的非黏性流体的流量。

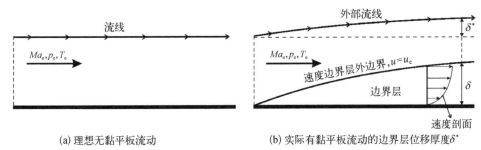

(a) 理想无黏平板流动　　　　　(b) 实际有黏平板流动的边界层位移厚度 δ^*

图 7.59　平板流动中的边界层位移厚度示意图

2. 等效壁面和边界层黏性修正方法

根据边界层位移厚度 δ^* 的物理意义可知,无黏流体所绕物体已不是原壁面,而是加厚了 δ^* 的等效壁面(effective body surface)。如图 7.60 所示,等效壁面等于实际壁面(actual body surface)加上边界层位移厚度 δ^* 之后的壁面。

根据等效壁面机理,进行气动外形边界层黏性修正就是求解等效壁面的反过程,即将基于无黏方法设计的气动外形壁面(无黏设计壁面,inviscid design body surface)尺度减去边界层位移厚度 δ^*。

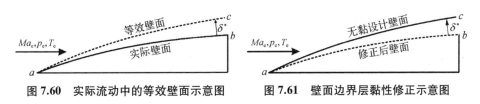

图 7.60　实际流动中的等效壁面示意图　　　图 7.61　壁面边界层黏性修正示意图

如图 7.61 所示,修正后的气动外形壁面(修正后壁面,corrected body surface)尺度等于无黏设计壁面尺度减去边界层位移厚度 δ^*。这样在实际黏性流场中,修正后壁面的等效壁面即无黏设计壁面,实际流动图像和流动特性接近于原始无黏设计流动。

3. 乘波前体/进气道边界层黏性修正

针对乘波前体/进气道无黏设计壁面进行边界层黏性修正的主要意义在于,使得修正后的壁面在有黏条件下前体激波仍然是封口的,从而确保进气道在真实流动下的流量捕获特性。

图7.62(a)给出了乘波前体/进气道的无黏设计壁面(黑色实线)和在真实流动下的等效壁面(蓝色虚线),以及前体激波、唇口激波在设计流动中的位置(红色实线)和实际流动中的位置(红色虚线)。可见,在考虑黏性的真实流动条件下,前体激波入射位置由唇口点 D 位置偏离到点 D',唇口激波入射位置由肩点 C 位置偏离到点 C''。图7.62(b)给出了无黏设计壁面(黑色实线)和经过边界层黏性修正后的设计壁面(蓝色虚线)。可见,经过修正的进气道内流道尺度较原始无黏设计内流道要宽一些,为黏性边界层预留了空间。

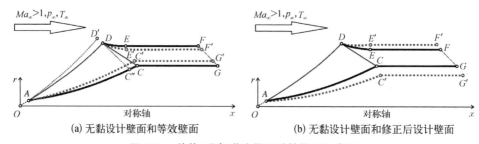

(a) 无黏设计壁面和等效壁面   (b) 无黏设计壁面和修正后设计壁面

图7.62 前体/进气道边界层黏性修正示意图

7.5.2 边界层位移厚度计算方法

边界层黏性修正的关键在于计算当地壁面的边界层位移厚度 δ^*,可以分为精确方法和近似解法两类。

精确方法是对如式(7.25)所示的边界层速度型线方程进行积分求解,因为精确的边界层速度型方程只能通过试验手段或者数值模拟方法获取,所以精确方法成本较高、耗时较多,难以应用于快速评估边界层位移厚度。

$$\delta^* = \int_0^\infty \left(1 - \frac{\rho u}{\rho_e u_e}\right) \mathrm{d}y \qquad (7.25)$$

目前常用的边界层位移厚度计算方法是基于动量积分关系式的近似解法[197]。针对定常二维可压缩流动,其动量积分关系式如式(7.26)所示。

$$\frac{\mathrm{d}\delta_d}{\mathrm{d}x} + \delta_d \left[\frac{2 - Ma_e^2 + H}{Ma_e\left(1 + \dfrac{\gamma - 1}{2} Ma_e^2\right)} \frac{\mathrm{d}Ma_e}{\mathrm{d}x} + \sigma \frac{1}{y} \frac{\mathrm{d}y}{\mathrm{d}x}\right] = \frac{C_f}{2} \sec \theta \qquad (7.26)$$

$$\delta_{\mathrm{d}} = \int_0^\infty \frac{\rho u}{\rho_e u_e}\left(1 - \frac{u}{u_e}\right)\mathrm{d}y \tag{7.27}$$

$$H = \frac{\delta^*}{\delta_{\mathrm{d}}} \tag{7.28}$$

其中,下标 e 表示边界层边缘的流动参数;δ_{d} 为边界层动量(损失)厚度,它的定义如式(7.27)所示;H 为边界层形状因子,表示边界层位移厚度 δ^* 与边界层动量厚度 δ_{d} 的关系,如式(7.28)所示;Ma_e 为边界层边缘马赫数;C_{f} 为表面摩擦系数;θ 为壁面倾斜角;g 为比热比;σ 为流动类型: $\sigma = 0$ 表示平面流动,$\sigma = 1$ 表示轴对称流动。

求解动量积分关系式的基本思路是: 根据边界层流动特性和主要边界条件,近似地给出一个仅依赖于 x 的单参数边界层速度型线方程,用于代替边界层真实的速度分布,将边界层速度型线方程的近似解代入动量积分关系式,求解得到参数(δ_{d}, H, C_{f})随 x 的变化规律,进而得到 δ^* 随 x 的变化规律。

目前基于动量积分关系式的边界层位移厚度计算方法主要有卡门动量积分关系式[198]、基于平板湍流边界层理论的近似幂次率解析式及数值积分定常二维可压缩流动的动量积分关系式等方法,其中卡门动量积分关系式方法适用于不可压缩低速流动,后两种方法均适用于高速流动,因此本节仅介绍后两种方法。

1. 方法 1: 基于平板湍流边界层理论的近似幂次率解析式

利用典型流动情况,简化动量积分关系式,推导得到边界层位移厚度的近似解析式。针对零压力梯度平板湍流边界层,$\sigma = 0$, $Ma_e(x) = $ 常数,式(7.26)可简化为

$$\frac{\mathrm{d}\delta_{\mathrm{d}}}{\mathrm{d}x} = \frac{C_{\mathrm{f}}}{2} \tag{7.29}$$

通过对式(7.29)积分,可以得到平板湍流边界层位移厚度的近似幂次率表达式[199,200]:

$$\frac{\delta^*}{x} \approx 0.046 Re_x^{-1/5}, \qquad Re_x < 10^7 \tag{7.30}$$

$$\frac{\delta^*}{x} \approx 0.018 Re_x^{-1/7}, \qquad 10^5 < Re_x < 10^9 \tag{7.31}$$

2. 方法 2：数值积分定常二维可压缩流动的动量积分关系式

利用数值积分方法求解定常二维可压缩流动的动量积分关系式，可用于快速求解较复杂壁面，尤其是带有压力梯度的曲壁面的边界层位移厚度。

动量积分关系式（7.26）中的已知参数 y、Ma_e 和 θ 是沿 x 轴分布的边界层边缘流动参数，如果能够求解出边界层形状因子 H 和表面摩擦系数 C_f，那么通过数值积分动量积分关系式（7.26），就可以求解得到 δ_d，然后再由 δ_d 和 H 求解出 δ^*。

由于受到气流压缩性、壁面压力梯度和边界层热交换的影响，难以精确求解 H 和 C_f，需要充分利用半经验公式进行求解。目前比较常用的方法是对动量积分关系式（7.26）进行 Stewartson 变换[201]，从而把低速范围内得到的经验公式应用到高速范围。换言之，借用低速不可压缩流动的理论求解高速可压缩流动问题。

动量积分方法的关键是确定边界层形状因子 H 和表面摩擦系数 C_f，本节采用由 Sivells 和 Payne[202] 发展的能够应用于高超声速流动的动量积分方法，求解边界层位移厚度。具体的求解步骤如下所述。

（1）进行 Stewartson 变换。

首先将 H、δ_d 变换为 H_{tr}、δ_{tr}，如式（7.32）和式（7.33）所示：

$$H = H_{tr}\frac{T_0}{T_e} + \frac{T_0}{T_e} - 1 \qquad (7.32)$$

$$\delta_d = \delta_{tr}\left(\frac{T_0}{T_e}\right)^{\frac{\gamma+1}{2(\gamma-1)}} \qquad (7.33)$$

其中，下标 tr 代表变换之后的不可压缩流动参数，即 δ_{tr} 是变换后的边界层动量厚度，H_{tr} 是变换后的边界层形状因子；下标 e 代表边界层边缘参数；下标 0 代表滞止参数。

其次将动量积分关系式（7.26）变换为式（7.34）：

$$\frac{d\delta_{tr}}{dx} + \frac{\delta_{tr}}{Ma_e}(2 + H_{tr})\frac{dMa_e}{dx} + \sigma\frac{\delta_{tr}}{y}\frac{dy}{dx} = \frac{C_f}{2}\sec\theta\left(\frac{T_e}{T_0}\right)^{\frac{\gamma+1}{2(\gamma-1)}} \qquad (7.34)$$

如果能求解 H_{tr} 和 δ_{tr}，那么 H 和 δ_d 也可以求解得到。

（2）求解 H_{tr} 和 C_f。

要求解 δ_{tr}，首先需求解 H_{tr} 和 C_f。应用 Crocco 的边界层二次温度分布定律，

可以得到 H_{tr} 与不可压缩流动 H_i 的关系式(7.35);应用参考温度概念,可以利用不可压缩流动的 C_{fi} 求解可压缩流动的 C_f,如式(7.36)所示。因此求解 H_{tr} 和 C_f 就转化为求解 H_i 和 C_{fi}。

$$H_{tr} = H_i \frac{T_w}{T_0} + \frac{T_{aw}}{T_0} - 1 \tag{7.35}$$

$$C_f = \frac{T_e}{T^*} C_{fi} \tag{7.36}$$

其中, T_w 和 T_{aw} 分别为壁面温度和绝热壁温; T^* 为参考温度,上标 $*$ 代表与参考温度相关的参数。

不可压缩流动的 H_i 可用不可压缩流动的 C_{fi} 求解,如式(7.37)所示,那么求解 H_{tr} 和 C_f 就转化为仅求解 C_{fi}。

$$H_i = \frac{1}{1 - 7\sqrt{C_{fi}/2}} \tag{7.37}$$

(3)求解 C_{fi}。

有很多经验公式可用于求解不可压缩流动的 C_{fi},此处采用 Karman-Schoenherr[202] 的平均摩擦系数的近似关系式(7.38)计算 C_{fi}。

$$C_{fi} = \frac{0.088(\lg Re_x - 2.368\,6)}{(\lg Re_x - 1.5)^3} \tag{7.38}$$

其中, Re_x 为可压缩流动的等价不可压缩流动雷诺数,该参数的计算公式如式(7.39)所示,其中两种雷诺数 Re_x^* 和 Re_x 的定义分别如式(7.40)和(7.41)所示。

$$Re_x = \frac{\rho_0 U_e x}{\mu_0} = \frac{\dfrac{\mu^* Re_x^*}{\mu_0}}{\lg \dfrac{\mu^* Re_x^*}{\mu_0} - 2.368\,6} \left[\frac{\left(\lg \dfrac{\mu^* Re_x^*}{\mu_0} - 1.5 \right)^3}{(\lg Re_x^* - 1.5)^2} - 0.868\,6 \right] \tag{7.39}$$

$$Re_x^* = \frac{\rho^* u_e x}{\mu^*} = \frac{T_e}{T^*} \frac{\mu_e}{\mu^*} Re_x \tag{7.40}$$

$$Re_x = \frac{\rho_e u_e x}{\mu_e} = \frac{p_e Ma_e x}{\mu_e} \sqrt{\frac{\gamma}{RT_e}} \tag{7.41}$$

其中，ρ_0 和 μ_0 为与总温 T_0 相对应的密度和黏性系数。

（4）求解其他流动参数。

参考温度 T^* 用 Eckert[203] 的参考温度法计算，如式（7.42）所示。针对绝热流动，壁面温度 T_w 等于绝热壁温 T_{aw}，即 $T_w = T_{aw}$，T_{aw} 可用式（7.43）计算。

$$T^* = 0.5T_w + 0.22T_{aw} + 0.28T_e \tag{7.42}$$

$$T_{aw} = T_e\left(1 + \lambda\,\frac{\gamma - 1}{2}Ma_e^2\right) \tag{7.43}$$

其中，λ 为温度恢复因子，它与普朗特数 Pr 的关系见式（7.44），其中空气的普朗特数 Pr 取为 0.71。

$$\lambda \approx Pr^{1/3} \tag{7.44}$$

另外，空气的黏性系数用 Sutherland 公式计算，如式（7.45）和式（7.46）所示，总温和静温的关系式见式（7.47）。

$$\mu^* = 1.458 \times 10^{-6}\,\frac{T^{*\,1.5}}{T^* + 110.4} \tag{7.45}$$

$$\mu_0 = 1.458 \times 10^{-6}\,\frac{T_0^{1.5}}{T_0 + 110.4} \tag{7.46}$$

$$T_0 = T_e\left(1 + \frac{\gamma - 1}{2}Ma_e^2\right) \tag{7.47}$$

（5）利用上述式（7.35）~式（7.47）求解出 H_{tr} 和 C_f，代入经过变换的动量积分关系式（7.34），并应用四阶 Runge-Kutta 法，数值积分动量积分关系式（7.34），求解出 δ_{tr}；然后将 δ_{tr} 代入式（7.32）和式（7.33），求解出 H 和 δ_d，进而求解得到 $\delta^* = H\delta_d$。文献[202]的研究表明，上述边界层位移厚度估算方法适用的雷诺数为 $10^5 \sim 10^9$。

需要说明的是，本节是采用特征线方法计算出壁面无黏流动参数，代替本节方程中的边界层边缘流动参数，即 Ma_e、p_e 和 T_e 等，它们均是 x 的函数。

3. 算例对比分析

利用前面所述的两种边界层位移厚度计算方法，计算前体压缩壁面 AC 的边界层位移厚度沿 x 轴的分布，如图 7.63 所示。可见，使用方法 2 计算的边界层位移厚度的增长率和绝对值均明显大于方法 1,最大厚度在末端点位置($x = 4.75$ m 位置)分别为 1 cm 和 0.65 cm,表明针对带有压力梯度的曲壁面,基于平板湍流边界层理论的近似求解方法 1 很难代替更加精确的方法 2。在点 C 位置,方法 2 计算的边界层修正角大约为 0.12° $\left(\arctan \dfrac{0.01}{4.75} \approx 0.12°\right)$,根据工程设计经验[197],针对高超声速尾喷管的边界层黏性修正,尾喷管在马赫数 6.0 的边界层修正角大约为 0.7°,表明具有逆压力

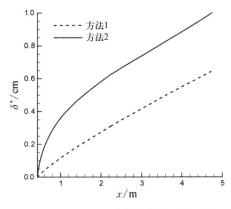

图 7.63　两种方法计算的前体压缩壁面 AC 的边界层位移厚度随 x 轴变化曲线

梯度的前体压缩壁面的边界层位移厚度明显小于具有顺压力梯度的尾喷管的边界层位移厚度。

为了提高边界层位移厚度计算精度,选用方法 2,即数值积分定常二维可压缩流动的动量积分关系式,作为本节基于动量积分关系式的边界层位移厚度估算方法。

7.5.3　乘波前体/进气道边界层黏性修正实例

1. 修正方案

本节针对乘波前体/进气道无黏设计壁面,基于上述第 2 种边界层位移厚度计算方法,分别采用两种修正方案,对同一个乘波前体/进气道构型进行边界层黏性修正。

(1)方案 1。如图 7.64(a)所示,将前体压缩壁面 AC 和中心体壁面 CG 分别修型为 AC' 和 $C'G'$,其中 AC 的修型距离通过计算 AC 的边界层位移厚度得到,CG 的修型距离与点 C 保持一致。该方案主要目的是修正前体激波 AD 的入射位置,改善有黏条件下前体激波封口特性,从而确保乘波前体/进气道的流量捕获特性。

(2)方案 2。如图 7.64(b)所示,在将前体壁面 AC 和中心体壁面 CG 分别修型为 AC' 和 $C'G'$ 的基础上,将唇罩内壁面 DEF 修型为 $DE'F'$。该方案不仅修正了前体激波 AD 的入射位置,改善了有黏条件下前体激波封口特性,而且修正了唇口激波 DC 的入射位置,以实现有黏条件下的进气道消波功能。

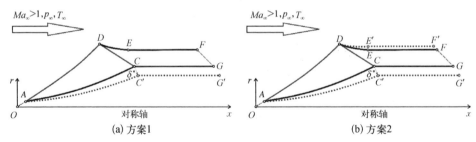

图 7.64　乘波前体/进气道构型边界层黏性修正的两种方案

2. 修正结果分析

对两种方案修正前后的乘波前体/进气道构型高超声速流场进行数值模拟，计算状态为典型设计状态（$H = 25$ km, $Ma = 6.0$, $\alpha = 0°$），并对比分析修正前后乘波前体/进气道构型的流动图像和性能参数的变化。

未修正的无黏设计壁面与方案 2 修正后壁面对比如图 7.65 所示，图中实线表示无黏设计壁面，虚线表示修正后壁面。由总体轮廓对比可见，修正前后的壁面差异很小；由内压缩段的局部轮廓对比可见，修正后的进气道内流道比修正前只有略微扩张，其变化尺度在毫米量级。

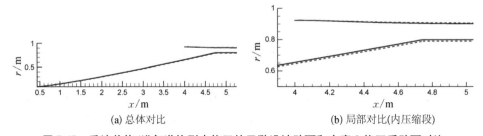

图 7.65　乘波前体/进气道构型未修正的无黏设计壁面和方案 2 修正后壁面对比

乘波前体/进气道构型修正前后高超声速流场的马赫数等值云图如图 7.66 所示，为了详细分析修正前后唇口激波封口特性和进气道肩部消波特性，将唇口和肩部位置流场局部放大，见图 7.67 和图 7.68。

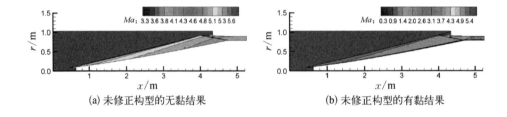

(a) 未修正构型的无黏结果　　　　　　　(b) 未修正构型的有黏结果

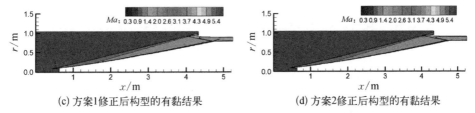

(c) 方案1修正后构型的有黏结果　　　　　　(d) 方案2修正后构型的有黏结果

图 7.66 乘波前体/进气道构型修正前后高超声速流场的马赫数等值线云图

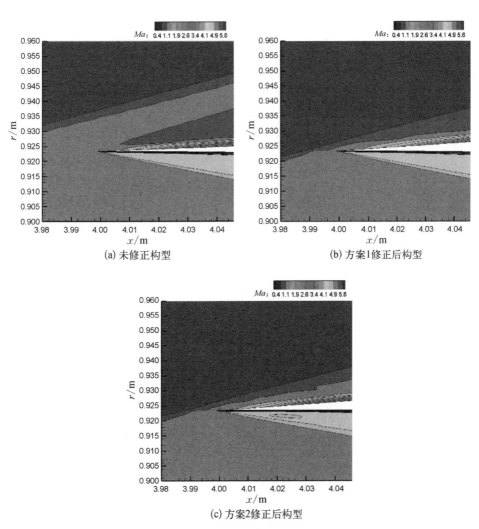

(a) 未修正构型　　　　　　(b) 方案1修正后构型

(c) 方案2修正后构型

图 7.67 乘波前体/进气道构型修正前后高超声速流场的
有黏数值模拟马赫数等值线云图(唇口局部)

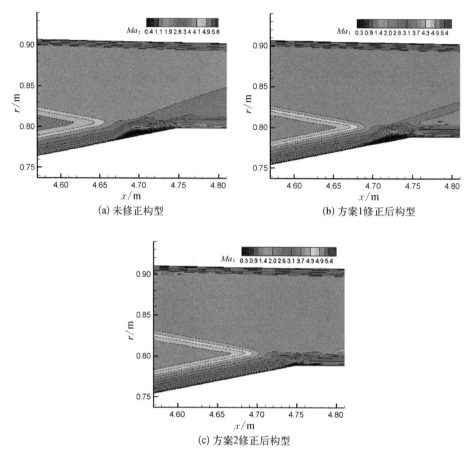

(a) 未修正构型　　　　　(b) 方案1修正后构型

(c) 方案2修正后构型

图 7.68　乘波前体/进气道构型修正前后高超声速流场的有黏数值模拟马赫数等值线云图(进气道肩部)

由图 7.66 可见,在无黏条件下,未修正构型既可以实现激波封口,也可以实现肩部消波,与设计初衷相符。但在有黏条件下,未修正构型前体激波略微偏离唇口大约 3 mm,进气道肩部也产生了反射激波,无法实现激波封口和肩部消波。采用两种方案进行黏性修正后,唇口激波封口特性都得到明显改善,但方案 1 修正后构型进气道肩部反射激波依然明显,而方案 2 修正后构型则在进气道肩部基本实现了消波设计,此结果证明了唇口内罩壁面的边界层黏性修正正确且有必要。

图 7.69 给出了前体壁面 AC 上无量纲压力分布对比,图中"MOC, wall AC"表示前体壁面 AC 上壁面压力的特征线方法设计结果;图中"CFD, uncorrected wall AC"和"CFD, corrected wall AC"分别表示未修正和修正后的前体壁面 AC 上

的壁面压力有黏数值模拟结果。可见，
经过边界层黏性修正后的壁面，其沿程
压力与特征线方法设计结果吻合较好，
该构型较好地实现了设计目标。

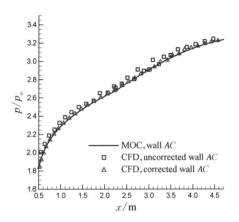

　　表 7.9 给出了设计状态下未修正
构型、两个方案修正后构型的进气道
出口（面积平均）性能数据，其中变化
率都是相对于未修正构型无黏计算结
果的变化百分比，出口性能数据包括
出口马赫数 Ma_e、压升比 p_e/p_∞、温升比
T_e/T_0、总压恢复系数 $p_{e,t}/p_{0,t}$、质量流
率 $\dot{m}$ 和流量系数 σ 等。

图 7.69　前体壁面 AC 无量纲压力分布
的设计结果与修正前后有黏数
值模拟结果对比

表 7.9　设计状态下修正前后构型的进气道出口（面积平均）性能数据

指　　标	Ma_e	p_e/p_∞	T_e/T_∞	$p_{e,t}/p_0$	$\dot{m}/(\mathrm{kg/s})$	σ
未修正构型,无黏	3.864 7	10.790 0	2.056 3	0.867 3	187.152 0	0.998 3
未修正构型,有黏	3.298 2	13.739 1	2.701 9	0.617 5	183.143 4	0.976 9
变化率/%	−14.7	27.3	31.4	−28.8	−2.1	−2.1
方案 1 修正后构型,有黏	3.436 9	11.779 2	2.543 2	0.651 7	186.569 2	0.995 1
变化率/%	−11.1	9.2	23.7	−24.9	−0.3	−0.3
方案 2 修正后构型,有黏	3.527 5	10.677 6	2.455 9	0.671 6	186.562 0	0.995 1
变化率/%	−8.7	−1.0	19.4	−22.6	−0.3	−0.3

　　由表 7.9 中数据对比可知,黏性对进气道的流量捕获性能影响不大(变化率为
−2.1%),但对其他性能参数尤其是总压恢复系数影响较大(变化率为−28.8%)。
　　两种方案修正后的构型,其进气道流量系数均趋近于原无黏设计状态(仅
降低 0.3%),说明边界层黏性修正可以确保进气道工作时的流量捕获特性,是符
合修正方法原理的。
　　虽然采用方案 2 修正后的构型,其进气道压升比性能更接近于无黏设计状
态,但两种方案修正后构型的进气道出口马赫数、出口温升比和总压恢复系数的

改进作用都不明显。

尽管方案 2 相关数据显示其有一定优势,但上述结果分析表明,在乘波机体/进气道一体化设计工作中,对于进气道性能的改善,仍然需要对边界层黏性修正工作开展深入研究。

7.6 全乘波构型的风洞试验验证

通过风洞试验验证飞行器设计理论和方法是空气动力学研究中一个非常重要而有效的环节。本节通过分析高超声速风洞中的激波图像和压力测量数据,对基于轴对称基准激波的全乘波构型进行试验验证。

7.6.1 试验设备

试验在中国空气动力研究与发展中心的 Φ1m 量级高超声速风洞(FD-20A)中进行,该风洞采用高压下吹、真空抽吸的暂冲式运行方式,采用电加热蓄热式加热器[204]。该风洞主要用于高超声速飞行器气动力/热、气动布局、级间分离特性、喷流控制,以及进气道流动特性等研究,如类 HyFly 圆截面吸气式高超声速飞行器[205]、类 X-43A 升力体高超声速一体化飞行器[206] 等典型高超声速飞行器均在该风洞中进行过内外流态特性研究。

FD-20A 风洞的组成系统包括气源系统、加热器系统、尾喷管、稳定段、试验段、扩压器、冷却器、真空系统、冷喷流系统、测试系统、控制系统、攻角机构系统

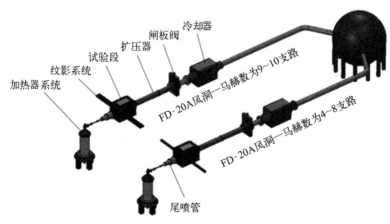

图 7.70 FD-20A 风洞系统组成与布置示意图

及纹影系统等[207],FD-20A 风洞主要系统组成与布置见图 7.70。该风洞包括马赫数为 4~8 和马赫数为 9~10 两条独立支路,与其配套的型面尾喷管直径分别为 1.0 m 和 1.2 m,流场均匀区内最大马赫数相对偏差小于±1%[208],能够模拟的总压为 0.02~12.00 MPa,总温为 288~1 082 K,单位雷诺数为 $6.47×10^5~5.89×10^7$,模拟飞行高度为 20~60 km,一次吹风时间能够持续达 30 余秒[209]。

　　试验采用 DTC initium 电子扫描阀压力测量系统测量模型壁面沿程静压分布和进气道出口静压,系统采样频率为 200 Hz,量程为 69 kPa,静校精度优于±0.2%,并且压力扫描模块具有数字温度补偿功能。图像采集系统采用彩色纹影结合数码单反相机进行流场显示,相机分辨率为 1 600 像素×1 200 像素,帧频为 25 fps,彩色纹影窗口显示范围为 Φ800 mm,该彩色纹影成像清晰、混色均匀、无衍射现象,并且灵敏度可调。

7.6.2　试验模型及试验工况

1. 基准流场

　　为便于风洞试验模型设计,如图 7.71 所示,将前体/进气道基准流场的壁面 BC_2 划分为 BC_3 和 C_3C_2 两段,C_3 点位于唇口横截面上。此基准流场可以通过设定进气道外收缩比而求解得到 C_3 点的 r 轴方向坐标值。为了保证进气道内流道高度足够大和内收缩比小于进气道自起动极限值,降低试验中进气道不起动的风险,模型设计时降低了对进气道总收缩比和内收缩比的要求。用于设计试验构型的基准流场进气道总收缩比设置约为 4.1,外收缩比约为 2.45,内收缩比约为 1.67,出口高度约为 160 mm。本节内收缩比定义为唇口截面收缩比(进气道唇口横截面面积与进气道出口面积之比)。

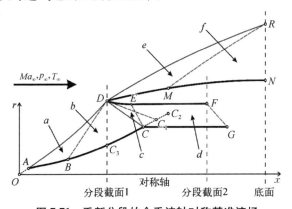

图 7.71　重新分段的全乘波轴对称基准流场

激波 AD 和 DR 均取为三次曲线,激波设计参数见表7.10,表中的 β_{D_-} 是点 D 左侧的激波角,即前体激波的激波角,β_{D_+} 是点 D 右侧的激波角,即后体激波的激波角;激波型线方程为式(7.48)和式(7.49),它们的边界条件分别见式(7.50)和式(7.51),单位为米(m)。

$$r = a_{AD}x^3 + b_{AD}x^2 + c_{AD}x + d_{AD}, \qquad x \in [x_A, x_D] \tag{7.48}$$

$$r = a_{DR}x^3 + b_{DR}x^2 + c_{DR}x + d_{DR}, \qquad x \in [x_D, x_R] \tag{7.49}$$

$$\begin{cases} x_D = 5.0 \\ r_D = x_D \tan \dfrac{\beta_A + \beta_{D_-}}{2} \end{cases} \tag{7.50}$$

$$\begin{cases} x_R = 10.0 \\ r_R = r_D + (x_R - x_D)\tan \dfrac{\beta_{D_+} + \beta_R}{2} \end{cases} \tag{7.51}$$

表 7.10 全乘波风洞试验模型基准流场设计参数

$\beta_A/(°)$	$\beta_{D_-}/(°)$	$\beta_{D_+}/(°)$	$\beta_R/(°)$
13.0	16.0	12.0	12.0

壁面 BC_3 和 C_3C_2 均取为三次曲线,其型线方程分别见式(7.52)和式(7.53),它们的边界条件分别见式(7.54)和式(7.55),单位为米(m),且需要保证 B 点和 C_3 点一阶导数连续。

$$r = a_{BC_3}x^3 + b_{BC_3}x^2 + c_{BC_3}x + d_{BC_3}, \qquad x \in [x_B, x_{C_3}] \tag{7.52}$$

$$r = a_{C_3C_2}x^3 + b_{C_3C_2}x^2 + c_{C_3C_2}x + d_{C_3C_2}, \qquad x \in [x_{C_3}, x_{C_2}] \tag{7.53}$$

$$\begin{cases} \delta_{C_3} = 1.12\delta_B \\ x_{C_3} = x_D \\ r_{C_3} = r_B + 1.12(x_{C_3} - x_B)\tan\delta_B \end{cases} \tag{7.54}$$

$$\begin{cases} \delta_{C_2} = 0.8\delta_{C_3} \\ x_{C_2} = 7.0 \\ r_{C_2} = r_{C_3} + 0.8(x_{C_2} - x_{C_3})\tan\delta_{C_3} \end{cases} \tag{7.55}$$

壁面 MN 取为三次曲线,其型线方程见式(7.56),它的边界条件见式(7.57),另外还需保证 M 点一阶导数连续。

$$r = a_{MN}x^3 + b_{MN}x^2 + c_{MN}x + d_{MN}, \qquad x \in [x_M, x_N] \tag{7.56}$$

$$\begin{cases} r_N = r_M + 0.5(x_N - x_M)\tan\delta_M \\ \delta_N = 0° \end{cases} \tag{7.57}$$

该基准流场压升比分布和马赫数分布的特征线方法设计结果如图 7.72 和图 7.73 所示,其进气道出口截面平均压升比和马赫数分别为 8.9 和 3.9。

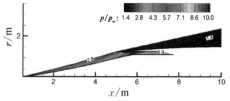

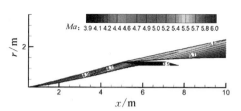

图 7.72　全乘波风洞试验模型基准流场的压升比分布的特征线方法设计结果

图 7.73　全乘波风洞试验模型基准流场的马赫数分布的特征线方法设计结果

2. 试验模型

考虑到风洞试验区的尺寸限制,需要对试验模型进行适当比例的缩小。本试验模型是先将全尺寸模型按照一定比例缩小得到缩尺模型,然后再按照设计马赫数 6.0 所对应的风洞试验来流条件,利用前面 7.5 节所述的基于动量积分关系式的边界层位移厚度估算方法,将缩尺模型的前体/进气道顶板壁面和唇口内壁面进行黏性修正,机腹乘波面(进气道唇口外罩壁面)和机翼乘波面没有进行黏性修正。

图 7.74(a)给出了全乘波构型原始外形,其长度为 7 414 mm,展长为 3 491 mm。根据高超声速风洞试验要求,一方面,如果按照原始尺寸进行适当比例的缩小,则试验模型在边界层影响下内流道可能会发生流动阻塞;另一方面,如果选用原始构型进行缩比,将难以测量进气道出口性能参数。基于以上两个方面的原因,对试验模型进行简化处理,简化构型如图 7.75 所示,它切除了原始构型在进气道出口横截面之后的部件,进气道出口横截面具体位置见图 7.74(b)。简化构型保留了全部前体/进气道、机腹的前段和机翼的前段,已经足以验证全乘波设计方法。

为了便于模型加工和保证内流道高度尽可能大,改进风洞试验模型的前体

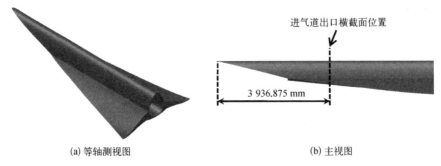

(a) 等轴测视图   (b) 主视图

图 7.74 全乘波构型原始外形

图 7.75 全乘波简化构型

前缘线底部投影型线,改进前后的型线示意图见图 7.76。改进前的前体前缘线在底部横截面上的投影曲线 2—4(半模型线)是一条三次多项式曲线;改进后的投影曲线 2—4(半模型线)是由两条直线段(2—5、6—4)和一条三次多项式曲线段(5—6)组合连接而成,其中直线段 2—5 的作用是确保前体前缘部位的上表面和

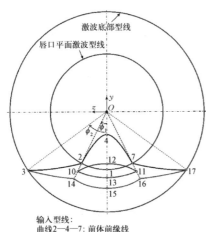

输入型线:
曲线2—4—7: 前体前缘线
曲线2—1—7: 唇口前缘线
曲线3—2,7—5: 机翼前缘线

输出型线:
曲线10—12—11—13: 进气道出口型线
曲线14—8—9: 机腹乘波面后缘线
曲线3—14,9—5: 机翼前缘线底面投影型线

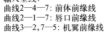

(a) 原始型线

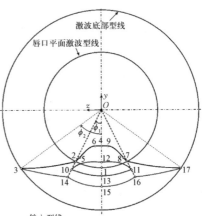

输入型线:
曲线2—5—6—4—9—8—7: 前体前缘线
曲线2—1—7: 唇口前缘线
曲线3—2,7—17: 机翼前缘线

输出型线:
曲线10—12—11—13: 进气道出口型线
曲线14—15—16: 机腹乘波面后缘线
曲线3—14,16—17: 机翼前缘线底面投影型线

(b) 改进后型线

图 7.76 全乘波构型前缘线底部投影型线改进前后示意图

下表面之间有足够容积,以便于模型加工,直线段 6—4 的作用是尽可能增大进气道内流道高度,以降低试验中进气道不起动的风险。

试验模型选用的前体前缘线在底部横截面上的投影曲线 2—4 的型线方程见式(7.58)~式(7.60),其边界条件见式(7.61),同时需要点 5 和点 6 处一阶导数连续。

$$y = y_4, \qquad z \in [0, z_6] \qquad (7.58)$$

$$y = a_{6-5}z^3 + b_{6-5}z^2 + c_{6-5}z + d_{6-5}, \qquad z \in [z_6, z_5] \qquad (7.59)$$

$$y = y_2 - \tan\delta_{5-2}(z - z_2), \qquad z \in [z_5, z_2] \qquad (7.60)$$

$$\begin{cases} z_4 = 0.0, \qquad y_4 = -0.5r_D \\ z_6 = 0.1, \qquad y_6 = y_4 \\ z_2 = r_D\sin\Phi_1, \qquad y_2 = -r_D\cos\Phi_1 \\ \Phi_1 = 18° \\ z_5 = 0.9z_2 \\ \delta_{5-2} = 67° \end{cases} \qquad (7.61)$$

其中,r_D 为唇口横截面的激波半径,见式(7.50);δ_{5-2} 为直线段 5—2 的倾斜角;Φ_1 为前体前缘线端点在底部横截面投影点的半展角。

试验模型选用的机翼前缘线在底部横截面上的投影曲线 3—2 和 7—17 是四次多项式曲线,其型线方程见式(7.62),其边界条件见式(7.63)。

$$y = a_{2-3} + b_{2-3}z^2 + c_{2-3}z^4, \qquad z \in [z_2, z_3] \qquad (7.62)$$

$$\begin{cases} z_2 = r_D\sin\Phi_1, \qquad y_2 = -r_D\cos\Phi_1 \\ z_3 = r_R\sin\Phi_2, \qquad y_3 = -r_R\cos\Phi_2 \\ \Phi_1 = 18° \\ \Phi_2 = 58.2° \\ \left(\dfrac{\mathrm{d}y}{\mathrm{d}z}\right)_{z=z_3} = 0 \end{cases} \qquad (7.63)$$

其中,r_R 为飞行器底部横截面的激波半径,见式(7.51);Φ_2 为乘波机翼前缘线端点在底部横截面投影点的半展角。

最终设计完成的全乘波构型风洞试验全尺寸外形如图 7.77 所示,其长度为3.936 m,展长为 2.13 m。

图 7.77　全乘波构型风洞
试验全尺寸外形

按照 1∶5 进行缩比,按比例缩小后试验模型的长度为 0.787 m,展长为 0.426 m,它在 FD-20A Φ1 m 风洞中 8°攻角状态下的堵塞度约为 5.28%。模型长度、展长及风洞堵塞度都满足模型设计规范和全流场观测要求,并且也基本是 FD-20A Φ1 m 风洞允许的模型最大尺寸。不带尾撑的全乘波构型试验模型及其尺寸见图 7.78,带尾撑并经过结构设计的试验模型如图 7.79 所示,图 7.78 中长度单位为毫米(mm)。

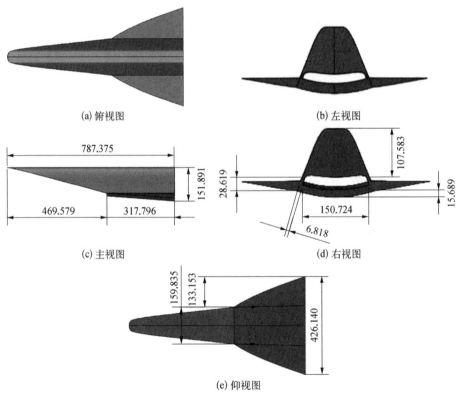

(a) 俯视图

(b) 左视图

(c) 主视图

(d) 右视图

(e) 仰视图

图 7.78　不带尾撑的全乘波构型试验模型

对缩尺模型前体/进气道顶板壁面和唇口内壁面进行了边界层黏性修正,但机腹乘波面(进气道唇口外罩壁面)和机翼乘波面没有进行黏性修正。

壁面黏性修正前后全乘波构型试验模型的进气道性能参数见表 7.11,表中

还给出了基准流场进气道性能参数。可
见,未经壁面黏性修正的全乘波构型试验
模型,其进气道总收缩比和内收缩比与基
准流场的差异均小于 5%,但经过壁面黏
性修正后进气道的总收缩比和内收缩比
均小于修正前值,其中内收缩比减小到
1.56,该值略微大于 Kantrowitz 提出的进
气道自起动极限内收缩比 1.49(内收缩段

图 7.79　带尾撑的全乘波构型试验模型

入口马赫数按 4.0 计算)[210]。已有试验研究表明 Kantrowitz 限制对进气道自起
动性能的预估是过于保守的[211],因此全乘波试验模型的内收缩比在满足进气
道自起动要求方面有足够的设计裕度。

表 7.11　壁面黏性修正前后全乘波构型试验模型进气道性能参数

指　　标	总收缩比	内收缩比	进气道纵向对称面出口高度/mm
缩比(1∶5)后基准流场	4.10	1.67	32.77
壁面黏性修正前的试验模型	4.21	1.75	24.48
壁面黏性修正后的试验模型	3.59	1.56	28.62

加工完成的全乘波构型试验模型实物照片如图 7.80 所示,模型安装在风洞
中的照片如图 7.81 所示。该模型主体材料选用强度和切削加工性能良好的 45#
钢,模型支撑材料选用高强度合金结构钢 30CrMnSiA。

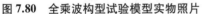

图 7.80　全乘波构型试验模型实物照片

图 7.81　风洞中全乘波构型试验模型安装照片

3. 沿程壁面测压点布置

在全乘波构型试验模型的三个半展角截面上沿流向布置壁面测压点,各截

面位置如图 7.82 所示。各测点线分布和编号如图 7.83～图 7.86 所示,图 7.83～图 7.86 中的实心圆点是测点位置,图中仅标注了始末两端测点编号,单位为毫米(mm)。

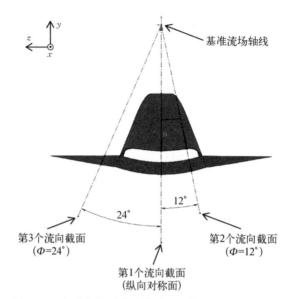

图 7.82　全乘波构型试验模型流向截面位置(左视图)

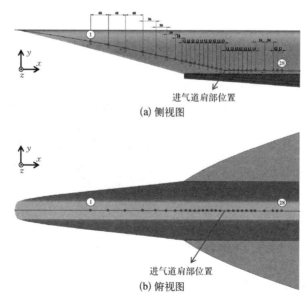

图 7.83　第 1 条测点线位置示意图

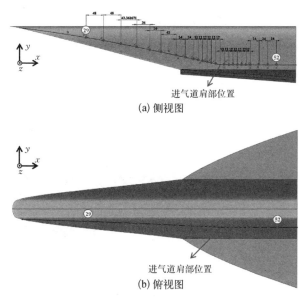

(a) 侧视图

(b) 俯视图

图 7.84　第 2 条测点线位置示意图

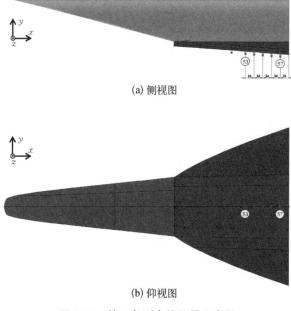

(a) 侧视图

(b) 仰视图

图 7.85　第 3 条测点线位置示意图

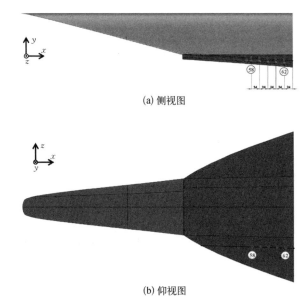

(a) 侧视图

(b) 仰视图

图 7.86　第 4 条测点线位置示意图

第 1 条测点线位于纵向对称面的前体/进气道压缩面顶板壁面中线上,共 28 个测点,测点在进气道唇口截面附近加密。

第 2 条测点线位于 $\Phi = 12°$ 截面的前体/进气道压缩面顶板壁面线上,如图 7.84 所示,共 24 个测点,同样在进气道唇口截面附近加密。

第 3 条测点线位于纵向对称面机腹乘波面(进气道唇口外罩壁面)中线上,如图 7.85 所示,共 5 个测点。

第 4 条测点线位于 $\Phi = 24°$ 截面的机翼乘波面上,如图 7.86 所示,共 5 个测点。

4. 试验工况

仅针对设计状态($H = 25\ \text{km}$、$Ma = 6$)开展了试验研究,数值模拟针对飞行状态,风洞试验运行状态参数包括马赫数、总压和总温等,具体数据分别见表 7.12 和表 7.13。

表 7.12　数值模拟飞行状态参数

飞行马赫数	飞行高度/km	静压/Pa	静温/K	动压/kPa
6	25	2 511.18	221.649	63

表 7.13　风洞试验运行状态参数

马赫数 Ma_0	总压 p_0/MPa	总温 T_0/K	静压 p_∞/Pa	静温 T_∞/K
6	2.7	480	1 720.97	58.537

7.6.3　试验结果分析

1. 纵向激波形态

图 7.87 给出了试验工况各攻角下全乘波构型试验模型纵向对称面数值模拟结果与试验纵向纹影照片的对比,左侧一列是数值模拟结果,包括等马赫数等值线云图和数值纹影图(等密度梯度云图);右侧一列是试验纹影照片。在图 7.87 的试验纹影照片中,清晰地显示出了在纵向平面内的三道激波,分别是上表面前缘激波、前体激波和后体激波。数值模拟所用几何模型具有理想状态的尖前缘,而受限于加工精度,最终试验模型前缘半径为 0.25~0.3 mm,因此试验纹影照片中出现了较数值模拟结果更为明显的上表面前缘斜激波。前体激波是由乘波前体前缘及曲率渐变的前体压缩面产生的,后体激波是由唇口及机腹乘波面压缩来流产生的。

数值模拟结果和试验纹影照片中的三道激波在各攻角状态下的形状、位置一致,而且在 0°攻角附近,前体激波的唇口封口特性最佳,验证了全乘波设计优良的前体/进气道一体化设计效果。另外,在攻角由-4°逐渐增大到 8°的过程中,前体激波和后体激波颜色逐渐加深,激波强度逐渐增强,表明前体激波预压缩气流的特性和后体激波提高乘波机体升力的特性均在逐渐增强。

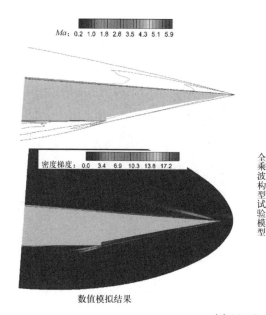
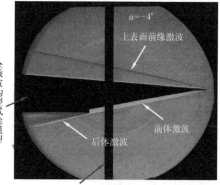

(a) Ma=6, α=−4°

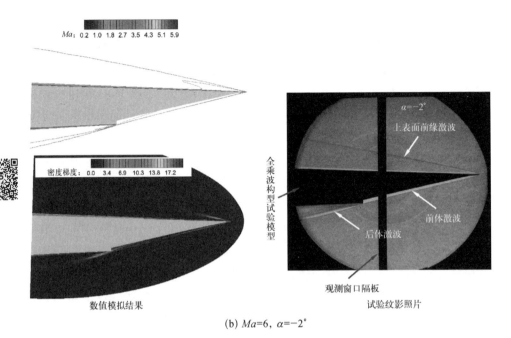

(b) Ma=6, α=-2°

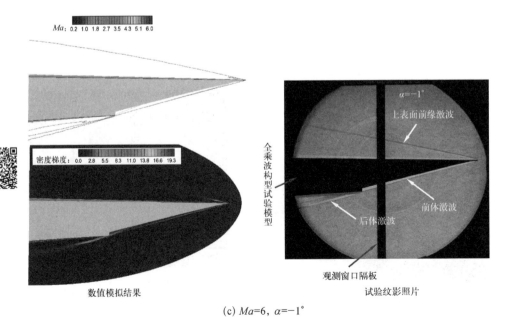

(c) Ma=6, α=-1°

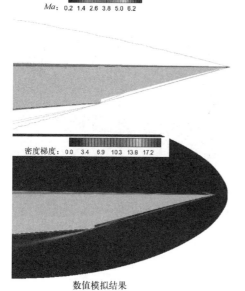

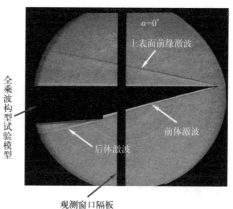

数值模拟结果　　　　　　　　　　　　　　　试验纹影照片

(d) $Ma=6$，$\alpha=0°$

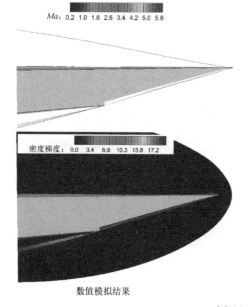

数值模拟结果　　　　　　　　　　　　　　　试验纹影照片

(e) $Ma=6$，$\alpha=1°$

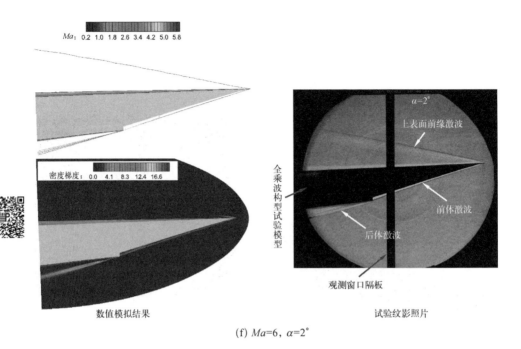

(f) $Ma=6$，$\alpha=2°$

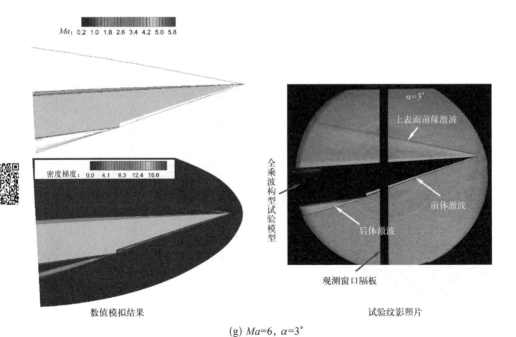

(g) $Ma=6$，$\alpha=3°$

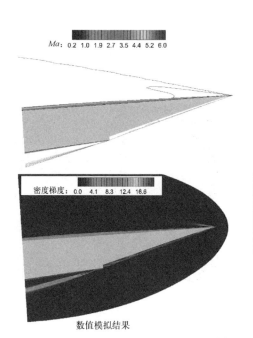

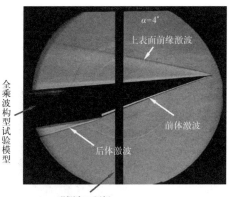

(h) $Ma=6$，$\alpha=4°$

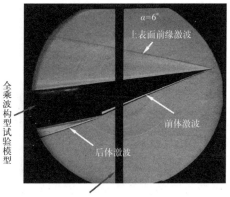

(i) $Ma=6$，$\alpha=6°$

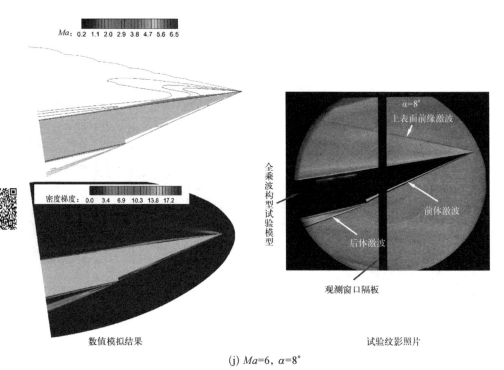

(j) $Ma=6$, $\alpha=8°$

图7.87 全乘波构型试验模型纵向对称面数值模拟结果与试验纹影照片对比

2. 展向激波形态

图7.88给出了全乘波构型试验模型在滚转90°安装状态下,各攻角下的俯视试验纹影照片。全乘波构型试验模型滚转90°安装是为了从俯视方向观测模型水平面上的激波形态。图7.88中还给出了乘波前体与乘波机翼连接区域的局部放大图,以清晰区分上表面前缘激波和下表面的前体激波。图7.89进一步将局部区域放大,并用两条白色虚线标出了两道激波:图中远离机体和靠近机体的两道激波分别是上表面前缘激波和下表面前体激波。在纹影图像中提取激波位置的方法是将截取后的彩色图像转化为灰度图,计算灰度梯度,其最大值处即激波位置。

由图7.88和图7.89可见,在整个攻角变化范围内(−4°~4°),俯视方向均没有观测到后体激波,表明后体激波具有良好的附体特性。虽然试验模型的机腹乘波面(唇罩外壁面)和机翼乘波面没有进行边界层黏性修正,但试验结果证明,在本试验模型尺度范围内,黏性边界层对后体激波附体特性影响很小。

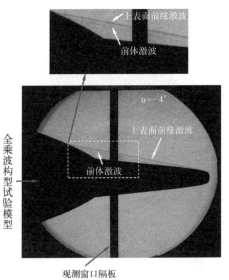

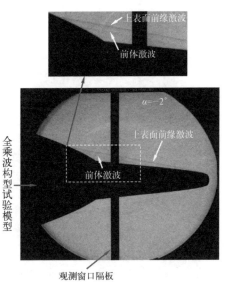

(a) $Ma=6$, $\alpha=-4°$

(b) $Ma=6$, $\alpha=-2°$

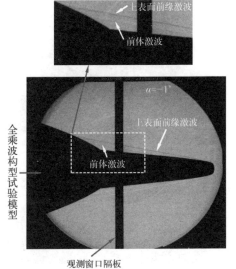

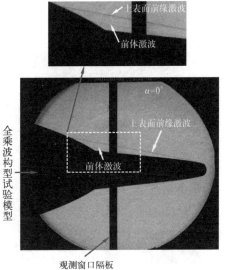

(c) $Ma=6$, $\alpha=-1°$

(d) $Ma=6$, $\alpha=0°$

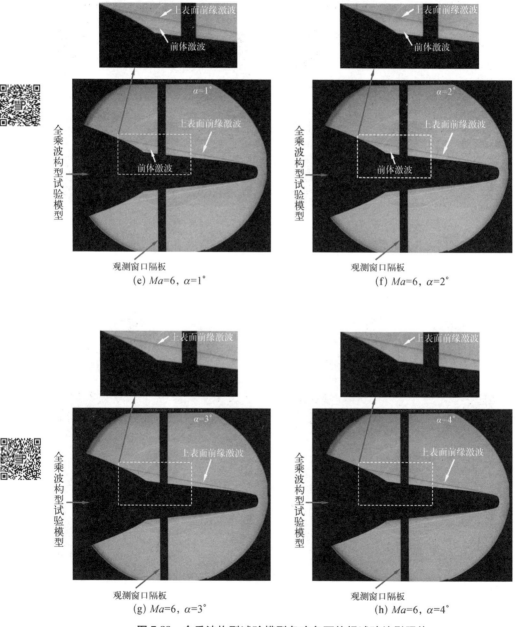

图 7.88　全乘波构型试验模型各攻角下俯视试验纹影照片

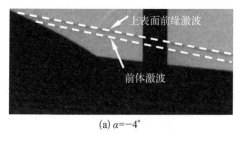

(a) $\alpha=-4°$

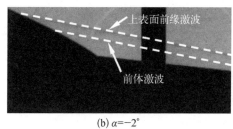

(b) $\alpha=-2°$

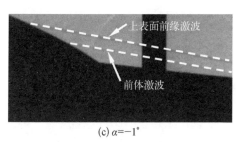

(c) $\alpha=-1°$

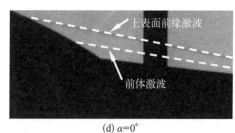

(d) $\alpha=0°$

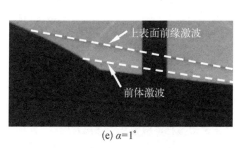

(e) $\alpha=1°$

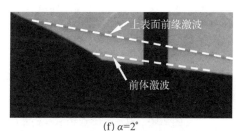

(f) $\alpha=2°$

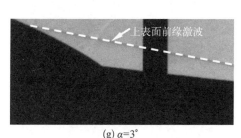

(g) $\alpha=3°$

(h) $\alpha=4°$

图 7.89　全乘波构型试验模型各攻角下俯视试验纹影照片局部放大图

　　由图 7.89 可以清晰地发现,随着攻角逐渐增大,上表面前缘激波位置逐渐接近机体,但变化非常小;而前体激波位置则明显随攻角增大而逐渐贴近机体,直至 3°攻角消失。这表明随着攻角增大,前体激波附体特性逐渐提高,也就是说试验模型的乘波特性逐渐提高;而当攻角大于 2°时,前体激波整体附着在模型前缘,试验模型具有完全的乘波特性。从设计理论角度来看,理想状态下模型的全乘波特性应该出现在 0°攻角,但显然,由于模型前缘钝度等综合影响,全乘波特性推迟到了 2°攻角以后才实现。尽管如此,风洞试验还是有力地证明了试验模型的全乘波特性。

3. 壁面压力分布

图 7.90~图 7.93 给出了各测点线沿程壁面压力分布试验数据与数值模拟结果的对比曲线。

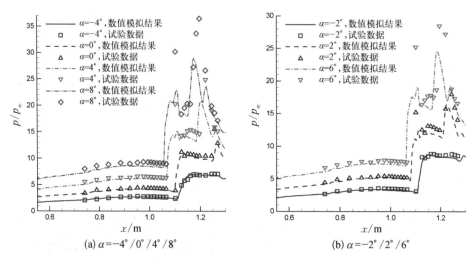

(a) α=-4°/0°/4°/8°

(b) α=-2°/2°/6°

图 7.90　第 1 条测点线沿程壁面压力分布试验数据与数值模拟结果对比

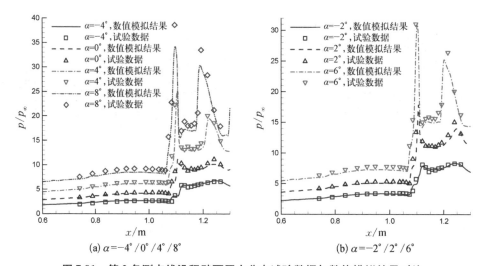

(a) α=-4°/0°/4°/8°

(b) α=-2°/2°/6°

图 7.91　第 2 条测点线沿程壁面压力分布试验数据与数值模拟结果对比

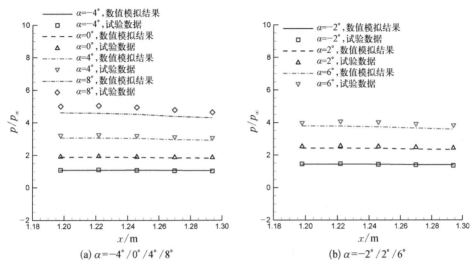

图 7.92　第 3 条测点线沿程壁面压力分布试验数据与数值模拟结果对比

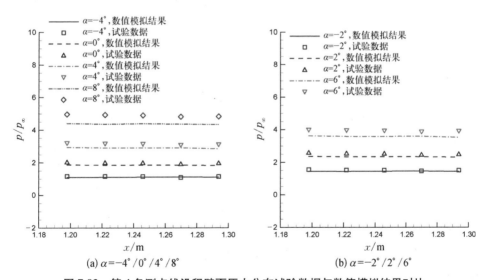

图 7.93　第 4 条测点线沿程壁面压力分布试验数据与数值模拟结果对比

由图 7.90 和图 7.91 可见,随着攻角由-4°增大,进气道内流道的高压区逐渐前移,在 0°攻角时基本没有激波反射现象出现,表明进气道肩部消波设计有效。当攻角达到 2°以上时,出现了明显的激波反射现象。在所有攻角状态下,大部分测压点的数值模拟结果与试验结果一致,仅在 6°和 8°较大攻角状态下,数值模拟结果没有捕捉到个别试验压力测量峰值。数值模拟结果和试验数据均表明进气道在此攻角变化范围内处于起动状态。

由图 7.92 和图 7.93 可知,在乘波面上,无论是机腹还是机翼部位,壁面压力的数值模拟结果与试验数据吻合都较好,仅在大攻角状态下试验数据略高于数值模拟结果,这可能是数值模拟没有考虑唇口和机翼前缘的钝化造成的。

总体而言,试验数据与数值模拟结果的一致性证明了全乘波设计方法和乘波前体/进气道边界层黏性修正方法的正确。

7.7 全乘波飞行器设想

前面提到,全乘波设计的优势在于实现前体/进气道一体化设计的同时,还实现了机翼、机腹等部位的乘波设计。显然,在此基础上适当补齐功能部件,如超燃冲压发动机内流道(隔离段、燃烧室、尾喷管)和控制舵面等,就可以得到一架吸气式高超声速全乘波飞行器的气动外形。

为充分展示全乘波设计方法的技术优势,本节在全乘波设计基础上,进行吸气式高超声速全乘波飞行器气动布局初步设计:利用全乘波设计方法生成乘波机体和进气道;根据进气道出口形状,设计隔离段、燃烧室和尾喷管,构成完整的超燃冲压发动机内流道;并配置气动舵面,初步构建一种可行的吸气式高超声速全乘波飞行器气动布局。

该设计方案中,全乘波机体采用了 7.4 节中编号为 Case3_FW 的全乘波构型设计实例,如图 7.37 所示。配合其流线追踪进气道出口,采用圆形出口的变截面隔离段和带扩张角的圆截面燃烧室,尾喷管采用最大推力圆截面喷管,隔离段、燃烧室和尾喷管的详细设计方法可参见文献[12]、[13]、[212]~[214]。在控制舵面设计方面,将机翼的翼梢部分做成一对三角翼全动水平舵面,用于控制俯仰和滚转通道,并用一个带后缘舵的垂直尾翼控制航向通道。

最终,初步构建的吸气式高超声速全乘波飞行器气动布局及超燃冲压发动机流道部件组成如图 7.94 所示。

应用文献[215]中评估高超声速巡航飞行器质量特性的方法,对该全乘波飞行器的质量特性进行初步评估。具体的飞行器壳体厚度及材质选择为:外表面蒙皮、进气道、隔离段采用 6 mm 钛合金,燃烧室外壁面和尾喷管外壁面采用 2 mm 钛合金,燃烧室内壁面和尾喷管内壁面采用 4 mm 镍基合金[215]。质量估算

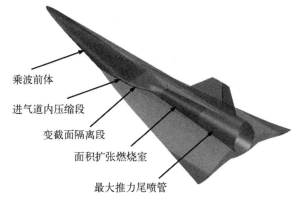

乘波前体

进气道内压缩段

变截面隔离段

面积扩张燃烧室

最大推力尾喷管

图 7.94　吸气式高超声速全乘波飞行器气动布局及超燃冲
压发动机流道部件组成

的详细参数如表 7.14 所示,可见,按照这种评估方法,该全乘波飞行器算例的质量约为 3.4 t。

表 7.14　吸气式高超声速全乘波飞行器质量估算详细参数

飞行器 壳体 总质量/t	飞行器 容积/m³	燃油可用 容积(取飞行 器容积的 60%)/m³	燃油密度/ (kg/m³)	燃油 质量/t	其他系统质量 (取壳体+燃油 质量的30%)/t	飞行器 总质量/t
1.276	2.85	1.71	793	1.36	0.79	3.424

该全乘波飞行器的航程可由著名的 Breguet 航程公式[169,216]近似计算,如式(7.64)所示。

$$R = v_0(L/D)I_{sp}\ln\frac{m_{initial}}{m_{final}} \tag{7.64}$$

其中,R 为航程;v_0 为飞行速度(m/s);L/D 为飞行器升阻比;I_{sp} 为推力比冲(s);$m_{initial}$ 为巡航段开始时的飞行器质量;m_{final} 为循环段结束时的飞行器质量。

估算该全乘波飞行器航程的详细参数如表 7.15 所示,由表可见,按照这种评估方法,该全乘波飞行器的航程约为 2 000 km。

表 7.15　吸气式高超声速全乘波飞行器航程估算详细参数

$v_0/(m/s)$	L/D	$m_{initial}/kg$	m_{final}/kg	I_{sp}/s	R/km
1 790	3.1	3 424	2 066	800	2 243

至此,我们虽然给出了一种全乘波吸气式高超声速全乘波飞行器设计方案,但这些内容只是吸气式高超声速全乘波飞行器气动设计的开始,只能起到一个入门的作用。真正实用优秀的气动外形是需要通过长期深入的工程实践和锤炼才能脱颖而出的,全乘波设计方法当然也概莫能免。

7.8 小结

本章提出了一种内外流一体化的全乘波设计方法,它是乘波设计理论在机体/推进系统一体化设计中的应用和推广。

本章首先介绍了全乘波构型的部件组成、设计原理、基准流场及其设计步骤;其次,详述了由尖头回转体设计全乘波轴对称基准流场的全过程,并以一个设计实例分析了该基准流场的流动特性和性能参数;最后,完成了一个全乘波构型设计,并通过数值模拟结果的分析,验证了其机体的全乘波特性。

在此基础上的分析表明,基于基准体的全乘波设计可以进行方法上的改进,从而实现乘波机体与乘波前体/进气道的相对独立设计,拓展全乘波的设计自由度。基于此,本章又介绍了一种基于轴对称基准激波的全乘波构型设计方法,并同样通过一个设计实例进行了该设计方法的数值模拟验证。

在7.4节中,我们重点针对后体基准流场和底部截面型线的部分设计输入参数,研究分析了这些设计参数对全乘波构型外形及气动特性的影响。为弥补无黏设计在进气道性能上的先天缺陷,在7.5节中给出了一种无黏设计前体/进气道的边界层黏性修正方法,详述了基于动量积分关系式的边界层位移厚度计算过程,利用数值模拟结果分析对比了前体/进气道边界层黏性修正的两种方案,并验证了边界层黏性修正方法。

随后,本章在7.6节介绍了全乘波构型的风洞试验验证工作。通过观测纹影照片,对比分析压力测量数据等,进一步验证了本书所提出的全乘波设计方法的正确性和有效性,也进一步验证了前体/进气道设计的边界层黏性修正方法是有效的。

需要强调的是,本章所有全乘波设计都是基于轴对称基准流场开展的。因此根据本书第3章相关内容,我们可以将本章全乘波设计方法称为轴导全乘波设计方法。这就意味着,如果基于锥形基准流场开展同样设计,可以称之为锥导全乘波设计方法。当然,如果引入吻切乘波设计方法,也就可以发展出各种吻切类全乘波设计方法,如吻切锥全乘波设计方法、吻切轴对称全乘波设计方法和吻切流场全乘波设计方法等。但这些设想是否能实现,就需要包括本书读者在内的研究者去进一步探索了。

本章提出的全乘波设计方法,其设计成果具备了高超声速飞行器的主要部件(前体/进气道、机体、机翼等),只需补充完整的内流道,再添加必要的控制舵面,就可以构成完整的吸气式高超声速飞行器。而通过不同部位的按需设计,如机身部位的脊形容积设计、机翼部位的水平投影型线乘波设计,甚至于再添加吻切设计思想,所获得的高超声速气动外形是符合自然流动规律的真实流线型外形,在解决高超声速飞行器外形设计的升阻比/容积矛盾方面显然将具有明显的理论优势和无可比拟的技术实现优势。

由此可知,全乘波设计方法的重要意义是促进了机体/发动机一体化气动外形设计的进步,将高超声速飞行器的推力部件、升力部件的外形设计采用符合流动规律的理论方法有机结合,是遵循高超声速流动机理层次的一体化设计方法,具有重要的科学理论研究意义和工程技术应用价值。

参 考 文 献

［ 1 ］ NICOLAI L M. The aerodynamic design of aircraft: a detailed introduction to the current aerodynamic knowledge and practical guide to the solution of aircraft design problems by Dietrich Küchemann［J］. American Scientist, 1980, 68(1): 95-96.

［ 2 ］ ANDERSON J D. Hypersonic and high temperature gas dynamics［M］. 2nd ed. Reston: American Institute of Aeronautics and Astronautics, Inc., 2006.

［ 3 ］ 安德森.高超声速和高温气体动力学［M］.2 版.北京:航空工业出版社,2013:94-124, 157-217,287-289,303-313,315-332,348-373.

［ 4 ］ BISEK N J. High-fidelity simulations of the HIFiRE-6 flow path［R］. Reston: American Institute of Aeronautics and Astronautics, Inc., 2016.

［ 5 ］ WALKER S, TANG M, MORRIS S, et al. Falcon HTV-3X — a reusable hypersonic test bed ［R］. Reston: American Institute of Aeronautics and Astronautics, Inc., 2008.

［ 6 ］ PEZZELLA G, MARINI M, CICALA M, et al. Aerodynamic characterization of HEXAFLY scramjet propelled hypersonic vehicle［R］. Reston: American Institute of Aeronautics and Astronautics, Inc., 2014.

［ 7 ］ 刘建霞,尘军,侯中喜,等.一种乘波构型边缘钝化方法的仿真与试验研究［J］.空气动力学学报,2014,32(2): 171-176.

［ 8 ］ BOWCUTT K G, ANDERSON J D, CAPRIOTTI D. Viscous optimized hypersonic waveriders ［R］. Reston: American Institute of Aeronautics and Astronautics, Inc., 1987.

［ 9 ］ 陈冰雁,刘传振,纪楚群.基于激波装配法的乘波体设计与分析［J］.空气动力学学报, 2017,35(3): 421-428.

［10］ ANDERSON J D. Fundamentals of aerodynamics［M］. New York: McGraw-Hill Companies, Inc., 2007.

［11］ TAYLOR G I, MACCOLL J W. The air pressure on a cone moving at high speed［J］. Proceedings of the Royal Society of London A: Mathematical, Physical and Engineering Sciences, 1933, 139(838): 278-311.

［12］ ZUCROW M J, HOFFMAN J D. Gas dynamics: volume 2: multidimensional flow［M］. New York: John Wiley and Sons, Inc., 1977.

［13］ 左克罗 M J,霍夫曼 J D.气体动力学(下册):多维流动［M］.魏叔如,吴宗善,王汝涌,等译.北京:国防工业出版社,1984.

［14］ CORDA S. Viscous optimized hypersonic waveriders designed from flows over cones and minimum drag bodies［D］. College Park：University of Maryland , 1988.

［15］丁峰.高超声速滑翔-巡航两级乘波设计方法研究［D］.长沙：国防科技大学,2012.

［16］左克罗 M J,霍夫曼 J D.气体动力学(上册)［M］.王汝涌,吴宗真,吴宗善,译.北京：国防工业出版社,1984.

［17］ZUCROW M J, HOFFMAN J D. Gas dynamics：volume 1［M］. New York：John Wiley and Sons, Inc., 1976.

［18］GOONKO Y P, MAZHUL I I, MARKELOV G N. Convergent-flow-derived waveriders［J］. Journal of Aircraft, 2000, 37(4)：647-654.

［19］HE X Z, LE J L, WU Y C. Design of a curved cone derived waverider forebody［R］. Reston：American Institute of Aeronautics and Astronautics, Inc., 2009.

［20］贺旭照,倪鸿礼.密切曲面锥乘波体设计方法与性能分析［J］.力学学报,2011,43(6)：1077-1082.

［21］SOBIECZKY H, ZORES B, WANG Z, et al. High speed flow design using osculating axisymmetric flows［J］. Chinese Journal of Aeronautics, 1999, 12(1)：1-8.

［22］尤延铖,梁德旺,黄国平.一种新型内乘波式进气道初步研究［J］.推进技术,2006,27(3)：252-256.

［23］尤延铖,梁德旺.三维内乘波式高超声速进气道设计方法与流动特性研究［J］.中国科学E 辑：技术科学,2009,39(8)：12.

［24］YU Z H, HUANG G P, XIA C, et al. An improved internal-waverider-inlet with high external-compression for ramjet engine［R］. Reston：American Institute of Aeronautics and Astronautics, Inc., 2015.

［25］HUANG H H, HUANG G P, ZUO F Y, et al. Research on a novel internal waverider TBCC inlet for ramjet mode［R］. Reston：American Institute of Aeronautics and Astronautics, Inc., 2016.

［26］李永洲,孙迪,张堃元.前后缘型线同时可控的乘波体设计［J］.航空学报,2017,38(1)：1-10.

［27］卫锋.基于特征线理论的流线追踪内转向进气道设计方法研究［D］.长沙：国防科技大学,2012.

［28］瞿章华,刘伟,曾明,等.高超声速空气动力学［M］.长沙：国防科技大学出版社,2001.

［29］BOWCUTT K G. Optimization of hypersonic waveriders derived from cone flows-including viscous effects［D］. College Park：University of Maryland , 1986.

［30］MANGIN B, CHPOUN A, BENAY R, et al. Comparison between methods of generation of waveriders derived from conical flows［J］. Comptes Rendus Mecanique, 2006, 334：117-122.

［31］MANGIN B, BENAY R, CHANETZ B, et al. Optimization of viscous waveriders derived from axisymmetric power-law blunt body flows［J］. Journal of Spacecraft and Rockets, 2006, 43(5)：990-998.

［32］LOBBIA M A, SUZUKI K. Design and analysis of payload-optimized waveriders［R］. Reston：American Institute of Aeronautics and Astronautics, Inc., 2001.

［33］LOBBIA M A, SUZUKI K. Experimental investigation of a Mach 3.5 waverider designed using computational fluid dynamics [J]. AIAA Journal, 2014, 53(6): 1590-1601.

[34] TAKASHIMA N, LEWIS M J. Waverider configurations based on non-axisymmetric flow fields for engine-airframe integration [R]. Reston: American Institute of Aeronautics and Astronautics, Inc., 1994.

[35] TAKASHIMA N, LEWIS M J. Wedge-cone waverider configuration for engine-airframe integration [J]. Journal of Aircraft, 1995, 32(5): 1142-1144.

[36] 崔凯,杨国伟.6 马赫锥体流场对乘波体性能的影响及规律[J].科学通报,2006,51(24): 2830-2837.

[37] CUI K, YANG G W. The effect of conical flowfields on the performance of waveriders at Mach 6 [J]. Chinese Science Bulletin, 2007, 52(1): 57-64.

[38] CUI K, ZHAO D X, YANG G W. Waverider configurations derived from general conical flowfields [J]. Acta Mechanica Sinica, 2007, 23: 247-255.

[39] 李名扬,周华.基于商用 CFD 软件的乘波体气动外形设计方法研究[J].力学季刊,2014, 35(2): 293-299.

[40] 刘君,邹东阳,董海波.基于非结构变形网格的间断装配法原理[J].气体物理,2017,2 (1): 13-20.

[41] HE X, RASMUSSEN M L, COX R A. Waveriders with finlets [R]. Reston: American Institute of Aeronautics and Astronautics, Inc., 1993.

[42] 崔凯,李广利,肖尧.一种组合前缘乘波体设计方法及组合前缘乘波体: ZL201510079522.X[P].2017-01-04.

[43] 曾明,刘伟,邹建军.空气动力学基础[M].北京:科学出版社,2016.

[44] 李海生,杨钦,陈其明.三维计算流体力学流场的流线构造[J].北京航空航天大学学报, 2003,29(5): 434-437.

[45] 张天天.高超声速滑翔式飞行器气动外形参数化建模与优化[D].长沙:国防科技大学,2016.

[46] 段焰辉,蔡晋生,汤永光.高超声速气动力及激波位置快速计算方法研究[J].航空工程进展,2013,4(1): 28-37.

[47] 郝佳傲,蒋崇文,高振勋,等.有翼再入飞行器的超/高超声速气动力工程方法[J].中国空间科学技术,2014,34(3): 38-45.

[48] KINNEY D J. Aerodynamic shape optimization of hypersonic vehicles [R]. Reston: American Institute of Aeronautics and Astronautics, Inc., 2006.

[49] ZHANG B, YANG T, MA Y, et al. Fast computation of hypersonic gliding lifting body aerodynamic based on configuration parameters [C]//7th International Conference on Intelligent Human-Machine Systems and Cybernetics (IHMSC), Hangzhou, 2015: 194-197.

[50] 江志国,车竞.基于网格面元法的高超声速飞行器性能分析[J].计算机仿真,2011,28 (3): 56-57.

[51] LI P, GAO Z X, ZHANG Z C, et al. An engineering method of aerothermodynamic environments prediction for complex reentry configuration [R]. Reston: American Institute of Aeronautics and Astronautics, Inc., 2014.

[52] 周张,胡凡,于勇.基于面元法的栅格翼翼身组合体高超声速气动特性研究[J].固体火

箭技术,2012,35(4): 442-445.

[53] 刘建霞,侯中喜,陈小庆.高超声速远程滑翔飞行器外形设计方法[J].导弹与航天运载
技术,2011,(3): 1-5.

[54] 粟华,龚春华,谷良贤.基于三维 CST 建模方法的两层气动外形优化策略[J].固体火箭
技术,2014,37(1): 1-7.

[55] 张晓天,张冉,李惠峰.一种集成通用高超声速飞行器气动工程预测系统[J].中国科学:
信息科学,2012,42(11): 1423-1434.

[56] VIVIANI A, PEZZELLA G. Aerodynamic and aerothermodynamic analysis of space mission
vehicles [M]. Switzerland: Springer, 2015.

[57] LEES L. Hypersonic flow [J]. Journal of Spacecraft and Rockets, 1955, 40(5): 700-735.

[58] SIMS J L. Tables for supersonic flow around right circular cones at zero angle of attack [R].
Washington D. C.: NASA, 1964.

[59] 肖涵山,刘刚,陈作斌,等.基于 STL 文件的笛卡尔网格生成方法研究[J].空气动力学学
报,2006,24(1): 120-124.

[60] 李素循.典型外形高超声速流动特性[M].北京: 国防工业出版社,2007.

[61] 李海燕.高超声速高温气体流场的数值模拟[D].绵阳: 中国空气动力研究与发展中
心,2007.

[62] 丁峰.吸气式高超声速飞行器内外流一体化"全乘波"气动设计理论和方法研究[D].长
沙: 国防科技大学,2016.

[63] NONWEILER T R F. Aerodynamic problems of manned space vehicles [J]. Journal of the
Royal Aeronautical Society, 1959, 63(585): 521-528.

[64] CHANG J. A study of viscous interaction effects on hypersonic waveriders [D]. College Park:
University of Maryland, 1991.

[65] MAZHUL I I, RAKHIMOV R D. Numerical investigation of off-design regimes of flow past
power-law waveriders based on the flows behind plane shocks [J]. Fluid Dynamics, 2003, 38
(5): 806-814.

[66] MAZHUL I I, RAKHIMOV R D. Hypersonic power-law shaped waveriders in off-design
regimes [J]. Journal of Aircraft, 2004, 41(4): 839-845.

[67] MAZHUL I I. Off-design regimes of flow past waveriders based on isentropic compression flows
[J]. Fluid Dynamics, 2010, 45(2): 271-280.

[68] JONES J G, MOORE K C, PIKE J, et al. A method for designing lifting configurations for
high supersonic speeds, using axisymmetric flow fields [J]. Ingenieur-Archiv, 1968, 37
(1): 56-72.

[69] RASMUSSEN M L, JISCHKE M C, DANIEL D C. Experimental forces and moments on cone-
derived waveriders for $M_\infty = 3-5$ [J]. Journal of Spacecraft and Rockets, 1982, 19(6):
592-598.

[70] KIM B S, RASMUSSEN M L, JISCHKE M C. Optimization of waverider configurations
generated from axisymmetric conical flows [J]. Journal of Spacecraft and Rockets, 1983,
20(5): 461-469.

[71] 王允良.乘波体飞行器气动布局优化设计[J].海军航空工程学院学报,2013,28(1):

42-46.

[72] 孟希慧,张庆兵.锥导乘波体气动外形优化与分析[J].现代防御技术,2016,44(4):24-30.

[73] 张甲奇,郑浩,井立,等.乘波体构型气动特性与实用性研究[J].飞行力学,2017,35(1):80-88.

[74] 耿永兵,刘宏,丁海河,等.轴对称近似等熵压缩流场的乘波前体优化设计[J].推进技术,2006,27(5):404-409.

[75] CONNORS J F, MEYER S R C. Design criteria for axisymmetric and two-dimensional supersonic inlets and exits [R]. Washington: NACA, 1956.

[76] DING F, LIU J, SHEN C B, et al. Novel approach for design of a waverider vehicle generated from axisymmetric supersonic flows past a pointed von Karman ogive [J]. Aerospace Science and Technology, 2015, 42: 297-308.

[77] DING F, SHEN C B, LIU J, et al. Comparison between novel waverider generated from flow past a pointed von Karman ogive and conventional cone-derived waverider [J]. Proceedings of the Institution of Mechanical Engineers, part G: Journal of Aerospace Engineering, 2015, 229(14): 2620-2633.

[78] NIELSEN J N. Missile aerodynamics [M]. New York, Toronto, London: McGraw-Hill Book Company, Inc., 1960.

[79] ANSYS, Inc. ANSYS FLUENT 13.0 theory guide [R]. Canonsburg: ANSYS, Inc., 2010.

[80] DING F, SHEN C B, LIU J, et al. Influence of surface pressure distribution of basic flow field on shape and performance of waverider [J]. Acta Astronautica, 2015, 108: 62-78.

[81] MOLDER S. Internal, axisymmetric, conical flow [J]. AIAA Journal, 1967, 5(7): 1252-1255.

[82] 贺旭照,倪鸿礼.密切内锥乘波体设计方法和性能分析[J].力学学报,2011,43(5):803-808.

[83] YOU Y C, LIANG D W, GUO R W. High enthalpy wind tunnel tests of three-dimensional section controllable internal waverider hypersonic inlet [R]. Reston: American Institute of Aeronautics and Astronautics, Inc., 2009.

[84] YOU Y C, LIANG D W, CAI K. Numerical research of three-dimensional sections controllable internal waverider hypersonic inlet [R]. Reston: American Institute of Aeronautics and Astronautics, Inc., 2008.

[85] RASMUSSEN M L. Lifting-body configurations derived from supersonic flows past inclined circular and elliptic cones [R]. Reston: American Institute of Aeronautics and Astronautics, Inc., 1979.

[86] RASMUSSEN M L. Waverider configurations derived from inclined circular and elliptic cones [J]. Journal of Spacecraft and Rockets, 1980, 17(6): 537-545.

[87] JISCHKE M C, RASMUSSEN M L, DANIEL D C. Experimental surface pressures on cone-derived waveriders for $M_\infty = 3-5$ [J]. Journal of Spacecraft, 1983, 20(6): 539-545.

[88] LIN S C, RASMUSSEN M L. Cone-derived waveriders with combined transverse and longitudinal curvature [R]. Reston: American Institute of Aeronautics and Astronautics,

Inc., 1988.

[89] LIN S C, LUO Y S. Optimization of waverider configurations generated from inclined circular and elliptic cones [R]. Reston: American Institute of Aeronautics and Astronautics, Inc., 1995.

[90] LIU C Z, BAI P, CHEN B Y, et al. Rapid design and optimization of waverider from 3D flow [R]. Reston: American Institute of Aeronautics and Astronautics, Inc., 2016.

[91] 刘传振,白鹏,陈冰雁,等.三维流场乘波体快速设计方法及多目标优化[J].宇航学报, 2016,37(5): 535-543.

[92] SOBIECZKY H, DOUGHERTY F C, JONES K. Hypersonic waverider design from given shock waves [C]//First International Waverider Symposium, College Park: University of Maryland,1990: 1-19.

[93] KONTOGIANNIS K, SOBESTER A. On the conceptual design of waverider forebody geometries [R]. Reston: American Institute of Aeronautics and Astronautics, Inc., 2015.

[94] 陈小庆.高速乘波飞行器气动布局设计研究[D].长沙:国防科技大学,2006.

[95] DING F, LIU J, SHEN C B, et al. Simplified osculating cone method for design of a waverider [R]. New York: American Society of Mechanical Engineers, 2015.

[96] 王卓, 钱翼稷. 乘波机外形设计 [J]. 北京航空航天大学学报, 1999, 25(2): 180-183.

[97] RODI P E. The osculating flowfield method of waverider geometry generation [R]. Reston: American Institute of Aeronautics and Astronautics, Inc., 2005.

[98] RODI P E, GENOVESI D J. Engineering-based performance comparisons between osculating cone and osculating flowfield waveriders [R]. Reston: American Institute of Aeronautics and Astronautics, Inc., 2007.

[99] RODI P E. Geometrical relationships for osculating cones and osculating flowfield waveriders [R]. Reston: American Institute of Aeronautics and Astronautics, Inc., 2011.

[100] RODI P E. Osculating flowfield waveriders designed to maximize boundary layer stability: preliminary 2D concepts [R]. Reston: American Institute of Aeronautics and Astronautics, Inc., 2013.

[101] ZUO F Y, HUANG G P, XIA C, et al. Investigation of the self-starting ability of an internal waverider inlet for ramjet [R]. Reston: American Institute of Aeronautics and Astronautics, Inc., 2015.

[102] CHAUFFOUR M L, LEWIS M J. Corrected waverider design for inlet applications [R]. Reston: American Institute of Aeronautics and Astronautics, Inc., 2004.

[103] CHAUFFOUR M L. Shock-based waverider design with pressure corrections, and computational simulations [D]. College Park: University of Maryland, 2004.

[104] LEWIS M J, CHAUFFOUR M L. Shock-based waverider design with pressure gradient corrections and computational simulations [J]. Journal of Aircraft, 2005, 42 (5): 1350-1352.

[105] CORDA S. Star-body waveriders with multiple design Mach numbers [J]. Journal of Spacecraft and Rockets, 2009, 46(6): 1178-1185.

[106] RODI P E. Non-symmetric waverider star bodies for aerodynamic moment generation [R].

Reston：American Institute of Aeronautics and Astronautics, Inc., 2012.

[107] WANG F M, DING H H, LEI M F. Aerodynamic characteristics research on wide-speed range waverider configuration [J]. Science in China Series E：Technological Sciences, 2009, 52(10)：2903-2910.

[108] 王发民, 丁海河, 雷麦芳. 乘波布局飞行器宽速域气动特性与研究 [J]. 中国科学 E 辑：技术科学, 2009, 39(11)：1828-1835.

[109] TAKAMA Y. Practical waverider with outer wings for the improvement of low-speed aerodynamic performance [R]. Reston：American Institute of Aeronautics and Astronautics, Inc., 2011.

[110] 崔凯, 李广利, 胡守超, 等. 高速飞行器高压捕获翼气动布局概念研究 [J]. 中国科学：物理学 力学 天文学, 2013, 43(5)：652-661.

[111] MORIMOTO H, CHUANG J C H. Minimum-fuel trajectory along entire flight profile for a hypersonic vehicle with constraint [R]. Reston：American Institute of Aeronautics and Astronautics, Inc., 1998.

[112] 夏强, 初洪宇, 王阳, 等.临近空间高速飞行器及其动力系统发展现状[J].飞航导弹, 2015,(6)：3-10.

[113] 王自勇,牛文,李文杰.2012 年美国高超声速项目进展及趋势分析[J].战术导弹技术, 2013,(1)：6-13.

[114] 徐明亮,刘鲁华,汤国建,等.高超声速滑翔-巡航飞行器方案弹道设计[J].飞行力学, 2010,28(5)：51-54,58.

[115] LIU J, DING F, HUANG W, et al. Novel approach for designing a hypersonic gliding-cruising dual waverider vehicle [J]. Acta Astronautica, 2014, 102：81-88.

[116] 王庆文.基于吻切理论的两级乘波体设计[D].长沙：国防科技大学,2015.

[117] 赵博.乘波体飞行器气动外形设计及其数值验证[D].哈尔滨：哈尔滨工业大学,2013.

[118] 赵志,宋文艳,肖隐利.高超声速锥导乘波体非设计点性能研究[J].飞行力学,2009,27 (1)：47-50.

[119] HE X, RASMUSSEN M L. Computational analysis of off-design waveriders [J]. Journal of Aircraft, 1994, 31(2)：345-353.

[120] 朱华,刘卫东,赵淳生.变体飞行器及其变形驱动技术[J].机械制造与自动化,2010,39 (2)：8-14.

[121] 陆宇平,何真,吕毅.变体飞行器技术[J].航空制造技术,2008,22：26-29.

[122] 崔尔杰,白鹏,杨基明.智能变形飞行器的发展道路[J].航空制造技术,2007,(8)：38-41.

[123] 马洪忠,彭建平,吴维,等.智能变形飞行器的研究与发展[J].飞航导弹,2006,(5)：8-11.

[124] 邓俊,刘燕斌,张勇.面向控制的可变形乘波体概念设计与分析[J].航天控制,2012,30 (6)：13-19.

[125] GOODWIN G B, MAXWELL J R. Performance analysis of a hypersonic scramjet engine with a morphable waverider inlet [R]. Reston：American Institute of Aeronautics and Astronautics, Inc., 2017.

[126] 冷劲松,孙健,刘彦菊.智能材料和结构在变体飞行器上的应用现状与前景展望[J].航空学报,2014,35(1)：29-45.

[127] 雷鹏轩,王元靖,吕彬彬,等.一种智能材料结构在变体机翼气动特性研究中的应用 [J].实验流体力学,2017,31(5)：74-80.

[128] ROOS F W, KEGELMAN J T. Aerodynamic characteristics of three generic forebodies at high angles of attack [R]. Reston：American Institute of Aeronautics and Astronautics, Inc., 1991.

[129] MANGE R L, ROOS F W. The aerodynamics of a chined forebody [R]. Reston：American Institute of Aeronautics and Astronautics, Inc., 1998.

[130] ROOS F W, MAGNESS C L. Yaw effects on the high-alpha flow field of a chined forebody [R]. Reston：American Institute of Aeronautics and Astronautics, Inc., 1994.

[131] RAVI R, MASON W H. Chine-shaped forebody effects on directional stability at high-alpha [J]. Journal of Aircraft, 1994, 31(3)：480-487.

[132] 任露泉.试验优化设计与分析[M].北京：高等教育出版社,2003.

[133] 阮春荣.大气中飞行的最优轨迹[M].北京：宇航出版社,1987.

[134] COCKRELL C E, HUEBNER L D, FINLEY D B. Aerodynamic performance and flow-field characteristics of two waverider-derived hypersonic cruise configurations [R]. Reston：American Institute of Aeronautics and Astronautics, Inc., 1995.

[135] KULFAN B M, BUSSOLETTI J E. "Fundamental" parametric geometry representations for aircraft component shapes [R]. Reston：American Institute of Aeronautics and Astronautics, Inc., 2006.

[136] KULFAN B M. A universal parametric geometry representation method-"CST" [R]. Reston：American Institute of Aeronautics and Astronautics, Inc., 2007.

[137] KULFAN B M. Recent extensions and applications of the "CST" universal parametric geometry representation method [R]. Reston：American Institute of Aeronautics and Astronautics, Inc., 2007.

[138] 关晓辉,宋笔锋,李占科.CSRT 与 CST 气动外形参数化方法对比[J].空气动力学学报, 2014,32(2)：228-234.

[139] 关晓辉,李占科,宋笔锋.CST 气动外形参数化方法研究[J].航空学报,2012,33(4)： 625-633.

[140] 马洋,杨涛,张青斌.高超声速滑翔式升力体外形设计与优化[J].国防科技大学学报, 2014,36(2)：34-40.

[141] 粟华,龚春林,谷良贤.基于三维 CST 建模方法的两层气动外形优化策略[J].固体火箭 技术,2014,37(1)：1-7.

[142] STEVENS D R. Practical considerations in waverider applications [R]. Reston：American Institute of Aeronautics and Astronautics, Inc., 1992.

[143] TAKASHIMA N, LEWIS M J. Navier-Stokes computations of a viscous optimized waverider [R]. Reston：American Institute of Aeronautics and Astronautics, Inc., 1992.

[144] RODI P E. Integration of optimized leading edge geometries onto waverider configurations [R]. Reston：American Institute of Aeronautics and Astronautics, Inc., 2015.

[145] TINCHER D J, BURNETT D W. Hypersonic waverider test vehicle：a logical next step [J]. Journal of spacecraft and rockets, 1994, 31(3)：392-399.

[146] KONTOGIANNIS K, CERMINARA A, TAYLOR N, et al. Parametric geometry models for hypersonic aircraft components: blunt leading edges [R]. Reston: American Institute of Aeronautics and Astronautics, Inc., 2015.

[147] DE BOOR C, HÖLLIG K, SABIN M. High accuracy geometric Hermite interpolation [J]. Computer Aided Geometric Design, 1987, 4(4): 269-278.

[148] 杨炯,宁涛,席平.前缘点曲率可控的曲率连续前缘几何设计[J].计算机辅助设计与图形学学报,2016,28(7): 1195-1200.

[149] KONTOGIANNIS K, SOBESTER A, TAYLOR N. Waverider design based on three-dimensional leading edge shapes [J]. Journal of Aircraft, 2017, 54(5): 1-3.

[150] O'NEILL M K. Optimized scramjet engine integration on a waverider airframe [D]. College Park: University of Maryland, College Park, 1992.

[151] O'NEILL M K, LEWIS M J. Optimized scramjet integration on a waverider [J]. Journal of Aircraft, 1992, 29(6): 1114-1121.

[152] HEISER W H, PRATT D T. Hypersonic air breathing propulsion [M]. Washington D. C.: American Institute of Aeronautics and Astronautics, Inc., 1994: 24-26.

[153] HANEY J W, BEAULIEU W D. Waverider inlet integration issues [M]. Reston: American Institute of Aeronautics and Astronautics, Inc., 1994.

[154] 尤延铖,梁德旺,郭荣伟,等.高超声速三维内收缩式进气道/乘波前体一体化设计研究评述[J].力学进展,2009,39(5): 513-525.

[155] LEWIS M J. Application of waverider-based configurations to hypersonic vehicle design [R]. Reston: American Institute of Aeronautics and Astronautics, Inc., 1991.

[156] LUNAN D. Waverider, a revised chronology [R]. Reston: American Institute of Aeronautics and Astronautics, Inc., 2015.

[157] 赵桂林,胡亮,闻洁,等.乘波构型和乘波飞行器研究综述[J].力学进展,2003,33(3): 357-374.

[158] DING F, LIU J, SHEN C B, et al. An overview of research on waverider design methodology [J]. Acta Astronautica, 2017, 140: 190-205.

[159] 丁峰,柳军,沈赤兵,等.乘波概念应用于吸气式高超声速飞行器机体/进气道一体化设计方法研究综述[J].实验流体力学,2018,32(6): 16-26.

[160] STARKEY R P, LEWIS M J. Critical design issues for air breathing hypersonic waverider missiles [J]. Journal of Spacecraft and Rockets, 2001, 38(4): 510-519.

[161] 吴颖川,贺元元,余安远,等.展向截断曲面乘波压缩进气道气动布局[J].航空动力学报,2013,28(7): 1570-1575.

[162] 吴颖川,姚磊,杨大伟,等.曲面乘波进气道非设计状态性能研究[J].实验流体力学,2015,29(4): 26-31.

[163] STARKEY R P, LEWIS M J. Simple analytical model for parametric studies of hypersonic waveriders [J]. Journal of Spacecraft and Rockets, 1999, 36(4): 516-523.

[164] STARKEY R P, LEWIS M J. Aerodynamics of a box constrained waverider missile using multiple scramjets [R]. Reston: American Institute of Aeronautics and Astronautics, Inc., 1999.

[165] STARKEY R P, RANKINS F, PINES D. Coupled waverider/trajectory optimization for hypersonic cruise [R]. Reston: American Institute of Aeronautics and Astronautics, Inc., 2005.

[166] 李怡庆,韩伟强,尤延铖,等.压力分布可控的高超声速进气道/前体一体化乘波设计 [J].航空学报,2014,37(9):2711-2720.

[167] JAVAID K H, SERGHIDES V C. Airframe-propulsion integration methodology for waverider-derived hypersonic cruise aircraft design concepts [J]. Journal of Spacecraft and Rockets, 2005, 42(4): 663-671.

[168] JAVAID K H, SERGHIDES V C. Thrust-matching requirements for the conceptual design of hypersonic waverider vehicles [J]. Journal of Aircraft, 2005, 42(4): 1055-1064.

[169] LOBBIA M, SUZUKI K. Numerical investigation of waverider-derived hypersonic transport configurations [R]. Reston: American Institute of Aeronautics and Astronautics, Inc., 2003.

[170] HE X Z, LE J L, ZHOU Z, et al. Osculating inward turning cone waverider/inlet (OICWI) design methods and experimental study [R]. Reston: American Institute of Aeronautics and Astronautics, Inc., 2012.

[171] 贺旭照,秦思,周正,等.一种乘波前体进气道的一体化设计及性能分析[J].航空动力学报,2013,28(6):1270-1276.

[172] 贺旭照,周正,毛鹏飞,等.密切曲面内锥乘波前体进气道设计和试验研究[J].实验流体力学,2014,28(3):39-44.

[173] HE X Z, LE J L, ZHOU Z, et al. Progress in waverider inlet integration study [R]. Reston: American Institute of Aeronautics and Astronautics, Inc., 2015.

[174] HE X Z, ZHOU Z, QIN S, et al. Design and experimental study of a practical osculating inward cone waverider inlet [J]. Chinese Journal of Aeronautics, 2016, 29(6): 1582-1590.

[175] 周正,贺旭照,卫锋,等.密切曲内锥乘波前体进气道低马赫数性能试验研究[J].推进技术,2016,37(8):1455-1460.

[176] LEWIS M J, TAKASHIMA N. Engine/airframe integration for waverider cruise vehicles [R]. Reston: American Institute of Aeronautics and Astronautics, Inc., 1993.

[177] 明承东.乘波前体/进气道气动布局设计方法研究[D].南京:南京航空航天大学,2013.

[178] TAKASHIMA N, LEWIS M J. Engine-airframe integration on osculating cone waverider-based vehicle designs [R]. Reston: American Institute of Aeronautics and Astronautics, Inc., 1996.

[179] O'BRIEN T F. RBCC engine-airframe integration on an osculating cone waverider vehicle [D]. College Park: University of Maryland, College Park, 2001.

[180] O'BRIEN T F, LEWIS M J. RBCC engine-airframe integration on an osculating cone waverider vehicle [R]. Reston: American Institute of Aeronautics and Astronautics, Inc., 2000.

[181] O'BRIEN T F, LEWIS M J. Rocket-based combined-cycle engine integration on an osculating cone waverider vehicle [J]. Journal of Aircraft, 2001, 38(6): 1117-1123.

[182] 吕侦军,王江峰.多级压缩锥导/吻切锥乘波体设计与对比分析[J].北京航空航天大学学报,2015,41(11):2103-2109.

[183] WANG X D, WANG J F, LYU Z J. A new integration method based on the coupling of multistage osculating cones waverider and Busemann inlet for hypersonic air breathing vehicles [J]. Acta Astronautica, 2016, 126: 424-438.

[184] RODI P E. Preliminary ramjet/scramjet integration with vehicles using osculating flowfields waverider forebodies [R]. Reston: American Institute of Aeronautics and Astronautics, Inc., 2012.

[185] YOU Y C, ZHU C X, GUO J L. Dual waverider concept for the integration of hypersonic inward-turning inlet and airframe forebody [R]. Reston: American Institute of Aeronautics and Astronautics, Inc., 2009.

[186] LI Y Q, AN P, PAN C J, et al. Integration methodology for waverider-derived hypersonic inlet and vehicle forebody [R]. Reston: American Institute of Aeronautics and Astronautics, Inc., 2014.

[187] WALKER S H, RODGERS F. Falcon hypersonic technology overview [R]. Reston: American Institute of Aeronautics and Astronautics, Inc., 2005.

[188] 南向军,张堃元,金志光.乘波前体两侧高超声速内收缩进气道一体化设计[J].航空学报,2012,33(8):1417-1426.

[189] 崔凯,胡守超,李广利,等.双旁侧进气高超声速飞机概念设计与评估[J].中国科学:技术科学,2013,43(10):1085-1093.

[190] CUI K, HU S C, LI G L, et al. Conceptual design and aerodynamic evaluation of hypersonic airplane with double flanking air inlets [J]. Science China: Technological Sciences, 2013, 56(8): 1980-1988.

[191] O'NEILL M K, LEWIS M J. Design tradeoffs on scramjet engine integrated hypersonic waverider vehicles [J]. Journal of Aircraft, 1993, 30(6): 943-952.

[192] TARPLEY C. The optimization of engine-integrated hypersonic waveriders with steady state flight and static margin constraints [D]. College Park: University of Maryland, 1995.

[193] TARPLEY C, LEWIS M J. Optimization of an engine-integrated waverider with steady state flight constraints [R]. Reston: American Institute of Aeronautics and Astronautics, Inc., 1995.

[194] SMITH T R, BOWCUTT K G. Integrated hypersonic inlet design: US08256706 [P]. 2012-09-04.

[195] TIAN C, LI N, GONG G H, et al. A parameterized geometry design method for inward turning inlet compatible waverider [J]. Chinese Journal of Aeronautics, 2013, 26(5): 1135-1146.

[196] 徐勇勤.高超声速飞行器总体概念研究[D].西安:西北工业大学,2005.

[197] 易仕和,赵玉新,何霖,等.超声速与高超声速喷管设计[M].北京:国防工业出版社,2013.

[198] WHITE F M. Viscous fluid flow: third edition [M]. New York: McGraw-Hill Companies, Inc., 2006.

［199］赵学瑞,廖其奠.粘性流体力学［M］.上海：机械工业出版社,1983.

［200］陈栋梁.流线追踪 Busemann 进气道粘性修正方法研究［D］.长沙：国防科技大学,2009.

［201］RESHOTKO E, TUCKER M. Approximate calculation of the compressible turbulent boundary layer with heat transfer and arbitrary pressure gradient ［R］. Washington D. C.: NACA, 1957.

［202］SIVELLS J C, PAYNE R G. A method of calculating turbulent-boundary-layer growth at hypersonic Mach numbers ［R］. Arnold: Arnold Engineering Development Center, 1959.

［203］ECKERT E R G. Engineering relations for friction and heat transfer to surfaces in high velocity flow ［J］. Journal of the Aeronautical Sciences, 1955, 22(8): 585-587.

［204］唐志共,许晓斌,杨彦广,等.高超声速风洞气动力试验技术进展［J］.航空学报,2015,36(1): 86-97.

［205］王泽江,李绪国,孙鹏,等.高超声速内外流解耦试验系统设计与验证［J］.推进技术,2015,36(6): 920-926.

［206］金亮,柳军,罗世彬,等.高超声速一体化飞行器冷流状态气动特性研究［J］.实验流体力学,2010,24(1): 42-45.

［207］邓帆,叶友达,焦子涵,等.HIFiRE 项目中气动/推进一体化高超声速飞行器设计研究［J］.实验流体力学,2017,31(2): 73-80.

［208］孙启志.Φ1 米高超声速风洞 M7、8 喷管设计及流场校测［D］.长沙：国防科技大学,2005.

［209］中国空气动力研究与发展中心."Φ1 米高超声速风洞".［OL］.http://www.cardc.cn/Dev_Read.Asp? Channelld = 4&Classld = 20&ld = 18.

［210］KANTROWITZ A, DONALDSON C. Preliminary investigation of supersonic diffusers ［R］. Washington D. C.: NACA, 1945.

［211］王翼.高超声速进气道启动问题研究［D］.长沙：国防科技大学,2008.

［212］田旭昂.变截面隔离段流动特性研究［D］.南京：南京航空航天大学, 2008.

［213］SEGAL C. The scramjet engine processes and characteristics ［M］. New York: Cambridge University Press, 2009.

［214］卢鑫,岳连捷,肖雅彬,等.超燃冲压发动机尾喷管流线追踪设计［J］.推进技术,2011,32(1): 91-96.

［215］王超.超燃冲压发动机总体方案设计与优化研究［D］.长沙：国防科技大学,2011.

［216］CURRAN E T, MURTHY S N B. Scramjet propulsion: scramjet flowpath integration ［M］. Reston: American Institute of Aeronautics and Astronautics, Inc., 2001.